高等职业教育环境类“教、学、做”理实一体化特色教材

化工单元操作技术

主　编　崔执应

·北京·

内　容　提　要

本教材主要介绍化工生产过程中常见单元操作的基本概念、基本原理、工艺计算、操作技术、典型设备的结构和性能，内容包括流体输送、非均相物系的分离、传热、蒸发、蒸馏、吸收、萃取、干燥8个模块。每个模块均有学习目标、生产案例、习题及答案，书末有附录，供解题时查数据使用。

本教材内容的选取充分结合职业教育的特点和学生实际情况，按岗位所从事的工作来展开，以从事岗位操作所具备的能力为依据，并借鉴相关企业员工岗位标准进行编写。

本教材可供化工类及其相近专业的高职高专学生使用，也可作为现代化工企业技术人员的培训教材，还可供化工生产技术人员参考。

图书在版编目（CIP）数据

化工单元操作技术 / 崔执应主编. -- 北京 : 中国水利水电出版社, 2018.8
高等职业教育环境类“教、学、做”理实一体化特色教材
ISBN 978-7-5170-6782-5

Ⅰ. ①化… Ⅱ. ①崔… Ⅲ. ①化工单元操作－高等职业教育－教材 Ⅳ. ①TQ02

中国版本图书馆CIP数据核字(2018)第202091号

书　　名	高等职业教育环境类“教、学、做”理实一体化特色教材 **化工单元操作技术** HUAGONG DANYUAN CAOZUO JISHU
作　　者	主　编　崔执应
出版发行	中国水利水电出版社 （北京市海淀区玉渊潭南路1号D座　100038） 网址：www.waterpub.com.cn E-mail：sales@waterpub.com.cn 电话：(010) 68367658（营销中心）
经　　售	北京科水图书销售中心（零售） 电话：(010) 88383994、63202643、68545874 全国各地新华书店和相关出版物销售网点
排　　版	中国水利水电出版社微机排版中心
印　　刷	北京合众伟业印刷有限公司
规　　格	184mm×260mm　16开本　23印张　574千字
版　　次	2018年8月第1版　2018年8月第1次印刷
印　　数	0001—1500册
定　　价	**59.00**元

前　言

FOREWORD

化工生产岗位上运用频率最高、范围最广的知识和技能大多数集中在“化工单元操作技术”课程中，因而该课程的学习是化工类专业学生综合职业能力培养和职业素质养成的重要支撑，对化工类专业高素质技术技能人才的培养具有举足轻重的地位。

本教材主要介绍化工生产过程中常见单元操作的基本概念、基本原理、工艺计算、操作技术、典型设备的结构和性能，内容包括流体输送、非均相物系的分离、传热、蒸发、蒸馏、吸收、萃取、干燥8个模块。每个模块均有学习目标、生产案例、习题及答案。全书在编写过程中贯彻以能力为主线、以培养创新意识和实践能力为重点的当代职教理念。在编写过程中，注重以下几个方面：

（1）围绕专业培养目标，力求实现教学内容与岗位能力要求的对接，并根据学生职业生涯需要掌握的专项能力和综合能力，对每一项能力所需的专业知识与操作技能进行分析，增加了实际生产的操作知识，注重理论与实践相结合，注重培养学生运用所学知识分析问题、解决问题的能力，突出高职教育的特色。

（2）教材内容按“了解”“理解”和“掌握”三个层次编写。需要“了解”的内容，教材中仅作一般的介绍，需要“理解”和“掌握”的内容，则通过例题、习题等使学生理解或掌握。

（3）为了强化技能培养，增加了“常用设备的操作与维护技术”的内容，如开停车、正常运行维护、实际生产过程中的故障判断与处理等，使理论与实践结合得更加紧密。

（4）适量增加了现代化工新技术，以适应日新月异的新化工科技的发展。

本教材由安徽水利水电职业技术学院崔执应任主编。具体分工如下：绪论、模块一、模块三由崔执应编写；模块二、模块四由安徽水利水电职业技术学院张艳编写；模块五、模块六由安徽水利水电职业技术学院桂霞编写；模块七、模块八由安徽水利水电职业技术学院刘萍编写。全书由崔执应统稿。

本教材在编写过程中得到了学院各级领导及同行的大力支持，并提出了很多宝贵的意见，借此机会特表示感谢。

由于时间仓促，编者水平有限，教材中难免有不妥之处，恳请读者批评指正。

编者

2018年3月

目　录

CONTENTS

模块五　蒸　馏

模块六　吸　收

模块七　萃　取

模块八　干　燥

绪 论

一、化工概述

1. 化学工业

化学工业是指以工业规模对原料进行加工处理，使其发生物理和化学变化而成为生产资料或生活资料的加工业。化学工业的产品渗透生产及生活的各个方面，化工技术的进展影响几乎所有的工业行业。化学工业是我国国民经济的支柱产业和基础产业，没有化学工业的发展就没有现代工业的发展，没有化学工业的技术进步就没有现代工业的技术进步，因此化学工业对国民经济的贡献和影响举足轻重。化学工业也因此赢得了工业革命的助手、农业丰收的支柱、抵抗疾病的武器和现代文明的手段等美誉。

化学工业能够为人类提供越来越多的新物质、新材料和新能源。同时，多数化工产品的生产过程是多步骤的，有的步骤及其影响因素很复杂，生产装备和过程控制技术也很复杂。

2. 化工生产过程

化工生产过程是指化学工业的生产过程，它的特点之一是操作步骤多，原料在各步骤中依次通过若干个或若干组设备，经历各种方式的处理之后才能成为产品。例如无机肥料工业中的合成氨生产过程，制药工业中的葡萄糖生产过程。这些以化学变化为主要特点的化学工业，原料广泛，产品种类繁多，生产过程复杂，工艺路线多样且差别很大。

尽管化学工业过程千差万别，生产规模有大有小，但基本上都可用图 0－1 所示的简单流程模式来表示。

为了保证化学反应过程的顺利进行，原料必须经过一系列预处理以提纯并达到必要的温度和压力等操作，这类过程称为前处理。反应产物也同样需要经过各种处理过程来分离精制等，以获得最终成品或中间产品，这类过程称为后处理。化学反应单元前、后处理中所进行的各个过程，多数是纯物理过程，却是化工生产所必需的过程。

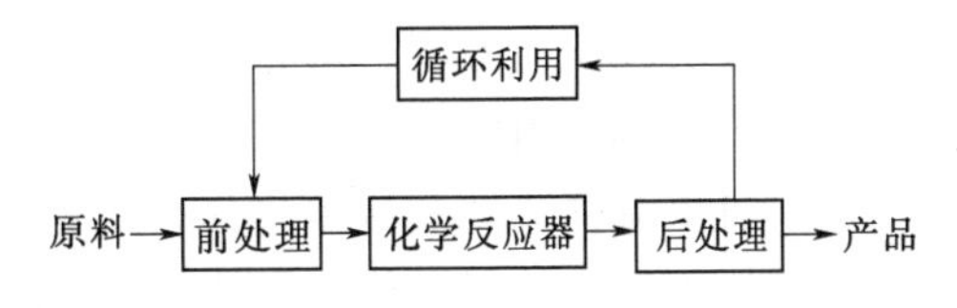

图 0－1　化工生产过程基本流程框图

二、化工单元操作

将化工过程中的前处理、后处理等物理加工过程按其操作原理和特点归纳为若干个单元操作过程，即化工单元操作。常用的化工单元操作见表 0－1。此外还有搅拌、结晶、冷冻、膜分离等单元操作。

表 0-1　　常用化工单元操作

传递基础	单元操作	目　的	物态	原　理
动量传递	液体输送	以一定流量将流体从一处送到另一处	液体或气体	输入机械能
	沉降	非均相混合物的分离	液体—固体 气体—固体	利用密度差引起的沉降运动
	过滤	非均相混合物的分离	液体—固体 气体—固体	利用过滤介质使固体颗粒与流体分离
热量传递	传热	使物料升温、降温或改变相态	气体或液体	利用温度差引入或导出热量
	蒸发	溶剂与不挥发溶质的分离	液体	供热以汽化溶剂
质量传递	气体吸收	均相混合物的分离	气体	气体混合物各组分在溶剂中溶解度的差异
	液体精馏	均相混合物的分离	液体	各组分的挥发度不同
	干燥	去湿	固体	供热汽化湿分
	萃取	均相混合物的分离	液体	待分离溶液中各组分在萃取剂中溶解度的差异

化工单元操作具有以下特点：

(1) 它们都是物理过程，这些操作只改变物料的状态或其物理性质，并不改变物料的化学性质。

(2) 它们都是化学工业生产过程中共有的操作。例如，制糖工业中稀糖液的浓缩与制碱工业中苛性钠稀溶液的浓缩，都是通过蒸发这一单元操作来实现的；酒精工业中酒精的提纯与石油化工中烃类的分离，都要进行蒸馏操作等。所以，各种化工产品的生产过程，可由若干单元操作与化学反应过程做适当的串联组合而构成。

(3) 单元操作用于不同的化工产品生产过程时，其基本原理是相同的，而且进行该操作的设备往往也是通用设备。如蒸发操作过程使用的蒸发器与精馏操作过程使用的再沸器就是通用设备。

三、本课程的任务、性质与内容

“化工单元操作技术”是化工技术类及相关专业学生必修的一门专业基础课，其主要任务是介绍流体流动、传热、传质的基本原理及主要单元操作的典型设备构造、操作原理、计算、选型及实验研究方法；培养学生运用基础理论分析和解决化工单元操作中各种工程实际问题的能力。具体内容可分为以下三个部分：

(1) 讨论流体流动及流体与其相接触的固相发生相对运动时的基本规律，以及主要受这些基本规律支配的单元操作，如流体输送、沉降、过滤、离心分离。

(2) 讨论传热的基本规律，以及受这些基本规律支配的单元操作，如加热、冷却、蒸发。

(3) 讨论物质透过相界面迁移过程的基本规律，以及受这些基本规律支配的单元操作，如液体蒸馏、气体吸收、液-液萃取、湿物料的干燥。

本课程既不同于自然科学中的基础学科，又区别于具体的化工产品生产的工艺学。它是用基础学科中的一些基本原理来研究化学工业生产过程中基本规律的一门综合性的工程技术学科。它不仅是一门为化学工业生产服务的内容十分广泛的工程技术学科，同时也是一切涉及物质变化的工业部门（如冶金工业、轻工业以及环境保护业）所必需的。因此，它具有十分广泛的实用性。

学习本课程的主要任务是掌握各个化工单元操作的基本规律，熟练进行化工单元的操作，熟悉其操作原理及相关典型设备的构造、性能、基本选型和设计等，并能用来分析和解决化工生产过程中的某些实际问题，以便对现行的工业生产过程进行管理，最基本的要求是使设备能正常运转，进而能对现行的生产过程及设备进行适当的改进，以提高工作效率，从而使生产获得最大限度的经济效益。

四、化工单元操作中常用的一些基本概念

在研究化工单元操作时，经常用到四个基本规律：物料衡算、能量衡算、物系的平衡关系及传递速率。这四个基本概念贯穿本课程的始终。在这里仅做简要说明，详细内容见各模块。

1. 物料衡算

依据质量守恒定律，进入与离开某一化工过程的物料质量之差，等于该过程中物料的累积量，如图 0-2 所示，即

输入系统的物料量－输出系统的物料量＝系统中物料的累积量

$$G=\sum F-\sum D \tag{0-1}$$

式中 $\sum F$——输入量的总和；

$\sum D$——输出量的总和；

G——累积量。

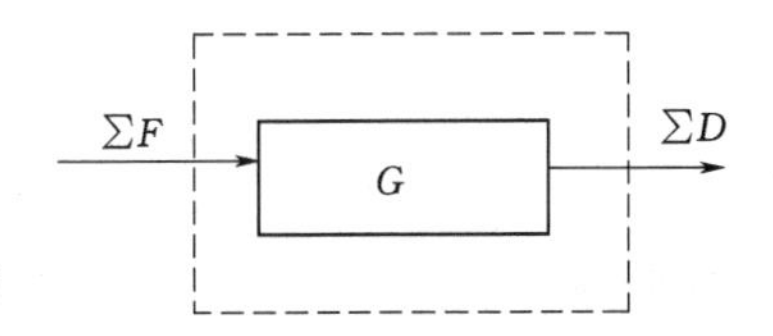

图 0-2 物料衡算示意图

对于连续操作过程，若各物理量不随时间改变，即为稳定操作状态时，过程中物料的累积量为零，则物料衡算关系为

$$\sum F=\sum D \tag{0-2}$$

对于间歇操作，操作是周期性的，物料衡算时，常以一批投料作为计算基准。

在化工生产中，物料衡算是一切计算的基础，是保持系统物质平衡的关键，能够确定原料、中间产物、产品、副产品、废弃物中的未知量，分析原料的利用及产品的产出情况，寻求减少副产物、废弃物的途径，提高原料的利用率。

用物料衡算式可由过程的已知量求出未知量。物料衡算可按下述步骤进行：①首先根据题意画出各物流的流程示意图，物料的流向用带箭头的线段表示，并标上已知数据与待求量；②在写衡算式之前，一般选用单位进料量或单位排料量、单位时间及设备的单位体积等作为计算基准。在较复杂的流程示意图上应划出衡算的范围，列出衡算式，求解未知量。

【例 0-1】 用蒸发器连续将质量分数为 0.20（下同）的 KNO_3 水溶液蒸发浓缩到 0.50，处理能力为 1000kg/h，再送入结晶器冷却结晶，得到的 KNO_3 结晶产品中含水 0.04，含 KNO_3 0.375 的母液循环至蒸发器。试计算结晶产品的流量、水的蒸发量及循环母液量。

解： 根据题意，画出流程示意图如图 0-3 所示。

(1) 求结晶产品量 P。以图中框 Ⅰ 为物料衡算的范围，以 KNO_3 为物质对象，以 1h 为衡算基准，则有物料衡算式

$$Fx_F=Px_P$$

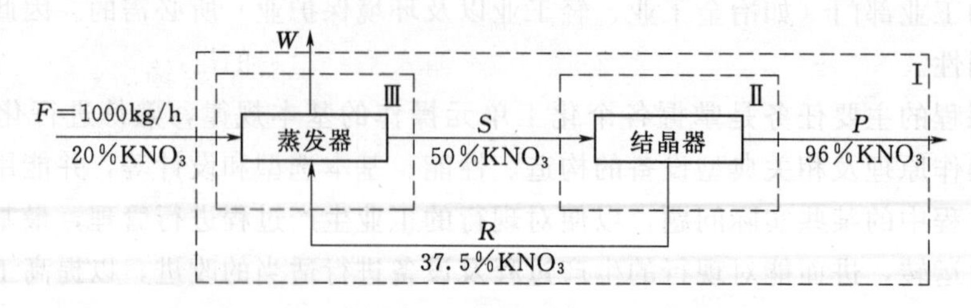

图 0-3 [例 0-1] 图

其中 $F=1000\text{kg/h},\ x_F=0.20,\ x_P=1-0.04=0.96$

代入得 $P=\dfrac{1000\times0.20}{0.96}=208.3(\text{kg/h})$

(2) 求水分蒸发量 W。以图中框Ⅰ作为物料衡算的范围，以水为物质对象，以 1h 为衡算基准，则有物料衡算式

$$F=W+P$$

因此 $W=F-P=1000-208.3=791.7(\text{kg/h})$

(3) 求循环母液量 R。以图中框Ⅱ作为物料衡算的范围，并设进入结晶器的物料量为 S(kg/h)。分别以总物料和 KNO_3 为物质对象，以 1h 为衡算基准，则有物料衡算式

$$S=R+P$$

$$Sx_S=Rx_R+Px_P$$

其中 $x_S=0.50,\ x_R=0.375$

其他同前。

两式联合解得

$$R=766.6\text{kg/h}$$

2. 能量衡算

能量衡算的依据是能量守恒定律。本教材中所用到的能量主要有机械能和热能。机械能衡算将在流体输送模块中说明；热能衡算也将在传热、液体精馏、干燥等模块中结合具体单元操作有详细说明。能量衡算的通式为

输入系统的能量－输出系统的能量＝系统中能量的积累量

衡算时，方程两边计量单位应保持一致。与物料衡算相似，能量衡算时，也要先确定衡算范围和衡算基准，并且能量衡算时还必须有能量的计算基准。

能量包括物料自身的能量（热力学能、动能、位能等）、系统与环境交换的能量（功、热）等，因此能量的形式是多种多样的。与物料衡算相比，能量衡算要复杂得多。但是，在化工生产中，特别是单元操作过程中，其他形式的能量在过程前后常常不发生变化，发生变化的大多是热量，此时，能量衡算可以简化为热量衡算，热量衡算的通式为

进入系统物料的焓－离开系统物料的焓＋系统与环境交换的热量＝系统内物料焓的累积量

上式中，当系统获得热量时，系统与环境交换的热量取正值；否则取负值。

热量衡算的步骤与物料衡算的基本相同。热量衡算关系的数学表达式为

$$Q=\sum Q_{入}-\sum Q_{出} \tag{0-3}$$

式中 $\sum Q_{入}$——输入量的总和；

$\sum Q_{出}$——输出量的总和；

Q——累积量。

对于稳态连续操作，过程中没有焓的积累，输入系统物料的焓与输出系统物料的焓之差等于系统与环境交换的热量，通常以单位时间为计算基准；对于间歇操作，操作是周期性的，热量衡算时，常以一批投料作为计算基准。

选取焓的计算基准通常以简单方便为准，通常包括基准温度、压力和相态。比如，物料都是气态时，基准态应该选气态，都是液态时应该选择液态。基准温度常选 0℃，基准压力常选 100kPa。此外，还要考虑数据来源，应尽量使基准与数据来源一致。

在化工生产中，热量衡算主要用于保持系统能量的平衡，能够确定热量变化、温度变化、热量分配、热量损失、加热或冷却剂用量等，寻求控制热量传递的办法，减少热量损失，提高热量利用率。热量衡算的基础是物料衡算，其衡算过程和方法均与物料衡算相似。

3. 物系的平衡关系

一定条件下，一个过程所能够达到的极限状态称为平衡态，比如相平衡、传热平衡、化学反应平衡等。平衡状态下，各参数是不随时间变化而变化的，并保持特定的关系。平衡时各参数之间的关系称为平衡关系。平衡是动态的，当条件发生变化时，旧的平衡被打破，新的平衡将建立，但平衡关系不发生变化。比如，当两个储槽中的液位不同时，连通起来就会发生流动现象，当两槽的液位相同时即达到了流动平衡，平衡关系就是液位 1 等于液位 2，不论两液位差多高，其最终平衡关系都是一样的，即两液位相等。再如传热过程，当两物体温度不同时，就会有净热量从高温物体向低温物体传递，直到两物体的温度相等为止，此时过程达到平衡，两物体间也就没有了净的热量传递，平衡关系就是温度 1 等于温度 2。

过程的平衡问题说明过程进行的方向和所能达到的极限。当系统不处于平衡态时，此过程必将以一定的传递速率趋于平衡过程，直至达到平衡状态。平衡状态表示的就是各种自然发生的过程可能达到的极限程度，除非影响物系的情况发生变化，否则其极限是不会改变的。

在化工生产中，物系的平衡关系可以用于判定过程能否进行以及过程进行的方向和限度。操作条件确定后，可以通过平衡关系分析过程的进行情况，以确定过程方案、适宜设备等，明确过程限度和努力方向。

4. 传递速率

任何物系只要不处于平衡状态，就必然发生使物系趋向平衡的过程，但过程以何速率趋向平衡，这不取决于平衡关系，而是取决于多方面的因素。传递过程所处的状态与平衡状态之间的差距通常称为过程的推动力。例如两物体间的传热过程，其过程的推动力就是两物体的温度差。

通常存在以下关系式：

$$\text{过程速率} \propto \frac{\text{过程推动力}}{\text{过程阻力}}$$

即过程传递的速率与推动力成正比，与阻力成反比。

过程推动力是实际状态偏离平衡状态的程度，对于传热来说，就是温度差；对传质来说，就是浓度差。显然，在其他条件相同的情况下，推动力越大，过程速率越大。

过程阻力是阻碍过程进行的一切因素的总和，与过程机理有关。阻力越大，速率越小。

在化工生产中，过程速率用于确定过程需要的时间或需要的设备大小，也用于确定控制过程速率办法。比如，通过研究影响过程速率的因素，可以确定改变哪些条件，以控制过程速率的大小来达到预期目的。对于一线操作人员来说，这一点非常重要。

五、物理量的有关知识

正确掌握物理量的概念、单位制及其运算规则是学好本课程的必要条件。

（一）物理量及其符号

现象、物体或物质的可以定性区别并定量确定的属性称为物理量（physical quantity），亦称为可测量，简称量。

表示某物理量的符号称为量的符号，量的符号通常是单个字母。物理量皆由数值和计量单位（unit）构成。例如，某人身高 $h=1.75\text{m}$，h 为物理量，1.75 为数值（亦称量值），m 即为其计量单位（简称单位）。若以 cm 为单位，则 $h=175\text{cm}$。可见描述一个物理量，数值与单位密切相关，缺一不可。

设量 Q 的单位为 $[Q]$，其数值为 $\{Q\}$，则

$$Q=\{Q\}\cdot[Q] \tag{0-4}$$

$\{Q\}$ 称为量的数值，其大小与 $[Q]$ 有关。

单位符号均为正体字母，除来源于人名的第一个字母用大写外，其余均为小写。例如，m 是米的符号，N 是牛顿的符号。

量可以分为很多类，凡可以相比较的量都称为同一类量。例如，长度、直径、距离、高度和波长等就是同一类量。

（二）计量单位

1. 量制

各类量之间存在确定关系的一组量称为一种量制（system of quantities），它是基本量及其导出量的集合。不同基本量构成不同的量制。有多种量制，如工程量制、英量制，以及曾使用过的厘米、克、秒量制和 SI 量制。

2. 我国的法定计量单位

我国的法定计量单位是以国际单位制（SI）为基础制定的。因此，所有 SI 的单位都是我国的法定计量单位。另外，根据我国的实际情况，还对 11 个量的 16 个非 SI 单位规定作为法定计量单位，在适当的场合与 SI 的单位并用，见表 0-2。

表 0-2　我国法定计量单位的构成

<table>
<tr><td rowspan="4">我国法定计量单位</td><td rowspan="2">SI 单位</td><td>SI 基本单位（表 0-3）</td></tr>
<tr><td>SI 导出单位（表 0-4、表 0-5）</td></tr>
<tr><td colspan="2">由以上单位加 SI 词头构成的倍数和分数单位（表 0-6）</td></tr>
<tr><td colspan="2">国家选定的 SI 制外的单位（表 0-7）</td></tr>
</table>

可见，我国法定计量单位的主体是 1960 年第 11 届国际计量大会上通过的国际单位制（International System of Units），即 SI 量制。它的构成如下：

国际单位制（SI）
- SI 单位
  - SI 基本单位
  - SI 导出单位
- SI 单位的倍数单位

国际单位制的单位包括SI单位以及SI单位的倍数单位。SI单位是国际单位制中由基本单位和导出单位构成一贯单位制的那些单位。除质量外，均不带SI词头（质量的SI基本单位为千克）。SI单位的倍数单位包括SI单位的十进倍数和分数单位。

（1）7个SI基本单位见表0-3。

表0-3　SI基本单位

量的名称	量的符号	单位名称	单位符号
长度	l，L	米	m
质量	m	千克	kg
时间	t	秒	s
电流	I	安[培]	A
热力学温度	T	开[尔文]	K
物质的量	n	摩[尔]	mol
发光强度	I_v	坎[德拉]	cd

注　1. 无方括号的量与单位名称均为全称。方括号中的字，在不致引起混淆、误解的情况下，可以省略。去掉方括号中的字即为其名称的简称。下同。

2. 生活和贸易中，质量习惯称为重量。

（2）SI导出单位是用SI基本单位以代数形式表示的单位。这种单位符号中的乘和除采用数学符号。常用的SI导出单位示例见表0-4。

表0-4　SI导出单位示例

量的名称	单位名称	单位符号
面积	平方米	m^2
速度	米每秒	m/s
密度，体积质量	千克每立方米	kg/m^3

某些SI导出单位具有国际计量大会通过的专门名称和符号，其中与化学化工关系较为密切的见表0-5。使用这些专门名称并用它们表示其他导出单位，往往更为方便。例如，热量和能量的单位通常用焦耳（J）代替牛顿米（N·m），电阻率的单位通常用欧姆米（Ω·m）代替伏特米每安培（V·m/A），等等。

表0-5　具有专门名称的SI导出单位示例

量的名称	SI导出单位		
	名称	符号	用SI基本单位或导出单位表示
力	牛[顿]	N	$1N=1kg\cdot m/s^2$
压力，压强，应力	帕[斯卡]	Pa	$1Pa=1N/m^2$
能[量]，功，热量	焦[耳]	J	$1J=1N\cdot m$
功率	瓦[特]	W	1W=1J/s
电荷[量]	库[仑]	C	$1C=1A\cdot s$
电压，电动势，电势（位）	伏[特]	V	1V=1W/A
电阻	欧[姆]	Ω	1Ω=1V/A

续表

量的名称	SI 导出单位		
	名称	符号	用 SI 基本单位或导出单位表示
电导	西［门子］	S	$1S=1\ \Omega^{-1}$
摄氏温度	摄氏度	℃	1℃＝1K
表面张力	牛［顿］每米	N/m	kg/s^2
摩尔热容	焦［耳］每摩［尔］开［尔文］	J/(mol·K)	$m^2 \cdot kg/(s^2 \cdot K \cdot mol)$
摩尔热力学能	焦［耳］每摩［尔］	J/mol	$m^2 \cdot kg/(s^2 \cdot mol)$

（3）表 0－6 列出了 SI 单位的倍数单位。它给出了所有 20 个 SI 词头的名称及符号（词头的简称为词头的中文符号）。词头用于构成 SI 单位的倍数单位（十进倍数与分数单位），但不可单独使用。

表 0－6　　SI 词头

因数	词头名称		符号
	英文	中文	
10^{24}	yotta	尧［它］	Y
10^{21}	zetta	泽［它］	Z
10^{18}	exa	艾［可萨］	E
10^{15}	peta	拍［它］	P
10^{12}	tera	太［拉］	T
10^{9}	giga	吉［咖］	G
10^{6}	mega	兆	M
10^{3}	kilo	千	k
10^{2}	hecto	百	h
10^{1}	deca	十	da
10^{-1}	deci	分	d
10^{-2}	centi	厘	c
10^{-3}	milli	毫	m
10^{-6}	micro	微	μ
10^{-9}	nano	纳［诺］	n
10^{-12}	pico	皮［可］	p
10^{-15}	femto	飞［母托］	f
10^{-18}	atto	阿［托］	a
10^{-21}	zepto	仄［普托］	z
10^{-24}	yocto	幺［科托］	y

（4）国际单位制（SI）以外的单位见表 0－7。

3. 量的符号组合及基本运算

（1）量 a 和 b 的组合为乘法时，可采用下列四种形式之一：①ab；②$a\ b$；③$a \cdot b$；④$a \times b$。

表 0-7　国际单位制（SI）以外的我国法定计量单位

量的名称	单位名称	单位符号	与 SI 单位的关系
时间	分	min	1min=60s
	[小]时	h	1h=60min=3600s
	日（天）	d	1d=24h=86400s
[平面]角	度	°	$1°=(\pi/180)rad$
	[角]分	′	$1'=(1/60)°=(\pi/10800)rad$
	[角]秒	″	$1''=(1/60)'=(\pi/648000)rad$
体积	升	L,(l)	$1L=1dm^3=10^{-3}m^3$
质量	吨	t	$1t=10^3kg$
	原子质量单位	u	$1u\approx1.660540\times10^{-27}kg$
旋转速度	转每分	r/min	$1r/min=(1/60)s^{-1}$
长度	海里	n mile	1n mile=1852m(只用于航行)
速度	节	kn	1kn=1n mile/h=(1852/3600)m/s(只用于航行)
能	电子伏	eV	$1eV\approx1.602177\times10^{-19}J$
级差	分贝	dB	
线密度	特[克斯]	tex	$1tex=10^{-6}kg/m$
面积	公顷	hm^2	$1hm^2=10^4m^2$

几种表示方法等价，但第②④种最好不采用，因在矢量分析中，$a\ b$ 与 $a\times b$ 有区别。

（2）量 a 和 b 的组合为除法时，可采用下列两种形式之一：①$\frac{a}{b}$；②a/b 或 $a\cdot b^{-1}$。

六、单位的正确使用

描述化工生产过程需使用大量物理量。物理量的正确表达应该是单位与数字统一的结果。比如管径是 25mm，管长是 6m 等。因此，正确使用单位是正确表达物理量的前提。

长期以来，整个科学技术领域存在各种单位制并存的现象，物理量常用不同单位制来表示。随着科学技术的迅速发展和国际学术交流的日益频繁，迫切需要一个公认的、统一的单位制。1960 年 10 月，第 11 届国际计量大会制定了一种国际上统一的国际单位制，其国际代号为 SI。

由于国际单位制（SI 制）的一贯性与通用性，世界各国都在积极推广 SI 制，我国也于 1984 年颁发了以 SI 制为基础的法定计量单位，读者应该自觉使用法定计量单位。同一物理量若用不同单位度量时，其数值需相应地改变，这种换算称为单位换算。由于过去的 CGS 和工程单位制未过渡到全部使用法定单位，因此，必须掌握这些单位间的换算关系。单位换算时，需要换算因数（也称为换算因子）。化工中常用单位的换算因数，可从有关手册查得。

但是，由于数据来源不同，常常会出现单位不统一或不一定符合公式需要的情况，这就必须进行单位换算。本课程涉及的公式有两种：物理量方程和经验公式。前者有严格的理论基础，要么是某一理论或规律的数学表达式，要么是某物理量的定义式。比如 $p=\frac{F}{A}$，这类公式中各物理量的单位只要统一采用同一单位制下的单位即可。而后者则是由特定条件下的实验数据整理得到的，物理量的单位均为指定单位，使用时必须采用指定单位，否则公式就不成立。如果想把经验公式计算出的结果换算成SI制单位，最好的办法就是先按经验公式的指定单位计算，最后再把结果转换成SI制单位，不要在公式中换算。

单位换算是通过换算因数来实现的，换算因数就是两个相等量的比值。比如1m=100cm，当需要把m换算成cm时，换算因数为$\frac{100\text{cm}}{1\text{m}}$；当需要把cm换算成m时，换算因子为$\frac{1\text{m}}{100\text{cm}}$。在换算时，目标单位等于原来的量乘上换算因数。

【例0-2】 一个标准大气压（1atm）等于1.033kgf/cm^2，等于多少N/m^2？

解： $1\text{atm}=1.033\text{kgf/cm}^2=1.033\ \frac{\text{kgf}}{\text{cm}^2}\left(\frac{9.81\text{N}}{1\text{kgf}}\right)\left(\frac{100\text{cm}}{1\text{m}}\right)^2=1.013\times10^5\text{N/m}^2$

可见，当多个单位需要换算时，只要将各换算因数相乘即可。

【例0-3】 三氯乙烷的饱和蒸气压可用如下经验公式计算：

$$\lg p^0=\frac{-1773}{T}+7.8238$$

式中 p^0——饱和蒸气压，mmHg；

T——流体的温度，K。

试求300K时，三氯乙烷的饱和蒸气压（Pa）。

解： 将温度$T=300\text{K}$代入得

$$\lg p^0=\frac{-1773}{T}+7.8238=\frac{-1773}{300}+7.8238=1.9138$$

因此 $p^0=81.9974\text{mmHg}$（注意：只能是mmHg，而不能是Pa）

$=81.9974\times133.3\text{Pa}=10.93\text{kPa}$

习　　题

1. 当三氯乙烷的饱和蒸气压为10.93kPa时，三氯乙烷的温度是多少？第一种方法是将10.93kPa直接代入下式，第二种方法是将10.93kPa换算成mmHg后代入下式。比较两种方法的结果，判断哪一种算法正确。

2. 将流量600L/min换算成以m^3/s为单位。

[答：0.01]

模块一

流体输送

学习目标

知识目标

1. 了解化工生产中液体输送方法，了解液体输送设备的作用、类型、特点、结构、原理及应用。

2. 理解稳定流动的基本概念，层流和湍流的特点，流动阻力产生的原因。

3. 理解液体内部压力变化的原因，压力测量的方法。

4. 理解孔板流量计、转子流量计、文氏流量计的工作原理。

5. 理解离心泵及往复泵的构造、工作原理及特性。

6. 掌握液体的密度、黏度的求取方法，掌握压力的表示方法及单位换算。

7. 掌握连续性方程、伯努利方程及其应用。

8. 掌握流动类型的判断及液体流动阻力的计算。

9. 掌握化工管路的组成及布置、安装原则。

技能目标

1. 能根据生产任务信息量选用管子，掌握化工管路的基本拆装技术。

2. 能根据生产任务合理选择液体输送设备，通过伯努利方程合理选择及安装离心泵。能测量管道及设备的流量、压力及液位。

3. 会对离心泵进行操作、调节、检修，能进行简单故障的分析、排除。

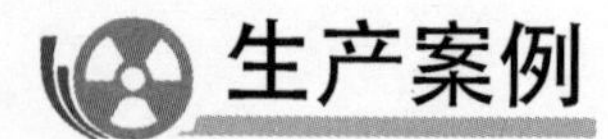

生产案例

以焦炉煤气为原料，采用ICI低中压法合成甲醇工艺为例，介绍流体输送所用的管路和设备。ICI低中压法合成甲醇工艺流程如图1-1所示。由图1-1可知，焦炉煤气净化、中间产品粗甲醇合成都是流体，整个生产过程就是一个流体流动和输送的过程。

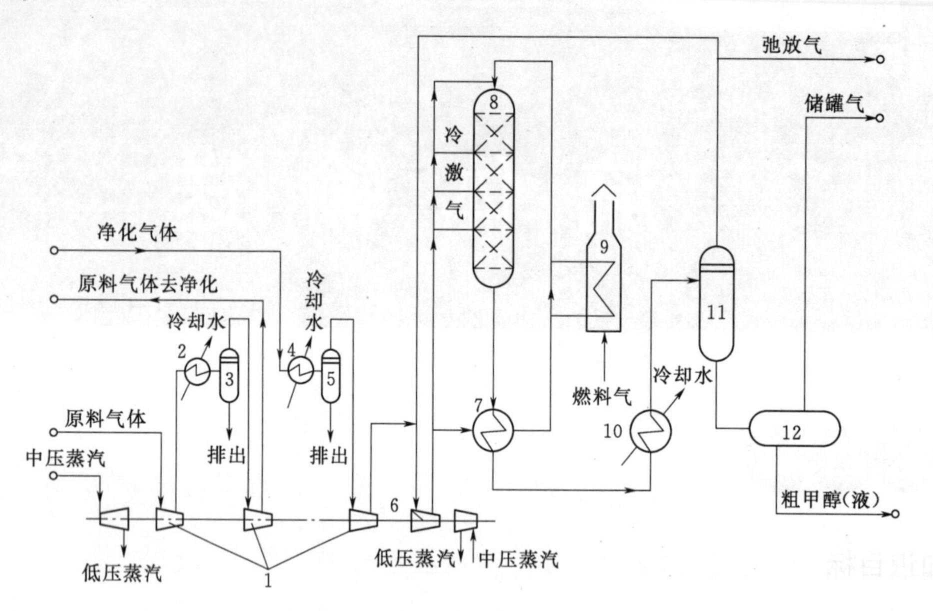

图1-1 ICI低中压法合成甲醇工艺流程

1—原料气压缩机；2、4—冷却器；3、5—分离器；6—循环气压缩机；7—换热器；8—甲醇合成塔；9—开工加热器；10—甲醇冷凝器；11—甲醇分离器；12—中间储槽

化工生产中所处理的原料、中间体和产品大多数是流体，流体包括液体和气体，其特征是具有流动性。在化工生产过程中，常常需要把流体从一个设备输送到另一个设备，从一个车间输送到另一个车间。此外，传质、传热及化学反应大多数是在流动的流体中进行的。在连续生产中，管道内流体物料的输送好比人体内的血液在血管内不断流动，流体在管道内的流动涉及流体的输送、流量测量及流体输送机械的选型等问题。所以，对于这样一个流动系统，必须解决以下几个问题：

（1）流体的物理量及其测定。

（2）流体输送管路的选择、管件和阀门的配置及管路的布置。

（3）流体输送机械的选型、操作及维护等。

因此，流体输送是化工生产过程中最基本的单元操作，在化工生产中占有极其重要的地位，对保证生产的进行、强化设备的操作及控制产品的成本有着很大的影响。

项目一

流体输送管路

任务一　流体输送方式的选择

流体输送必须基于足够的机械能，才能将流体提升到一定的高度，达到所需的压强，以指定的流量送达目的地。完成流体输送可采用不同的输送方式，常见的输送方式有以下几种。

一、液体输送

1. 输送机械送料

输送机械送料是通过输送机械来实现流体输送的操作。低位流体输送到高处需要机械能差，机械能差是通过流体输送机械对流体做功而获得的，图1-2所示是输送机械送料流程。由于输送机械的类型多，压头及流量的可选范围宽且易于调节，因此该方法是化工生产中最常见的流体输送方式。

2. 高位槽送料

高位槽送料是由高处向低处送料，是利用容器、设备之间的位差，将处在高位设备内的液体输送到低位设备内的操作。输送时，只要在两个设备之间用一根管道连接即可。另外，对于要求流体稳定流动的场合，为避免输送机械带来的波动，也常常设置高位槽。图1-3所示是用液体泵将甲醇送到高位槽。

3. 压缩空气送料

压缩空气送料是通过压缩空气实现物料输送的操作。压缩空气送料是一种由低处向高处送料的情况，通过给上游流体施加一定的压力来完成物料的输送过程。但此操作流量小且不易调节，

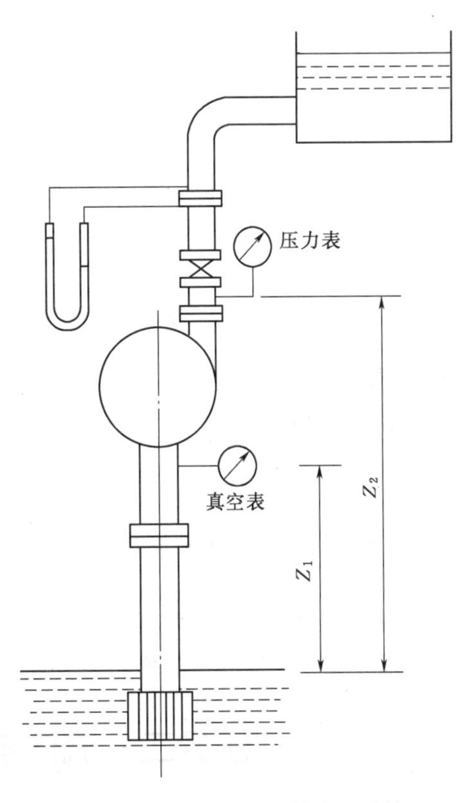

图1-2　输送机械送料流程示例

只能间歇输送物料。压缩空气送料时，空气的压力必须能够保证完成输送任务。图 1-4 所示是压缩空气输送硫酸的输送流程。

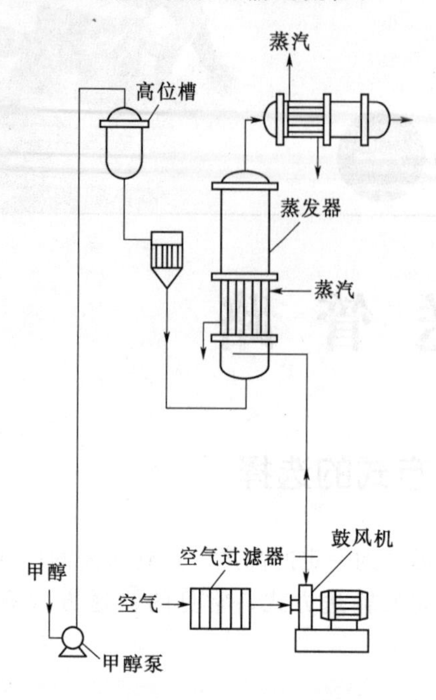

图 1-3 高位槽送料流程示例

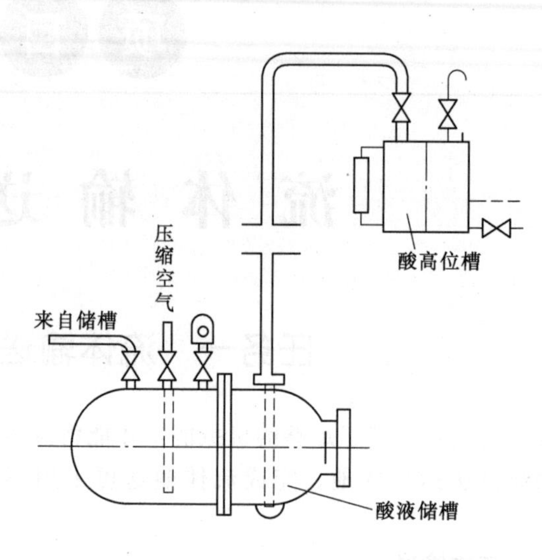

图 1-4 压缩空气送料流程

4. 真空抽料

真空抽料是通过真空系统造成的负压来实现流体输送的操作。真空抽料是由低处向高处送料。通过给下游设备抽真空造成上下游设备之间的压力差来完成流体的输送过程。真空抽料以其结构简单、操作方便、没有动件的优点适用于化工生产中的很多场合；但由于流量调节不方便、需要真空系统，所以不适用于输送易挥发的液体。图 1-5 所示是用真空泵将设备 3 抽真空来实现输送碱液的过程。

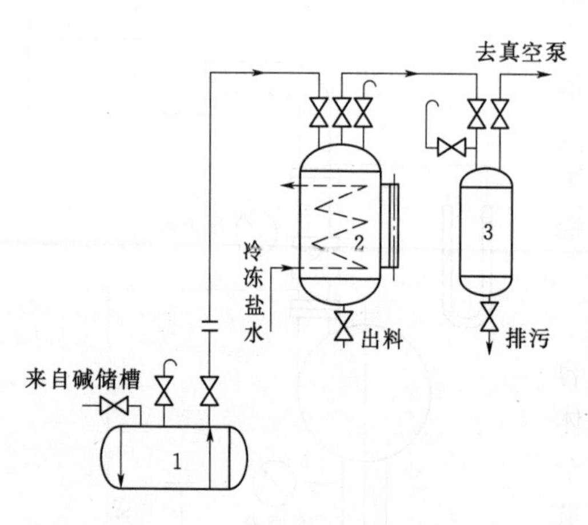

图 1-5 真空抽料输送流程示例

二、气体的输送与压缩

化工生产中气体的输送与压缩通常采用输送机械。使用风机可以实现气体的输送。采用压缩机可以产生高压气体，满足化学反应或单元操作对压力的要求。使用真空泵可以形成一定的真空度，产生负压，如真空抽料、石油的减压蒸馏等过程的抽真空系统。

任务二 流体输送管路的选择与安装

在化工生产中，化工管路主要是用来输送各种流体介质（如气体和液体），使其在生产中按工艺要求流动，以完成各个生产过程，是化工生产中必不可缺的部分。正确合理地设计化工管路，对优化设备布置、降低工程投资、减少日常管理费用及方便操作都起着非常重要的作用。因此，了解化工管路的一些基础知识很有必要。

一、管路的分类

化工生产过程中的管路通常以是否分出支管来分类，见表1-1。

表1-1 管路的分类

类型		结构
简单管路	单一管路	直径不变、无分支的管路，如图1-6（a）所示
	串联管路	虽无分支但管径多变的管路，如图1-6（b）所示
复杂管路	分支管路	流体由总管分流到几个分支，各分支出口不同，如图1-7（a）所示
	并联管路	并联管路中，分支最终又汇合到总管，如图1-7（b）所示

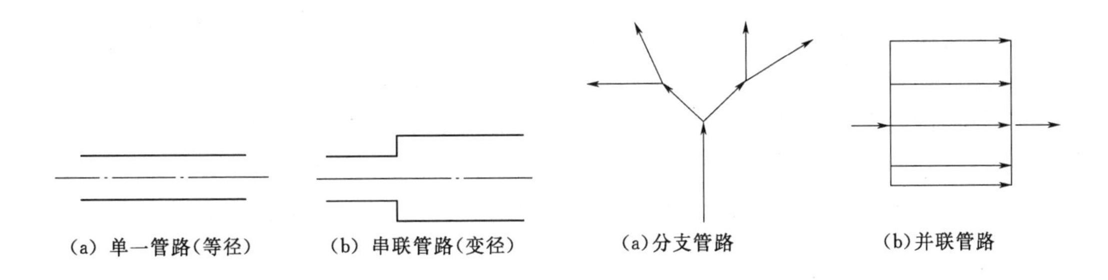

(a) 单一管路(等径)　(b) 串联管路(变径)

图1-6 简单管路

(a)分支管路　(b)并联管路

图1-7 复杂管路

对于重要管路系统，如全厂或大型车间的动力管线（包括蒸汽、煤气、上水及其他循环管道等），一般均应按并联管路铺设，以利于提高能量的综合利用，减少因局部故障所造成的影响。

二、管路的基本构成

管路是由管子、管件和阀门等按一定的排列方式构成，也包括一些附属于管路的管架、管卡、管撑等辅件。由于生产中输送的流体各式各样，如有的易燃、有的易爆、有的高黏度、有的还含有固体杂质、有的是液体、有的是气体、有的是蒸汽等；输送量与输送条件也各不相同，如有的流量很大而有的流量很小、有的是常温常压、有的是高温高压、有的是低温低压等。因此，管路必然也各不相同。工程上为了避免混乱，方便制造与使用，实现了管路的标准化。

化工管路的标准化是指制定化工管路主要构件，包括管子、管件、阀件（门）、法兰、垫片等的结构、尺寸、连接、压力等的标准并实施的过程。其中，压力标准与直径标准是制定其他标准的依据，也是选择管子和管路附件（管件、阀件、法兰、垫片等）的依据，已由国家标准详细规定，使用时可以参阅有关手册。

（1）压力标准。压力标准分为公称压力（p_N）、试验压力（p_S）和工作压力三种，公称压力又称通称压力，其数值通常指管内工作介质的温度在273～393K范围内的最高允许工作压力。用p_N+数值的形式表示，数值表示公称压力的大小，比如p_N2.45MPa表示公称压力是2.45MPa。公称压力一般大于或等于实际工作的最大压力。

为了水压强度试验或紧密性试验而规定的压力称为试验压力，用 p_S＋数值表示，比如，p_S10MPa，表示试验压力为 10MPa。通常取试验压力 $p_S=1.5p_N$，特殊情况可以根据经验公式计算。

工作压力是为了保证管路正常工作而根据被输送介质的工作温度所规定的最大压力，用 p＋数值表示，为了强调相应的温度，常在 p 的右下角标注介质最高工作温度（℃）除以 10 后所得的整数。比如 p_{40}1.8at 表示在 400℃下，工作压力是 1.8at。

（2）直径（口径）标准。直径标准是指对管路直径所作的标准，一般称为公称直径或通称直径，用 *DN*＋数值的形式表示，比如 *DN*800mm 表示管子或辅件的公称直径为 800mm。通常，公称直径既不是管子的内径，也不是管子的外径，而是与管子内径相接近的整数。我国的公称直径在 1～4000mm 之间分为 53 个等级，在 1～1000mm 之间分得较细，而在 1600mm 以上，每 200mm 分一级，详见 GB/T 1047—2005《管道元件 *DN*（公称尺寸）的定义和选用》。

（一）管子

管子是管路的主体，由于生产系统中的物料和所处工艺条件各不相同，所以用于连接设备和输送物料的管子除需满足强度和通过能力的要求外，还必须满足耐温、耐压、耐腐蚀以及导热等性能的要求。根据所输送物料的性质（如腐蚀性、易燃性、易爆性等）和操作条件（如温度、压力等）来选择合适的管材，是化工生产中经常遇到的问题之一。

管子的规格通常是用“ϕ 外径×壁厚”来表示，$\phi57\times3.5$mm 表示此管子的外径是 57mm，壁厚是 3.5mm。但也有些管子是用内径来表示其规格的，使用时要注意。管子的长度主要有 3m、4m 和 6m，有些可达 9m、12m，但以 6m 最为常见。

按管子制造所使用的材料通常将管子分为金属管、非金属管和复合管，其中以金属管占绝大部分。

1. 金属管

金属管主要有钢管（含合金钢管）、铸铁管和有色金属管等。

（1）钢管。钢管主要包括有缝钢管和无缝钢管。

1）有缝钢管。有缝钢管是用低碳钢焊接而成的钢管，又称焊接管。有缝钢管易于加工制造，价格低，主要有水管和煤气管等，分镀锌管和黑铁管（不镀锌管）两种。目前主要用于输送水、蒸汽、煤气、腐蚀性低的液体和压缩空气等。因为有焊缝而不适宜在 0.8MPa（表压）以上的压力条件下使用。

2）无缝钢管。无缝钢管是用棒料钢材经穿孔热轧或冷拔制成的，它没有接缝。用于制造无缝钢管的材料主要有普通碳钢、优质碳钢、低合金钢、不锈钢和耐热铬钢等。无缝钢管的特点是质地均匀、强度高、管壁薄，少数特殊用途的无缝钢管的壁厚也可以很厚。无缝钢管能用于在各种压力和温度下输送流体，广泛用于输送高压、有毒、易燃易爆和强腐蚀性流体等。

（2）铸铁管。铸铁管有普通铸铁管和硅铸铁管。铸铁管价廉且耐腐蚀，但强度低，气密性也差，不能用于输送有压力的蒸汽、爆炸性及有毒性气体等。一般作为埋在地下的给水总管、煤气管及污水管等，也可以用来输送碱液及浓硫酸等。

（3）有色金属管。有色金属管是用有色金属制造的管子的总称，包括纯铜管、黄铜管、铅管和铝管。

1）纯铜管与黄铜管。纯铜管与黄铜管统称铜管，铜管导热性好，延展性好，易于弯曲成型，适用于制造换热器的管子；用于油压系统、润滑系统来输送有压液体；铜管还适用于低温管路，黄铜管在海水管路中也广泛使用。

2）铅管。铅管抗腐蚀性好，能抗硫酸及10%以下的盐酸，其最高工作温度是413K。由于铅管机械强度差、性软而笨重、导热能力差，目前正被合金管及塑料管所取代。主要用于硫酸及稀盐酸的输送，但不适用于浓盐酸、硝酸和乙酸的输送。

3）铝管。铝管也有较好的耐酸性，其耐酸性主要由其纯度决定，但耐碱性差。铝管广泛用于输送浓硫酸、浓硝酸、甲酸和醋酸等。小直径铝管可以代替铜管来输送有压流体。当温度超过433K时，不宜在较高的压力下使用。

2. 非金属管

非金属管是用各种非金属材料制作而成的管子的总称，主要有陶瓷管、水泥管、玻璃管、塑料管和橡胶管等。

(1) 陶瓷管。陶瓷管耐酸碱腐蚀，具有优越的耐腐蚀性，成本低廉，可节约大量的钢材。但陶瓷管性脆、强度低、不耐压，不宜输送剧毒及易燃、易爆的介质，多用于排除腐蚀性污水。

(2) 水泥管。水泥管低廉、笨重，多用作下水道的排污水管，一般用于无压流体输送。水泥管主要有无筋水泥管和有筋水泥管，无筋水泥管内径范围在100～900mm，有筋水泥管内径范围在100～1500mm。水泥管的规格均以“ϕ内径×壁厚”表示。

(3) 玻璃管。工业生产中的玻璃管主要是由硼玻璃和石英玻璃制成的。玻璃管具有透明、耐腐蚀、易清洗、管路阻力小和价格低廉的优点，但玻璃管性脆、不耐冲击与振动、不耐高压，常用于某些特殊介质的输送。

(4) 塑料管。塑料管是以树脂为原料加工制成的管子，包括聚乙烯管、聚氯乙烯管、酚醛塑料管、ABS塑料管和聚四氟乙烯管等。塑料管耐腐蚀性能较好、质轻、加工成型方便，能任意弯曲和加工成各种形状，但塑料管性脆、易裂、强度差、耐热性差。塑料管的用途越来越广，很多原来用金属管的场合逐渐被塑料管所代替，如下水管等。

(5) 橡胶管。橡胶管是软管，质轻，能任意弯曲，耐温性、抗冲击性能较好，多用作临时性管路。

3. 复合管

复合管是金属与非金属两种材料复合得到的管子。复合管可以满足节约成本、高强度和防腐的需要，通常用作一些管子的内层衬材料，如金属、橡胶、塑料和搪瓷等。

随着工业的发展，各种新型耐腐蚀材料不断出现，如有机聚合物材料管和非金属材料管正越来越多地替代金属管。

(二) 管件

管件是用来连接管子以达到延长管路、改变管路方向或直径、分支、合流或封闭管路的附件的总称。

1. 改变管路方向的管件

如图1-8 (a) 所示，在管路系统中，弯头是改变管路方向的管件。按角度分，有45°、90°及180°三种最常用。另外，根据工程需要还包括60°等其他非正常角度弯头。弯头的材料有铸铁、不锈钢、合金钢、可煅铸铁、碳钢、有色金属及塑料等。与管子连接的方式有直接焊接（最常用的方式）、法兰连接、热熔连接、电熔连接、螺纹连接及承插式连接等。按照生产工艺可分为焊接弯头、冲压弯头、推制弯头、铸造弯头等。其他名称：90°弯头、直角弯头等。

2. 改变管路管径的管件

如图 1-8（b）所示，变径管是改变管路管径的一种连接装置，用于在阀门与管路（或管路与管路）公称直径不一致时（为省钱或利用现有材料），阀门与管路（或管路与管路）无法通过标准法兰、丝扣直接连接或焊接，这时加上一端能与阀门直接连接，而另一端能与管路直接连接的管件（可自制或外购），这种管件俗称“大小头”，通过接管改变管径。

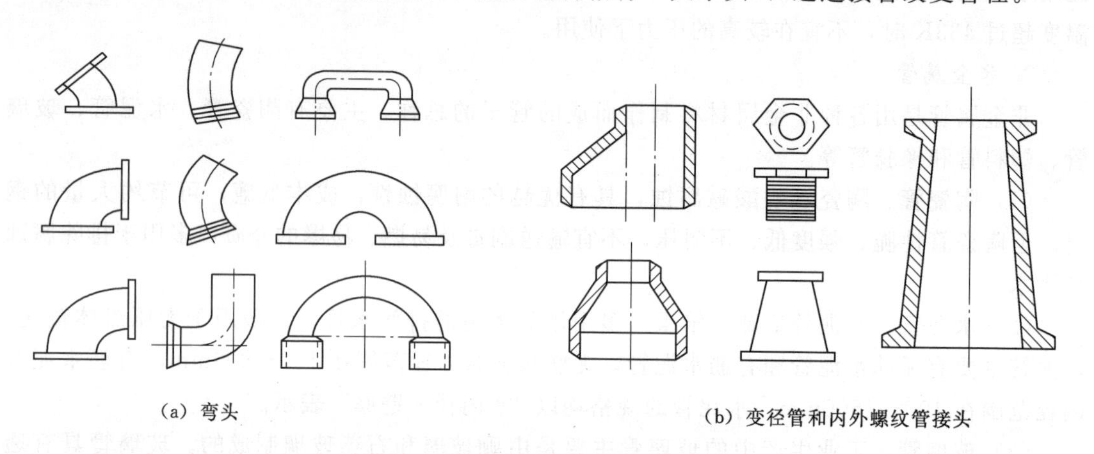

(a) 弯头　(b) 变径管和内外螺纹管接头

图 1-8　改变管路方向和管径的管件

异径管俗称“大小头”；内外螺纹管接头俗称“内外丝”“补心”，“补心”也称“补芯”或“卜申”。

3. 用于管路互相连接的管件

用于管路互相连接的管件有法兰、活接、管箍、卡套、喉箍等，如图 1-9 所示。

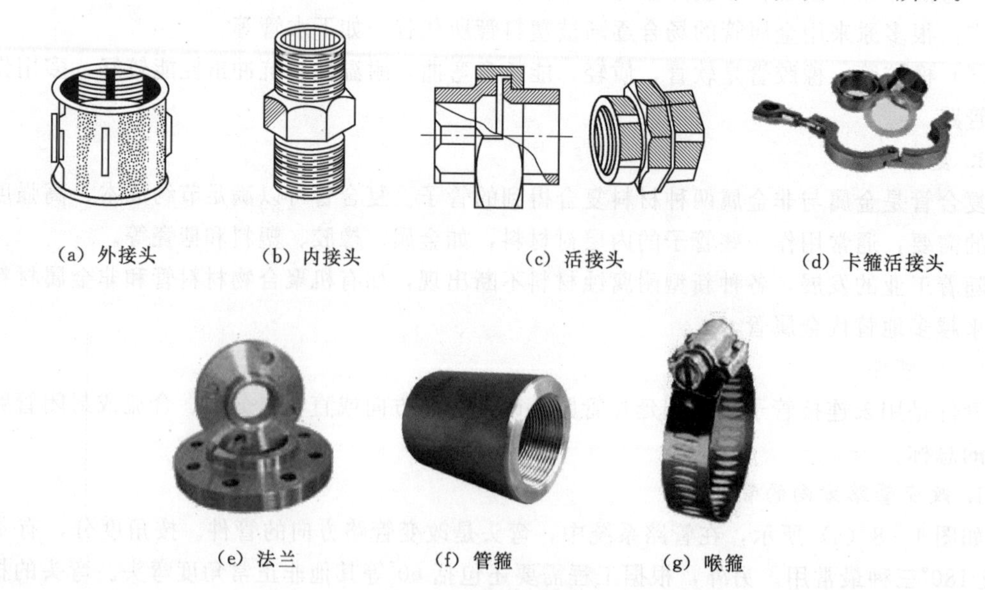

(a) 外接头　(b) 内接头　(c) 活接头　(d) 卡箍活接头

(e) 法兰　(f) 管箍　(g) 喉箍

图 1-9　连接管路的管件

内螺纹管接头俗称“内牙管”“管箍”“束节”等，外螺纹管接头俗称“外牙管”“对丝”等，活接头俗称“由壬”（“游刃”“油任”“油壬”）。

活接是管件的一种，外形为立体多边形设计，内层刻有立体螺纹，连接形式是一个固定接头和一个活母接头配套使用，两端与相应管螺纹相接，中间用 PVC 垫或橡胶垫密封。活接的规格主要有四分活接、六分活接、一寸活接、一寸二活接、一寸六活接、二寸活接、二寸五活接、三寸活接几种。活接由公口（没有螺纹）、母口（有螺纹）、套母、垫圈组成。设计时应注意从公口至母口（如流体方向一致）。另外，活接最后连接。

法兰又称法兰盘或突缘。法兰是使管子与管子相互连接的零件，连接于管端。法兰上有孔眼，螺栓使两法兰紧连。法兰间用衬垫密封。

管箍是用来连接两根管子的一段短管，也称外接头。按照材料分类有碳钢、不锈钢、合金钢、PVC、塑料等。

喉箍（胶管卡子）广泛用于汽车、拖拉机、机车、船舶、矿山、石油、化工、制药、农业等各种水、油、汽、尘等，是理想的连接紧固件。喉箍适用范围广，抗扭、耐压，喉箍扭转力矩均衡，锁紧牢固、严密，调节范围大，适用于 30mm 以上软硬管连接的紧固，装配后外观美观。

4. 增加管路分支的管件

增加管路分支的管件有三通、斜三通、四通等，如图 1-10 所示。

(a) 三通　(b) 斜三通　(c) 四通

图 1-10　增加管路分支的管件

三通为管件、管道连接件，又称管件三通或者三通管件、三通接头，用于主管道要分支管处。三通有等径和异径之分，等径三通的接管端部均为相同的尺寸；异径三通的主管接管尺寸相同，而支管的接管尺寸小于主管的接管尺寸。

四通为管件、管道连接件，又称管件四通或者四通管件、四通接头，用于主管道要分支管处。四通有等径和异径之分，等径四通的接管端部均为相同的尺寸；异径四通的主管接管尺寸相同，而支管的接管尺寸小于主管的接管尺寸。

5. 堵塞管路的管件

堵塞管路的管件有“管帽”（俗称“闷头”等）、“管塞”（俗称“丝堵”“堵头”等）、盲板（俗称“法兰盖”）等，其作用是堵塞管路，必要时打开清理或接临时管，如图 1-11 所示。

盲板是中间不带孔的法兰，供封住管道堵头用。密封面的形式种类较多，有平面、凸面、凹凸面、榫槽面、环连接面，材质有碳钢、不锈钢、合金钢及 PVC 等。

6. 用于管路密封的管件

用于管路密封的管件有垫片、生料带等。

垫片是两个物体之间的机械密封，通常用以防止两个物体之间受到压力而泄漏。由于机械加工表面不可能完美，使用垫片即可填补不规则性。垫片通常由片状材料制成，如垫纸、

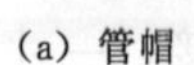

(a) 管帽　(b) 堵头　(c) 盲板

图 1-11　堵塞管路的管件

橡胶、硅橡胶、金属、软木、毛毡、氯丁橡胶、丁腈橡胶、玻璃纤维或塑料聚合物（如聚四氟乙烯）。特定应用的垫片可能含有石棉。

生料带是水暖安装中常用的一种辅助用品，用于管件连接处，增强管道连接处的密闭性。生料带化学名称是聚四氟乙烯，目前暖通和给排水中都使用普通白色聚四氟乙烯带，而天然气管道等也有专门的聚四氟乙烯带，其实主要原料都为聚四氟乙烯，只不过某些工艺不一样。

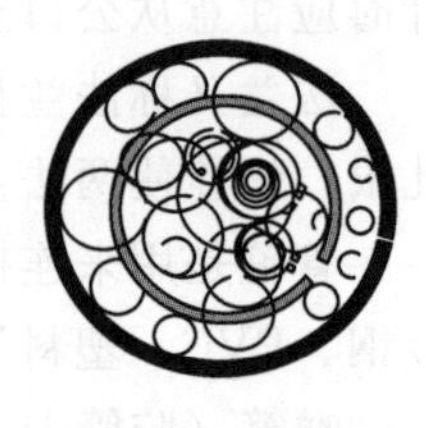

图 1-12　卡环

7. 用于管路固定的管件

用于管路固定的管件主要有卡环、拖钩、吊环、支架等。卡环是活动义齿修复的主要固位体，它直接卡抱在主要基牙上，由金属制作，如图 1-12 所示。

此外，如管箍（束节）、螺纹短节、活接头、法兰等管件可以延长管路。法兰多用于焊接连接管路，而活接头多用于螺纹连接管路。在闭合管路上必须设置活接头或法兰，尤其是在需要经常维修或更换的设备、阀门附近必须设置，因为它们可以就地拆开、就地连接。

（三）阀门

阀门是用来启闭和调节流量及控制安全的部件。通过阀门可以调节流量、系统压力及流动方向，从而确保工艺条件的实现与安全生产。化工生产中阀门种类繁多，常用的阀门如图 1-13 所示。

(a) 闸阀　(b) 截止阀　(c) 止回阀　(d) 安全阀

(e) 旋塞阀　(f) 球阀　(g) 节流阀　(h) 疏水阀

图 1-13　常用的阀门

（1）闸阀。闸阀主要部件为一闸板，通过闸板的升降以启闭管路。这种阀门全开时流体阻力小，全闭时较严密，多用于大直径管路上作启闭阀，在小直径管路中也有用作调节阀的。不宜用于含有固体颗粒或物料易于沉积的流体，以免引起密封面的磨损和影响闸板的闭合。

（2）截止阀。截止阀主要部件为阀盘与阀座，流体自下而上通过阀座，其构造比较复杂，流体阻力较大，但密闭性与调节性能较好，不宜用于黏度大且含有易沉淀颗粒的介质。

（3）止回阀。止回阀是一种根据阀前、阀后的压力差自动启闭的阀门，其作用是使介质只作一定方向的流动，它分为升降式和旋启式两种。升降式止回阀密封性较好，但流动阻力大，旋启式止回阀用摇板来启闭。止回阀一般适用于清洁介质，安装时应注意介质的流向与安装方向。

（4）球阀。球阀的阀芯呈球状，中间为一与管内径相近的连通孔，结构比闸阀和截止阀简单，启闭迅速、操作方便、体积小、重量轻、零部件少、流体阻力也小，适用于低温高压及黏度大的介质，但不宜用于调节流量。

（5）旋塞阀。旋塞阀又称考克，其主要部件为一可转动的圆锥形旋塞，中间有孔，当旋塞旋转至90°时，流动通道即全部封闭。需要较大的转动力矩，温度变化大时容易卡死，不能用于高压。

（6）安全阀。安全阀是为了管道设备的安全保险而设置的截断装置，它能根据工作压力而自动启闭，从而将管道设备的压力控制在某一数值以下，保证其安全。安全阀主要用在蒸汽锅炉及高压设备上。

（7）节流阀。节流阀又称针形阀，其外形与截止阀相似，其阀芯形状不同，呈锥状或抛物线状。常用于化工仪表中，常为螺纹连接，因此，开闭时首先检查螺纹连接是否松动泄漏，同时，开闭阀门时要缓慢进行，因为其流通面积较小，流速较大，可能造成密封面的腐蚀，应留心观察，注意压力的变化。

（8）疏水阀。疏水阀是蒸汽管路、加热器等设备系统中能自动间歇排除冷凝水，又能防止蒸汽泄出的一种阀门。常用的有钟形浮子式、热动力式和脉冲式几种。使用前先用管道旁路阀排除冷凝水，当有蒸汽时关闭旁路，启用疏水阀正道，否则阀内将会闭水，起不到疏水作用；启闭阀门时注意不要被蒸汽烫伤。

三、管路直径的确定

一般管道的截面是圆形的，若 d 为管子的内直径，则管子截面积 $A=\frac{\pi}{4}d^2$，于是有

$$d=\sqrt{\frac{4q_V}{\pi u}}=\sqrt{\frac{q_V}{0.785u}} \tag{1-1}$$

式中，体积流量 q_V 一般由生产任务决定。当流量一定时，必须选定流速 u 才能确定管径。

由式（1－1）可知，流速越大，则管径越小，这样可节省设备费用，但流体流动时遇到的阻力大，会消耗更多的动力，增加日常操作费用；反之，流速小，则设备费用高而日常操作费用少。所以在管路设计中，选择适宜的流速是十分重要的，适宜流速由输送设备的操作费用和管路的设备费用通过经济权衡及优化来决定。通常，液体的流速取0.5～3m/s，气体则为10～30m/s。每种流体的适宜流速范围，可从相关手册中查取。表1－2列出了一些流体在管道中流动时流速的常用范围，可供参考选用。

表 1-2 某些流体在管道中的适宜流速范围

流体种类	流速范围/(m/s)	流体种类		流速范围/(m/s)
水及一般液体	1～3	饱和水蒸气	0.3kPa（表压）	20～40
黏性液体（如油）	0.5～1		0.8kPa（表压）	40～60
常压下一般气体	10～20	过热蒸气		30～50
压强较高的气体	15～25			

一般而言，密度大或黏度大的流体，流速取小一些；对于含有固体杂质的流体，流速宜取得大一些，以避免固体杂质沉积在管道中。

由于管径已经标准化，所以经计算得到管径后，应圆整到标准规格。可参看附录。

四、管路的连接方式

管路的连接包括管子与管子、管子与各种管件、阀门以及设备接口处的连接。目前工程上常用的连接方式主要有螺纹连接、法兰连接、承插式连接和焊接连接四种，如图 1-14 所示。

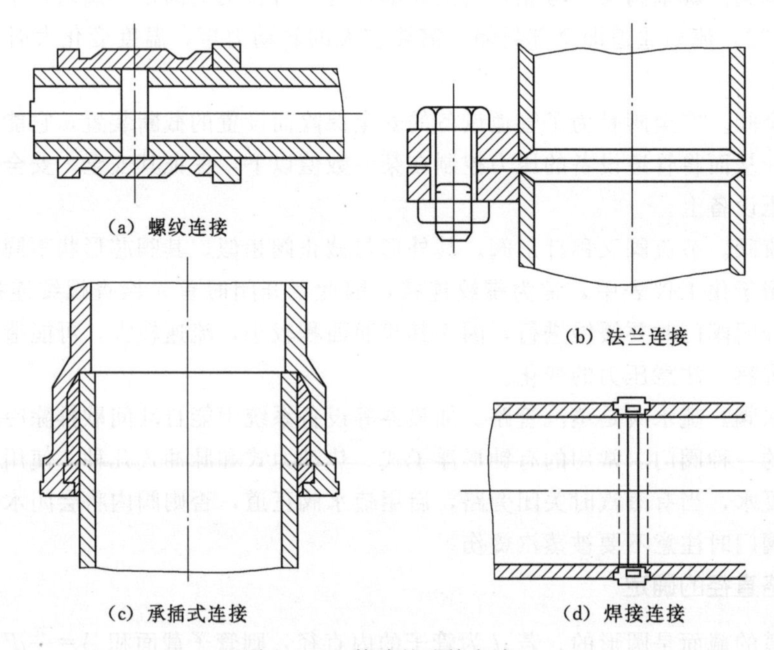
(a) 螺纹连接 (b) 法兰连接 (c) 承插式连接 (d) 焊接连接

图 1-14 管路的连接方式

1. 螺纹连接

螺纹连接是借助一个带有螺纹的“活管接”将两根管路连接起来的一种连接方式，主要用于管径较小（<65mm）、压力不大（<10MPa）的有缝钢管，其先在管的连接端绞出外螺纹丝口，然后用管件“活管接”将其连接。为了保证密封，通常在螺纹连接处缠以涂有油漆的麻丝、聚四氟乙烯薄膜等。螺纹连接的优点是拆装方便，密封性能比较好，但可靠性没有法兰连接好。一般管径在 150mm 以下镀锌管路（如水、煤气管），常用螺纹连接的方法。螺纹连接拆装方便，但易发生电化学腐蚀。

2. 法兰连接

法兰连接是工程上最常用的一种连接方式，法兰与钢管通过螺纹或焊接在一起，铸铁管的法兰则与管身铸为一体，法兰与法兰之间装上密封垫片，比较常用的垫片材料有石棉板、橡胶或软金属片等。其优点是拆装方便，密封可靠，适用的温度、压力、管径范围大，缺点是价格稍高。法兰连接主要用于需要拆卸、检修的管路上，例如水泵、水表、阀门等带法兰盘的附件在管路上的安装。

3. 承插式连接

承插式连接适用于铸铁管、陶瓷管和水泥管，它是将管子的小端插在另一根管子大端的插套内，然后在连接处的环隙内填入麻绳、水泥或沥青等密封物质。它的优点是安装比较方便，允许两个管段的中心线有少许偏差，缺点是难以拆卸，耐压不高，主要用于埋在地下的给排水管道中。铸铁管、混凝土管、缸瓦管、塑料管等常用承插式连接，承插接口根据使用的材料不同分为铅接口、石棉水泥接口、沥青水泥接口、膨胀性填料接口、水泥砂浆接口、柔性胶圈接口等。

4. 焊接连接

焊接连接是比较经济、方便、严密的一种连接方式。煤气管和各种压力管路（蒸汽、压缩空气、真空）以及输送物料的管路都应当尽量采用焊接，但它只能用在不需拆卸的场合。为了检修的方便，绝不能把全部管路都采用焊接。同时，在易燃易爆车间，也不宜用焊接方式连接管路。

五、管路的布置和安装

管路在布置和安装时，要从安装、检修、操作方便，安全，费用和设备布置，物料性质，建筑结构，美观等诸多方面进行综合考虑。因此，管路的布置和安装应遵守一定的原则。

（一）管子及管件的选择

前已述及，化工管路已经标准化，压力标准和直径标准是制定其他标准的依据，也是选择管子、管件和阀门等附件的依据，已由国家标准详细规定，使用时可查阅有关手册。管子、管件和阀门等应尽量采用标准件，以便于安装和维修。

（二）管路布置和安装原则

1. 管路的安装

管路的安装应保证横平竖直，其偏差不大于15mm/10m，但其全长偏差不大于50mm，垂直管偏差不能大于10mm。

各种管线应平行铺设，便于共用管架；要尽量走直线，少拐弯，少交叉，以节约管材，减少阻力，同时力求做到整齐美观。但平行管路的排列应考虑管路之间的相互影响，一般要求热管路在上，冷管路在下；无腐蚀的管路在上，有腐蚀的管路在下；输气的管路在上，输液的管路在下；不经常检修的管路在上，经常检修的管路在下；高压管路在上，低压管路在下；保温的管路在上，不保温的管路在下；金属管路在上，非金属管路在下；在水平方向上，通常使常温管路、大管路、振动大的管路及不经常检修的管路靠近墙或柱子。

为了减少基建费用，便于安装与检修，以及操作上的安全，除下水道、上水总管和煤气总管外，管路铺设应尽可能采用明线。上下水管及废水管埋地铺设时，埋地安装深度应当在当地冰冻线以下。

2. 管件与阀门的排列

为了便于安装与检修，并列管道上的管件和阀门应互相错开。所有管线，特别是输送腐蚀性流体的管道，在穿越通道时，不得装设各种管件、阀门等可拆卸连接，以防止因滴漏而造成对人体的伤害。

3. 管与墙的安装距离

在车间内，管路应尽可能沿厂房墙壁安装，管与管之间、管与墙之间的距离要以容纳活接管或法兰，以便于维修为宜，具体数据见表1-3。

表1-3 管与墙的安装距离 单位：mm

公称直径	25	40	50	80	100	125	150
管中心与墙的距离	120	150	170	170	190	210	230

4. 管路的安装高度

管路距地面的高度以便于检修为准，但管路通过人行道时高度不得低于2m，通过公路时不得低于4.5m，通过铁轨时不得低于6m，通过工厂主要交通干线一般为5m。

5. 管路的跨度

管路之间应有适当的距离，以便于安装、操作、巡查与检修。不同管径的跨度（两支座之间的距离）应不同。两管路的最突出部分间距净空，中压保持40～60mm，高压保持70～90mm，并排管路上安装手轮操作阀门时，手轮间距约100mm。

6. 管路防静电措施

静电是一种常见的带电现象，输送易燃易爆物料时，由于物料流动时常有静电产生而使管路成为带电体。为了防止静电积聚，必须将管路可靠接地。对蒸汽输送管路，每隔一段距离应安装凝液排放装置。

7. 管路的热补偿

当管路工作温度与安装时的温度相差较大时，由于热胀冷缩的作用，管路可能变形、弯曲，甚至破裂。通常管路在335K以上工作时，应当考虑安装伸缩器以解决冷热变形的补偿问题。管路的热补偿方法主要有两种：一是依靠弯管的自然补偿；二是利用补偿器进行补偿，常用的补偿器有回折管式补偿器、波形补偿器、填料式补偿器等，如图1-15所示。

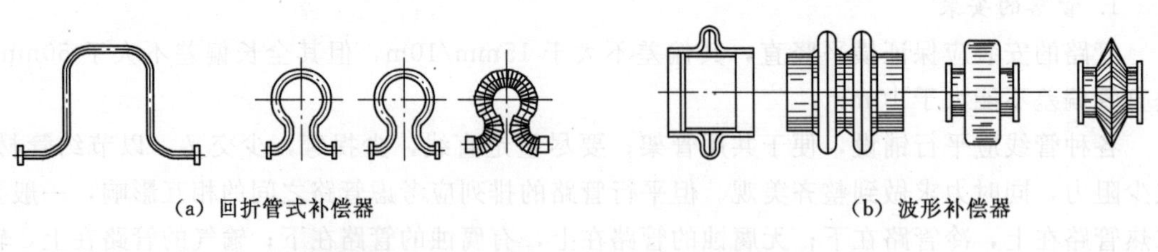
(a) 回折管式补偿器　(b) 波形补偿器

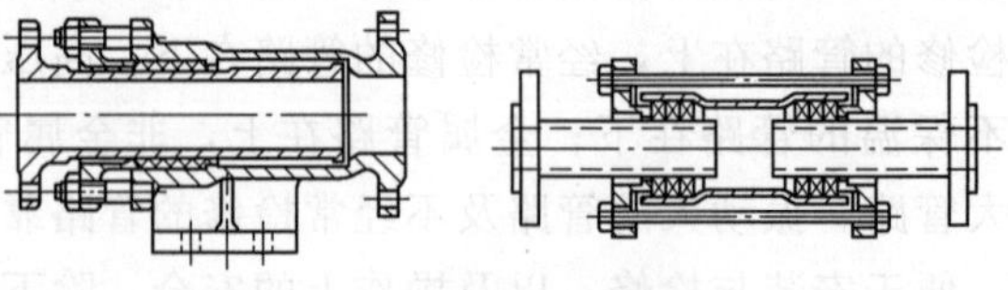
(c) 填料式补偿器

图1-15 热补偿器

8. 管路的保温与涂色

为了维持生产所需要的高温或低温条件，节约能源，保证劳动条件，必须减少管路与环境的热量交换，即管路的保温。保温的方法是在管道外包上一层或多层保温材料，参见有关文献。

工厂中的管路很多，为了方便操作者区别各种类型的管道，常在管外（保护层外或保温层外）涂上不同的颜色，称为管路的涂色。具体颜色可查阅有关文献。

9. 管路的防腐

管道的防腐可采用防腐涂料措施，也可采用在金属管表面镀锌、镀铬以及在金属管内加耐腐蚀衬里（如橡胶、塑料、铅、玻璃）等措施。

10. 管路的水压试验

管路在投入运行之前，必须保证其强度和严密性符合要求。因此，管路安装完毕后，应做强度和严密性试验，验证是否有漏气或漏液现象。未经试验合格，焊缝和连接处不得涂漆和保温。

管路在第一次使用时需用压缩空气或惰性气体吹扫。

11. 特殊管路的安装

对于各种非金属管路及特殊介质管路的布置和安装，还应考虑某些特殊问题，如聚氯乙烯管应避开热的管路，氧气管路在安装前应脱油等。

（三）管路、阀门常见故障与处理

管路常见故障及其处理方法见表1-4。

表1-4 管路常见故障及其处理方法

常见故障	原　因	处　理　方　法
管泄漏	裂纹、空洞（管内外腐蚀、磨损）、焊接不良	装旋塞、缠带、打补丁、箱式堵漏、更换
管堵塞	不能关闭，杂质堵塞	阀或管段热接旁通，设法清除杂质
管振动	流体脉动、机械振动	用管支撑固定或撤掉管支撑件，但必须保证强度
管弯曲	管支撑不良	用管支撑固定或撤掉管支撑件，但必须保证强度
法兰泄漏	螺栓松动，密封垫片损坏	箱式堵漏，紧固螺栓；更换密封垫片、法兰
阀泄漏	压盖填料不良，杂质附着在其表面	紧固填料函，更换压盖填料；更换阀部件或阀

阀门异常现象及其处理方法见表1-5。

表1-5 阀门异常现象及其处理方法

异常现象	发　生　原　因	处　理　方　法
填料函泄漏	①压盖松； ②填料装得不严； ③阀杆磨损或腐蚀； ④填料老化失效或填料规格不对	①均匀压紧填料，拧紧螺母； ②采用单圈，错口顺序填装； ③更换新阀杆； ④更换新填料
密封面泄漏	①密封面之间有脏物粘贴； ②密封面锈蚀磨伤； ③阀杆弯曲使密封面错开	①反复微开、微闭冲走或冲洗干净； ②研磨锈蚀处或更新； ③调直后调整
阀杆转动不灵活	①填料压得过紧； ②阀杆螺纹部分太脏； ③阀体内部积存结疤； ④阀杆弯曲或螺纹损坏	①适当放松压盖； ②清洗擦净脏物； ③清理积存物； ④调直修理

续表

异常现象	发 生 原 因	处 理 方 法
安全阀灵敏度不高	①弹簧疲劳； ②弹簧级别不对； ③阀体内水垢结疤严重	①更换新弹簧； ②按压力等级选用弹簧； ③彻底清理
减压阀压力自调失灵	①调节弹簧或膜片失效； ②控制通路堵塞； ③活塞或阀芯被锈斑卡住	①更换新件； ②清理干净； ③清洗干净，打磨光滑
机电机构动作不协调	①行程控制器失灵； ②行程开关触点接触不良； ③离合器未啮合	①检查调节控制装置； ②修理接触片； ③拆卸修理

项目二

流体力学基本方程的应用

流体力学基本方程是以流体为研究对象来研究流体静止和流动时的规律，并着重研究这些规律在工程实践中的应用。

任务一 流体的主要物理量

流体无论是静止的还是流动的，在此过程中所发生的一切现象和表现都与流体的物理量有关。因此，流体的物理量是研究流体的基本出发点。在流体力学中，有关流体的物理量主要有以下几个。

一、流体的密度、相对密度和比体积

单位体积流体所具有的质量称为流体的密度，其表达式为

$$\rho=\frac{m}{V} \tag{1-2}$$

式中 ρ——流体的密度，kg/m^3；

m——流体的质量，kg；

V——流体的体积，m^3。

流体的密度数据，可从有关手册中查到。本书附录中列有某些流体的密度，供练习查用。

（一）液体的密度

一般液体可以看成不可压缩性流体，其密度基本不随压力变化而变化，但随温度变化而变化。大多数液体的密度随温度升高而下降，因此，选用液体的密度时必须注意该液体所处的温度。常见液体的密度可从有关手册中查到。

1. 纯液体的密度

纯液体的密度可用仪器测量，通常采用比重计法（相对密度计法）和测压管法。

相对密度是相对密度计的读数，用符号 d_4^{20} 表示，指流体密度与4℃水的密度之比，即

$$d_4^{20}=\frac{\rho}{\rho_{水}} \tag{1-3}$$

式中 ρ——液体在 t℃时的密度；

$\rho_水$——水在4℃时的密度。

由式（1-3）可知，相对密度是一个比值，没有单位。因为水在4℃时的密度为1000kg/m³，所以$\rho=1000d_4^{20}$，即将相对密度值乘以1000即得该液体的密度ρ，单位kg/m³。

2. 混合液体的密度

混合液体的密度的准确值要用实验方法求得。如果液体混合时体积变化不大，则工程计算时可用下式求得混合液体密度的近似值：

$$\frac{1}{\rho_{混}}=\sum_{i=1}^{n}\frac{w_i}{\rho_i} \tag{1-4}$$

式中 $\rho_{混}$——液体混合物的密度，kg/m³；

ρ_i——液体混合物中i组分的密度，kg/m³；

w_i——液体混合物中i组分的质量分数。

【例1-1】 在一内径为700mm、高为1000mm的圆筒铁桶内盛满煤油。已知煤油的相对密度为0.80，求桶内煤油的质量为多少千克？

解：由式$\rho=m/V$，得$m=\rho V$。

煤油的密度 $\rho=1000d_4^{20}=1000\times0.80=800(\text{kg/m}^3)$

煤油的体积 $V=0.785d^2h=0.785\times0.7^2\times1=0.385(\text{m}^3)$

煤油的质量 $m=\rho V=800\times0.385=308(\text{kg})$

【例1-2】 已知甲醇水溶液中，甲醇占80%，水占20%（均为质量分数）。求此甲醇水溶液在20℃时的密度近似值。

解：令甲醇为第1组分，水为第2组分。已知$w_1=0.8$，$w_2=0.2$，查附录二，在20℃时，$\rho_1=791\text{kg/m}^3$，$\rho_2=998\text{kg/m}^3$。

将w_i、ρ_i值代入式（1-4）得

$$\frac{1}{\rho_{混}}=\frac{0.8}{791}+\frac{0.2}{998}$$
$$=0.001011+0.0002$$
$$=0.001211$$

所以 $$\rho_{混}=\frac{1}{0.001211}=825.8(\text{kg/m}^3)$$

（二）气体的密度

1. 纯气体的密度

气体是可压缩性流体，其密度随压强和温度而变化，因此气体的密度必须标明其状态。从手册中查得的气体密度往往是某一指定条件下的数值，这就需要将查得的密度换算成操作条件下的密度。一般当压强不太高、温度不太低时，也可按理想气体来处理，即可用下式计算：

$$\rho=\frac{pM}{RT}=\frac{M}{22.4}\frac{pT_0}{p_0T} \tag{1-5}$$

式中 p——气体的绝对压力，kPa；

M——气体的摩尔质量，kg/kmol；

T——气体的热力学温度，K；

R——通用气体常数，8.314kJ/(kmol·K)；

T_0、p_0——标准状态，即273K、101.3kPa。

2. 混合气体的密度

计算混合气体的密度时，应以混合气体的平均摩尔质量$M_{均}$代替M。

$$\rho=\frac{pM_{均}}{RT} \tag{1-6}$$

$$M_{均}=\sum_{i=1}^{n}y_iM_i \tag{1-7}$$

式中 y_i——混合气体中各组分的摩尔分数（体积分数或压强分数）；

M_i——混合气体中各组分的摩尔质量，kg/kmol。

【例1-3】 已知空气的组成为21% O_2 和79% N_2（均为体积分数），试求在100kPa和400K时空气的密度。

解： 空气为混合气体，先求$M_{均}$，即

$$M_{均}=M_1y_1+M_2y_2$$

已知

$$M_1=M_{O_2}=32\text{kg/kmol},\quad y_1=y_{O_2}=0.21$$

$$M_2=M_{N_2}=28\text{kg/kmol},\quad y_2=y_{N_2}=0.79$$

所以据式（1-7）得

$$M_{均}=0.21\times32+0.79\times28=28.84(\text{kg/kmol})$$

已知

$$p=100\text{kPa},\ T=400\text{K},\ R=8.314\text{kJ/(kmol}\cdot\text{K)}$$

所以据式（1-6）得

$$\rho=\frac{100\times28.84}{8.314\times400}=0.867(\text{kg/m}^3)$$

（三）比体积

单位质量流体所具有的体积称为流体的比体积，用符号ν表示，习惯称为比容。显然，比体积就是密度的倒数，其单位为m^3/kg。表达式为

$$\nu=\frac{V}{m}=\frac{1}{\rho} \tag{1-8}$$

二、流体的压强

（一）压强的定义

流体垂直作用于单位面积上的力，称为流体压力强度，亦称为流体静压强，简称压强。用符号p表示压强，A表示面积，F为流体垂直作用于面积上的力。则压强为

$$p=\frac{F}{A} \tag{1-9}$$

式中 p——作用在该表面上的压力，N/m^2，即Pa；

F——垂直作用于表面的力，N；

A——作用面的面积，m^2。

（二）压强的单位

在国际单位制SI中，压力的单位是帕斯卡，以Pa或N/m^2表示。工程上有时沿用其他单位，如atm（标准大气压）、流体柱高度（mmHg）、kgf/cm^2等，其换算关系如下：

$$1\text{atm}=101.3\text{kPa}=1.033\text{kgf/cm}^2=760\text{mmHg}=10.33\text{mH}_2\text{O}$$

以某流体的流体柱高度表示流体的压力，必须指明流体的种类（如 mmHg、mH_2O 等）及温度，才能确定压强 p 的大小，否则即失去表示压强的意义。其关系式为

$$p=h\rho g \tag{1-10}$$

式中 h——液柱的高度，m；

ρ——液体的密度，kg/m^3；

g——重力加速度，m/s^2。

（三）压强的表达方式

压强在实际应用中可有三种表达方式：绝对压强、表压强和真空度。

1. 绝对压强（简称绝压）

绝对压强是指流体的真实压强。更准确地说，它是以绝对真空为基准测得的流体压强。

2. 表压强（简称表压）

表压强是指工程上用测压仪表以当时、当地大气压强为基准测得的流体压强。压力表测量的是测压处与环境的压力之差，通常称为表压。

表压强＝绝对压强－(外界)大气压强

3. 真空度

当被测流体内的绝对压强小于当地（外界）大气压强时，使用真空表进行测量时真空表上的读数即为真空度。真空表测量的是环境与测压处的压力之差，通常称为真空度。

真空度＝(外界)大气压强－绝对压强

因此，由压力表或真空表上得出的读数必须根据当时、当地的大气压强进行校正，才能得到测点的绝对压强。

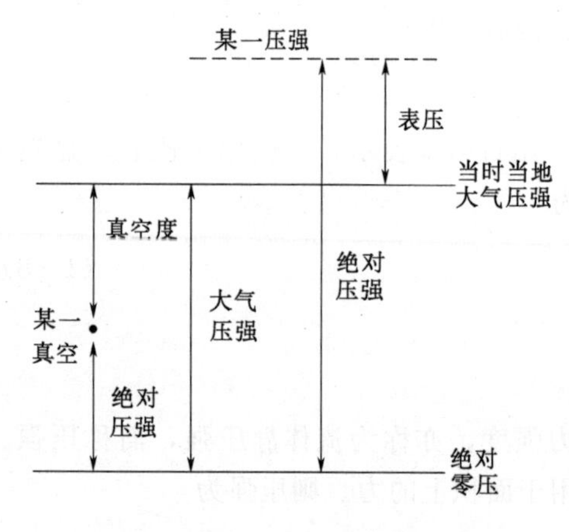

图 1-16 绝对压强、表压强和真空度的关系

绝对压强、表压强与真空度之间的关系，可以用图 1-16 表示。

为了避免绝对压强、表压强与真空度三者关系混淆，在以后的讨论中规定，对表压强和真空度均加以标注，如 1000Pa（表压）、650mmHg（真空度）。如果没有注明，即为绝对压强。

【例 1-4】 已知甲地区的大气压力为 640mmHg，乙地区的大气压力为 760mmHg。在甲地区的某真空精馏塔操作时，塔顶真空表的读数为 620mmHg。在乙地区操作时，若要求塔内维持相同的绝对压力，塔顶真空表的读数应为多少？

解：根据甲地区的条件，求得操作时塔顶的绝对压强为

绝对压强＝大气压强－真空度＝640－620＝20(mmHg)

在乙地区操作时，维持同样绝对压强，则

真空度＝大气压强－绝对压强＝760－20＝740(mmHg)

【例 1-5】 某设备进出口侧压仪表的读数分别为 30mmHg（真空度）和 600mmHg（表压），求两处的绝对压强差（kPa）。

解：出口绝对压强 p_2 大于大气压强，而进口绝对压强 p_1 小于大气压强。

$$
\begin{aligned}
p_2 - p_1 &= (p + p_{2表}) - (p - p_{1真}) \\
&= p_{2表} + p_{1真} \\
&= 600 + 30 = 630(\text{mmHg}) = 84(\text{kPa})
\end{aligned}
$$

应当注意，在计算时表压强和真空度的单位要一致。

三、流量与流速

流量与流速是描述流体流动规律的参数。

（一）流量

单位时间内流经管道任一截面的流体量称为流体的流量，常用体积流量和质量流量来表示。

1. 体积流量

单位时间内流经管道任一截面的流体体积称为体积流量，用符号 q_V 表示，单位是 m^3/s 或 m^3/h。测定流量的简便方法是，在管道出口处测出在时间 τ 内流出的流体总体积 V，由下式求出体积流量：

$$q_V = \frac{V}{\tau} \tag{1-11}$$

因气体的体积随温度和压力而变化，故气体的体积流量应注明温度、压力。

2. 质量流量

单位时间内流经管道任一截面的流体质量称为质量流量，用符号 q_m 表示，单位是 kg/s 或 kg/h，由下式求出质量流量：

$$q_m = \frac{m}{\tau}$$

质量流量与体积流量的关系为

$$q_m = q_V \rho \tag{1-12}$$

（二）流速

单位时间内流体在流动方向流过的距离称为流速，常用平均流速和质量流速来表示。

1. 平均流速

实验证明，流体流经管道截面上各点的流速是不同的，管道中心处的流速最大，越靠近管壁流速越小，在管壁处流速为零。流体在截面上某点的流速，称为点速度。流体在同一截面上各点流速的平均值，称为平均流速。在工程计算中常说的流速指的是平均流速，以符号 u 表示，单位为 m/s。

流速与流量的关系为

$$u = \frac{q_V}{A} = \frac{q_m}{\rho A} \tag{1-13a}$$

或者

$$q_V = uA \tag{1-13b}$$

$$q_m = u\rho A \tag{1-13c}$$

式中　A——流通截面积，m^2。

2. 质量流速

质量流量与管道截面积之比称为质量流速，以符号 G 表示，其单位为 $kg/(m^2 \cdot s)$，表达式为

$$G=\frac{q_m}{A}=\frac{q_V\rho}{A}=u\rho \tag{1-14}$$

质量流速的物理意义是：单位时间内流过管道单位截面积的流体质量。

【例 1-6】 某厂要求安装一根输水量为 $25m^3/h$ 的管道，试选择一合适的管子。

解： 已知 $q_V=\frac{25}{3600}m^3/s$，取适宜流速 $u=1.5m/s$，代入式（1-1），则

$$d=\sqrt{\frac{q_V}{0.785u}}=\sqrt{\frac{25}{3600\times0.785\times1.5}}=0.077(m)=77mm$$

参考本书附录十九，选公称直径为 80mm（英制 3″）的管子，或表示为 $\phi88.5\times4mm$，该管子外径为 88.5mm，壁厚为 4mm，则内径为

$$d=88.5-2\times4=80.5(mm)$$

水在管中的实际流速为

$$u=\frac{q_V}{\frac{\pi}{4}d^2}=\frac{\frac{25}{3600}}{0.785\times0.0805^2}=1.37(m/s)$$

所以在适宜流速范围内，该管子合适。

四、流体的黏度

（一）流体的黏性

流体流经固体壁面时，由于流体对壁面有附着力作用，因此在壁面上黏附着一层静止的流体，同时在流体内部分子间是有吸引力的，所以，当流体流过壁面时，壁面上静止的流体层对于其相邻的流体层的流动有约束作用，使该层流体流速变慢，离开壁面越远其约束作用越弱，这种流速的差异造成流体内部各层之间的相对运动。

由于流体层与流体层之间产生相对运动，流得快的流体层对于其相邻流得慢的流体层产生一种牵引力，而流得慢的流体层对于其相邻流得快的流体层则产生一种阻碍力。上述这两种力是大小相等而方向相反的。因此，流体流动时，流体内部相邻两层之间必然有上述相互作用的剪应力存在，这种力称为内摩擦力。流体流动时产生内摩擦的性质称为流体的黏性。黏性大的流体流动性差，黏性小的流体流动性好。

黏性是流体的固有属性，流体无论是静止还是流动，都具有黏性。

（二）牛顿黏性定律

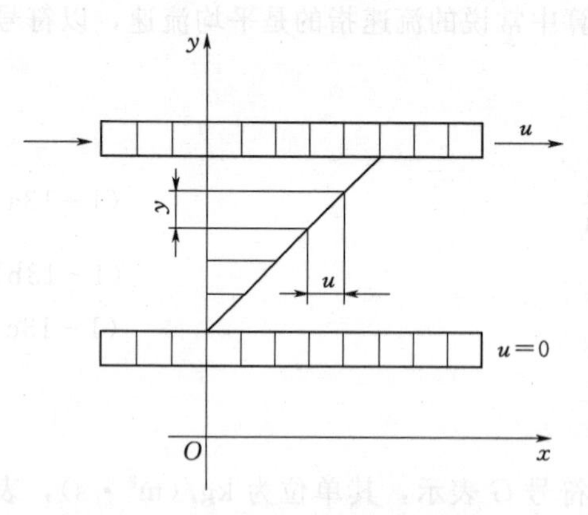

图 1-17 平板间液体速度变化

如图 1-17 所示，有上下两块平行放置且面积很大而相距很近的平板，板间充满某种液体。若将下板固定，而对上板施加一个恒定的外力 F，上板就以恒定速度 u 沿 x 方向运动。此时，两板间的液体就会分成无数平行的薄层而运动，黏附在上板底面的一薄层液体也以速度 u 随上板运动，其下各层液体的速度依次降低，黏附在下板表面的液层速度为零，流体相邻层间的内摩擦力即为 F。实验证明，流体在圆管内流动时，内摩擦力 F 与两流体层的速度差 Δu 成正比，与两层之间的垂

直距离 Δy 成反比，与两层之间的接触面积 S 成正比，即

$$F=\mu\frac{du}{dy}S \tag{1-15}$$

式中 $\frac{du}{dy}$——速度梯度，即在流动方向相垂直的 y 方向上流体流速的变化率；

μ——比例系数，称为黏性系数或动力黏度，简称黏度。

若单位流层面积上的内摩擦力称为剪应力，以 τ 表示，则

$$\tau=\frac{F}{S}=\mu\frac{du}{dy} \tag{1-16}$$

式（1－16）称为牛顿黏性定律，即流体层间的剪应力与速度梯度成正比。

剪应力与速度梯度的关系符合牛顿黏性定律的流体，称为牛顿型流体，包括所有气体和大多数液体；不符合牛顿黏性定律的流体称为非牛顿型流体，如高分子溶液、胶体溶液及悬浮液等。

（三）流体的黏度

黏性大的流体不易流动，从桶底把一桶油放完比一桶水放完要慢得多。其原因是油的黏性比水大，即流动时内摩擦力较大，因而流体阻力较大，流速较小。衡量流体黏性大小的物理量称为黏性系数或动力黏度，简称黏度，用符号 μ 表示。

1. 黏度的单位

流体的黏度可由实验测定或从手册上查到。在物理单位制中黏度的单位为（$dyn\cdot s/cm^2$），专用名称为泊，用符号 P 表示。由于泊的单位太大，一般常用的是厘泊（cP）。

$$1P=100cP$$

在 SI 制中黏度的单位为（$N\cdot s/m^2$）或（$Pa\cdot s$）。物理单位制中黏度的单位与 SI 制中黏度单位的换算关系如下：

$$1Pa\cdot s=10P=1000cP=1000mPa\cdot s \quad 或者 \quad 1cP=1mPa\cdot s$$

流体的黏度随温度而变化。液体的黏度随温度的升高而降低；气体则相反，黏度随温度的升高而增大。

压力对液体黏度的影响可忽略不计；气体的黏度只有在极高或极低的压力下才有变化，一般情况下可以忽略。

2. 混合液体的黏度

在缺乏实验数据时，混合液体的黏度可选用经验公式估算。

（1）对于分子不缔合的液体混合物，可用以下经验公式估算：

$$\lg\mu=\sum x_i\lg\mu_i \tag{1-17}$$

式中 μ——混合液的黏度，$Pa\cdot s$；

x_i——混合液中组分的摩尔分数；

μ_i——混合液中组分的黏度，$Pa\cdot s$。

（2）对于低压下的混合气体，可用以下经验公式估算：

$$\mu=\frac{\sum y_i\mu_i M_i^{\frac{1}{2}}}{\sum y_i M_i^{\frac{1}{2}}} \tag{1-18}$$

式中 μ——混合气体的黏度，Pa·s；

μ_i——混合气体中组分的黏度，Pa·s；

y_i——混合气体中组分的摩尔分数；

M_i——混合气体中组分的分子量，即千摩尔质量，kg/kmol。

任务二 流体静力学基本方程式及其应用

一、流体静力学基本方程式

1. 流体静力学基本方程式的推导

静止的流体是在重力和压力的作用下达到静力平衡，因而处于相对静止状态。由于重力就是地心引力，可以看作是不变的，起变化的是压力。用以表述静止流体内部压力变化规律的公式就是流体静力学基本方程式。

如图1-18所示，容器内装有密度为ρ的液体，液体可认为是不可压缩流体，其密度不随压力变化。在静止液体中取一段液柱，其截面积为$A(m^2)$，以容器底面为基准水平面，液柱的上、下端面与基准水平面的垂直距离分别为$z_1(m)$和$z_2(m)$，作用在上、下两端面的压力分别为p_1和p_2。

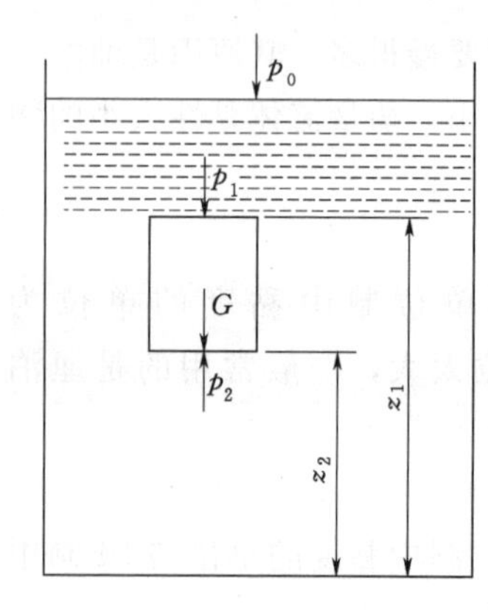

图1-18 流体静力学基本方程式的推导

重力场中在垂直方向上对液柱进行受力分析：

(1) 上端面所受总压力$P_1=p_1A$，方向向下。

(2) 下端面所受总压力$P_2=p_2A$，方向向上。

(3) 液柱的重力$G=\rho gA(z_1-z_2)$，方向向下。

液柱处于静止时，上述三项力的合力应为零，即

$$p_2A-p_1A-\rho gA(z_1-z_2)=0$$

整理并消去A得

$$p_2=p_1+\rho g(z_1-z_2) \tag{1-19a}$$

变形得

$$\frac{p_1}{\rho}+z_1g=\frac{p_2}{\rho}+z_2g \tag{1-19b}$$

若将液柱的上端面取在容器内的液面上，设液面上方的压力为p_0，液柱高度为h，则式(1-19a)可改写为

$$p_2=p_0+\rho gh \tag{1-19c}$$

式(1-19a)~式(1-19c)均称为静力学基本方程式，其中式(1-19a)为压力形式，式(1-19b)为能量形式。

2. 流体静力学基本方程式的讨论

(1) 适用条件：静力学基本方程式适用于在重力场中静止、连续的同种不可压缩流体，如液体。对于气体而言，密度随压力变化而变化，但若气体的压力变化不大，密度近似地取其平均值而视为常数时，式(1-19a)~式(1-19c)也适用。

(2) 在静止的液体中，液体任一点的压力与液体密度和其深度有关。液体密度越大，深度越大，则该点的压力越大。

(3) 在静止的、连续的同一液体内，处于同一水平面上各点的压力均相等。此压力相等的截面称为等压面。

(4) 压力具有传递性：当液体上方的压力 p_0 或液体内部任一点的压力 p_1 有变化时，液体内部各点的压力 p_2 也发生相应的变化。

(5) 式（1-19b）中，zg、$\frac{p}{\rho}$分别为单位质量流体所具有的位能和静压能，此式反映出在同一静止流体中，处在不同位置流体的位能和静压能各不相同，但总和恒为常量。因此，静力学基本方程式也反映了静止流体内部能量守恒与转换的关系。

(6) 式（1-19c）可改写为

$$\frac{p_2-p_0}{\rho g}=h \tag{1-20}$$

说明压力或压力差可用液柱高度表示，此为前面介绍压力的单位可用液柱高度表示的依据。但需注明液体的种类。

【例 1-7】 如图 1-19 所示的开口容器内盛有油和水。油层高度 $h_1=0.7\text{m}$、密度 $\rho_1=800\text{kg/m}^3$，水层高度 $h_2=0.6\text{m}$、密度 $\rho_2=1000\text{kg/m}^3$。

(1) 判断下列两关系是否成立：$p_A=p_{A'}$；$p_B=p_{B'}$。

(2) 计算水在玻璃管内的高度 h。

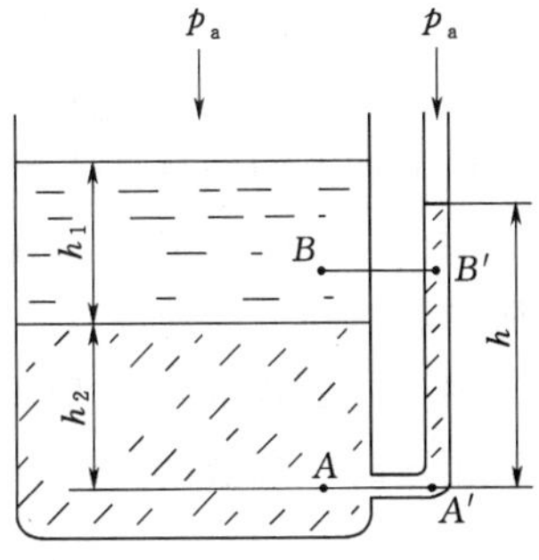

图 1-19 ［例 1-7］图

解：(1) $p_A=p_{A'}$ 的关系成立。因 A 与 A' 两点在静止的连续的同一流体内，并在同一水平面上。所以截面 $A-A'$ 称为等压面。

$p_B=p_{B'}$ 的关系不能成立。因 B 与 B' 两点虽在静止流体的同一水平面上，但不是连续的同一种流体，即截面 $B-B'$ 不是等压面。

(2) 由上面讨论知，$p_A=p_{A'}$，而 $p_A=p_{A'}$ 都可以用流体静力学基本方程式计算，即

$$p_A=p_a+\rho_1 gh_1+\rho_2 gh_2$$

$$p_{A'}=p_a+\rho_2 gh$$

于是

$$p_a+\rho_1 gh_1+\rho_2 gh_2=p_a+\rho_2 gh$$

简化上式并将已知值代入，得

$$800\times0.7+1000\times0.6=1000h$$

解得 $h=1.16\text{m}$。

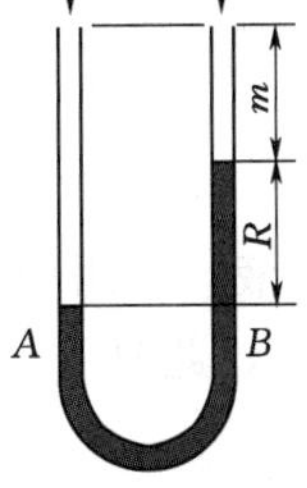

二、流体静力学基本方程的应用

利用流体静力学基本原理可以测量流体的压力或压力差、容器中液位及计算液封高度等。

（一）压力及压力差的测量

1. U 形压差计

图 1-20 U形压差计

U 形压差计的结构如图 1-20 所示。它是一根 U 形玻璃，内装指示液。要求指示液与被测流体不互溶，不起化学反应，且其密度大于被测流体密度。常用的指示液有汞、四氯化碳、水和液态石蜡等，应根据被测流

体的种类和测量范围合理选择指示液。

当用U形压差计测量设备内两点的压差时，可将U形管两端与被测两点直接相连，利用R的数值就可以计算出两点间的压力差。

设指示液的密度为ρ_0，被测流体的密度为ρ。流体作用在两支管口的压力为p_1和p_2，且$p_1>p_2$，则必使左支管内的指示液液面下降，而右支管内的指示液液面上升，稳定时显示出读数，由读数R可求出U形管两端的流体压差p_1-p_2。

由图1-20可知，A和B点在同一水平面上，且处于连通的同种静止流体内，因此，A和B点的压力相等，即$p_A=p_B$，而

$$p_A=p_1+\rho g(m+R),\ p_B=p_2+\rho gm+\rho_0 gR$$

所以

$$p_1+\rho g(m+R)=p_2+\rho gm+\rho_0 gR$$

整理得

$$p_1-p_2=(\rho_0-\rho)gR \tag{1-21a}$$

若被测流体是气体，由于气体的密度远小于指示剂的密度，即$\rho_0-\rho\approx\rho_0$，则式（1-21a）可简化为

$$p_1-p_2\approx Rg\rho_0 \tag{1-21b}$$

式（1-21a）或式（1-21b）为用U形压差计测压力差的计算式。如果要测量某处的表压强或真空度也很方便，只需将U形压差计的一端与所测的部位相接，另一端与大气相通，此时测得的便是流体的表压强或真空度。

图1-21表示用U形压差计测量容器表压强的情况，此时U形压差计指示液的液面与测压口相连的一端液面低，与大气相通的一端液面高。读数值即为表压强。

图1-22表示用U形压差计测量容器负压的情况，此时U形压差计指示液的液面与测压口相连的一端液面高，与大气相通的一端液面低。读数值即为真空度。

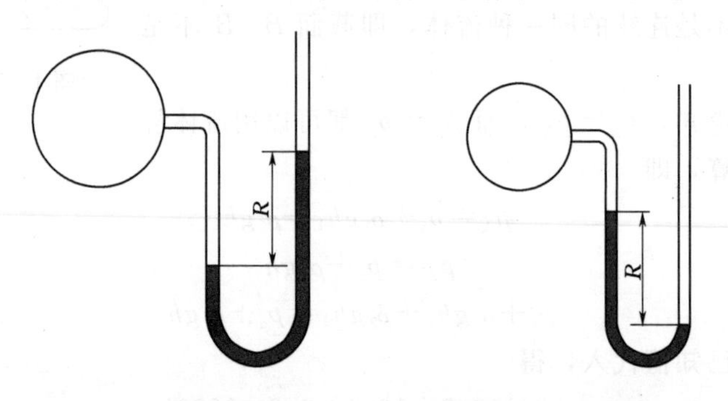

图1-21 测量表压强　　　图1-22 测量真空度

U形压差计所测压差或压力一般在1个大气压的范围内。其特点是构造简单，测压准确，价格低；但玻璃管易碎，不耐高压，测量范围狭小，读数不便。通常用于测量较低的表压强、真空度或压差。

2. 倒U形压差计

若被测流体为液体，也可选用比其密度小的流体（液体或气体）作为指示液，采用如图1-23所示的倒U形压差计形式。最常用的倒U形压差计是以空气作为指示液，此时

$$p_1-p_2=Rg(\rho-\rho_0)\approx Rg\rho$$

3. 斜管压差计

当所测量的流体压力差较小时，可将压差计倾斜放置，即为斜管压差计，用以放大读

数，提高测量精度，如图 1-24 所示。

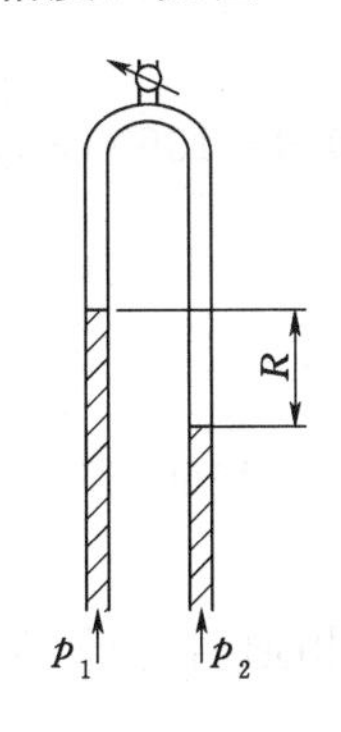

1-23　倒 U 形压差计

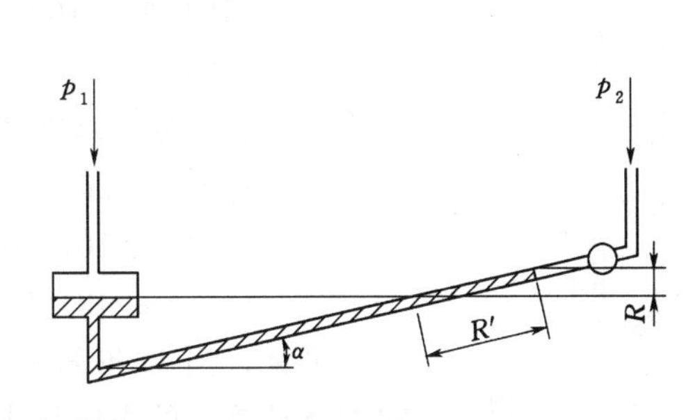

图 1-24　斜管压差计

此时，R 与 R' 的关系为

$$R'=\frac{R}{\sin\alpha} \tag{1-22}$$

式中　α——倾斜角，其值越小，则读数放大倍数越大。

4. 微差压差计

由式（1-21a）可以看出，若所测量的压力差很小，U 形压差计的读数 R 也就很小，有时难以准确读出 R 值。为了把读数 R 放大，除了在选用指示液时尽可能地使其密度与被测流体的密度相接近外，还可采用如图 1-25 所示的微差压差计。其特点是：压差计内装有两种密度相近且互不相溶的指示液 A 和 C（$\rho_A>\rho_C$），而指示液 C 与被测流体亦应不互溶；为了读数方便，在 U 形管的两侧臂顶端各装有扩大室。扩大室内径与 U 形管内径之比应大于 10。即使 U 形管内指示液 A 的液面差 R 很大，但两扩大室内指示液 C 的液面变化微小，可近似认为维持在同一水平面。

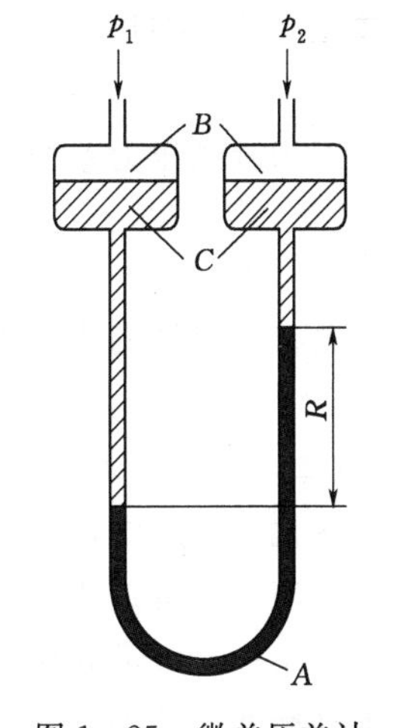

图 1-25　微差压差计

于是压力差 p_1-p_2 便可由下式计算：

$$p_1-p_2=(\rho_A-\rho_C)gR \tag{1-23}$$

从式（1-23）可知，适当选取 A、C 两种指示液，使 $\rho_A-\rho_C$ 较小，就可以保证较大的读数 R。工业上常用的双指示液有液态石蜡与工业酒精、苯甲醇与氯化钙溶液等。

【例 1-8】 如图 1-26 所示，水在水平管道内流动。为测量流体在某截面处的压力，直接在该处连接一个 U 形压差计，指示液为汞，读数 $R=250\text{mm}$，$m=900\text{mm}$。已知当地大气压为 101.3kPa，水的密度 $\rho=1000\text{kg/m}^3$，汞的密度 $\rho_0=13600\text{kg/m}^3$。试计算该截面处的压力（$g$ 取 9.81m/s^2）。

解： 图中 $A-B$ 面间为静止、连续的同种流体，且处于同一水平面，因此为等压面，即

$$p_A=p_B$$

而
$$p_B=p_a,\quad p_A=p+\rho gm+\rho_0 gR$$

于是
$$p_a=p+\rho gm+\rho_0 gR$$

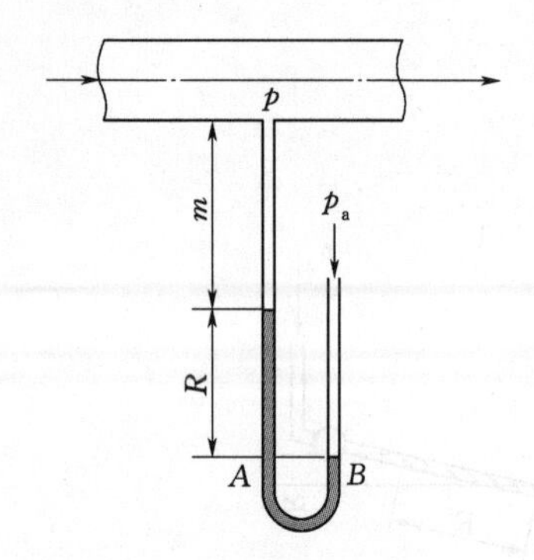

图 1-26 [例 1-7] 图

则截面处绝对压力

$$p = p_a - \rho g m - \rho_0 g R$$
$$= 101300 - 1000 \times 9.81 \times 0.9 - 13600 \times 9.81 \times 0.25$$
$$= 59117(\mathrm{Pa})$$

或直接计算该处的真空度

$$p_a - p = \rho g m + \rho_0 g R$$
$$= 1000 \times 9.81 \times 0.9 + 13600 \times 9.81 \times 0.25$$
$$= 42183(\mathrm{Pa})$$

可见，当U形管一端与大气相通时，U形压差计实际反映的就是该处的表压强或真空度。

U形压差计在使用时为防止汞蒸气向空气中扩散，通常在与大气相通的一侧汞液面上充入少量水，计算时其高度可忽略不计。

【例 1-9】 用U形压差计测量某气体流经水平管道两截面的压力差，指示液为水，密度为 $1000\mathrm{kg/m^3}$，读数 R 为 12mm。为了提高测量精度，改用微差压差计，指示液 A 为含 40%乙醇的水溶液，密度为 $920\mathrm{kg/m^3}$，指示液 C 为煤油，密度为 $850\mathrm{kg/m^3}$。问读数可以放大多少倍？此时读数为多少？

解： 用U形压差计测量时，被测流体为气体，可根据式（1-21b）计算：

$$p_1 - p_2 \approx R g \rho_0$$

用微差压差计测量时，可根据式（1-23）计算：

$$p_1 - p_2 = R' g(\rho_A - \rho_C)$$

因为所测压力差相同，联立以上两式，可得放大倍数

$$\frac{R'}{R} = \frac{\rho_0}{\rho_A - \rho_C} = \frac{1000}{920 - 850} = 14.3$$

此时微差压差计的读数为

$$R' = 14.3R = 14.3 \times 12 = 171.6(\mathrm{mm})$$

（二）液位的测量

在化工生产中，经常要了解容器内液体的储存量，或对设备内的液位进行控制，因此常常需要测量液位。测量液位的装置较多，但大多数遵循流体静力学基本原理。

图 1-27 所示的是利用U形压差计进行近距离液位测量装置。在容器或设备的外边设一个平衡器，其中所装的液体与容器中的相同，液面高度维持在容器中液面允许到达的最高位置。用一个装有指示液的U形压差计把容器和平衡器连通起来，压差计读数 R 即可指示出容器内的液面高度，关系为

$$h = \frac{\rho_0 - \rho}{\rho} R \tag{1-24a}$$

若容器或设备的位置离操作室较远，可采用图 1-28 所示的远距离液位测量装置。在管内通入压缩氮气，用调节阀调节其流量，测量时控制流量使在观察器中有少许气泡逸出。用U形压差计测量吹气管内的压力，其读数 R 的大小即可反映出容器内的液位高度，关系为

$$h = \frac{\rho_0}{\rho} R \tag{1-24b}$$

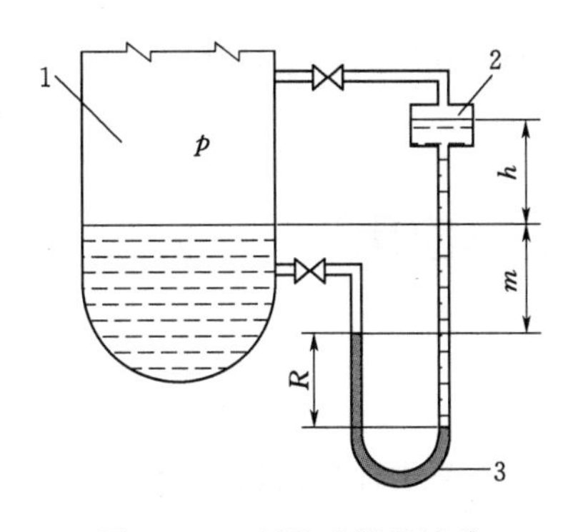

图 1-27　压差法测量液位

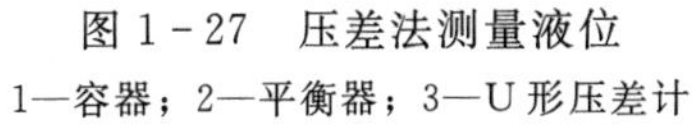
1—容器；2—平衡器；3—U 形压差计

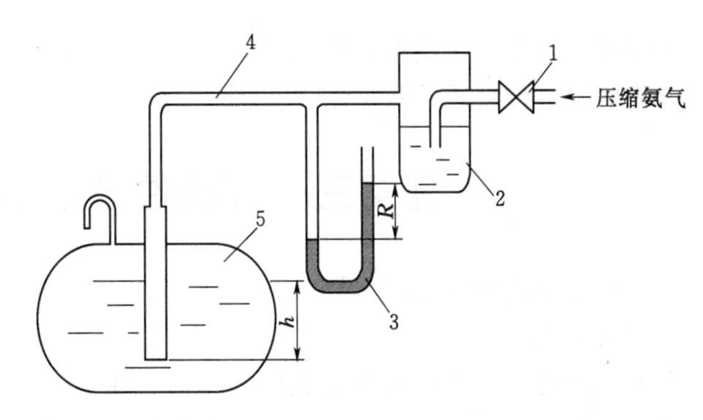

图 1-28　远距离液位测量

1—调节阀；2—吹泡观察器；3—U 形压差计；
4—吹气管；5—储槽

【例 1-10】 如图 1-29 所示的容器内存有密度为 850kg/m³ 的油，U 形压差计中的指示液为汞，读数 200mm。求容器内油面高度。

解：设容器上方气体压力为 p_0，油面高度为 h（指油面至 U 形管油侧指示液面间的距离），则

$$p_0 + h\rho g = p_0 + R\rho_0 g$$

即

$$h = \frac{R\rho_0}{\rho}$$

已知 $\rho = 800\text{kg/m}^3$，$\rho_0 = 13600\text{kg/m}^3$，故

$$h = 0.2 \times \frac{13600}{800} = 3.4(\text{mm})$$

（三）液封高度的计算

在化工生产中，为了控制设备内气体压力不超过规定的数值，常常使用安全液封（或称水封）装置，如图 1-30 所示。安全液封的作用主要有以下几点：

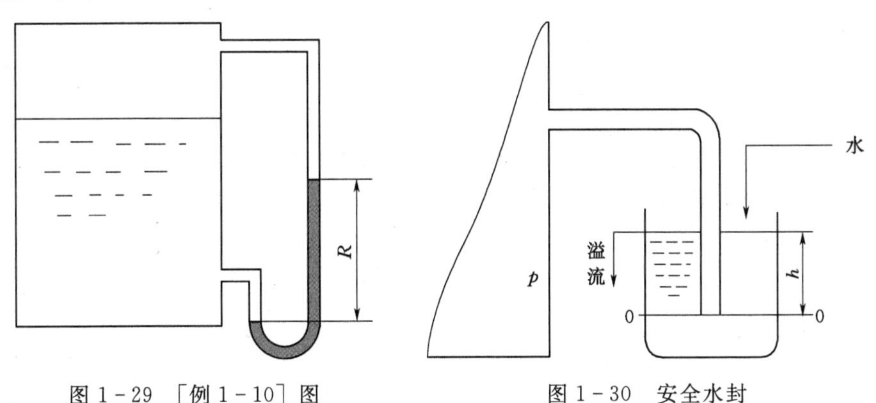

图 1-29 ［例 1-10］图　　图 1-30　安全水封

（1）当设备内压力超过规定值时，气体则从水封管排出，以确保设备操作的安全。

（2）防止气柜内气体泄漏。

液封高度可根据静力学基本方程计算。若要求设备内的压力不超过 p（表压），则水封管的插入深度 h 为

$$h = \frac{p}{\rho g} \tag{1-25}$$

在应用流体静力学基本方程式时，应当注意：①正确选择等压面；②计算时，方程式中各项物理量的单位必须一致。

任务三 连续性方程式及其应用

一、稳定流动与非稳定流动

1. 稳定流动

流体在流动时，任一截面处流体的流速、压力、密度等有关物理量仅随位置而改变，不随时间而变，这种流动称为稳定流动，也称为定态流动，如图 1-31 所示。

2. 非稳定流动

流体在流动时，任一截面处流体的流速、压力、密度等有关物理量不仅随位置而变，也随时间而变，这种流动称为非稳定流动，也称为不定态流动，如图 1-32 所示。

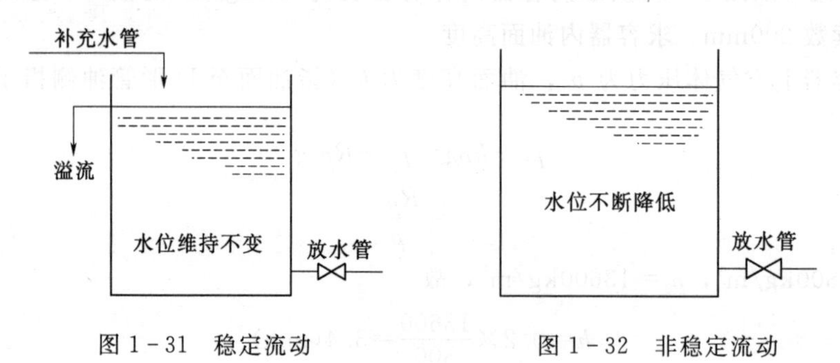

图 1-31 稳定流动　　图 1-32 非稳定流动

在化工生产中，流体输送操作多属于稳定流动，所以本模块只讨论稳定流动。

在化工厂中，连续生产的开、停车阶段，属于非稳定流动；而正常连续生产时，均属于稳定流动。本教材重点讨论稳定流动问题。

二、连续性方程式

当流体在密闭管路中作稳定流动时，既不向管中添加流体，也不发生漏损，则根据质量守恒定律，通过管路任一截面的流体质量流量应相等，这种现象称为流体流动的连续性。

如图 1-33 所示，在管路中任选一段锥形管，流体经此锥形管从截面 1-1 到截面 2-2 作稳定流动。流体完全充满管路，则物料衡算式为

$$q_{m1}=q_{m2}=\text{常数} \tag{1-26a}$$

$$u_1\rho_1A_1=u_2\rho_2A_2 \tag{1-26b}$$

推广至任意截面有

$$q_m=\rho_1u_1A_1=\rho_2u_2A_2=\cdots=\rho uA=\text{常数} \tag{1-26c}$$

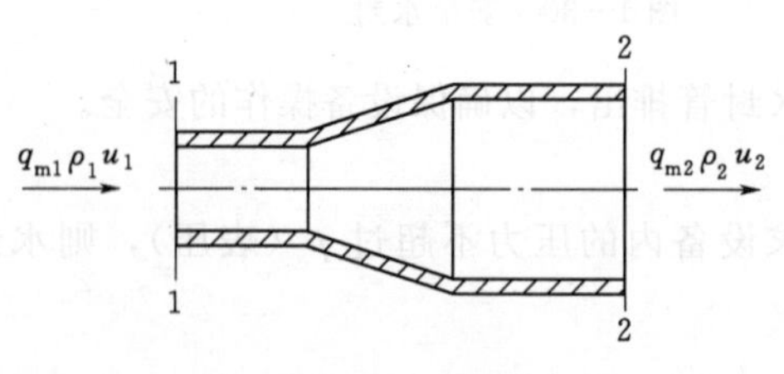

图 1-33 流体的稳定流动

式 (1-26a)～式 (1-26c) 均称为连续性方程，表明在稳定流动系统中，流体流经各截面时的质量流量恒定。

对不可压缩流体，ρ=常数，连续性方程可写为

$$q_V=u_1A_1=u_2A_2=\cdots=uA=\text{常数} \tag{1-27a}$$

式（1-27a）表明不可压缩性流体流经各截面时的体积流量也不变，流速 u 与管截面积成反比，截面积越小，流速越大；反之，截面积越大，流速越小。

对于圆形管道，式（1-27a）可变形为

$$\frac{u_1}{u_2}=\frac{A_2}{A_1}=\left(\frac{d_2}{d_1}\right)^2 \tag{1-27b}$$

式（1-27b）说明不可压缩流体在圆形管道中，任意截面的流速与管内径的平方成反比。

连续性方程反映了在稳定流动系统中，流量一定时管路各截面上流速的变化规律，而此规律与管路的安排以及管路上是否装有管件、阀门或输送设备等无关。

三、连续性方程的应用

连续性方程式可以用来计算流体的流速或管径。若管路中有支管存在，则流体仍有连续性现象，总管内流体的质量流量应该是各支管内质量流量之和。

【例 1-11】 如图 1-34 所示，管路由一段 $\phi89\times4$mm 的管 1、一段 $\phi108\times4$mm 的管 2 和两段 $\phi57\times3.5$mm 的分支管 3a 及 3b 连接而成。若密度为 1000kg/m^3 液体水以 9×10^{-3}m^3/s 的体积流量流动，且在两段分支管内的流量相等，试求：(1) 水在各段管内的流速；(2) 水在管 1 中的质量流量（kg/h）。

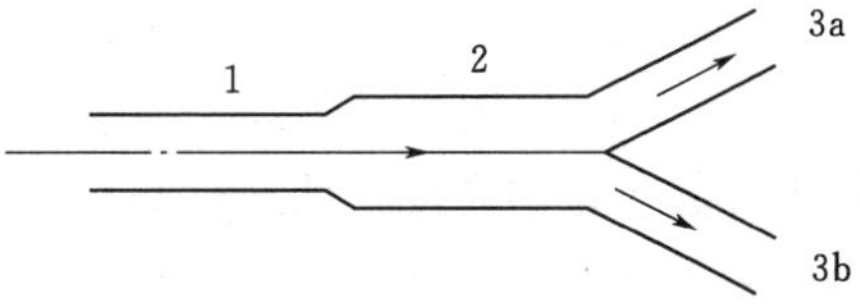

图 1-34 ［例 1-11］图

解：(1) 管 1 的内径为

$$d_1=89-2\times4=81(\text{mm})$$

则水在管 1 中的流速为

$$u_1=\frac{q_V}{\frac{\pi}{4}d_1^2}=\frac{9\times10^{-3}}{0.785\times0.081^2}=1.75(\text{m/s})$$

管 2 的内径为

$$d_2=108-2\times4=100(\text{mm})$$

由式（1-27b），则水在管 2 中的流速为

$$u_2=u_1\left(\frac{d_1}{d_2}\right)^2=1.75\times\left(\frac{81}{100}\right)^2=1.15(\text{m/s})$$

管 3a 及 3b 的内径为

$$d_3=57-2\times3.5=50(\text{mm})$$

又水在分支管路 3a、3b 中的流量相等，则有

$$u_2A_2=2u_3A_3$$

即水在管 3a 和 3b 中的流速为

$$u_3=\frac{u_2}{2}\left(\frac{d_2}{d_3}\right)^2=\frac{1.15}{2}\left(\frac{100}{50}\right)^2=2.30(\text{m/s})$$

(2) 水在管 1 中的质量流量为

$$q_m=q_V\rho=9\times10^{-3}\times1000=9(\text{kg/s})=32400(\text{kg/h})$$

任务四 伯努利方程式及其应用

一、流动系统的能量

流动系统中涉及的能量有多种形式，包括内能、机械能、功、热、损失能量。若系统不涉及温度变化及热量交换，内能为常数，则系统中所涉及的能量只有机械能、功和损失能量。能量根据其属性分为流体自身所具有的能量及系统与外部交换的能量。

1. 流体所具有的能量——机械能

(1) 位能。位能是流体处于重力场中而具有的能量。若质量为 m(kg) 的流体与基准水平面的垂直距离为 z(m)，则位能为 mgz(J)，单位质量流体的位能则为 gz(J/kg)。位能是相对值，计算须规定一个基准水平面。

(2) 动能。动能是流体以一定速度流动而具有的能量。质量为 m(kg) 的流体，当其流速为 u(m/s) 时具有的动能为 $\frac{1}{2}mu^2$(J)，单位质量流体的动能为 $\frac{1}{2}u^2$(J/kg)。

(3) 静压能。静压能是由于流体具有一定的压力而具有的能量。流体内部任一点都有一定的压力，如果在有液体流动的管壁上开一小孔并接上一根垂直的细玻璃管，液体就会在玻璃管内升起一定的高度，此液柱高度即表示管内流体在该截面处的静压力大小。

管路系统中，某截面处流体压力为 p，流体要流过该截面进入系统，就需要对流体做一定的功，以克服这个静压力。换句话说，进入截面后的流体，必须克服此压力做功，于是流体带着与此功相当的能量进入系统，流体的这种能量称为静压能，也称流动功。

质量为 m(kg)、体积为 $V(\text{m}^3)$ 的流体，通过截面所需的作用力 $F=pA$，流体推入管内所走的距离 V/A，故与此功相当的静压能为

$$pA\,\frac{V}{A}=pV=\frac{mp}{\rho}$$

1kg 的流体所具有的静压能为 $\frac{p}{\rho}$，其单位为 J/kg。

以上三种能量均为流体在截面处所具有的机械能，三者之和称为某截面上的总机械能。

因此，质量为 m(kg) 的流体的总机械能为 $mgz+\frac{1}{2}mu^2+\frac{mp}{\rho}$，1kg 流体的总机械能为 $zg+\frac{1}{2}u^2+\frac{p}{\rho}$。

2. 系统与外界交换的能量

实际生产中的流动系统，系统与外界交换的能量主要有外加功和损失能量。

(1) 外加功。当系统中安装有流体输送机械时，它将对系统做功，即将外部的能量转化为流体的机械能。单位质量流体从输送机械中所获得的能量称为外加功，用 W_e 表示，其单位为 J/kg。

外加功 W_e 是选择流体输送设备的重要数据，可用来确定输送设备的有效功率 P_e，即

$$P_e=q_m W_e \tag{1-28}$$

(2) 损失能量。由于流体在流动过程中要克服各种阻力，所以流动中有能量损失。单位质量流体流动时为克服阻力而损失的能量，用 $\sum h_f$ 表示，其单位为 J/kg。

二、伯努利方程

1. 理想流体的伯努利方程

无黏性、流动时不产生摩擦阻力的流体，称为理想流体。实际生产中，理想流体是不存在的，它只是实际流体的一种抽象“模型”。但任何科学的抽象都能帮助我们更好地理解和解决实际问题。

当理想流体在一个密闭管路中作定态流动时，由能量守恒定律可知，进入管路系统的总能量应等于从管路系统带出的总能量。在无其他形式的能量输入和输出的情况下，理想流体进行定态流动时，在管路任一个截面的流体总机械能是一个常数，即

$$zg+\frac{u^2}{2}+\frac{p}{\rho}=\text{常数} \tag{1-29a}$$

如图 1-35 所示，也就是将流体由截面 1-1 输送到截面 2-2 时，两截面处流体的总机械能相等，即

$$z_1g+\frac{u_1^2}{2}+\frac{p_1}{\rho}=z_2g+\frac{u_2^2}{2}+\frac{p_2}{\rho} \tag{1-29b}$$

式中 z_1g、$\frac{u_1^2}{2}$、$\frac{p_1}{\rho}$——流体在截面 1-1 上的位能、动能、静压能，J/kg；

z_2g、$\frac{u_2^2}{2}$、$\frac{p_2}{\rho}$——流体在截面 2-2 上的位能、动能、静压能，J/kg。

式（1-29a）和式（1-29b）称为伯努利方程式，是以单位质量的流体为基准。

由伯努利方程可知，流动的流体在不同截面间各种机械能的形式可以互相转化。流体在任一截面上，各种机械能的总和为常数。

2. 实际流体的伯努利方程

在化工生产中所处理的流体都是实际流体。实际流体在流动时有摩擦阻力产生，使一部分机械能转变成热能而无法利用，这部分损失掉的机械能称为损失能量（阻力损失）。对于1kg 流体而言，从截面 1-1 输送到截面 2-2 时，克服两截面间各项阻力所消耗的损失能量$\sum h_f$。为了补充消耗掉的损失能量，需要使用外加设备（泵）来供应能量。

（1）如图 1-36 所示，按照能量守恒及转化定律，输入系统的总机械能必须等于由系统中输出的总能量。即

$$z_1g+\frac{p_1}{\rho}+\frac{1}{2}u_1^2+W_e=z_2g+\frac{p_2}{\rho}+\frac{1}{2}u_2^2+\sum h_f \tag{1-30a}$$

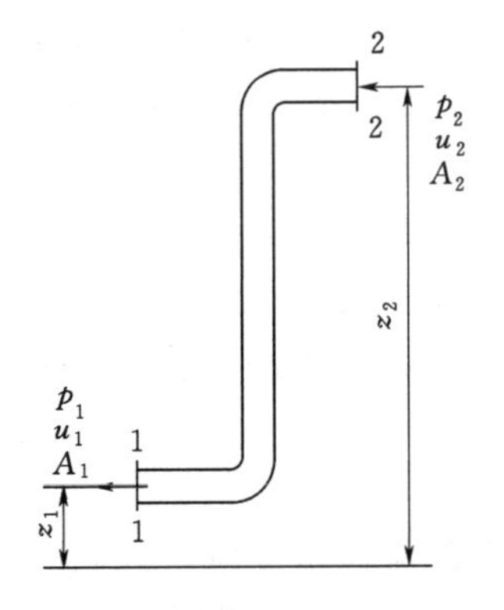

图 1-35 理想流体的管路系统

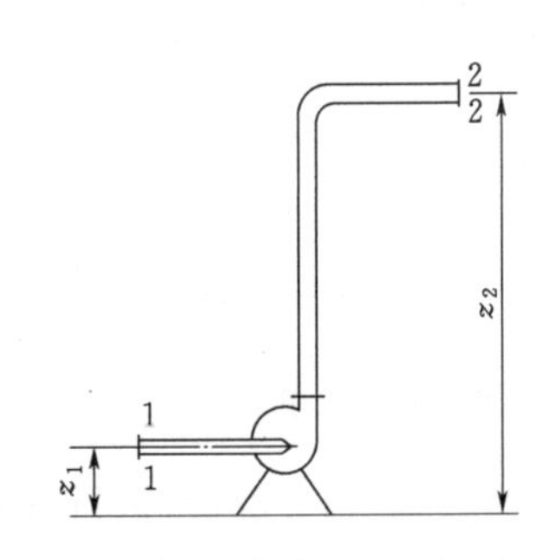

图 1-36 液体输送装置

式（1-30a）亦称为伯努利方程式，它是以单位质量为基准的，其中每项的单位均为J/kg。

在式（1-30a）的各种实际应用中，为了计算方便，常可采用不同的衡算基准，得到不同形式的衡算方程。

（2）以单位重量（1N）流体为衡算基准，将式（1-30a）中各项除以 g，则得

$$z_1+\frac{u_1^2}{2g}+\frac{p_1}{\rho g}+H_e=z_2+\frac{u_2^2}{2g}+\frac{p_2}{\rho g}+\sum H_f \tag{1-30b}$$

式中各项单位为$\frac{J}{N}=\frac{N\cdot m}{N}=m$，其物理意义为：单位重量（1N）流体所具有的能量。虽然各项的单位为m，与长度的单位相同，但在这里应理解为m流体柱，其物理意义是单位重量的流体所具有的机械能。习惯上将 z、$\frac{u^2}{2g}$、$\frac{p}{\rho g}$分别称为位压头、动压头和静压头，三者之和称为总压头，$\sum H_f=\sum h_f/g$ 称为损失压头，$H_e=W_e/g$ 为单位重量的流体从流体输送机械所获得的能量，称为外加压头或有效压头。

（3）以单位体积流体为衡算基准，将式（1-30a）中各项乘以 ρ 得

$$z_1 g\rho+\frac{\rho u_1^2}{2}+p_1+\rho W_{功}=z_2 g\rho+\frac{\rho u_2^2}{2}+p_2+\rho\sum h_f \tag{1-30c}$$

式中各项单位为$\frac{J}{m^3}=\frac{N\cdot m}{m^3}=\frac{N}{m^2}=Pa$，即单位体积不可压缩流体所具有的能量。

伯努利方程是流体动力学中最主要的方程，可以用来确定各项压头的转换关系，计算流体的流速以及管路输送系统中所需的外加压头等问题。当 $H_e=0$ 时，由式（1-30b）可看出，在无外加压头的情况下，流体在管路中流动时，只能从高压头处自动流向低压头处；反之就必须外加能量。换句话说，两截面间的总压头差就是流体流动的推动力。

3. 伯努利方程的应用

应用伯努利方程时应注意以下几点：

（1）截面选取。先要定出管路的上游截面1-1和下游截面2-2，以明确所讨论的流动系统的范围。截面宜选在已知量多、计算方便处。两截面应与流体流动的方向垂直（此条件下的流体流动速度为 u），并且流体在两截面之间应是定态连续流动。

（2）基准面。基准面必须是水平面，原则上可以任意选定。通常把基准面选在低截面处，使该截面处值为零，另一个值等于两截面间的垂直距离，使计算简化。

（3）伯努利方程中各项物理量的单位必须一致。尤其在计算截面上的静压能时，p_1、p_2 不仅单位要一致，同时表示方法也应一致，即同为绝对压强或同为表压强。

（4）如果两个横截面积相差很大，如大截面容器和小管子，则可取大截面处的流速为零。

（5）不同基准伯努利方程式的选用。通常依据所给条件中损失能量或损失压头的单位，选用相同基准的伯努利方程。

（6）伯努利方程是依据不可压缩流体的能量平衡而得出的，故只适用于液体。对于气体，当所取系统两截面之间的绝对压力变化小于原来压力的20%$\left(即\frac{p_1-p_2}{p_1}<20\%\right)$时，仍可使用式（1-30a）～式（1-30c）进行计算。式中的流体密度应以两截面之间流体的平均密度 $\rho_{均}$ 代替。这种处理方法带来的误差在工程计算中是可以允许的。

【例 1-12】 如图 1-37 所示，某厂利用喷射泵输送氨。管中稀氨水的质量流量为 1×10^4kg/h，密度为 1000kg/m^3，入口处的表压强为 147kPa。管道的内径为 53mm，喷嘴出口处内径为 13mm，喷嘴能量损失可忽略不计，试求喷嘴出口处的压力。

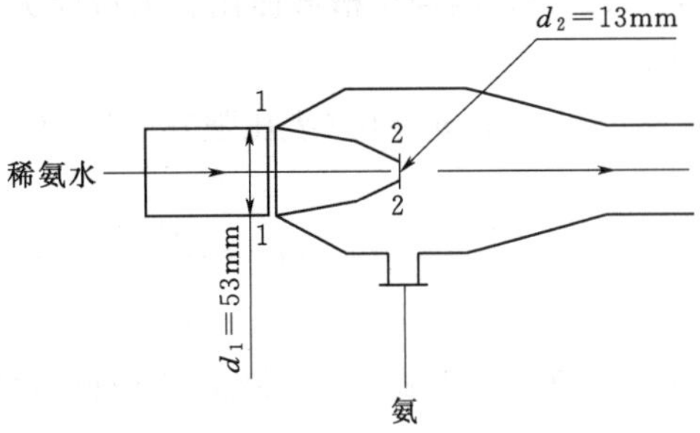

图 1-37 ［例 1-12］图

解：取稀氨水入口为 1-1 截面，喷嘴出口为 2-2 截面，管中心线为基准水平面。在1-1 和 2-2 截面间列伯努利方程：

$$z_1 g+\frac{1}{2}u_1^2+\frac{p_1}{\rho}+W_e=z_2 g+\frac{1}{2}u_2^2+\frac{p_2}{\rho}+\sum h_f$$

其中 $z_1=0$；$z_2=0$；$p_1=147\times10^3$Pa（表压）；$W_e=0$；$\sum h_f=0$。

$$u_1=\frac{q_m}{\frac{\pi}{4}d_2^2\rho}=\frac{\frac{10000}{3600}}{0.785\times0.053^2\times1000}=1.26(\text{m/s})$$

喷嘴出口速度 u_2 可直接计算或由连续性方程计算：

$$u_2=u_1\left(\frac{d_1}{d_2}\right)^2=1.26\times\left(\frac{0.053}{0.013}\right)^2=20.94(\text{m/s})$$

将以上各值代入上式得

$$\frac{1}{2}\times1.26^2+\frac{147\times10^3}{1000}=\frac{1}{2}\times20.94^2+\frac{p_2}{1000}$$

解得 $p_2=-71.45$kPa（表压强）

即喷嘴出口处的真空度为 71.45kPa。

喷射泵是利用流体流动时静压能与动能的转换原理进行吸、送流体的设备。当一种流体经过喷嘴时，由于喷嘴的截面积比管道的截面积小得多，流体流过喷嘴时速度迅速增大，使该处的静压力急速减小，造成真空，从而可将支管中的另一种流体吸入，两者混合后在扩大管中速度逐渐降低，压力随之升高，最后将混合流体送出。

【例 1-13】 如图 1-38 所示，从高位槽向塔内进料，高位槽中液位恒定，高位槽和塔内的压力均为大气压。送液管为 $\phi45\times2.5$mm 的钢管，要求送液量为 3.6m^3/h。设料液在管内的压头损失为 1.2m（不包括出口能量损失），试问高位槽的液位要高出进料口多少米？

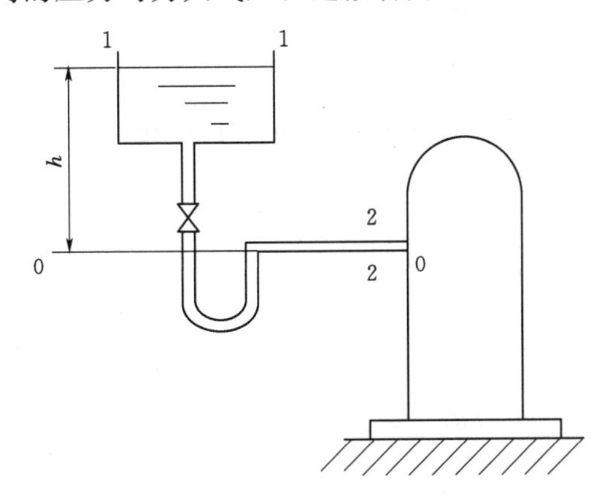

图 1-38 ［例 1-13］图

解：如图 1-38 所示，取高位槽液面为 1-1 截面，进料管出口内侧为 2-2 截面，以过 2-2 截面中心线的水平面 0-0 为基准面。在 1-1 和 2-2 截面间列伯努利方程［由于题中已知压头损失，用式（1-30b）以单位重量流体为基准计算比较方便］：

$$z_1+\frac{1}{2g}u_1^2+\frac{p_1}{\rho g}+H_e=z_2+\frac{1}{2g}u_2^2+\frac{p_2}{\rho g}+\sum H_f$$

其中，$z_1=h$；因高位槽截面比管道截面大得多，故槽内流速比管内流速小得多，可以忽略不计，即

$$u_1\approx0;\ p_1=0\text{（表压强）};\ H_e=0;\ z_2=0;\ p_2=0\text{（表压强）};\ \sum H_f=1.2\text{m}$$

$$u_2=\frac{q_V}{\frac{\pi}{4}d^2}=\frac{\frac{3.6}{3600}}{0.785\times0.04^2}=0.796(\text{m/s})$$

将以上各值代入上式中，可确定高位槽液位的高度：

$$h=\frac{1}{2\times9.81}\times0.796^2+1.2=1.23(\text{m})$$

计算结果表明，动能项数值很小，流体位能主要用于克服管路阻力。

解本题时注意，因题中所给的压头损失不包括出口能量损失，因此 2-2 截面应取管出口内侧。若选 2-2 截面为管出口外侧，计算过程有所不同。

【例 1-14】 如图 1-39 所示，有一用水吸收混合气中氨的常压逆流吸收塔，水由水池用离心泵送至塔顶经喷头喷出。泵入口管为 $\phi108\times4$mm 无缝钢管，管中流体的流量为 $40\text{m}^3/\text{h}$，出口管为 $\phi89\times3.5$mm 无缝钢管。池内水深为 2m，池底至塔顶喷头入口处的垂直距离为 20m。管路的总阻力损失为40J/kg，喷头入口处的压力为 120kPa（表压强）。试求泵所需的有效功率。设泵的效率为 60%，试求泵所需的功率。

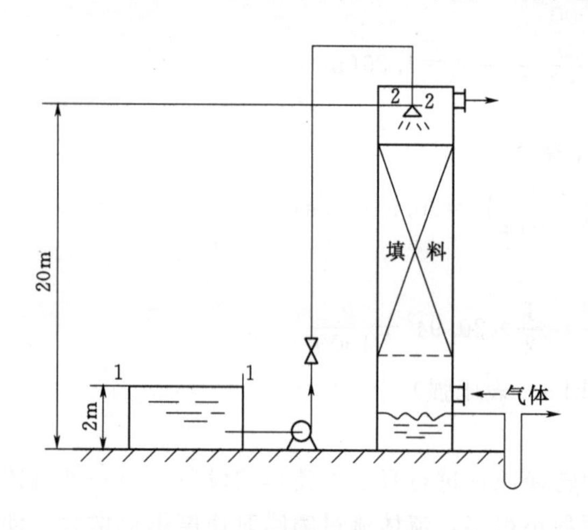

图 1-39 ［例 1-14］图

解： 取水池液面为截面 1-1，喷头入口处为截面 2-2，取截面 1-1 为基准水平面。在截面 1-1 和截面 2-2 间列伯努利方程：

$$z_1g+\frac{1}{2}u_1^2+\frac{p_1}{\rho}+W_e=z_2g+\frac{1}{2}u_2^2+\frac{p_2}{\rho}+\sum h_f$$

其中

$$z_1=0;\quad z_2=20-2=18(\text{m})$$

$$p_1=0(\text{表压强});\quad p_2=120\text{kPa}(\text{表压强})$$

$$d_1=108-2\times4=100(\text{mm});\ d_2=89-2\times3.5=82(\text{mm});\ \sum h_f=40\text{J/kg}$$

$$u_1\approx0;\quad u_2=\frac{q_V}{\frac{\pi}{4}d_2^2}=\frac{\frac{40}{3600}}{0.785\times0.082^2}=2.11(\text{m/s})$$

代入伯努利方程得

$$W_e=g(z_2-z_1)+\frac{p_2-p_1}{\rho}+\frac{u_2^2-u_1^2}{2}+\sum h_f$$

$$=9.807\times18+\frac{120\times10^3}{1000}+\frac{2.11^2}{2}+40=338.75(\text{J/kg})$$

质量流量 $$q_m = A_2 u_2 \rho = \frac{\pi}{4} d_2^2 u_2 \rho$$

$$= 0.785 \times 0.082^2 \times 2.11 \times 1000 = 11.14(\mathrm{kg/s})$$

有效功率 $$P_e = q_m W_e = 11.14 \times 338.75 = 3774(\mathrm{W}) = 3.77(\mathrm{kW})$$

泵所需的功率 $$P_{轴} = \frac{P_e}{\eta} = \frac{3.77}{0.60} = 6.28(\mathrm{kW})$$

流体流动阻力的计算

流体在流动时会产生阻力，阻力的大小与流体的流动类型、流体的性质、管路的种类等因素有关。

任务一　流体流动类型及其判定

一、雷诺实验

图 1-40 所示是雷诺实验装置的示意图。清水从恒位槽稳定地流入玻璃管，玻璃管进口中心处插有连接红墨水的针形细管，分别用阀 A、B 调节清水与红墨水的流量。

雷诺实验的结果表明，当玻璃管内水的流速较小时，红墨水在管中心呈明显的细直线，沿玻璃管的轴线通过全管。如图 1-41（a）所示。随着水的流速逐渐增大，作直线流动的红色细线开始抖动、弯曲、呈波浪形，如图 1-41（b）所示。速度继续增大，红色细线断裂、冲散，全管内水的颜色均匀一致，如图 1-41（c）所示。

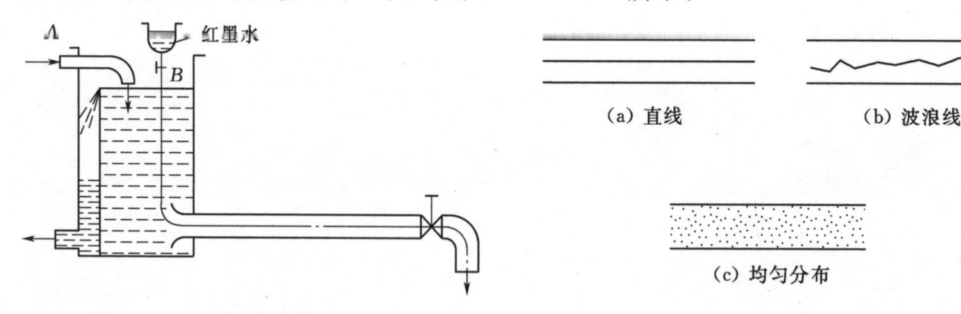

图 1-40　雷诺实验装置示意图　　图 1-41　雷诺实验中红色细线的变化情况

二、流动类型及其判定

雷诺实验揭示了重要的流体流动机理，即流体有两种截然不同的流动类型。当流速较小时，流体质点沿管轴作规则的平行直线运动，与其周围的流体质点间互不干扰及相混，即分层流动，这种流动形态称为层流或滞流。流体流速增大到某一值时，流体质点除流动方向上的运动之外，还向其他方向作随机运动，即存在流体质点的不规则脉动，彼此混合，这种流动形态称为湍流或紊流。

层流和湍流最本质的区别是有无径向脉动。湍流的流体质点除了沿管轴方向向前流动外，还有径向脉动，质点的脉动是湍流运动的最基本点。自然界和工程上遇到的流动大多是湍流。

雷诺实验还表明，流体的流动状况不仅与流体的流速有关，而且与流体的密度、黏度和管径有关。雷诺将这些因素组合成一个数群，用以判断流体的流动类型。这一数群就称为雷诺数，用 Re 表示，有

$$Re=\frac{du\rho}{\mu} \tag{1-31}$$

雷诺数没有单位。由几个物理量按照没有单位的条件组合的数群，称为特征数或准数。这种组合一般都是在大量实践的基础上，对影响某一现象或过程的各种因素有了一定认识之后，利用物理分析、数学推导或两者相结合的方法产生。它既反映所包含的各物理量的内在关系，也能说明某一现象或过程的一些本质。雷诺数反映了上述四个因素对流体流动类型的影响，因此 Re 数值的大小，可以作为判别流体流动类型的标准。

实验证明：当 $Re<2000$ 时，流体的流动类型属于层流，称为层流区；当 $Re>4000$ 时，流体的流动类型属于湍流，称为湍流区；当 $Re=2000\sim4000$ 时，流动状态是不稳定的，称为过渡区。这种流动受外界条件的影响，易促成湍流的发生，所以过渡区的阻力计算应按湍流流动处理。

需要指出的是，流动虽分为层流区、湍流区和过渡区，但流动类型只有层流和湍流。在实际生产中，流体的流动类型多属于湍流。

【例 1-15】 密度为 800kg/m^3、黏度为 $2.3\times10^{-3}\text{Pa}\cdot\text{s}$ 的液体，以 $10\text{m}^3/\text{h}$ 的流量通过内径为 25mm 的圆形管路。试判断管路中流体的流动类型。

解： 已知 $d=25\text{mm}=0.025\text{m}$，$\mu=2.3\times10^{-3}\text{Pa}\cdot\text{s}$，$\rho=800\text{kg/m}^3$，计算流速 $u=q_V/A=10/(0.785\times0.025^2\times3600)=5.66\text{m/s}$。把这些数值代入式（1-31），则有

$$Re=\frac{du\rho}{\mu}=\frac{0.025\times5.66\times800}{2.3\times10^{-3}}=49217>4000$$

所以管路中流体的流动类型为湍流。

三、流体在圆管中的流动速度分布

由于流体流动时，流体质点之间和流体与管壁之间都有摩擦阻力，因此，靠近管壁附近处的流层流速较小，附在管壁上的流层流速为零，离管壁越远流速越大，在管中心线上流速最大。在流量方程式中流体的流速是指平均流速，但层流与湍流时在管道截面上的流速分布并不一样，所以流体的平均流速与最大流速的关系也不相同，如图 1-42 所示。

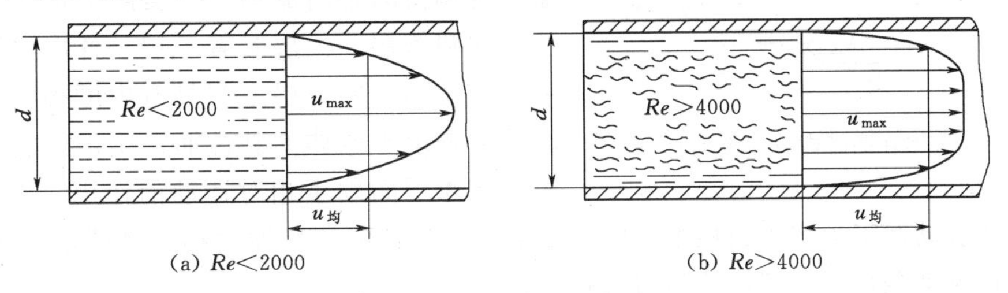

图 1-42 速度分布曲线

1. 层流时的速度分布

流体质点沿管轴方向作直线运动，即分层流动；质点间不发生宏观混合；流体的内摩擦力遵循牛顿黏性定律；流体内的动量、热量和质量的传递靠分子运动来进行。速度分布为

$$u_r = u_{max}\left(1 - \frac{r^2}{R^2}\right) \tag{1-32}$$

式中 r——流层到管轴的距离；

R——圆管半径。

显然，在壁面处，$u_r=0$；在管中心处，$u_r=u_{max}$；平均流速 $u_{均}=\frac{1}{2}u_{max}$。

2. 湍流时的速度分布

流体质点总体上沿管轴方向流动，同时还在各个方向上作剧烈的随机脉动；流体的内摩擦力不服从牛顿黏性定律；流体内的动量、热量和质量的传递是通过质子和分子的随机运动来共同完成的，质子随机运动强化了传递过程。速度分布为

$$u_r = u_{max}\left(1 - \frac{r^2}{R^2}\right) \tag{1-33}$$

质点的碰撞和混合使速率平均化，平均速率为

$$u_{均} \approx 0.82u_{max}$$

化工生产中流体的流动多为湍流，但无论流体的湍动如何剧烈，由于流体与壁面间的摩擦作用，在靠近管壁处总黏附着一层作层流流动的流体薄层，称为流动边界层。流动边界层理论是德国科学家普朗特（Prandtl）在 1904 年提出的简化黏性运动方程的理论。湍流流动的流体中，作层流流动的流体层称为层流内层、层流底层或流动边界层；而流动边界层外的流体称为流动主体或湍动主体。流动边界层的厚度虽然很小，但它的存在对流体的传热及传质过程均有不利的影响，减薄流动边界层的厚度是提高传热及传质速率的重要手段。流动边界层的厚度与 Re 有关，Re 值越大，厚度越小；反之越大。

任务二 管内流体流动阻力的计算

一、流体流动阻力的来源及其分类

1. 流体流动阻力的来源

当流体在圆管内流动时，管内任一截面上各点的速度并不相同，管中心处的速度最大，越靠近管壁速度越小，在管壁处流体质点附着在管壁上，其速度为零。如图 1－43 所示，可以想象，流体在圆管内流动时，实际上被分割成无数极薄的圆筒层，一层套着一层，各层以不同的速度向前运动，层与层之间具有内摩擦力。这种内摩擦力是由于流体的黏性而产生的，它总是起着阻止流体层间发生相对运动的作用。因此，内摩擦力是流体流动时阻力产生的根本原因。黏度作为表征流体黏性大小的物理量，其值越大，说明在同样流动条件下，流体的阻力就越大。

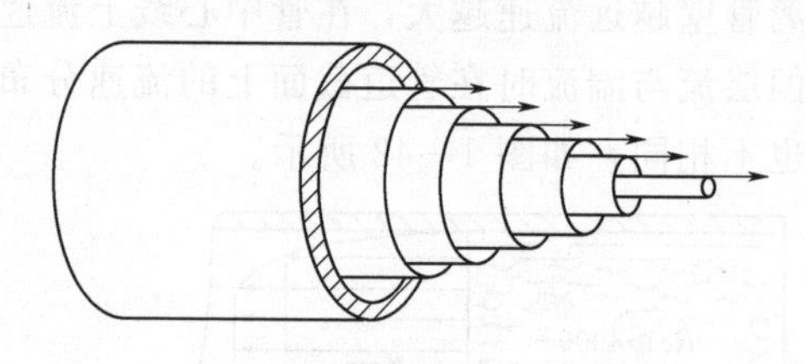

图 1－43 流体在圆管内分层流动示意图

当流体流动剧烈呈紊乱状态时，流体质点流速的大小与方向发生急剧变化，质点之间相互剧烈地交换位置。这种运动的结果，会损耗流体的机械能，而使阻力增大。可以说，流体流动状况是产生流体阻力的第二位原因。

所以，流体具有内摩擦力是产生流体阻力的内因，流体流动时受流动条件的影响是产生

流体阻力的外因。另外，管壁粗糙程度和管子的长度、直径均对流体阻力的大小有影响。

2. 流体流动阻力的分类

流体在管路中流动时的阻力可分为直管阻力和局部阻力。直管阻力是流体流经一定管径的直管时，由于流体与管壁之间的摩擦而产生的阻力；局部阻力是流体流经管路中的管件、阀门及截面扩大或缩小等局部位置时，由于速度的大小或方向的改变而引起的阻力。伯努利方程式中的$\sum h_f$是指所研究的管路系统的总能量损失（也称总阻力损失），它是管路系统中的直管阻力损失和局部阻力之和。

二、流体流动阻力的计算

（一）直管阻力计算

1. 圆形直管阻力计算

（1）范宁公式。直管阻力通常由范宁公式计算，其表达式为

$$h_f=\lambda \frac{l}{d}\frac{u^2}{2} \tag{1-34a}$$

式中 h_f——流体在圆形直管中流动时的损失能量，J/kg；

l——管长，m；

d——管内径，m；

$\frac{u^2}{2}$——动能，J/kg；

λ——摩擦系数，无单位。

摩擦系数λ与管内流体流动时的雷诺数Re有关，也与管道内壁的粗糙程度有关，这种关系随流体流动类型的不同而不同。

根据伯努利方程的其他形式，也可写出相应的范宁公式表示式：

压头损失
$$H_f=\frac{h_f}{g}=\lambda \frac{l}{d}\frac{u^2}{2g} \tag{1-34b}$$

压力损失
$$\Delta p=\rho h_f=\lambda \frac{l}{d}\frac{\rho u^2}{2} \tag{1-34c}$$

值得注意的是，压力损失Δp是流体流动能量损失的一种表示形式，与两截面间的压力差$\Delta p=p_1-p_2$意义不同，只有当管路为水平时，两者才相等。

（2）管壁粗糙程度。工业生产上所使用的管道，按其材料的性质和加工情况，大致可分为光滑管与粗糙管。通常把玻璃管、铜管和塑料管等列为光滑管，把钢管和铸铁管等列为粗糙管。实际上，即使是同一种材质的管子，由于使用时间的长短与腐蚀结垢的程度不同，管壁的粗糙度也会发生很大的变化。

1）绝对粗糙度。绝对粗糙度是指管壁突出部分的平均高度，以ε表示，如图1-44所示。表1-6中列出了某些工业管道的绝对粗糙度。

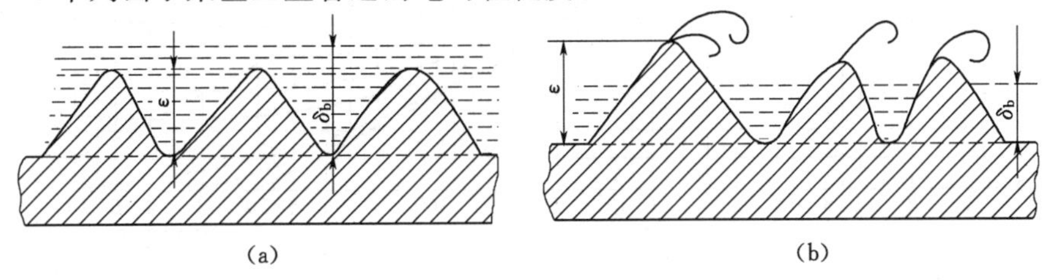

图1-44 管壁粗糙程度对流体流动的影响

表 1-6　某些工业管道的绝对粗糙度

管道类别	绝对粗糙度 ε/mm	管道类别	绝对粗糙度 ε/mm
无缝黄铜管、铜管及铝管	0.01～0.05	具有重度腐蚀的无缝钢管	≥0.5
新的无缝钢管或镀锌铁管	0.1～0.2	旧的铸铁管	≥0.85 以上
新的铸铁管	0.3	干净玻璃管	0.0015～0.01
具有轻度腐蚀的无缝钢管	0.2～0.3	很好整平的水泥管	0.33

2）相对粗糙度。相对粗糙度是指绝对粗糙度与管道内径的比值，即 ε/d。管壁粗糙度对摩擦系数 λ 的影响程度与管径的大小有关，所以在流动阻力的计算中，要考虑相对粗糙度的大小。

（3）摩擦系数。流体的流动状况不一样，摩擦系数的计算方法也不一样。

1）层流时摩擦系数。流体作层流流动时，管壁上凹凸不平的地方都被有规则的流体层所覆盖，摩擦系数 λ 与 ε/d 无关，λ 只是雷诺数函数，有

$$\lambda=\frac{64}{Re} \tag{1-35}$$

将 $\lambda=\frac{64}{Re}$ 代入范宁公式，则

$$h_{\mathrm{f}}=32\frac{\mu ul}{\rho d^{2}} \tag{1-36}$$

上式为哈根-伯肃叶方程（Hagen - Poiseuille equation），是流体在圆形直管内作层流流动时的阻力计算式。

2）湍流时摩擦系数。由于湍流时流体质点运动情况比较复杂，目前还不能完全用理论分析方法求算湍流时摩擦系数 λ，而只能通过实验测定，获得经验的计算式。各种经验公式均有一定的适用范围，可参阅有关资料。

为了计算方便，通常将摩擦系数 λ 对 Re 与 ε/d 的关系曲线标绘在双对数坐标上，如图 1-45 所示，该图称为穆迪（Moody）图。这样就可以方便地根据 Re 与 ε/d 值从图中查得

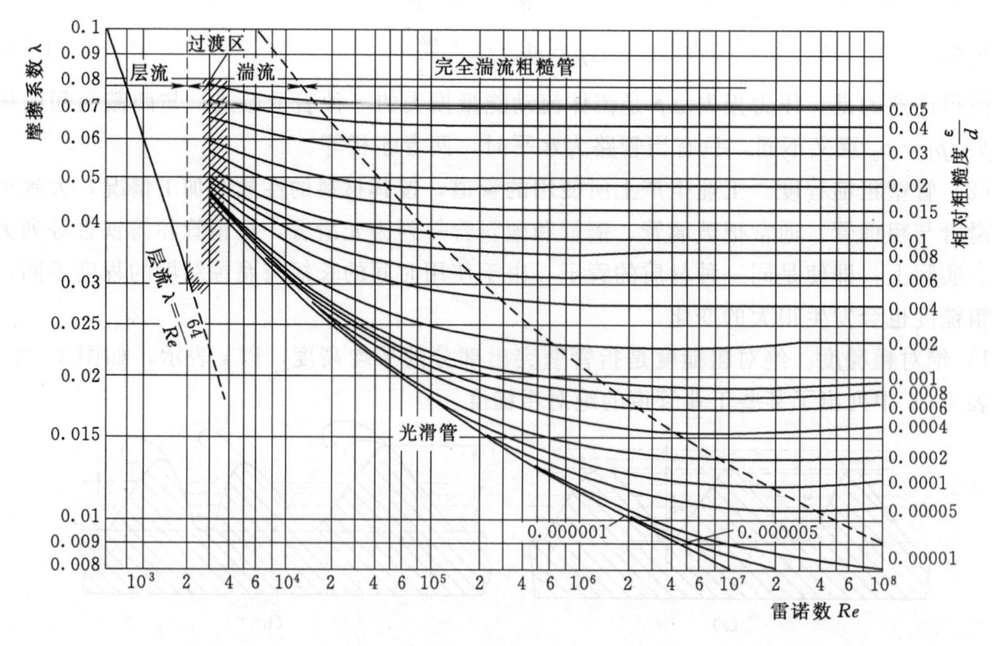

图 1-45　摩擦系数 λ 与雷诺数 Re 及相对粗糙度 ε/d 的关系

各种情况下的λ值。

根据雷诺数的不同，可在图1-45中分出四个不同的区域：

(a) 层流区。当$Re<2000$时，λ与Re为一直线关系，与相对粗糙度无关。

(b) 过渡区。当Re为2000～4000时，管内流动类型随外界条件影响而变化，λ也随之波动。工程上一般按湍流处理，λ可从相应的湍流时的曲线延伸查取。

(c) 湍流区。当$Re>4000$且在图1-45中虚线以下区域时，$\lambda=f(Re, \varepsilon/d)$。对于一定的$\varepsilon/d$，$\lambda$随$Re$数值的增大而减小。

(d) 完全湍流区。即图1-45中虚线以上的区域，λ与Re的数值无关，只取决于ε/d。λ-Re曲线几乎成水平线，当管子的ε/d一定时，λ为定值。在这个区域内，阻力损失与u^2成正比，故又称为阻力平方区。由图1-45可见，ε/d值越大，达到阻力平方区的Re值越低。

【例1-16】 分别计算下列情况下，流体流过$\phi76\times3$mm、长10m的水平钢管的能量损失、压头损失及压力损失（g取9.81m/s^2）：(1) 密度为910kg/m^3、黏度为72cP的油品，流速为1.1m/s；(2) 20℃的水，流速为2.2m/s。

解：(1) 油品。

$$Re=\frac{d\rho u}{\mu}=\frac{0.07\times910\times1.1}{72\times10^{-3}}=973<2000$$

流动为层流。所以

$$\lambda=\frac{64}{Re}=\frac{64}{973}=0.0658$$

则能量损失 $$h_f=\lambda\frac{l}{d}\frac{u^2}{2}=0.0658\times\frac{10}{0.07}\times\frac{1.1^2}{2}=5.69(\text{J/kg})$$

压头损失 $$H_f=\frac{h_f}{g}=\frac{5.69}{9.81}=0.58(\text{m})$$

压力损失 $$\Delta p=\rho h_f=910\times5.69=5178(\text{Pa})$$

(2) 20℃水的物性：$\rho=998.2\text{kg/m}^3$，$\mu=1.005\times10^{-3}\text{Pa}\cdot\text{s}$，则

$$Re=\frac{d\rho u}{\mu}=\frac{0.07\times998.2\times2.2}{1.005\times10^{-3}}=1.53\times10^5$$

流动为湍流。求摩擦系数尚需知道相对粗糙度ε/d，查表1-6，取钢管的绝对粗糙度ε为0.2mm，则

$$\frac{\varepsilon}{d}=\frac{0.2}{70}=0.00286$$

根据$Re=1.53\times10^5$及$\varepsilon/d=0.00286$，查图1-45，得$\lambda=0.027$。故

能量损失 $$h_f=\lambda\frac{l}{d}\frac{u^2}{2}=0.027\times\frac{10}{0.07}\times\frac{2.2^2}{2}=9.33(\text{J/kg})$$

压头损失 $$H_f=\frac{h_f}{g}=\frac{9.33}{9.81}=0.95(\text{m})$$

压力损失 $$\Delta p=\rho h_f=998.2\times9.33=9313(\text{Pa})$$

2. 非圆形直管阻力计算

当流体流经非圆形管道时，仍可用范宁公式计算直管阻力。但式中的d项及Re中的d值，均应以当量直径d_e代替。d_e按下式计算：

$$d_e = \frac{4 \times 流通截面积}{润湿周边长度} \tag{1-37a}$$

对于边长为 a 和 b 的长方形管路，则

$$d_e = \frac{4ab}{2(a+b)} = \frac{2ab}{a+b} \tag{1-37b}$$

对于套管环隙的当量直径，若外管的内径为 $D_内$，内管的外径为 $d_外$，如图 1-46 所示，则

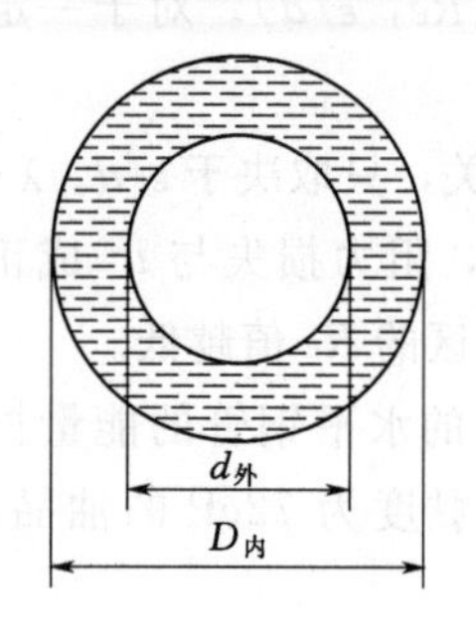

图 1-46 环行截面

$$d_e = 4\frac{\frac{\pi}{4}(D_内^2 - d_外^2)}{\pi(D_内 + d_外)} = D_内 - d_外 \tag{1-37c}$$

当量直径的计算方法，完全是经验性的。实验研究表明，当量直径用于湍流阻力计算时结果较为可靠，对层流流动则误差较大。层流阻力计算时，摩擦系数可按下式计算：

$$\lambda = \frac{C}{Re}$$

式中 C 值可根据管道截面的形状而定，其值列于表 1-7 中。

表 1-7　　某些非圆形管道的常数 C 值

非圆形管的截面形状	正方形	等边三角形	环形	长方形	
				长：宽=2：1	长：宽=4：1
常数 C	57	53	96	62	73

（二）局部阻力计算

局部阻力是流体流经管路中的管件、阀门及截面的突然扩大和突然缩小等局部地方所产生的阻力。流体在管路的进口、出口、弯头、阀门、突然扩大、突然缩小或流量计等局部流过时，必然发生流体的流速和流动方向的突然变化，流动受到干扰、冲击，产生旋涡并加剧湍动，使流动阻力显著增加，如图 1-47 所示。

局部阻力一般有两种计算方法：当量长度法和阻力系数法。

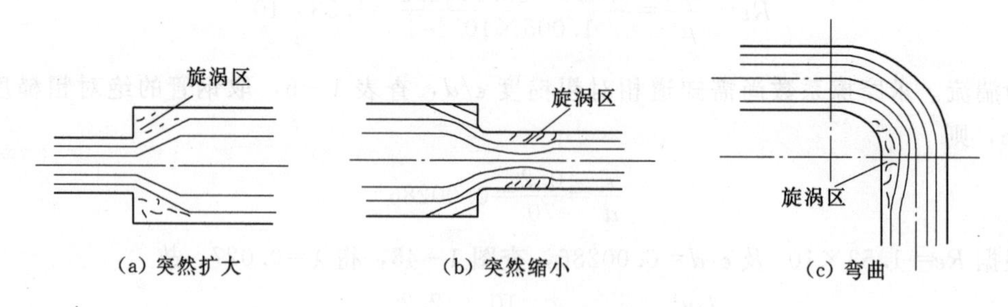

图 1-47 不同情况下的流动干扰

1. 当量长度法

当量长度法是将流体通过局部障碍时的局部阻力计算转化为直管阻力损失的计算方法。所谓当量长度，是与某局部障碍具有相同能量损失的同直径直管长度，用 l_e 表示，单位为 m，可按下式计算：

$$h_f' = \lambda \frac{l_e}{d}\frac{u^2}{2} \tag{1-38}$$

式中 u——管内流体的平均流速，m/s；

l_e——当量长度，m。

当局部流通截面发生变化时，u 应该采用较小截面处的流体流速。l_e 数值由实验测定，在湍流情况下，某些管件与阀门的当量长度也可以从图 1－48 查得。

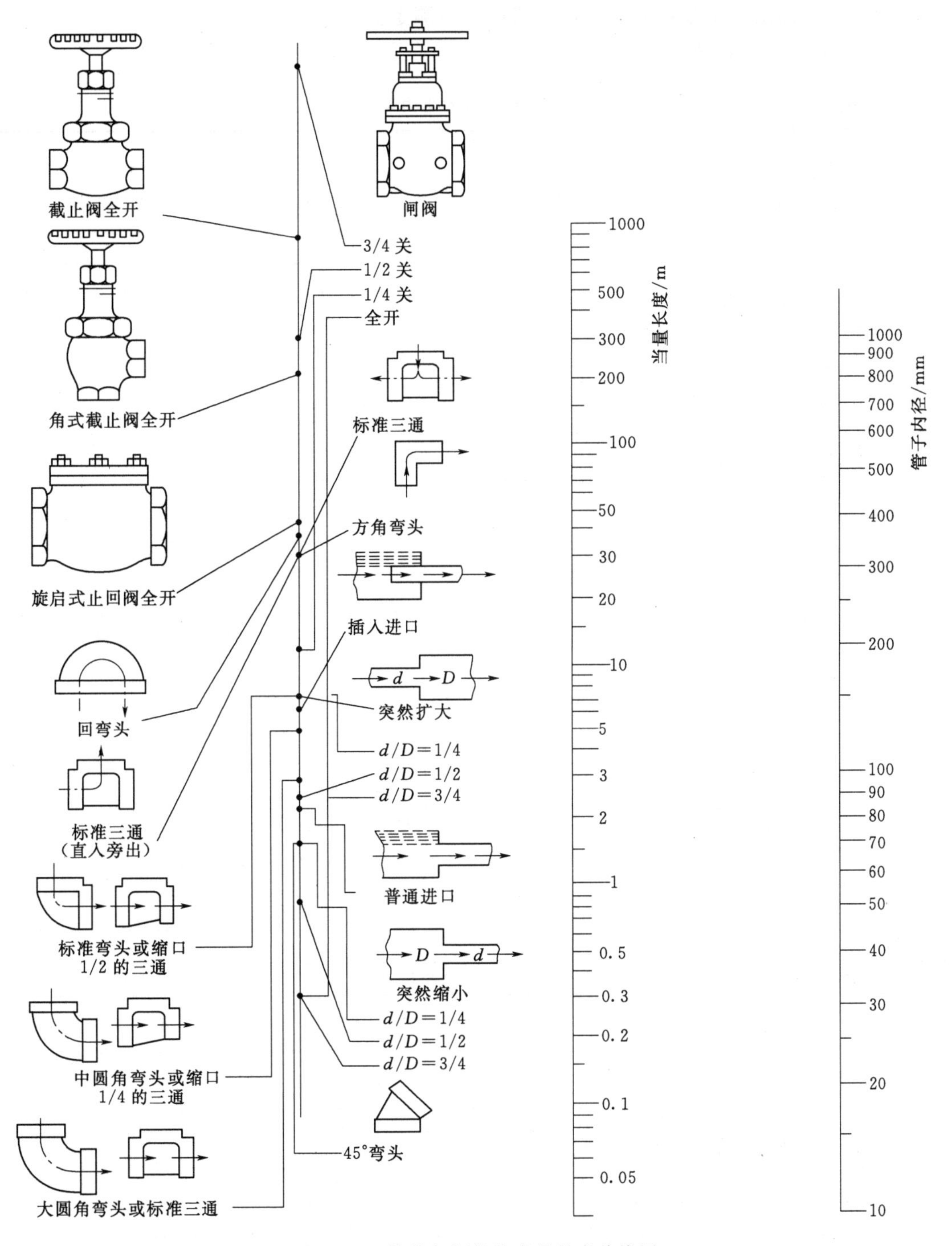

图 1－48 管件与阀件的当量长度共线图

2. 阻力系数法

将局部阻力表示为动能的一个倍数，则

$$h_i'=\zeta\frac{u^2}{2} \tag{1-39}$$

式中 ζ——局部阻力系数，无单位，其值由实验测定。

常见的局部阻力系数见表 1-8。

表 1-8 常见局部障碍的阻力系数

名称											
标准弯头	45°，$\zeta=0.35$					90°，$\zeta=0.75$					
90°方形弯头	1.3										
180°圆弯头	1.5										
活管接	0.4										
弯管	R/d \ φ	30°	45°	60°	75°	90°	105°	120°			
	1.5	0.08	0.11	0.14	0.16	0.175	0.19	0.20			
	2.0	0.07	0.10	0.12	0.14	0.15	0.16	0.17			
突然扩大	$\zeta=(1-A_1/A_2)^2 \quad h_i=\zeta u_1^2/2$										
	A_1/A_2	0	0.1	0.2	0.3	0.4	0.5	0.6	0.7	0.8	0.9	1.0
	ζ	1	0.81	0.64	0.49	0.36	0.25	0.16	0.09	0.04	0.01	0
突然缩小	$\zeta=0.5(1-A_2/A_1) \quad h_i=\zeta u_2^2/2$										
	A_2/A_1	0	0.1	0.2	0.3	0.4	0.5	0.6	0.7	0.8	0.9	1.0
	ζ	0.5	0.45	0.40	0.35	0.30	0.25	0.20	0.15	0.10	0.05	0
90°方形弯头	1.3										
标准弯头	45°，$\zeta=0.35$					90°，$\zeta=0.75$					
水泵进口	没有底阀	2～3									
	有底阀	d/mm	40	50	75	100	150	200	250	300	
		ζ	12	10	8.5	7.0	6.0	5.2	4.4	3.7	
闸阀	全开	3/4 开	1/2 开	1/4 开							
	0.17	0.9	4.5	24							
标准截止阀（球心阀）	全开 $\zeta=6.4$					1/2 开 $\zeta=9.5$					
蝶阀	α	5°	10°	20°	30°	40°	45°	50°	60°	70°	
	ζ	0.24	0.52	1.54	3.91	10.8	18.7	30.6	118	751	
旋塞	θ	5°	10°	20°	40°	80°					
	ζ	0.05	0.29	1.56	17.3	208					
角阀（90°）	5										
单向阀	摇板式 $\zeta=2$					球形式 $\zeta=70$					
水表（盘形）	7										

注意表中当管截面突然扩大和突然缩小时，式（1－39）中的速度 u 均以小管中的速度计。当流体自容器进入管内，$\zeta_{进口}=0.5$，称为进口阻力系数；当流体自管子进入容器或从管子排放到管外空间，$\zeta_{出口}=1$，称为出口阻力系数。

当流体从管子直接排放到管外空间时，管出口内侧截面上的压强可取为与管外空间相同，但出口截面上的动能及出口阻力应与截面选取相匹配。若截面取管出口内侧，则表示流体并未离开管路，此时截面上仍有动能，系统的总能量损失不包含出口阻力；若截面取管出口外侧，则表示流体已经离开管路，此时截面上动能为零，而系统的总能量损失中应包含出口阻力。由于出口阻力系数 $\zeta_{出口}=1$，两种选取截面方法计算结果相同。

（三）管路总阻力计算

管路系统是由直管和管件、阀门等构成，因此流体流经管路的总阻力应是直管阻力和所有局部阻力之和，即伯努利方程中的 $\sum h_f$ 项。

计算局部阻力时，可用局部阻力系数法，亦可用当量长度法。

当管路直径相同时，总阻力为

$$\sum h_f = h_f + h_f' = \left(\lambda \frac{l}{d} + \sum \zeta\right)\frac{u^2}{2} \tag{1-40a}$$

或

$$\sum h_f = h_f + h_f' = \lambda \frac{l + \sum l_e}{d}\frac{u^2}{2} \tag{1-40b}$$

式中 $\sum \zeta$、$\sum l_e$——管路中所有局部阻力系数和当量长度之和。

若管路由若干直径不同的管段组成，各段应分别计算，再加和。

总阻力的表示方法除了以能量形式表示外，还可以用压头损失 H_f（1N 流体的流动阻力，m）及压力降 Δp（1m^3 流体流动时的流动阻力，Pa）表示。它们之间的关系为

$$H_f = \frac{h_f}{g} \tag{1-41a}$$

$$\Delta p = \rho h_f = \rho H_f g \tag{1-41b}$$

（四）降低管路系统流动阻力的途径与措施

流体流动时为克服流动阻力需消耗一部分能量，流动阻力越大，则输送流体所消耗的动力也就越大。因此，流体流动阻力的大小直接关系到能耗和生产成本，为此应采取具体措施降低能量损失即降低 $\sum h_f$。根据以上分析，可采取如下措施：

（1）不影响管路布置的基本要求并保证流量的前提下，管子的长度尽可能短。

（2）局部阻力也是一项主要的阻力，应尽量减少不必要的管件、阀门、管道突然扩大或突然缩小。

（3）适当放大管径，并尽量选用光滑管。

（4）高黏度液体长距离输送时，可用加热方法（蒸汽伴管）或强磁场处理，以降低黏度。

（5）若条件允许，在被输送液体中常入减阻剂。

（6）管壁上进行预处理，降低表面能。

【例 1－17】 20℃的水以 16m^3/h 的流量流过某一管路，管子规格为 $\phi57\times3.5$mm。管路上装有 90°的标准弯头两个、闸阀（1/2 开）一个，直管段长度为 30m。试计算流体流经该管路的总阻力损失。

解： 查得 20℃下水的密度为 998.2kg/m^3，黏度为 1.005mPa·s。

管子内径为

$$d=57-2\times3.5=50(\text{mm})=0.05\text{m}$$

水在管内的流速为

$$u=\frac{q_V}{A}=\frac{q_V}{0.785d^2}=\frac{\frac{16}{3600}}{0.785\times(0.05)^2}=2.26(\text{m/s})$$

流体在管内流动时的雷诺数为

$$Re=\frac{du\rho}{\mu}=\frac{0.05\times2.26\times998.2}{1.005\times10^{-3}}=1.12\times10^5$$

查表取管壁的绝对粗糙度 $\varepsilon=0.2\text{mm}$，则 $\varepsilon/d=0.2/50=0.004$，由 Re 值及 ε/d 值查图得 $\lambda=0.0285$。

(1) 用阻力系数法计算。查表得：90°标准弯头，$\zeta=0.75$；闸阀（1/2 开度），$\zeta=4.5$。所以

$$\sum h_f=\left(\lambda\frac{l}{d}+\sum\zeta\right)\frac{u^2}{2}=\left(0.0285\times\frac{30}{0.05}+0.75\times2+4.5\right)\times\frac{2.26^2}{2}=59.0(\text{J/kg})$$

(2) 用当量长度法计算。查表得：90°标准弯头，$l/d=30$；闸阀（1/2 开度），$l/d=200$。

$$\sum h_f=\lambda\frac{l+\sum l_e}{d}\frac{u^2}{2}=0.0285\times\frac{30+(30\times2+200)\times0.05}{0.05}\times\frac{(2.26)^2}{2}=62.6(\text{J/kg})$$

从以上计算可以看出，用两种局部阻力计算方法的计算结果差别不大，在工程计算中是允许的。

【例 1-18】 如图 1-49 所示，料液由敞口高位槽流入精馏塔中。塔内进料处的压力为 30kPa（表压强），输送管路为 $\phi45\times2.5\text{mm}$ 无缝钢管，直管长为 10m。管路中装有 180°回弯头一个，90°标准弯头一个，标准截止阀（全开）一个。若维持进料量为 $5\text{m}^3/\text{h}$，问高位槽中的液面至少高出进料口多少米？操作条件下料液的物性：$\rho=890\text{kg/m}^3$，$\mu=1.2\times10^{-3}\text{Pa}\cdot\text{s}$（$g$ 取 9.81m/s^2）。

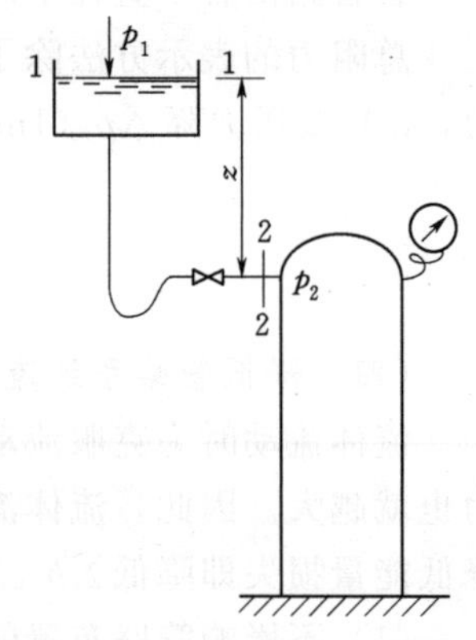

图 1-49 ［例 1-18］图

解：如图取高位槽中液面为 1-1 截面，管出口内侧为 2-2 截面，且以过 2-2 截面中心线的水平面为基准面。在 1-1 与 2-2 截面间列伯努利方程：

$$z_1g+\frac{p_1}{\rho}+\frac{1}{2}u_1^2=z_2g+\frac{p_2}{\rho}+\frac{1}{2}u_2^2+\sum h_f$$

其中 $z_1=h$；$u_1\approx0$；$p_1=0$（表压强）；$z_2=0$；$p_2=30\text{kPa}$（表压强）

$$u_2=\frac{V_s}{\frac{\pi}{4}d^2}=\frac{\frac{5}{3600}}{0.785\times0.04^2}=1.1(\text{m/s})$$

管路总阻力 $\sum h_f=h_f+h_f'=\left(\lambda\frac{l}{d}+\sum\zeta\right)\frac{u^2}{2}$

$$Re=\frac{d\rho u}{\mu}=\frac{0.04\times890\times1.1}{1.3\times10^{-3}}=3.01\times10^4$$

取管壁绝对粗糙度 $\varepsilon=0.3\text{mm}$，则$\frac{\varepsilon}{d}=\frac{0.3}{40}=0.0075$。

从图1-45中查得摩擦系数 $\lambda=0.036$。

由表1-8查得各管件的局部阻力系数：进口突然缩小 $\zeta=0.5$；180°回弯头 $\zeta=1.5$；90°标准弯头 $\zeta=0.75$；标准截止阀（全开）$\zeta=6.4$。则

$$\sum\zeta=0.5+1.5+0.75+6.4=9.15$$

所以 $$\sum h_f=\left(\lambda\frac{l}{d}+\sum\zeta\right)\frac{u^2}{2}=\left(0.036\times\frac{10}{0.04}+9.15\right)\times\frac{1.1^2}{2}=10.98(\text{J/kg})$$

所求位差 $$z=\left(\frac{p_2}{\rho}+\frac{u^2}{2}+\sum h_f\right)\Big/g=\left(\frac{30\times10^3}{890}+\frac{1.1^2}{2}+10.98\right)\Big/9.81=4.62(\text{m})$$

本题也可将2-2截面取在管出口外侧，此时流体流入塔内，2-2截面速度为零，无动能项，但应计入出口突然扩大阻力，即 $\zeta_{出口}=1$，所以两种方法的结果相同。

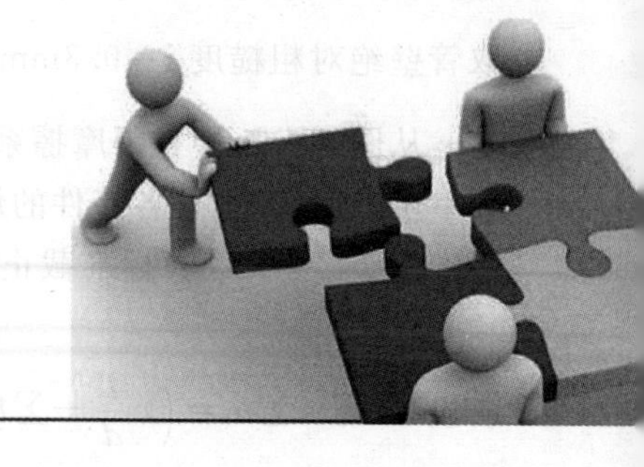

项目四

流体流量的测定

根据流体流动时各种机械能互相转变关系而设计的流速计和流量计分为两大类：一类是变压差（定截面）流量计，包括测速管（毕托管）、孔板流量计、文丘里流量计等，除测速管测定的是管截面上点速度外，其余测得的均为平均速度；另一类是变截面（定压差）流量计（即转子流量计），直接测得流体的体积流量。

任务一　变压差（定截面）流量计

变压差流量计又称定截面流量计，其特点是节流元件提供流体流动的截面积是恒定的，而其上下游的压差随着流量（流速）而变化。利用测量压差的方法来测定流体的流量（流速）。

一、测速管

1. 测速管的测量原理

测速管又称为毕托管，是测量点速度的装置。测速管由两根弯成直角的同心管组成，内管是冲压管，所测的是静压能和动能之和，合称为冲压能；外管是静压管，管口是封闭的，在外管前端壁面四周开有若干测压小孔，为了减小误差，测速管的前端经常做成半球形以减少涡流，外管测的是流体静压能。其构造原理如图 1-50 所示，在 A、B 之间列伯努利方程：

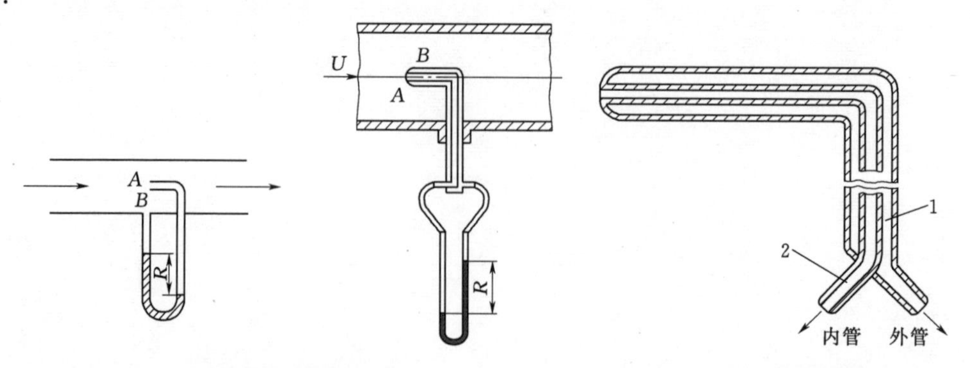

(a) 毕托管的构造原理示意图　　(b) 实际应用的毕托管示意图

图 1-50　测速管

1—静压管；2—冲压管

$$z_A g+\frac{u_A^2}{2}+\frac{p_A}{\rho}=z_B g+\frac{u_B^2}{2}+\frac{p_B}{\rho}$$

因 A、B 较近，故 $\Delta z=0$，且管口处速度 $u_B=0$，故有

$$\frac{u_A^2}{2}+\frac{p_A}{\rho}=\frac{p_B}{\rho} \tag{1-42}$$

由式（1－42）可见，动能$\frac{u_A^2}{2}$在 B 处转换为静压力，故 A、B 间压力差为$\frac{u_A^2}{2}$，此压力差等于 U 形压差计读数差 R。

设半径为 r 处的流速为 u_r(m/s)，U 形压差计内指示液的密度是 ρ_0，被测流体的密度是 ρ，则有

$$R=\frac{\Delta p}{\rho}=\frac{Rg(\rho_0-\rho)}{\rho}=\frac{u_r^2}{2}$$

所以

$$u_r=\sqrt{\frac{2gR(\rho_0-\rho)}{\rho}} \tag{1-43a}$$

当压差计内充满气体时，有

$$u_r\approx\sqrt{\frac{2gR\rho_0}{\rho}} \tag{1-43b}$$

由于干扰和流动阻力的影响，式（1－41a）校正为

$$u_r=C\sqrt{\frac{2gR(\rho_0-\rho)}{\rho}} \tag{1-43c}$$

式中　C——校正系数，由实验标定，其值为 1.98～1.00，常可取作 1。

若将测速管口放在管中心线上，则测得的流速为 u_{max}。计算出 Re_{max}，由 Re_{max}借助图 1－51 确定流体在管内的平均流速 u。

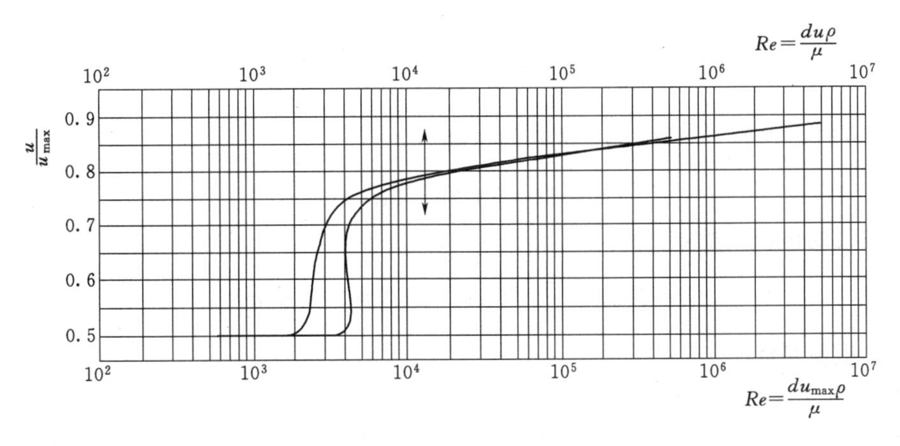

图 1－51　平均流速 u 与管中心 u_{max}之比随 Re 的变化关系

2. 测速管的特点

（1）优点：结构简单，使用方便，对流体的机械能损失很少。

（2）局限性：测速管较多地用于测量大管道中的气体速度，但它不能直接测得平均速度；测压孔易堵塞。

3. 几点说明

（1）测量的是点速度。

（2）利用测速管可测定速度分布，不能测平均速度。

（3）测量点应在进口段以后的平稳区。

（4）为了尽量减少仪表本身对流动的干扰，测速管的外径应不大于管道内径的1/50。

（5）使用测速管时，应使管口正对流向。

（6）静压头和动压头之和称为冲压头，即

$$h=\frac{u^2}{2g}+\frac{p}{\rho g} \tag{1-44}$$

【例1-19】 用测速管测定在圆管中流动的空气的体积流量，管内径为600mm，管中空气的温度为65.5℃。当测速管置于管道中心时，其压差计中的水柱读数为10.7mm。另外，还测得测速管测量点处的压力为205mmH_2O（表压强）。已知测速管的校正系数$C=0.98$。试计算：（1）管中心空气的最大速度和平均速度；（2）空气的体积流量。

解： 查表得空气在常压及65.5℃时的密度$\rho=1.043\text{kg/m}^3$，黏度$\mu=2.03\times10^{-5}\text{Pa}\cdot\text{s}$。U形管中指示剂水的密度取为1000kg/m³，则管内流动空气的绝对压力p为

$$p=1.01325\times10^5+0.205\times(1000-1.043)\times9.81=1.0333\times10^5(\text{Pa})$$

故测量点处空气的密度为

$$\rho=1.043\times\frac{1.0333\times10^5}{1.0133\times10^5}=1.064(\text{kg/m}^3)$$

若忽略该密度值对空气压力的影响，则不必重新计算p值。

（1）管中心空气的最大速度为

$$u_{\max}=C\sqrt{\frac{2gR(\rho_0-\rho)}{\rho}}=0.98\sqrt{\frac{2\times9.81\times0.0107\times(1000-1.064)}{1.064}}$$
$$=13.76(\text{m/s})$$

$$Re_{\max}=\frac{du_{\max}\rho}{\mu}=\frac{0.6\times13.76\times1.064}{2.03\times10^{-5}}=4.327\times10^5$$

由图1-51，查得$\frac{u}{u_{\max}}=0.85$，故平均速度为

$$u=0.85\times13.76=11.7(\text{m/s})$$

（2）空气的体积流量q_V为

$$q_V=\frac{\pi}{4}d^2u=\frac{\pi}{4}\times0.6^2\times11.7=3.308(\text{m}^3/\text{s})$$

二、孔板流量计

1. 孔板流量计的测量原理

孔板流量计是定截面、变压差的流量测定装置。如图1-52所示，中央开有锐角圆孔的一薄圆片（孔板）插入水平直管中，当管内流动的流体通过孔口时，因流通截面积突然减小，流速骤增。随着流体动能的增加，势必造成静压能的下降，由于静压能下降的程度随流量的大小而变化，所以测定压力差则可以知道流量。根据此原理测定流量的装置称为孔板流量计。因流体惯性的作用，流道截面积最小处是比孔板稍微偏下的下游位置，该处的流道截面积比圆孔的截面积更小，这个最小的流道截面积称为缩脉。缩脉处位置随Re而变化。

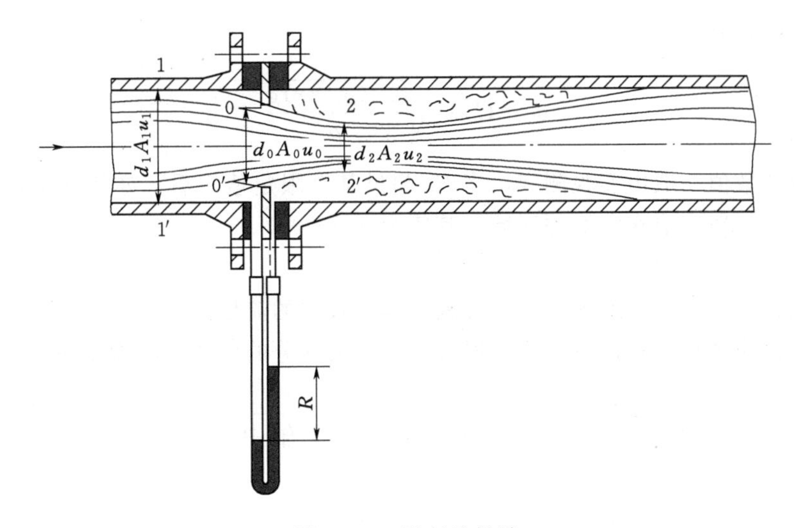

图 1-52 孔板流量计

若不考虑通过孔板的阻力损失，在水平管截面 1-1 和截面 2-2 之间列出伯努利方程：

$$\frac{p_1}{\rho}+\frac{u_1^2}{2}=\frac{p_2}{\rho}+\frac{u_2^2}{2}$$

整理得

$$\sqrt{u_2^2-u_1^2}=\sqrt{\frac{2(p_1-p_2)}{\rho}} \tag{1-45}$$

在孔板流量计上安装 U 形管液柱压差计，是为了求得式中的压差 p_1-p_2。但测压口并不是开在 1-1 和 2-2 截面处，一般都在紧靠孔口的前后，所以实际测得的压差并非 p_1-p_2。以孔口前后的压差代替式中的 p_1-p_2 时，上式必须校正。设 U 形管液柱压差计的读数为 R，指示液的密度为 ρ_0，管中流体的密度为 ρ，则孔口前后的压差为 $R(\rho_0-\rho)g$。同时，由于缩脉处的截面积 A_2 难以知道，而小孔的截面积 A_0 是可以计算的，所以可用小孔处的流速 u_0 来代替 u_2。此外，流体流经孔板时还产生一定的损失能量。综合考虑上述三方面的影响，引入校正系数 C，将 u_0、实测压差代入式（1-45）得

$$\sqrt{u_0^2-u_1^2}=C\sqrt{\frac{2R(\rho_0-\rho)g}{\rho}}$$

根据连续性方程式

$$u_1=u_0\left(\frac{d_0}{d_1}\right)^2$$

代入上式，整理得

$$u_0=\frac{C}{\sqrt{1-\left(\frac{d_0}{d_1}\right)^4}}\sqrt{\frac{2R(\rho_0-\rho)g}{\rho}}$$

并令

$$\frac{C}{\sqrt{1-\left(\frac{d_0}{d_1}\right)^4}}=C_0\text{（称为孔流系数）}$$

则得

$$u_0=C_0\sqrt{\frac{2R(\rho_0-\rho)g}{\rho}} \tag{1-46}$$

管道中的流量 q_V 为

$$q_V = C_0 A_0 \sqrt{\frac{2R(\rho_0 - \rho)g}{\rho}} \tag{1-47}$$

孔流系数的数值一般由实验测定，当 Re 超过某个限定值之后，亦趋于定值。流量计所测定的流量范围一般应取在定值的区域，其值为 0.6～0.7。

2. 孔板流量计的特点

(1) 优点：构造简单，准确度高，可测气体和液体的流量。

(2) 缺点：流体流经孔口时的能量损失较大，大部分的压降无法恢复而损失掉。

3. 几点说明

(1) 孔板需安装在水平管道中，孔口中心应与管轴中心线重合，并置于流动平稳的区段。

(2) 尽量使流量计在孔流系数为常数的范围内工作。

三、文丘里流量计

孔板流量计由于锐孔结构将引起过多的能量消耗。为了减少能量的损失，把锐孔结构改制成渐缩渐扩管，这样构成的流量计称为文丘里流量计。其构造如图 1-53 所示。一般收缩角 $\alpha_1=15°\sim25°$，扩大角 $\alpha_2=5°\sim7°$。

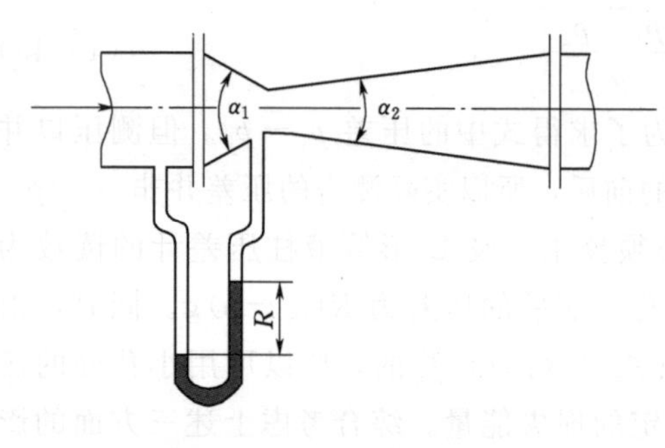

图 1-53 文丘里流量计

利用文丘里流量计测定管道流量仍可采用式 (1-47)，而以文丘里流量计的孔流系数 $C_{文}$ 代替 C_0，因而管道中的流量为

$$q_V = C_{文} A_0 \sqrt{\frac{2R(\rho_{指} - \rho)g}{\rho}} \tag{1-48}$$

式中 A_0——喉颈处的截面积，m^2；

$C_{文}$——孔流系数，一般为 0.98～0.99。

文丘里流量计也是变压差型流量计。由于文丘里流量计的渐缩渐扩短管安装在管道中，不产生旋涡，所以能量损失较小，大多数用于低压气体输送中的测量；但文丘里流量计加工精度要求高，造价较高。

任务二 变截面（定压差）流量计

一、转子流量计的测量原理

转子流量计是变流通截面积、恒压差型的流量计。转子流量计由一个倒锥形的玻璃管和一个能上下移动的转子所构成，玻璃管外壁上刻有流量值。流量计垂直安装在管道上，流体自下而上通过转子与管壁间的环隙，转子随流量增大而上移，当转子受力达到平衡时，将悬浮在一定高度，流量值由壁面刻度读取。图 1-54 所示是转子流量计构造的示意图。

当转子稳定悬浮在一定高度时，对转子上、下两端面间的流体列伯努利方程：

$$z_1 + \frac{u_1^2}{2g} + \frac{p_1}{\rho g} = z_2 + \frac{u_2^2}{2g} + \frac{p_2}{\rho g} + \sum H_f$$

忽略位压头的变化及阻力损失，则有

$$\frac{u_1^2}{2g}+\frac{p_1}{\rho g}=\frac{u_2^2}{2g}+\frac{p_2}{\rho g}$$

与孔板流量计流量式整理方法相同，转子流量计管道中的流量为

$$q_V=C_R A_R\sqrt{\frac{2(p_1-p_2)}{\rho}} \tag{1-49}$$

式中 C_R——流量系数，一般为0.98；

A_R——转子上端面与玻璃管的环隙截面积，m^2。

压差（p_1-p_2）可通过对转子受力平衡分析确定其计算式。如图1-55所示，转子平衡时，有

$$p_1 A_f+V_f\rho g=p_2 A_f+V_f\rho_f g$$

即

$$p_1-p_2=\frac{V_f g(\rho_f-\rho)}{A_f}$$

所以

$$q_V=C_R A_R\sqrt{\frac{2(p_1-p_2)}{\rho}}=C_R A_R\sqrt{\frac{2V_f g(\rho_f-\rho)}{A_f\rho}} \tag{1-50}$$

式中 V_f——转子体积，m^3；

A_f——转子最大部分截面积，m^2；

ρ_f——转子密度，kg/m^3；

ρ——被测流体的密度，kg/m^3。

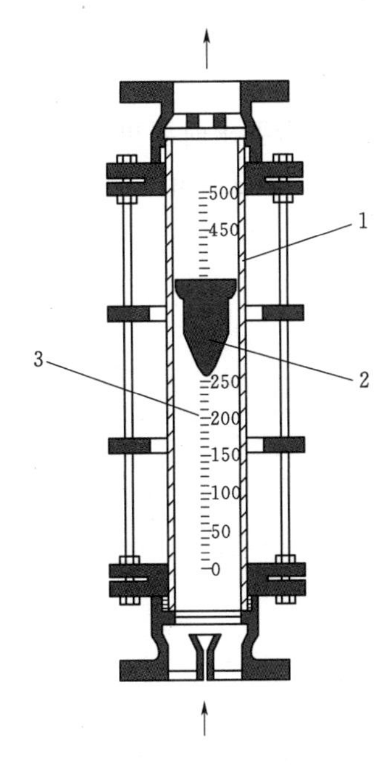

图1-54 转子流量计

1—锥形玻璃管；2—转子；3—刻度

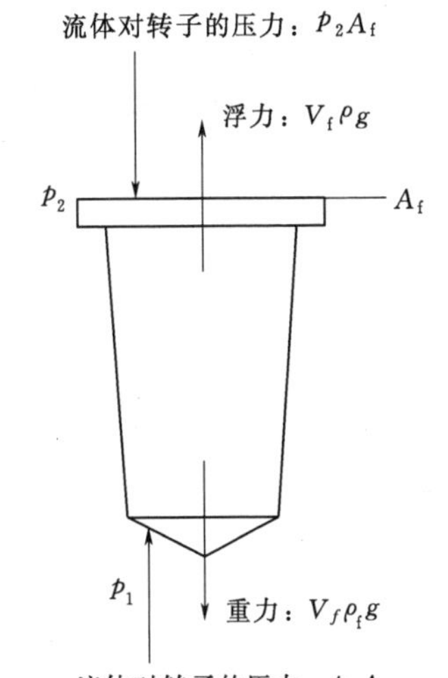

图1-55 转子受力平衡分析

二、转子流量计的安装

（1）转子流量计应垂直安装在无振动的管道上，不能使流量计有任何可见的倾斜，否则

会造成误差。

（2）安装高度应以人眼平视为准。

（3）为便于检修，转子流量计应加旁路管。

（4）安装仪表时，切勿大力扭动仪表。

三、转子流量计的使用

（1）使用前应检查仪表示值范围与所需测量的范围是否相符。

（2）使用时应缓慢旋开控制阀门，以免突然启动，浮子急剧上升损坏玻璃锥管，如果打开阀门之后仍不见浮子升起，应关闭阀门找原因，待故障排除后再重新启动。

（3）使用过程中，如发现浮子卡住，绝不可用任何工具敲击玻璃锥管，可以用晃动管道、拆卸管子的方法排除故障；如发现玻璃锥管密封处有被测介质溢出，只要拆去前后罩，稍稍扳紧压盖螺栓，至不溢即可。如以上方法无效，则一般是密封填料失效。

（4）使用过程中，浮子指标通常稳定，如浮子上下窜动较剧烈，可以稍关下游控制阀和稍开上游控制阀来消除。如上述方法不行，则应考虑工艺管道或流动源是否有问题。

（5）注意保持仪表清洁和外部防锈。

（6）使用过程中，若更换浮子材料，改变被测介质的密度时，需要进行刻度修正。转子流量计的刻度是用20℃的水或20℃、101.3kPa下的空气（密度为$1.2kg/m^3$）进行标定的。当被测流体与上述条件不符时，应进行刻度换算。同一刻度下，两种流体的流量关系为

$$\frac{q_{V2}}{q_{V1}}=\sqrt{\frac{\rho_1(\rho_f-\rho_2)}{\rho_2(\rho_f-\rho_1)}} \tag{1-51}$$

式中 下标1——标定流体的参数；

下标2——实际被测流体的参数。

转子可用铅或不锈钢等材料制造，但要求$\rho_f>\rho$，不合要求时要更换转子。

转子流量计主要用于低压下小流量的测定，因其测定方法简单，测量精度较高，阻力损失较小，所以广泛应用于制药、化工生产中。

项目五

液体输送机械

为液体提供能量的机械称为液体输送机械。如果说管路是设备与设备之间、车间与车间之间、工厂与工厂之间联系的通道，那么流体输送机械是这种联系的动力所在。

由于被输送液体的性质（如黏性、腐蚀性、混悬液的颗粒等）都有较大差别，温度、压力、流量也有较大的不同，因此需要用到各种类型的泵。根据施加给液体机械能的手段和工作原理的不同，液体输送机械大致可分为四大类，见表1-9。

表1-9　液体输送机械的分类

机械	离心式	回转式	往复式	液体作用式
液体输送	离心泵、旋涡泵、轴流泵	齿轮泵、螺杆泵	往复泵、柱塞泵、计量泵、隔膜泵	喷射泵、酸蛋、真空输送

其中离心泵具有结构简单、流量大而且均匀、操作方便等优点，在化工生产中的使用最为广泛。

任务一　离　心　泵

离心泵是依靠高速旋转的叶轮所产生的离心力对液体做功的流体输送机械。由于它具有结构简单、操作方便、性能适应范围广、体积小、流量均匀、故障少、寿命长等优点，在化工生产中应用十分广泛。有统计表明，化工生产所使用的泵大约有80%为离心泵。离心泵作为通用机械，在其他工业及日常生活中也有广泛应用。

一、离心泵的工作原理与构造

1. 离心泵的工作原理

图1-56所示是一台安装在管路中的离心泵装置示意图，主要部件为叶轮，叶轮上有6～8片向后弯曲的叶片，叶轮紧固于泵壳内的泵轴上，泵的吸入口与吸入管相连。液体经底阀和吸入管进入泵内。泵壳上的液体排出口与排出管连接，泵轴用电动机或其他动力装置带动。

泵在启动前，首先向泵内灌满被输送的液体，这种操作称为灌泵。同时关闭排出管路上的流量调节阀，待电动机启动后，再打开出口阀。离心泵启动后高速旋转的叶轮带动叶片间的液体作高速旋转，在离心力作用下，液体便从叶轮中心被抛向叶轮的周边，并获得机械

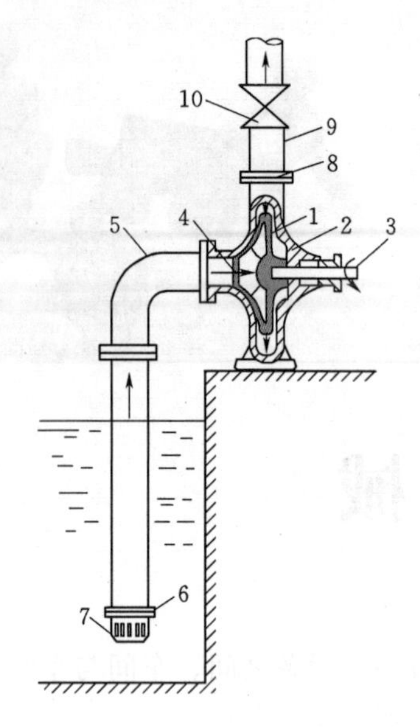

图 1－56 离心泵装置示意图
1—叶轮；2—泵壳；3—泵轴；4—吸入口；5—吸入管；6—底阀；7—滤网；8—排出口；9—排出管；10—调节阀

能，同时也增大了流速，一般可达 15～25m/s，其动能也提高了。当液体离开叶片进入泵壳内，由于泵壳的流道逐渐加宽，液体的流速逐渐降低而压强逐渐增大，最终以较高的压强沿泵壳的切向从泵的排出口进入排出管排出，输送到所需场所，完成泵的排液过程。

当泵内液体从叶轮中心被抛向叶轮外缘时，在叶轮中心处形成低压区，这样就造成了吸入管储槽液面与叶轮中心处的压强差。液体就在这个静压差作用下，沿着吸入管连续不断地进入叶轮中心，以补充被排出的液体，完成离心泵的吸液过程。只要叶轮不停地运转，液体就会连续不断地被吸入和排出。

若泵启动前未充满被输送液体，则泵内存有空气。由于空气密度比液体的密度小得多，泵内产生离心力很小，因而在吸入口处的真空度很小，储槽液面和泵入口处的静压差很小，不能推动液体进入泵内。启动泵后不能输送液体的现象称为气缚，表示离心泵无自吸能力。离心泵吸入管底部安装的带吸滤网的底阀为止逆阀，是为启动前灌泵所配置的。

2. 离心泵的主要部件

离心泵的主要部件为叶轮、泵壳和轴封装置。

（1）叶轮。叶轮是离心泵的关键部件，其作用是将原动机的机械能传给液体，使通过离心泵的液体静压能和动能均有所提高。叶轮由 6～8 片后弯叶片组成。按其机械结构可分为三种：①开式叶轮，仅有叶片和轮毂，两侧均无盖板，制造简单，清洗方便，如图 1－57（a）所示；②半闭式叶轮，没有前盖板而有后盖板的叶轮，如图 1－57（b）所示；③闭式叶轮，两侧分别有前、后盖板，流道是封闭的，如图 1－57（c）所示，这种叶轮液体流动摩擦阻力损失小，适用于高扬程、洁净液体的输送。

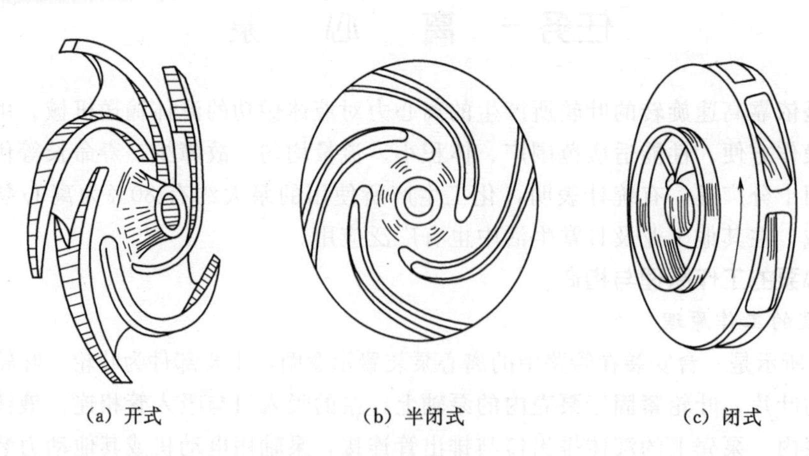

（a）开式　　（b）半闭式　　（c）闭式

图 1－57 离心泵的叶轮

一般离心泵大多采用闭式叶轮。开式和半闭式叶轮由于流道不易堵塞，适用于浆液、黏度大的液体或含有固体颗粒的悬浮物液体的输送。但由于开式或半闭式叶轮没有或一侧有盖板，叶轮外周端部没有很好的密合，部分液体会流回叶轮中心的吸液区，因而效率较低。

开式或半闭式叶轮在运行时，部分高压液体漏入叶轮后侧，使叶轮后盖板所受压力高于吸入口侧，对叶轮产生轴向推力。轴向推力会使叶轮与泵壳接触而产生摩擦，严重时会引起泵的震动。为了减小轴向推力，可在后盖板上钻一些小孔，称为平衡孔，如图 1-58（a）所示，使部分高压液体漏至低压区，以减小叶轮两侧的压力差。平衡孔可以有效地减小轴向推力，但同时也降低了泵的效率。

叶轮按其吸液方式的不同可分为单吸式和双吸式两种，如图 1-58 所示。单吸式叶轮构造简单，液体从叶轮一侧被吸入；双吸式叶轮可同时从叶轮两侧对称地吸入液体。显然，双吸式叶轮具有较大的吸液能力，并较好地消除轴向推力，故常用于大流量的场合。

（2）泵壳。泵壳是一个截面逐渐扩大的蜗牛壳形的通道，如图 1-59 所示。叶轮在壳内顺着蜗形通道逐渐扩大的方向旋转，越接近液体出口，通道截面积越大。因此，液体从叶轮外缘以高速被抛出后，沿泵壳的蜗形通道而向排出口流动，流速便逐渐降低，减少了能量损失，且使大部分动能有效地转变为静压能。所以泵壳不仅作为一个汇集和导出液体的通道，其本身也是一个转能装置。流体在泵内的流动情况如图 1-60 所示。

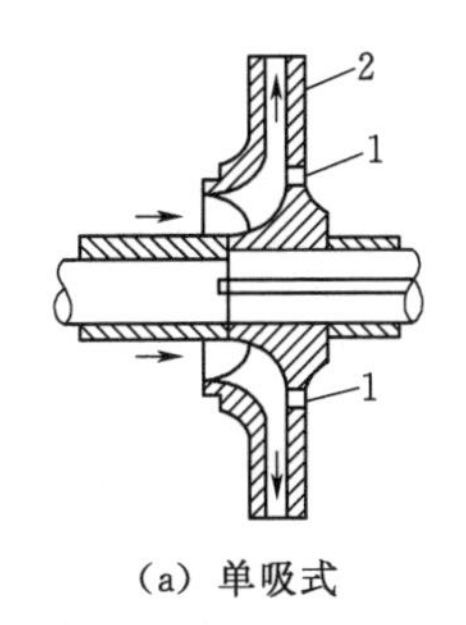

图 1-58 吸液方式
1—平衡孔；2—后盖板

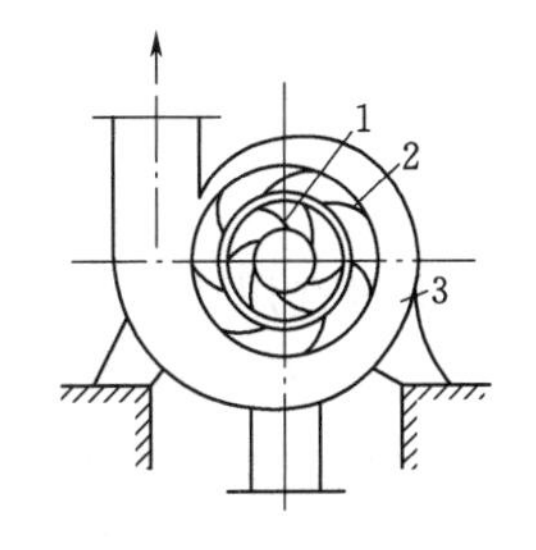

图 1-59 泵壳与导轮
1—叶轮；2—导轮；3—泵壳

图 1-60 流体在泵内的流动情况

在较大的泵中，在叶轮与泵壳之间还装有固定不动的导轮，如图 1-59 所示，其目的是减少液体直接进入蜗壳时的冲击。由于导轮具有很多逐渐转向的通道，使高速液体流过时均匀而缓和地将动能转变为静压能，从而减少了能量损失。

（3）轴封装置。泵轴与泵壳之间的密封称为轴封。其作用是防止高压液体从泵壳内沿轴的四周漏出，或者外界空气以相反方向漏入泵壳内的低压区。常用的轴封装置有填料密封和机械密封两种，如图 1-61 和图 1-62 所示。普通离心泵所采用的轴封装置是填料函，即将泵轴穿过泵壳的环隙作为密封圈，于其中填入软填料（例如浸油或涂石墨的石棉绳），将泵壳内、外隔开，而泵轴仍能自由转动。

输送酸、碱以及易燃、易爆、有毒的液体时，密封的要求就比较高，既不允许漏入空气，又力求不让液体渗出。近年来，在制药生产中离心泵的轴封装置广泛采用机械密封。如图 1-62 所示，它由一个装在转轴上的动环和另一个固定在泵壳上的静环所构成，两环的端面借弹簧力互相贴紧而做相对运动，起到密封作用。

二、离心泵的性能参数与特性曲线

1. 性能参数

离心泵的主要性能参数有流量、扬程、功率和效率等，这些参数标注在离心泵的铭牌

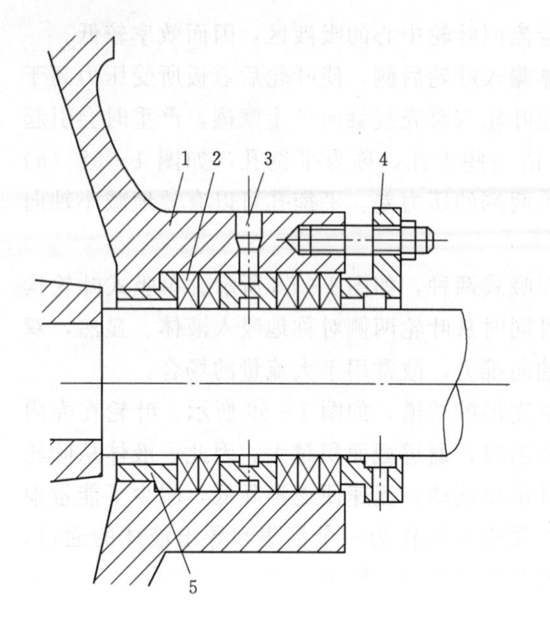

图 1-61 填料密封装置

1—填料函壳；2—软填料；3—液封圈；4—填料压盖；5—内衬套

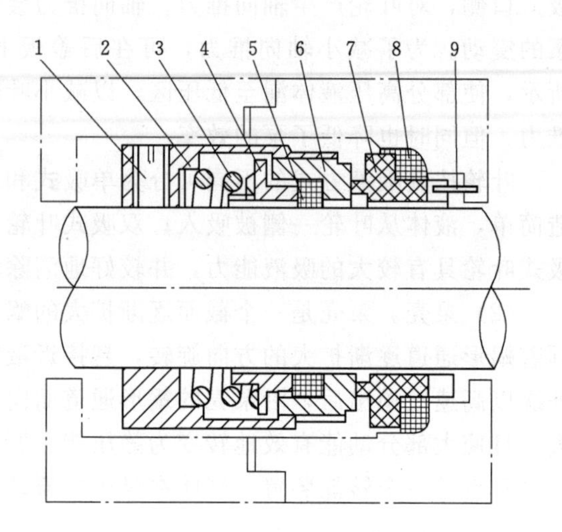

图 1-62 机械密封装置

1—螺钉；2—传动座；3—弹簧；4—椎环；5—动环密封圈；6—动环；7—静环；8—静环密封圈；9—防转销

上，是评价离心泵的性能和正确选用离心泵的主要依据。

(1) 流量（送液能力）。指单位时间内泵排到管路系统中的液体体积，用符号 q 表示，其单位为 m^3/h 或 m^3/s，其大小主要取决于泵的结构、尺寸和转速等。

(2) 扬程（泵的压头）。指泵对单位重量（1N）的液体所提供的有效能量，用符号 H 表示，其单位为 m 液柱。离心泵压头取决于泵的结构（叶轮直径、叶片弯曲情况）、转速和流量，也与液体的密度有关。对于一定的泵在指定的转速下，与 q_V 之间存在一定关系，由于液体在泵内的流动情况比较复杂，与 q_V 的关系只能用实验测定。

(3) 功率。泵的有效功率是指单位时间内液体从泵中叶轮获得的有效能量，用符号 $p_{有}$ 表示，单位为 W 或 kW。因为离心泵排出的液体质量流量为 $q_V\rho$，所以泵的有效功率为

$$p_{有}=q_V\rho Hg \tag{1-52}$$

式中 q_V——泵的实际流量，m^3/s；

ρ——液体密度，kg/m^3；

H——泵的有效压头，即单位重量的液体自泵处净获得的能量，m；

g——重力加速度，m/s^2。

泵的轴功率是指泵轴所需的功率，即电动机传给泵轴的功率，用符号 $p_{轴}$ 表示，单位为 W 或 kW，则 $p_{轴}$ 为

$$p_{轴}=\frac{q_V\rho Hg}{\eta} \tag{1-53}$$

若离心泵轴功率的单位用 kW 表示，则式（1-53）变为

$$p_{轴}=\frac{q_V\rho H}{102\eta} \tag{1-54}$$

还应注意，泵铭牌上注明的轴功率是以常温20℃的清水为试验液体（其密度为1000 kg/m^3）计算的。如泵输送液体的密度较大，应看原配电动机是否适用。若需要自配电动机，为防止电动机超负载，常按实际工作的最大流量计算轴功率作为选电动机的依据。

（4）效率。液体输送过程中泵轴转动所做的功不能全部为液体所获得，不可避免地会有能量损失，它包括容积损失、水力损失和机械损失，以上三种损失即用离心泵的总效率表示为

$$\eta=\frac{p_{有}}{p_{轴}}\times 100\% \tag{1-55}$$

离心泵效率与泵的尺寸、类型、构造、加工精度、液体流量和所输送液体性质有关。一般小型泵效率为50%～70%，大型泵可达90%左右。

2. 特性曲线

离心泵的扬程、轴功率、效率与流量之间的关系曲线称为离心泵的特性曲线，如图1-63所示，其中以扬程和流量的关系最为重要。由于泵的特性曲线随泵转速而改变，故其数值通常是在额定转速和标准试验条件（大气压101.325kPa，20℃清水）下测得。通常在泵的产品样本中附有泵的主要性能参数和特性曲线，供选泵和操作参考。

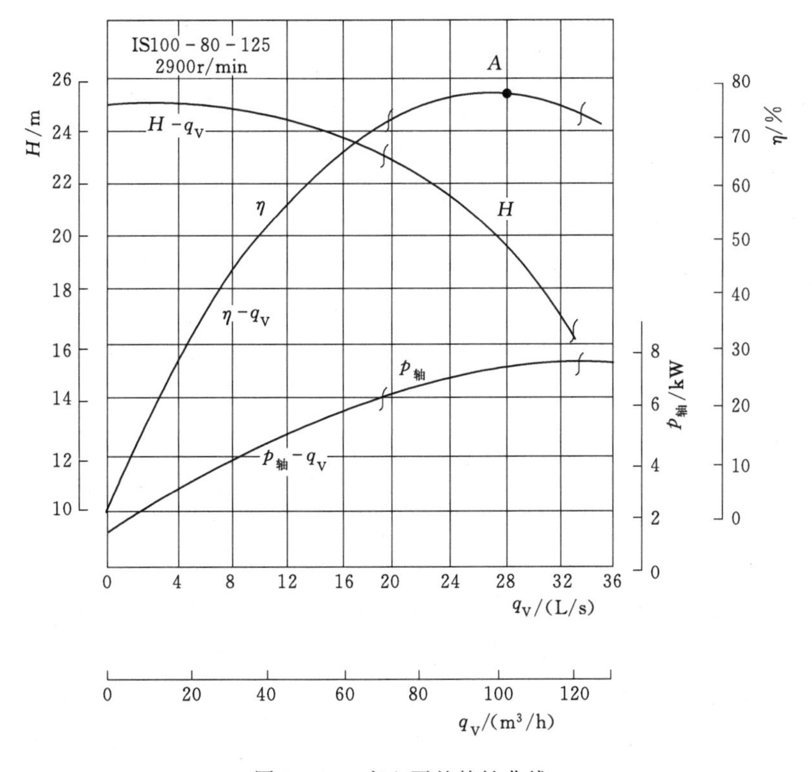

图1-63　离心泵的特性曲线

（1）$H-q_V$ 曲线。表示泵的扬程和流量的关系。曲线表明离心泵的扬程随流量的增大而下降。

（2）$p_{轴}-q_V$ 曲线。表示泵的轴功率和流量的关系。曲线表明离心泵的轴功率随流量的增大而上升，当流量为零时轴功率最小，所以离心泵启动时，为了减小启动功率，应使流量为零，即将出口阀门关闭，以保护电动机。待电动机运转到额定转速后，再逐渐打开出口阀门。

(3) $\eta - q_V$ 曲线。表示泵的效率和流量的关系。曲线表明离心泵的效率随流量的增大而增大，当流量增大到一定值后，效率随流量的增大而下降，曲线存在一最高效率点即为设计点。对应于该点的各性能参数 q_V、$p_{轴}$ 和 H 称为最佳工况参数，即离心泵铭牌上标注的性能参数。根据生产任务选用离心泵时应尽可能使泵在最高效率点附近工作。

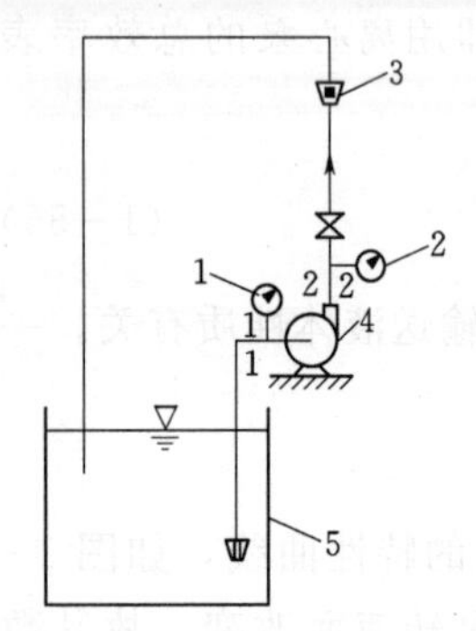

图 1-64 [例 1-20] 图
1—压力表；2—真空表；
3—流量计；4—泵；
5—储槽

【例 1-20】 用如图 1-64 所示系统核定某离心泵的扬程，实验条件为：介质清水；温度 20℃；压力 98.1kPa；转速 2900r/min。实验测得的数据为：流量计的读数为 45m³/h；泵吸入口处真空表读数 27kPa；泵排出口处压力表读数 255kPa；两测压口间的垂直距离为 0.4m。若吸入管路与排出管路的直径相同，试求该泵的扬程（g 取 9.807m/s²）。

解： 在压力表及真空表所在截面 1-1 和 2-2 间应用伯努利方程得

$$z_1+\frac{p_1}{g\rho}+\frac{u_1^2}{2g}+H=z_2+\frac{p_2}{g\rho}+\frac{u_2^2}{2g}+H_{f,1-2}$$

令 $z_1=0$，则 $z_2=0.4$m。

而 $p_1=-27$kPa（表压强）；$p_2=255$kPa（表压强）；$u_1=u_2$（吸入管与排出管管径相同）；$H_{f,1-2}=0$（两截面间距很小，故忽略阻力）；又查得 20℃清水的密度为 1000kg/m³，所以该泵的扬程为

$$H=0.4+\frac{255\times1000+27\times1000}{1000\times9.807}=29.2(\text{m})$$

3. 影响离心泵特性曲线的因素

生产厂家提供的离心泵特性曲线都是针对特定型号的泵，在一定的转速和常压下用常温水为介质测得的。而实际生产中所输送的液体种类各异，工作情况也有很大的不同，需要考虑密度、泵的转速和叶轮直径等和实验条件的不同对泵产生的影响，并根据使用情况，对厂家提供的特性曲线进行重新换算。

(1) 密度。离心泵的流量、压头均与液体的密度无关，效率也不随密度而改变，当被输送液体的密度发生改变时，$H-q_V$ 曲线和 $\eta-q_V$ 曲线基本不变。但泵的轴功率与液体的密度成正比，此时原产品说明书上的 $p_{轴}-q_V$ 曲线已不再适用，泵的轴功率需按式（1-53）重新计算。

(2) 黏度。当输送液体的黏度大于常温水的黏度时，泵内液体的能量损失增大，导致泵的流量、压头减小，效率下降，但轴功率增加，泵的特性曲线均发生变化。

(3) 离心泵转速。对同一台离心泵，若叶轮尺寸不变，仅转速变化，其特性曲线也将发生变化。在转速变化小于 20%时，流量、扬程及轴功率与转速间的近似关系也可用比例定律进行计算：

$$\frac{q_{V1}}{q_{V2}}\approx\frac{n_1}{n_2}\quad\frac{H_1}{H_2}\approx\left(\frac{n_1}{n_2}\right)^2\quad\frac{p_{轴1}}{p_{轴2}}\approx\left(\frac{n_1}{n_2}\right)^3 \tag{1-56}$$

式中 q_{V1}、H_1、$p_{轴1}$——转速为 n_1 时泵的流量、扬程、轴功率；

q_{V2}、H_2、$p_{轴2}$——转速为 n_2 时泵的流量、扬程、轴功率。

(4) 叶轮直径的影响。泵的制造厂或用户为了扩大离心泵的使用范围，除配有原型号的

叶轮外，常备有外直径略小的叶轮，此种做法被称为离心泵叶轮的切割。当转速不变，若对同一型号的泵换用直径较小的叶轮，但不小于原直径的90%时，离心泵的流量、扬程及轴功率与叶轮直径之间的近似关系称为切割定律，即

$$\frac{q_{V1}}{q_{V2}}\approx\frac{d_1}{d_2}\quad\frac{H_1}{H_2}\approx\left(\frac{d_1}{d_2}\right)^2\quad\frac{p_{轴1}}{p_{轴2}}\approx\left(\frac{d_1}{d_2}\right)^3 \tag{1-57}$$

式中 q_{V1}、H_1、$p_{轴1}$——叶轮直径为 d_1 时泵的流量、扬程、轴功率；

q_{V2}、H_2、$p_{轴2}$——叶轮直径为 d_2 时泵的流量、扬程、轴功率；

d_1、d_2——原叶轮的外直径和变化后的外直径。

三、离心泵的工作点与流量调节

1. 管路的特性曲线

每种型号的离心泵在一定转速下，都有其自身固有的特性曲线。但当离心泵安装在特定管路系统操作时，实际的压头和流量不仅遵循泵特性曲线上两者的对应关系，而且还受管路特性所制约。

管路特性曲线表示流体通过某一特定管路所需要的压头与流量的关系。假定利用一台离心泵把水池的水抽到水塔上去，如图1-65所示，水从吸水池流到上水池的过程中，若两液面皆维持恒定，则流体流过管路所需要的压头为

$$H_e=\Delta z+\frac{\Delta p}{\rho g}+\frac{\Delta u^2}{2g}+H_f$$

因为 $H_f=\lambda\frac{l+\sum l_e}{d}\frac{u^2}{2g}=\frac{8\lambda}{\pi^2 g}\frac{l+\sum l_e}{d^5}q^2$，对于特定的管路，$\Delta z+\frac{\Delta p}{\rho g}$为固定值，与管路中的流体流量无关，管径不变，$u_1=u_2$、$\Delta u/2g=0$，令 $A=\Delta z+\frac{\Delta p}{\rho g}$，$B=\frac{8\lambda}{\pi^2 g}\frac{l+\sum l_e}{d^5}$，所以上式可写成

$$H_e=A+Bq_V^2 \tag{1-58}$$

式（1-58）就是管路特性曲线方程。对于特定的管路，式中 A 是固定不变的，当阀门开度一定且流动为完全湍流时，也可看作是常数。将式（1-58）绘于图1-66得管路特性曲线。管路特性曲线的形状由管路布局和流量等条件来确定，而与离心泵的性能无关。

2. 工作点

若将泵的特性曲线和管路的特性曲线绘在同一图中，如图1-66所示，两曲线交点 P

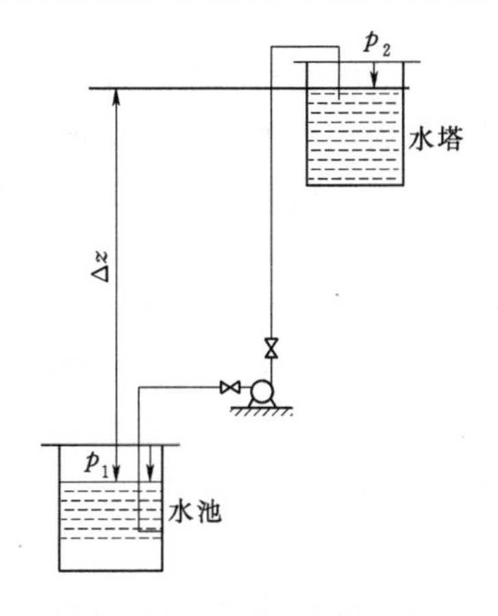

图1-65 输送系统示意图

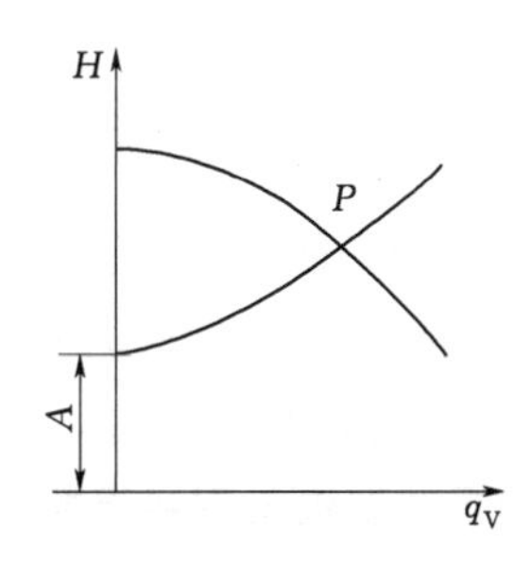

图1-66 离心泵的工作点

称为离心泵在该管路上的工作点。该点对应的流量和扬程既能满足管路的特性曲线方程，又能满足泵的特性曲线方程。若泵在该点所对应的效率是在最高效率区，即为系统的理想工作点。

3. 流量调节

在实际生产的管路系统中，如果工作点的流量大于或小于所需要的输送量，应设法改变泵的工作点的位置，即进行流量调节。流量调节的方法有两种：一是改变管路的特性；二是改变泵的特性。

(1) 改变管路的特性。常用改变泵出口管路上阀门的开度，即改变管路的阻力系数，可改变管路特性曲线的位置，满足流量调节的要求。若阀门开度减小时，阻力增大，管路特性曲线变陡，如图 1-67 (a) 中的曲线所示，工作点由 P 移到 P_1，相应的流量变小；当开大阀门时，则局部阻力减小，工作点移至 P_2，从而增大流量。

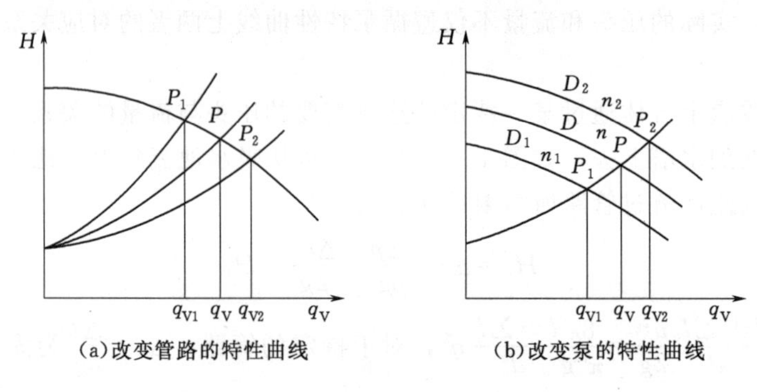

图 1-67 离心泵的流量调节

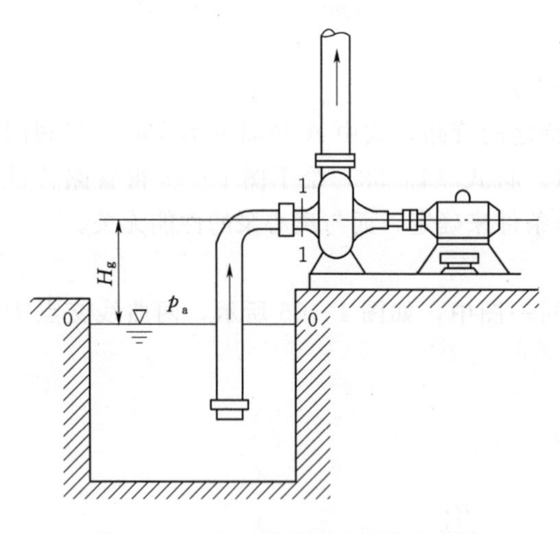

图 1-68 离心泵的吸液管路示意图

由此可见，通过调节阀门开度可使流量在设置的最大值和最小值之间变动。当阀门开度减小时，因流动阻力增加，需额外消耗部分能量，此外在流量调节幅度较大时离心泵往往工作在低效区，因此这种方法的经济性差。但这种调节方法快速简便、灵活，可以连续调节，故应用很广。

(2) 改变泵的特性。对于同一个离心泵，改变泵的转速和叶轮的直径可使泵的特性曲线发生改变，从而使工作点移动。这种方法不会额外增加管路阻力，并在一定范围内仍可使泵处在高效率区工作。一般来说，改变叶轮直径显然不如改变转速简便，且当叶轮直径变小，泵和电动机的效率也会降低，况且调节幅度也有限。所以常用改变转速来调节流量。如图 1-67 (b) 所示，当转速 n 减小到 n_1 时，工作点由 P 移到 P_1，流量就相应地减小；当转速 n 增大到 n_2 时，工作点由 P 移到 P_2，流量就相应地增大。

四、离心泵的气蚀现象与安装高度

离心泵在管路系统中安装位置会影响泵的运行及使用，若泵的安装高度不合适，将会发生气蚀现象。

1. 气蚀现象

离心泵的吸液管路如图 1－68 所示，泵的吸液作用是依靠储槽的液面 0－0 和泵入口截面 1－1 之间的势能差实现的，即泵的吸入口附近为低压区。当 p_a 一定，若向上吸液高度 H_g 越高、流量越大、吸入管路的各种阻力越大，则 p_1 就越小。但在离心泵的操作中，p_1 值下降是有限度的，确切地说，叶轮入口处压强 p_1 不能低于被送液体在工作温度下的饱和蒸气压 p_a，否则，液体将会发生部分汽化，生成的气泡将随液体从低压区进入高压区，在高压区气泡会急剧收缩、凝结，使其周围的液体以极高的流速冲向刚消失的气泡中心，造成极高的局部冲击压力，直接冲击叶轮和泵壳，产生噪声，并引起振动。由于长时间受到冲击力反复作用以及液体中微量溶解氧对金属的化学腐蚀作用，叶轮的局部表面出现瘢痕和裂纹，甚至呈海绵状损坏，这种现象称为气蚀。气蚀发生时，大量的气泡破坏液流的连续性，阻塞流道，致使泵的流量、扬程和效率急剧下降，运行的可靠性降低，气蚀严重时，泵会中断工作。为避免气蚀现象的发生，泵的安装高度不能太高，我国离心泵标准中，常采用允许气蚀余量对泵的气蚀现象加以控制。

离心泵的气蚀余量为离心泵入口处的静压头与动压头之和，必须大于被输送液体在操作温度下的饱和蒸气压头之值，用 Δh 表示为

$$\Delta h=\frac{p_1}{\rho g}+\frac{u_1^2}{2g}-\frac{p_{饱}}{\rho g} \tag{1-59}$$

式中 p_1——泵吸入口处的绝对压强，Pa；

u_1——泵吸入口处的液体流速，m/s；

$p_{饱}$——输送液体在工作温度下的饱和蒸气压，Pa；

ρ——液体的密度，kg/m^3。

能保证不发生气蚀的最小值，称为允许气蚀余量 $\Delta h_{允}$。离心泵允许气蚀余量亦为泵的性能，列于离心泵规格表中，其值由实验测得。

2. 离心泵的最大安装高度

离心泵的最大安装高度是指泵的吸入口高于储槽液面最大允许的垂直高度，用 H_{gmax} 表示。如图 1－68 所示，在储槽液面 0－0 截面和泵入口 1－1 截面间的伯努利方程为

$$z_0+\frac{p_0}{\rho g}+\frac{u_0^2}{2g}=z_1+\frac{p_1}{\rho g}+\frac{u_1^2}{2g}+H_{f0\text{-}1}$$

将 $H_g=z_1-z_0$，$u_0\approx 0$ 及式（1－59）代入上式得

$$H_{gmax}=\frac{p_0}{\rho g}-\frac{p_{饱}}{\rho g}-\Delta h_{允}-H_{f0\text{-}1} \tag{1-60}$$

式中 $H_{f0\text{-}1}$——吸入管路的压头损失，m；

H_{gmax}——泵的允许安装高度，m；

p_0——储槽液面上方的压强，Pa（储槽敞口时，$p_0=p_a$，为当地大气压强）。

为了保证泵的安全操作不发生气蚀，泵的实际安装高度 H_g 必须低于或等于 H_{gmax}。对于一定的离心泵，若吸入管路阻力越大，液体的蒸气压越高或外界大气压强越低，则泵的最大安装高度越低。为减小管路的阻力，泵的入口处应尽量选用直径稍大的吸入管，缩短管子的长度和减少不必要的管件。当使用条件允许时，尽量将泵直接安装在储液槽液面以下，液

体利用位差即可自动灌入泵内。

【例 1-21】 某台离心水泵，从样本上查得气蚀余量 $\Delta h_{允}$ 为 $2.4mH_2O$。现用此泵输送敞口水槽中 40℃清水，若泵吸入口位于水面以上 5m 高处，吸入管路的压头损失为 $1mH_2O$，当地环境大气压力为 100kPa，试求：(1) 该泵的安装高度是否合适？(2) 若将水槽改为封闭，槽内水面上压力为 30kPa。将水槽提高到泵入口以上 5m 高处，是否可以用（g 取 $9.81m/s^2$）？

解：(1) 查表知：40℃水的饱和蒸气压 $p_{饱}=7.377kPa$，密度 $\rho=992.2kg/m^3$。

已知 $p_0=100kPa$，$H_{f0-1}=1mH_2O$，$\Delta h_{允}=2.4mH_2O$，代入式（1-60）中，可得泵的最大安装高度为

$$H_{gmax}=\frac{p_0}{\rho g}-\frac{p_{饱}}{\rho g}-\Delta h_{允}-H_{f0-1}=\frac{(100-7.377)\times10^3}{992.2\times9.81}-2.4-1=6.11(m)$$

实际安装高度 $H_g=5m$，小于 6.11m，故合适。

(2) $$H_{gmax}=\frac{p_0}{\rho g}-\frac{p_{饱}}{\rho g}-\Delta h_{允}-H_{f0-1}=\frac{(30-7.377)\times10^3}{992.2\times9.81}-2.4-1=-1.08(m)$$

以槽内水面为基准，泵的实际安装高度 $H_g=-5m$，小于 $-1.08m$，故合适。

【例 1-22】 用一台 IS80-50-250 型离心泵（性能参数见表 1-10）从一敞口水池向外输送 35℃的水，水池水位恒定，流量为 $50m^3/h$，进水管路总阻力为 $1mH_2O$。已知 35℃的水的饱和蒸气压 $p_{饱}$ 为 5.8×10^3Pa，密度为 $\rho=993.7kg/m^3$，当地大气压为 9.82×10^4Pa。求此泵可装于距液面多高处？如果水温变为 80℃时，进口管的总阻力增至 $3mH_2O$ 时，又怎样安装此泵（g 取 $9.81m/s^2$）？

表 1-10　　IS80-50-250 型离心泵的性能参数（2900r/min）

流量/(m^3/h)	扬程/m	轴功率/kW	效率/%	$\Delta h_{允}$/m
50	80	17.3	63	2.8

解： (1) 输送 35℃的水时 $p_0=9.82\times10^4Pa$，$p_{饱}=5.8\times10^3Pa$，$\rho=993.7kg/m^3$，$H_{f0-1}=1mH_2O$，根据式（1-60），得泵的最大安装高度为

$$H_{gmax}=\frac{p_0}{\rho g}-\frac{p_{饱}}{\rho g}-\Delta h_{允}-H_{f0-1}=\frac{9.82\times10^4}{993.7\times9.81}-\frac{0.58\times10^4}{993.7\times9.81}-2.8-1=5.68(m)$$

(2) 输送 80℃的水时，$p_0=9.82\times10^4Pa$，$H_{f0-1}=3mH_2O$，再查附录六可知，$p_{饱}=4.74\times10^4Pa$，$\rho=971.8kg/m^3$，再根据式（1-60）得泵的最大安装高度为

$$H_{gmax}=\frac{p_0}{\rho g}-\frac{p_{饱}}{\rho g}-\Delta h_{允}-H_{f0-1}=\frac{9.82\times10^4}{971.8\times9.81}-\frac{4.74\times10^4}{971.8\times9.81}-2.8-3=-0.47(m)$$

输送 80℃的水时，H_g 为负值，说明此种情况下泵入口只能位于储液槽的液面以下才可避免气蚀。

五、离心泵的安装、操作及运转

1. 离心泵的并联和串联

在实际工作中，如果单台离心泵不能满足输送任务的要求，可将几台泵加以组合。组合的方式通常有两种：并联和串联。

(1) 并联操作。两台泵并联操作的流程如图 1-69 (a) 所示。设两台离心泵型号相同，

并且各自的吸入管路也相同，则两台泵的流量和压头必相同。因此，在同一压头下，两台并联泵的流量为单台泵的两倍。据此可画出两泵并联后的合成特性曲线，如图 1－69（b）中曲线 2 所示。

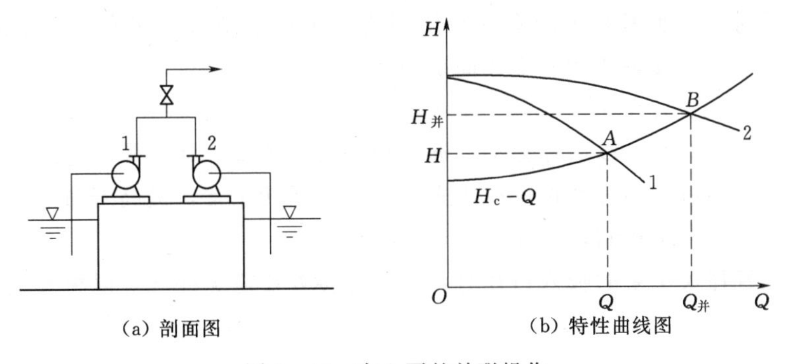

（a）剖面图　（b）特性曲线图

图 1－69　离心泵的并联操作

图 1－69（b）中，单台泵的工作点为 A，并联后的工作点为 B。两泵并联后，流量与压头均有所提高，但由于受管路特性曲线制约，管路阻力增大，两台泵并联的总输送量小于原单泵输送量的两倍。

（2）串联操作。两台泵串联操作的流程如图 1－70（a）所示。若两台泵型号相同，则在同一流量下，两台串联泵的压头应为单台泵的两倍。据此可画出两泵串联后的合成特性曲线，如图 1－70（b）中曲线 2 所示。

由图 1－70（b）可知，两泵串联后，压头与流量也会提高，但两台泵串联的总压头仍小于原单泵压头的两倍。

（3）组合方式的选择。如果单台泵所提供的最大压头小于管路两端（$\Delta z+\Delta p/\rho g$），则只能采用串联操作。

如图 1－71 所示，对于低阻输送管路，其管路特性较平坦（图中曲线 1），泵并联操作的流量及压头大于泵串联操作的流量及压头；对于高阻输送管路，其管路特性较陡峭（图中曲线 2），泵串联操作的流量及压头大于泵并联操作的流量及压头。因此，对于低阻输送管路，并联组合优于串联；而对于高阻输送管路，串联组合优于并联。

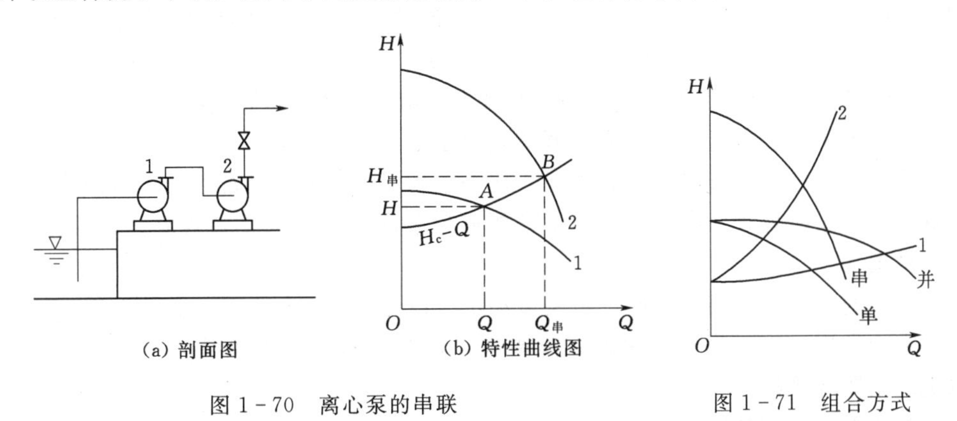

（a）剖面图　（b）特性曲线图

图 1－70　离心泵的串联　　图 1－71　组合方式

必须指出，上述泵的并联与串联操作，虽可以增大流量和压头以适应管路的需求，但一般来说，其操作要比单台泵复杂，所以通常并不随意采用。多台泵串联，相当于一台多级离心泵，而多级离心泵比多台泵串联结构要紧凑，安装维修都更方便，故当需要时，应尽可能使用多级离心泵。双吸泵相当于两台泵的并联，也宜采用双吸泵代替两泵的并联操作。

2. 离心泵的安装要点

离心泵出厂时，说明书对泵的安装与使用均作了详细说明，在安装使用前必须认真阅读。下面仅对离心泵的安装使用要点作简要说明。

(1) 应尽量将泵安装在靠近水源、干燥明亮的场所，以便于检修。

(2) 应有坚实的地基，以避免振动。通常用混凝土地基，地脚螺栓连接。

(3) 泵轴与电动机转轴应严格保持水平，以确保运转正常，提高寿命。

(4) 安装高度要严格控制，以免发生气蚀现象。

(5) 在吸入管径大于泵的吸入口径时，变径连接处要避免存气，以免发生气缚现象。如图 1-72 所示。

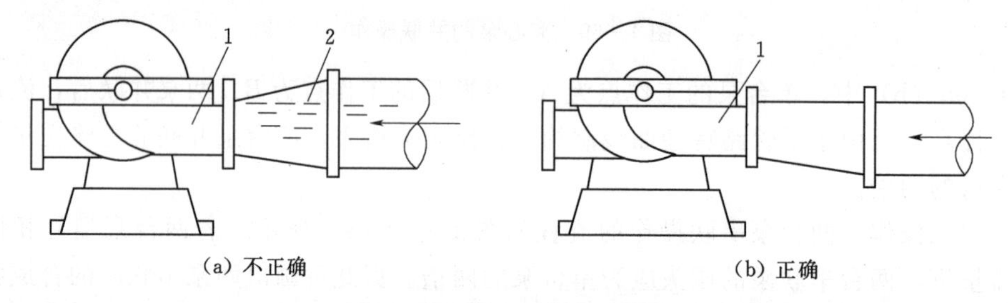

图 1-72 吸入口变径连接图

1—吸入口；2—空气囊

3. 离心泵的操作要点

(1) 灌泵。启动前，使泵体内充满被输送液体的操作，用来避免气缚现象。

(2) 预热。对输送高温液体的热心油泵或高温水泵，在启动与备用时均需预热。因为泵是设计在操作温度下工作的。如果在低温工作，各构件间的间隙因为热胀冷缩会发生变化，造成泵的磨损与破坏。预热时应使泵各部分均匀受热，并一边预热一边盘车。

(3) 盘车。用手使泵轴绕运转方向转动操作，每次以 180°为宜，并不得反转。其日的是检查润滑情况，密封情况，是否有卡轴现象，是否有堵塞或冻结现象等。备用泵也要经常盘车。

(4) 关闭出口阀，启动电动机。为防止启动电流过大，要在最小流量，即在最小功率下启动，以免烧坏电动机。但对耐腐蚀泵，为了减少腐蚀，常采用先打开出口阀的办法启动。但要注意，关闭出口阀运转的时间应尽可能短，以免泵内液体因摩擦而发热，发生气蚀现象。

(5) 调节流量。缓慢打开出口阀，调节到指定流量。

(6) 检查。要经常检查泵的运转情况，比如轴承温度、润滑情况、压力表及真空表读数等，发现问题应及时处理。在任何情况下都要避免泵内无液体的干转现象，以避免干摩擦，造成零部件损坏。

(7) 停车时，要先关闭出口阀，再关电动机。以免高压液体倒灌，造成叶轮反转，引起事故。在寒冷地区，短时停车要采取保温措施，长期停车必须排净泵内及冷却系统内的液体，以免冻结胀坏系统。

六、离心泵的类型与选用

1. 离心泵的类型

(1) 清水泵。清水泵是应用最广泛的离心泵，在化工生产中用来输送各种工业用水以及物理、化学性质类似于水的其他液体。

最普通的清水泵是单级单吸式，其系列代号为“IS”，结构如图 1－73 所示。全系列流量范围为 4.5～360m^3/h，扬程范围为 8～98m。以 IS100－80－125 说明泵型号中各项意义：IS—国际标准单级单吸清水离心泵；100—吸入管内径，mm；80—排出管内径，mm；125—叶轮直径，mm。

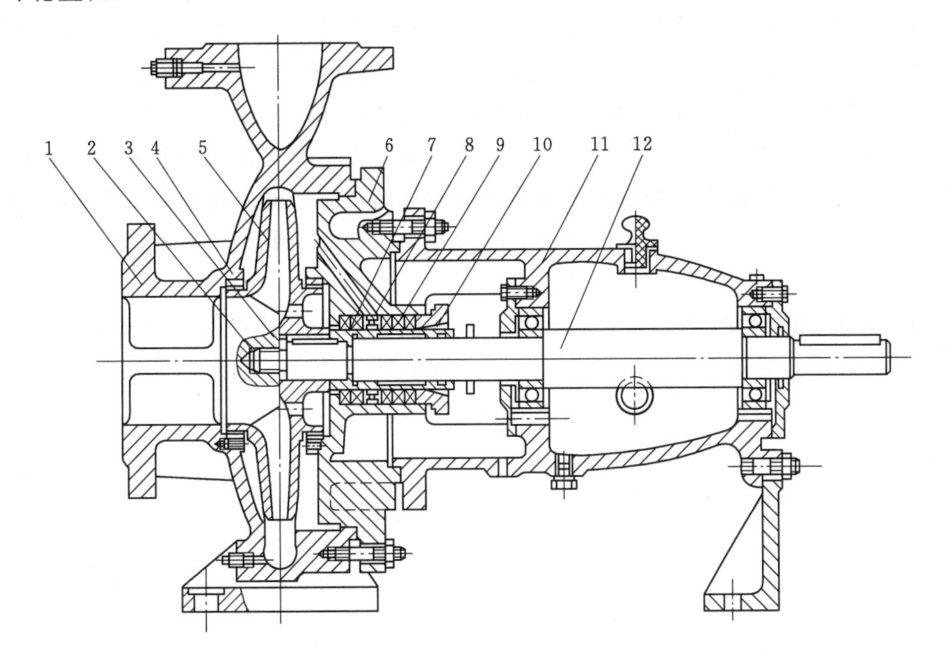

图 1－73 IS 型离心泵结构图

1—泵体；2—叶轮螺母；3—止动垫圈；4—密封环；5—叶轮；6—泵盖；7—轴盖；8—填料环；9—填料；10—填料压盖；11—悬架轴承部分；12—泵轴

如果要求的扬程较高，可采用多级离心泵，其系列代号为“D”，结构如图 1－74 所示。如要求的流量很大，可采用双吸式离心泵，其系列代号为“Sh”。

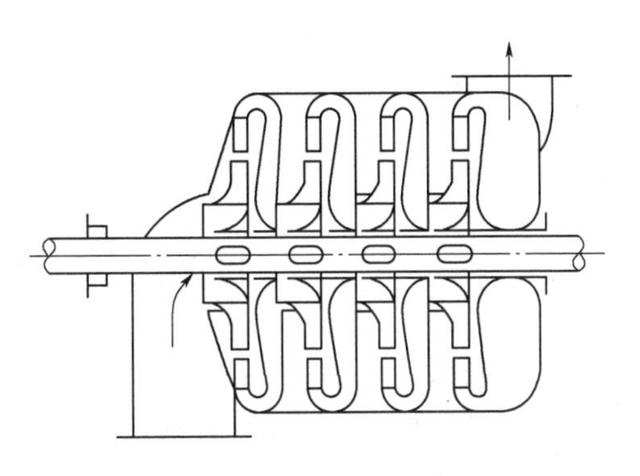

图 1－74 多级离心泵示意图

（2）耐腐蚀泵。输送酸、碱、浓氨水等腐蚀性液体时，必须用耐腐蚀泵。耐腐蚀泵中所有与腐蚀性液体接触的部件都要用耐腐蚀材料制造，其系列代号为“F”。但是，用玻璃、橡胶、陶瓷等材料制造的耐腐蚀泵多为小型泵，不属于“F”系列。

（3）油泵。输送石油产品的泵称为油泵。油品易燃易爆，因此要求油泵具有良好的密封性能。当输送 200℃以上的热油时，还需有冷却装置，一般在热油泵的轴封装置和轴承处均装有冷却水夹套，运转时通冷水冷却。油泵分单吸和双吸两种，系列号分别为“Y”和“YS”。

此外还有输送悬浮液和稠厚的浆液等常用杂质泵，其系列代号为“P”，特点是叶轮流道宽，叶片数目少。

2. 离心泵的选用

离心泵的选择原则上按下列步骤进行：

（1）确定输送系统的流量和压头。一般液体的输送量由生产任务决定。如果流量在一定范围内变化，应根据最大流量选泵，并根据情况计算最大流量下的管路所需的压头。

（2）选择离心泵的类型与型号。根据被输送液体的性质和操作条件，确定泵的类型，如清水泵、油泵等；再根据管路系统对泵提出的流量和扬程的要求，从泵的样本产品目录或系列特性曲线选出合适的型号。在确定泵的型号时，要考虑操作条件的变化而留出一定的裕量，即所选泵所能提供的流量 q_V 和压头 H 比管路要求值可稍大一点，并使泵在高效范围内工作。当遇到几种型号的泵同时在最佳工作范围内满足流量和压头的要求时，应该选择效率最高者，并参考泵的价格作综合权衡。选出泵的型号后，应列出泵的有关性能参数和转速。

（3）核算泵的轴功率。若输送液体的密度大于水的密度，则要核算泵的轴功率，以选择合适的电动机。

【例 1-23】 常压储槽内装有某石油产品，在储存条件下其密度为 $760kg/m^3$。现将该油品送入反应釜中，输送管路为 $\phi57\times2mm$，由液面到设备入口的升扬高度为 5m，流量为 $15m^3/h$。釜内压力为 148kPa（表压强），管路的压头损失为 5m（不包括出口阻力）。试选择一台合适的油泵（g 取 $9.81m/s^2$）。

解：石油在输送管路中的流速为

$$u=\frac{q_V}{\frac{\pi}{4}d_2}\frac{\frac{15}{3600}}{0.785\times0.053^2}=1.89(m/s)$$

在储槽液面 1-1 与输送管口内侧 2-2 面间列伯努利方程，简化为

$$H_e=\Delta z+\frac{\Delta p}{\rho g}+\frac{u_2^2}{2g}+\sum h_f$$

$$H_e=5+\frac{148\times10^3}{760\times9.81}+\frac{1.98^2}{2\times9.81}+5=30.05(m)$$

由油泵性能 $q_V=15m^3/h$，$H_e=30.05m$，查表选油泵 65Y-60B，其性能为：流量 $19.8m^3/h$，压头 38m，轴功率 3.75kW。

任务二 其他类型泵

一、往复泵

往复泵是一种容积式泵，即通过容积的改变对液体做功的机械。通过活塞或柱塞的往复运动对液体做功的机械统称为往复泵，包括活塞泵、柱塞泵、隔膜泵、计量泵等。

1. 往复泵的结构与工作原理

往复泵的主要构件有泵缸、活塞（或柱塞）、活塞杆及若干个单向阀等，如图 1-75 所示。泵缸、活塞及阀门间的空间称为工作室。当活塞从左向右移动时，工作室容积增加而压力下降，吸入阀在内外压差的作用下打开，液体被吸入泵内，而排出阀则因内外压力的作用而紧紧关闭；当活塞从右向左移动时，工作室容积减小而压力增加，排出阀在内外压差的作用下打开，液体被排到泵外，而吸入阀则因内外压力的作用而紧紧关闭。如此周而复始，实

现泵的吸液与排液。

活塞在泵内左右移动的端点称为“死点”，两“死点”间的距离为活塞从左向右运动的最大距离，称为冲程。在活塞往复运动的一个周期里，如果泵只吸液一次、排液一次，称为单动往复泵；如果各两次，称为双动往复泵；人们还设计了三联泵，三联泵的实质是三台单动泵的组合，只是排液周期相差了1/3。图1-76所示是三种泵的流量曲线。

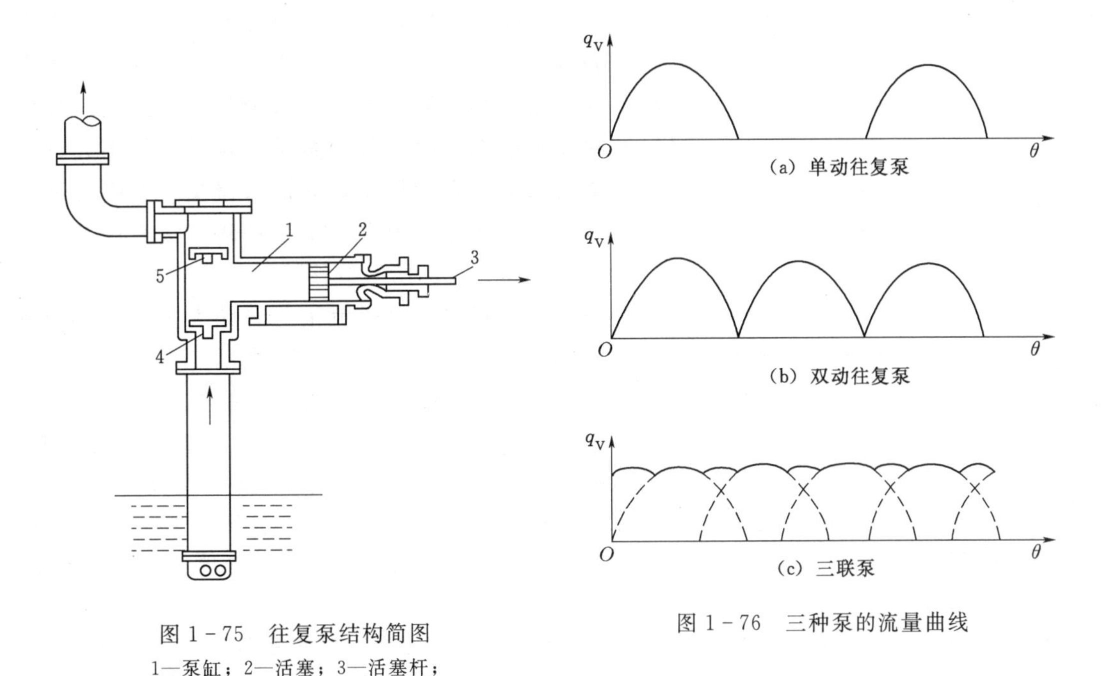

图1-75 往复泵结构简图

1—泵缸；2—活塞；3—活塞杆；4—吸入阀；5—排出阀

图1-76 三种泵的流量曲线

2. 往复泵的主要性能

与离心泵一样，往复泵的主要性能参数也包括流量、扬程（压头）、功率与效率等。

(1) 流量。往复泵的流量是不均匀的，如图1-76所示。但双动泵要比单动泵均匀，而三联泵又比双动泵均匀。其流量的这一特点限制了往复泵的使用。工程上，有时通过设置空气室使流量更均匀。

从工作原理不难看出，往复泵的理论流量只与活塞在单位时间内扫过的体积有关，因此往复泵的理论流量只与泵缸的截面积、活塞的冲程、活塞的往复频率及每一周期内的吸排液次数等有关。因此，从理论上看，其流量是定值，但是由于密封不严造成泄漏、阀启闭不及时等原因，实际流量要比理论值小。如图1-77所示。

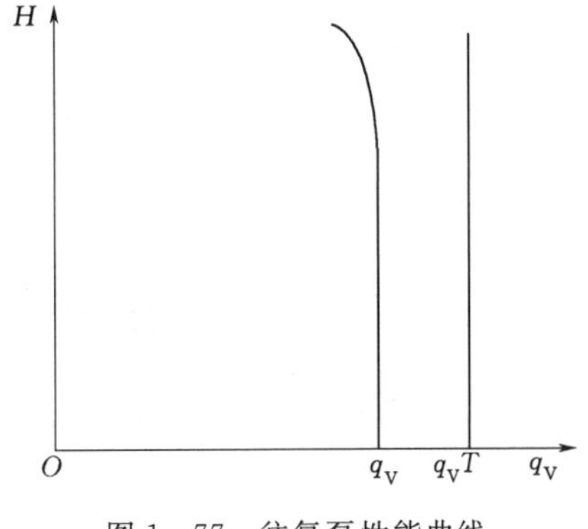

图1-77 往复泵性能曲线

(2) 扬程。往复泵的扬程与泵的几何尺寸及流量均无关系。只要泵的机械强度和原动机械的功率允许，系统需要多大的压头，往复泵就能提供多大的压头，如图1-77所示。

(3) 功率与效率。往复泵的功率与效率的计算与离心泵相同，但效率比离心泵高，通常在0.72～0.93，蒸汽往复泵的效率可达0.83～0.88。

3. 往复泵的使用与维护

以上分析可以看出，与离心泵相比，往复泵具有流量固定而不均匀、压头高、效率高等特点。因此，化工生产中主要用来输送黏度大、温度高的液体，特别适用于小流量和高压头的液体输送任务。另外，由于原理不同，离心泵没有自吸作用，但往复泵有自吸作用，因此不需要灌泵；由于都是靠压差来吸入液体，因此安装高度也受到限制；由于其流量是固定的，绝不允许像离心泵那样直接用出口阀调节流量，否则易造成泵的损坏。生产中常采用旁路调节法来调节往复泵的流量（注：所有位移特性的泵均用此法调节。所谓正位移性，是指流量与管路无关，压头与流量无关的特性），如图1-78所示。

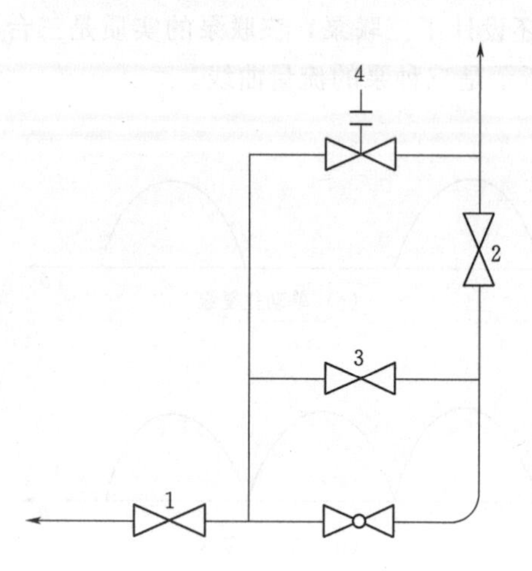

图1-78　旁路调节流量示意图

1—入口阀；2—出口阀；3—旁路阀；4—安全阀

往复泵的操作要点是：①检查压力表读数及润滑等情况是否正常；②盘车检查是否有异常；③先打开放空阀、入口阀、出口阀及旁路阀等，再启动电动机，关放空阀；④通过调节旁路阀使流量符合任务要求；⑤做好运行中的检查，确保压力、阀门、润滑、温度、声音等均处在正常状态，发现问题及时处理。严禁在超压、超转速及排空状态下运转。

另外，生产中还有两种特殊的往复泵——计量泵和隔膜泵。计量泵是一种可以通过调节冲程大小来精确输送一定量液体的往复泵；隔膜泵则是通过弹性薄膜将被输送液体与活塞（柱）隔开，使活塞与泵缸得到保护的一种往复泵，用于输送腐蚀性液体或含有悬浮物的液体；而隔膜式计量泵则用于定量输送剧毒、易燃、易爆或腐蚀性液体；比例泵则是用一台原动机械带动几台计量泵，将几种液体按比例输送的泵。

二、旋涡泵

旋涡泵也是依靠离心力对液体做功的泵，但其壳体是圆形而不是蜗牛形，因此易于加工，叶片很多，而且是径向的，吸入口与排出口在同侧并由隔舌隔开，如图1-79所示。工

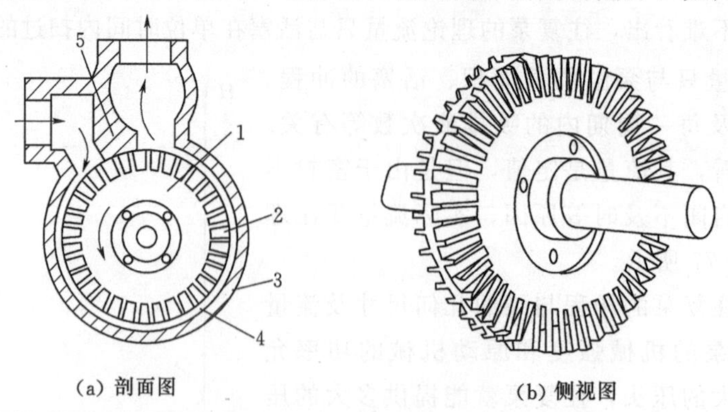

(a) 剖面图　　(b) 侧视图

图1-79　旋涡泵结构图

1—叶轮；2—叶片；3—泵壳；4—引液道；5—隔舌

作时，液体在叶片间反复运动，多次接受原动机械的能量，因此能形成比离心泵更大的压头；但是流量小，而且由于在叶片间的反复运动，造成大量能量的损失，因此效率低，在15%～40%。因此，旋涡泵适用于输送流量小而压头高的液体，比如送精馏塔顶的回流液。其性能曲线除功率-流量线与离心泵相反外，其他与离心泵相似，所以旋涡泵也采用旁路调节。

三、旋转泵

旋转泵又称齿轮泵，是依靠转子转动造成工作室容积改变来对液体做功的机械，具有正位移特性。其特点是流量不随扬程而变，有自吸能力，不须灌泵，采用旁路调节，流量小，比往复泵均匀，扬程高，但受转动部件严密性限制，扬程不如往复泵高。常用的旋转泵有齿轮泵和螺杆泵两种，如图1-80和图1-81所示。

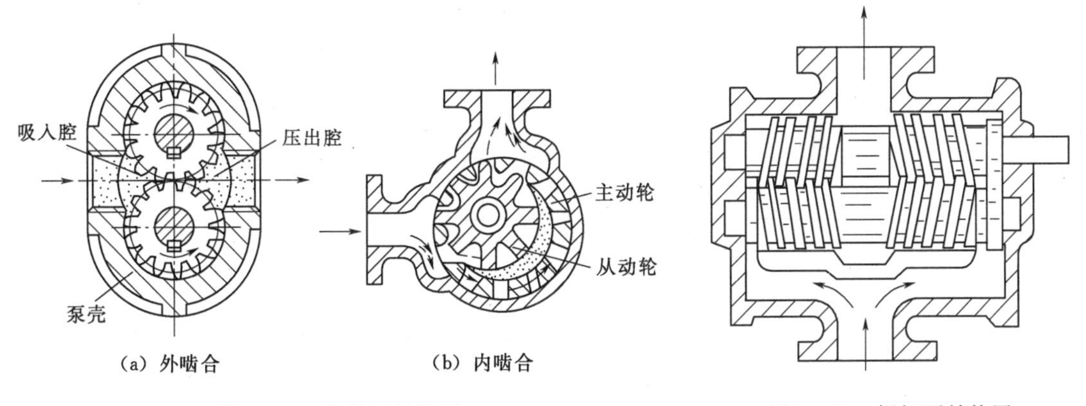

图1-80　齿轮泵结构图

图1-81　螺杆泵结构图

齿轮泵是通过两个相互啮合的齿轮的转动对液体做功的，一个为主动轮，一个为从动轮。齿轮将泵壳与齿轮间的空隙分为两个工作室，其中一个因为齿轮的打开而呈负压与吸入管相连，完成吸液；另一个则因为齿轮啮合而呈正压与排出口相连，完成排液。近年来，内啮合形式正逐渐替代外啮合形式，因为其工作更平稳，但制造复杂。

齿轮泵的流量小，扬程高，流量比往复泵均匀，适用于输送高黏度及膏状液体，比如润滑油，但不宜输送含有固体杂质的悬浮液。

螺杆泵是由一根或多根螺杆构成的，以双螺杆泵为例，是通过两根相互啮合的螺杆来对液体做功的，其原理、性能均与齿轮泵相似，不再赘述。螺杆泵具有流量小、扬程高、效率高、运转平稳、噪声低等特点，且流量均匀，适用于高黏度液体的输送，在合成纤维、合成橡胶工业中应用较多。

化工生产中使用的泵还有很多类型，此处不再一一介绍，可根据需要查阅相关手册。

四、化工常用泵的性能比较与选用

泵的类型很多，在接受生产任务时，要根据任务需要与特点，做出合理选择，以节约能量，提高经济性。

在众多类型泵中，离心泵因结构简单、操作方便、对基础要求不高、流量均匀、可以用耐腐蚀材料制作、适用范围广等特点而应用最为广泛；但离心泵的扬程不太高，效率不太高，并且没有自吸能力。

往复泵流量固定、扬程高、效率高，有自吸能力，但结构复杂、笨重，需要传动部件，调节不方便。所以近年来除计量泵外，往复泵正逐渐被其他类型的泵所代替。旋转泵具有流量小、扬程高的特点，因此适于输送高黏度的液体。

流体动力作用泵能在一些场合代替耐腐蚀泵和液下泵使用，适于输送酸、碱等腐蚀性液体。各类泵的适用范围如图 1-82 所示，供选泵时参考。

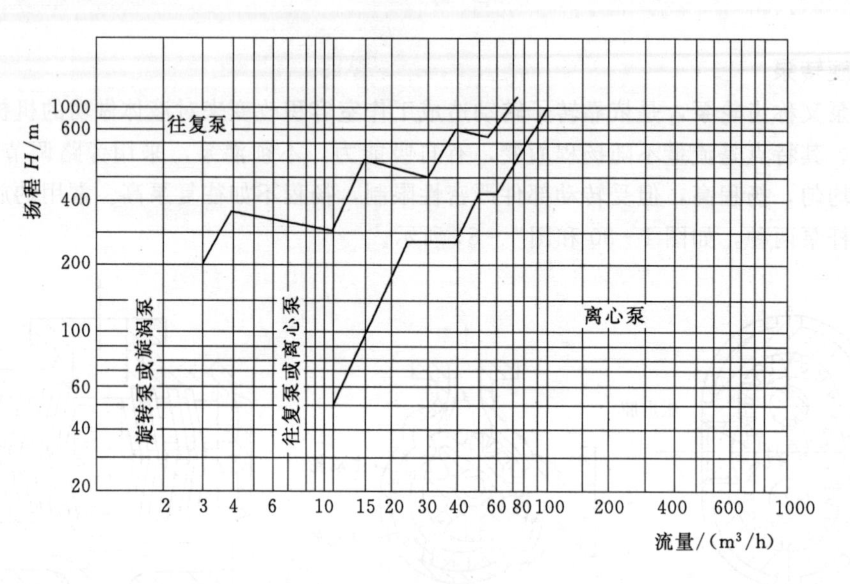

图 1-82 各类泵的适用范围

项目六

气体输送机械

气体输送机械的基本结构和工作原理与液体输送机械大同小异，它们的作用都是对流体做功以提高其机械能。气体输送机械主要用于气体输送、产生高压气体和产生真空三个方面。

气体输送机械一般有如下特点：

(1) 动力消耗大。对一定的质量流量，由于气体的密度小，其体积流量很大。因此气体输送管中的流速比液体要大得多，前者经济流速（15～25m/s）约为后者（1～3m/s）的10倍。这样，以各自的经济流速输送同样的质量流量，经相同的管长后气体的阻力损失约为液体的10倍。因而气体输送机械的动力消耗往往很大。

(2) 气体输送机械体积一般都很庞大，对出口压力高的机械更是如此。

(3) 由于气体的可压缩性，在输送机械内部气体压力变化的同时，体积和温度也将随之发生变化，这些变化对气体输送机械的结构、形状有很大影响。因此，气体输送机械需要根据出口压力来加以分类。

气体输送机械也可以按工作原理分为离心式、旋转式、往复式以及喷射式等。通常，按终压或压缩比（出口压力与进口压力之比）可以将气体输送机械分为四类，见表1-11。

表1-11　气体输送机械的分类

类型	终压/kPa（表压强）	压缩比	备注
通风机	<15	1～1.15	用于换气通风
鼓风机	15～300	1.15～4	用于送气
压缩机	>300	>4	造成高压
真空泵	当地大气压	很大	取决于所造成的真空度

一、通风机

生产中应用最广的是离心式通风机，通常按离心式通风机产生的风压大小可分为：低压通风机（终压低于1kPa）、中压通风机（终压为1～3kPa）、高压通风机（终压为3～15kPa）。

离心式通风机由蜗形机壳和多叶片的叶轮组成，如图1-83所示。其结构有叶轮直径大、叶片数目多、气体流道成方形或圆形的特点。叶片有平直、前弯和后弯状。若通风机要求风量大，可选用前弯片，但效率低；高效通风机的叶片通常是后弯片。

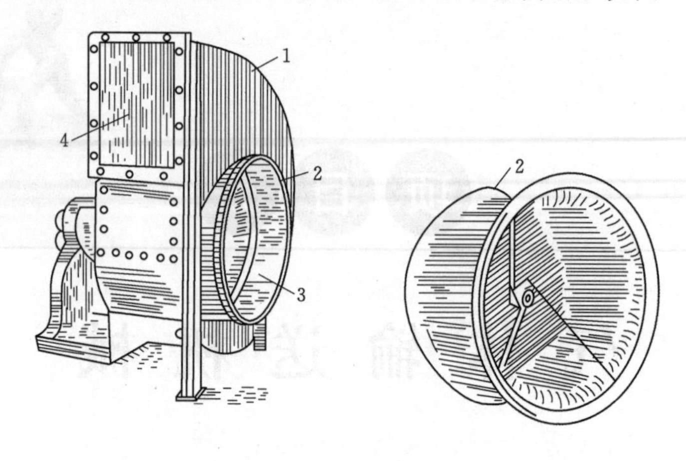

图 1-83 低压离心式通风机
1—机壳；2—叶轮；3—吸入口；4—排出口

离心式通风机的工作原理与离心泵相同，都是在叶轮中心区产生低压而吸入气体，气体质点在叶片上获得动能并转化成静压能而被排出。

二、鼓风机

1. 罗茨鼓风机

在化工生产中，应用较广的是罗茨鼓风机，其工作原理与齿轮泵相似，它主要由一个椭圆形机壳和一对转向相反的 8 字形转子所组成，如图 1-84 所示。转子之间以及转子与机壳之间的缝隙很小，两个转子转动时，在机壳内形成一个低压区和高压区，气体从低压区吸入，从高压区排出。如果改变转子的旋转方向，则吸入口和排出口互换，所以在开机前要检查转子转动的方向。罗茨鼓风机结构简单，转子齿合间隙较大，工作腔无油润滑，强制性输气风量风压比较稳定，对输送带液气体和含尘气体不敏感，排气量大；其缺点是转速低、噪声大、热效率低。罗茨鼓风机通常用于输送气体和抽真空。

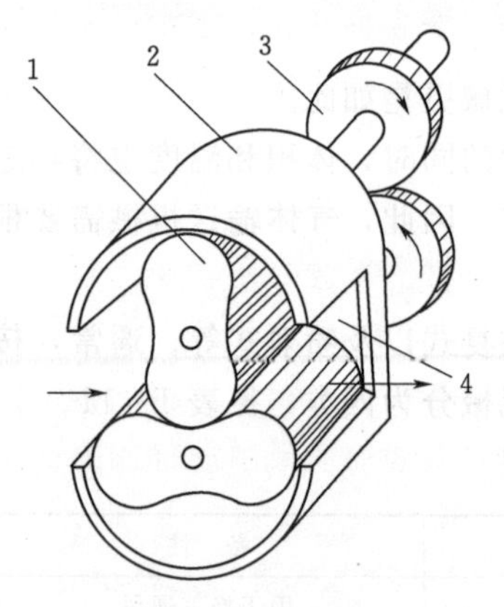

图 1-84 罗茨鼓风机
1—转子；2—机体（气缸）；
3—同步齿轮；4—端板

2. 离心式鼓风机

离心式鼓风机又称涡轮鼓风机或透平鼓风机，一般由3～5 个叶轮串联组成，各级叶轮直径基本相同，结构与多级离心泵相似，其工作原理与离心式通风机相似，如图 1-85 所示。其工作过程是：气体由吸入口进入后经过第二级的叶轮和导轮，被送入第二级的叶轮入口，依此类推，最后由排出口排出。

离心式鼓风机的压缩比不高，产生的热量不大，故设计时不设计冷却装置。由于离心式鼓风机的性能特点适合于送风，故在化工生产中，常用于空调系统的送风设备。

三、压缩机

1. 往复式压缩机

往复式压缩机的基本结构、工作原理与往复泵比较相似，它依靠活塞的往复运动将气体

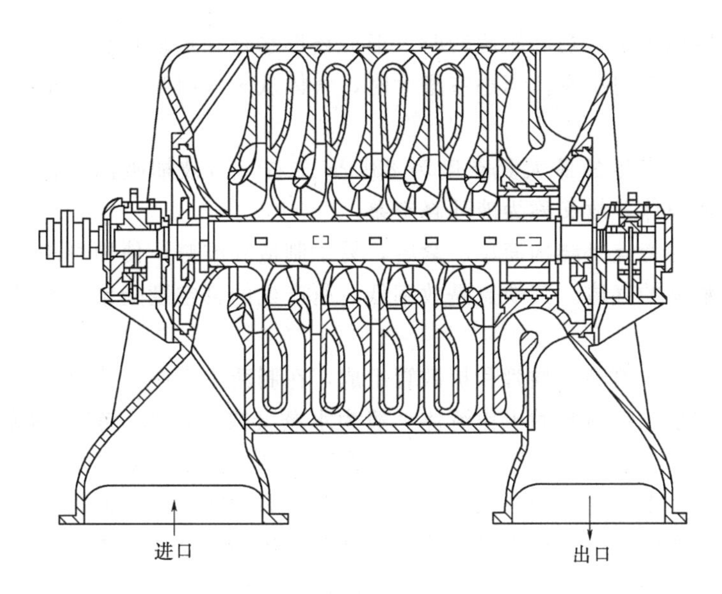

图 1-85　五级离心鼓风机示意图

吸入和压出。其主要部件有气缸、活塞、吸气阀和排气阀。

往复式压缩机的工作过程与往复泵不同，由膨胀、吸入、压缩、压出四个阶段构成。当活塞从汽缸口的死点往上运行时，气体被压缩，体积缩小，压力增大，吸入阀关闭；当活塞运行到一定位置时，汽缸内压力等于或大于排气管路压力，排气阀打开，开始排气；当活塞运行到顶端死点时，排气结束；活塞由顶端往下运行时，汽缸内压力降低，余隙里的气体体积膨胀，排出阀关闭。当活塞运行到一定位置时，缸内形成一定程度的真空，吸气阀打开，开始吸气；当活塞运行到底部死点时，吸气结束，完成一个循环周期。

在设计时，因往复式压缩机处理的是可压缩气体，压缩后气体的压强增高、体积缩小而温度升高，因此在汽缸壁上设计有散热翅片以冷却缸内气体。同时为了防止活塞撞到汽缸底部，特别设计了活塞运行时死点，使活塞与汽缸底部之间有微小的空隙存在，这个空隙称为余隙。由于余隙的存在，往复式压缩机不能全部利用气缸空间，因而在吸气之前有气体的膨胀过程。

由于往复式压缩机的汽缸壁与活塞用油润滑，送出的气体中含有润滑油成分，同时，往复式压缩机的噪声大，所以一般不能用作洁净车间空调系统的送风设备。

2. 离心式压缩机

离心式压缩机是一种叶片旋转式压缩机，又称透平压缩机，主要结构和工作原理与离心式鼓风机相类似。离心式压缩机的叶轮级数多于离心式鼓风机，转速高于离心式鼓风机，可达 3500～8000r/min，能产生 0.4～10MPa 的压力。由于压缩比比较高，气体体积缩小，温度升高，因而叶轮的直径和宽度逐渐缩小，并将压缩机分为几个工作段，而且每一个工作段又分为若干级，在段与段之间设计安装了冷却器，以免气体温度升得过高而损坏压缩机。

四、真空泵

从设备或系统中抽出气体，使其中的绝对压强低于大气压强，所用的抽气设备称为真空泵。真空泵本质上是气体压送机，只是它的进口压强低、出口为常压。

1. 水循环真空泵

水循环真空泵如图 1-86 所示，它的外壳内偏心地装有叶轮，叶轮上有辐射状叶片，泵壳内约充有一半容积的水，当叶轮旋转时，形成环形水幕。水幕具有密封作用，使叶片间的空隙形成大小不同的密封小室。当小室增大时，气体从吸入口吸入；当小室变小时，气体由压出口排出。

水循环真空泵可产生的最大真空度为 83kPa 左右，当被抽吸的气体不宜与水接触时，泵内可充以其他的液体，故又称为液环真空泵。

水循环真空泵的特点是结构简单、紧凑，易于制造和维修，使用寿命长、操作可靠，它适用于抽吸含有液体的气体。其缺点是效率低，所产生的真空度受泵内水温控制。

2. 喷射泵

喷射泵由吸入口、喷嘴、喉管和扩散管组成，在制药生产中，喷射泵常用于抽真空，故它又称为喷射真空泵。喷射泵的工作流体一般为水蒸气或高压水。前者称为水蒸气喷射泵，后者称为水喷射泵，如图 1-87 所示是单级蒸汽喷射泵。其工作过程是：工作蒸汽以很高的速度从喷嘴喷出，在喷射过程中，蒸汽的静压能转变为动能，产生低压，而将气体吸入。吸入的气体与蒸汽在喉管混合后进入扩散管，使部分动能转变为静压能，而后从压出口排出。在喷射泵的抽送过程中，由于被吸液体与工作流体混合得非常均匀，故可用于液体物质的混合，如发酵工程中常用来混合输送培养基。单级蒸汽喷射泵抽真空能力可达到 90%的真空度，若要获得更高的真空度，可以采用多级蒸汽喷射。

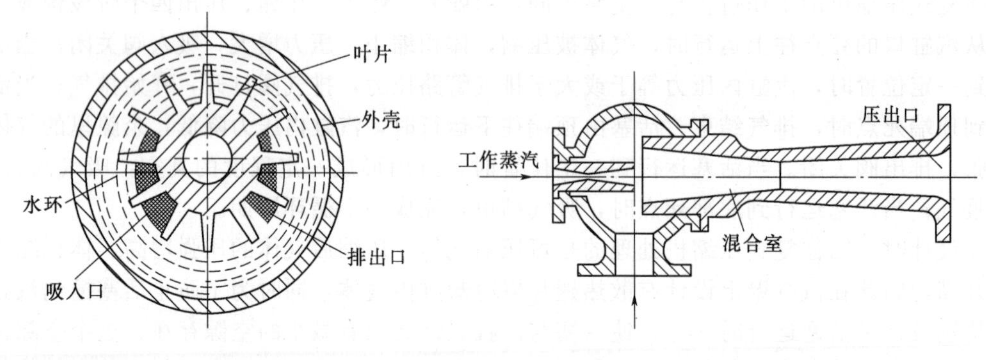

图 1-86 水循环真空泵　　图 1-87 单级蒸汽喷射泵

3. 往复式真空泵

往复式真空泵是一种干式真空泵，属于获得低真空的设备之一，其构造和工作原理与往复式压缩机基本相同，但吸气阀和排气阀更加轻巧灵敏。往复式真空泵的压缩比大于空气压缩机。W 系列往复式真空泵的极限压力一般在 1330～2660Pa，抽速范围是 50～200L/s，适用于石油、化工、医药、食品、轻工、冶金、电气等行业中的真空浸渍、钢水真空处理、真空蒸馏、真空蒸发、真空浓缩、真空结晶、真空干燥、真空过滤及混凝土的真空作业等方面的抽除气体。W 系列往复式真空泵不适用于抽除含氧过高、有爆炸性、对金属有腐蚀性、与泵油会起化学反应以及含有颗粒尘埃的气体，也不适用于把气体从一个容器输送到另一个容器，作输送泵用。W 系列往复式真空泵具有体积小、维修简单、阀片寿命较长等优点，适于在较高压强范围内使用。

项目七

化工泵的正常操作及注意事项

一、离心泵的操作及注意事项

1. 离心泵的运行

(1) 运行前的准备工作。

1) 要详细了解被输送物料的物理、化学性质，有无腐蚀性，有无悬浮物，黏度大小，凝固点，汽化温度及饱和蒸气压等。

2) 详细了解被输送物料的工况，如输送温度、压力、流量、输送高度、吸入高度、负荷变化范围等。

3) 将所有的阀打开（除压力表阀、真空阀外），用压缩空气吹洗整个管路系统。

4) 检查各部分螺栓、连接件是否有松动，有松动的要加以紧固。在紧固地脚螺栓时要重新对中找正。

5) 盘车。用手盘动联轴器使泵转子转动数圈，看机组转动是否灵活，是否有响声和轻重不匀的感觉，以判断泵内有无异物或轴是否弯曲、密封件安装正不正、软填料是否压得太紧等。

6) 检查机组转向。在检查转向时，最好使联轴器脱开，查看启动电动机与泵的工作叶轮是否转向一致。但不能开动电动机带动泵空转，以免泵零件之间干摩擦造成损坏。

7) 检查润滑油、封轴、冷却水系统，应无堵塞，无泄漏。

(2) 启动。

1) 关闭压力表阀、真空表阀。

2) 关闭出口阀，进行灌泵。待离心泵泵体上部放气旋塞冒出的全是液体而无气泡时，表明泵已灌满，关闭放气阀。

3) 多级离心泵灌泵时，泵体上部的所有放气考克都应逐个放气。

4) 高压离心泵的排气阀在启动前不必关严，可稍许开一些。自吸离心泵和具有水上底阀的离心泵，也不能将出口阀关闭，否则就无法自吸。

5) 开冷却水、密封部件冲洗液等。

6) 关闭泵的出口阀门，启动电动机，打开压力表、真空表阀，2～3min 后慢慢打开出口阀。关阀运转的时间一般不要超过 3～5min，因为此时流量为零，泵运转消耗的功率变为热能被泵内液体吸收，容易使泵发热。

7) 观察压力表和真空表的读数，达到要求数值后，要检查轴承温度。一般滑动轴承温度不大于65℃；滚动轴承温度不大于70℃。运转要平稳，无杂音。流量和扬程均达到铭牌上的要求。

8）泵正常工作后，检查密封情况。机械密封漏损量不超过10滴/mm，软填料密封不超过20滴/min。

（3）停车。

1）与接料岗位取得联系后，应先关闭压力表阀和真空表阀，再慢慢关闭离心泵的出口阀。泵既轻载，又能防止液体倒灌。

2）按电动机按钮，停止电动机运转。

3）关闭离心泵的进口阀及密封液阀、冷却水等。

（4）运行中切换。在运转泵与备用泵切换使用时，应先按离心泵的启动程序做好所有准备工作，然后开动备用泵。待备用泵运转平稳后，缓慢打开备用泵排出阀，同时逐步关闭运转泵的出口阀，以保证工艺所需流量的稳定，不致产生较大的波动。在原运转泵出口阀全部关死后，即可停止原电动机。

2. 操作中的注意事项

（1）灌泵。如前所述，离心泵启动之前必须使泵内充满被输送的液体，排出空气或其他气体，泵启动时叶轮才能产生足够大的离心力，使泵吸入口产生较大的真空度而不断吸入液体。泵壳内有气体就可能达不到所要求的真空度，甚至使泵吸不进液体。

（2）暖泵。对输送高温液体的离心泵，在启动前要使泵预热到工作状态。因为这种泵都是根据操作温度设计的，在低于操作温度时，由于金属材料热胀冷缩的原因，各零部件的尺寸及其之间的间隙都要发生变化，不预热就启动离心泵必然会造成损坏。

预热时速度要缓慢、均匀，使各零部件的膨胀尽可能一致。预热速度一般为每小时温升50℃以内（金属制泵），在温度很高时，不能突然通入大量的冷却液，以防局部应力过大而使泵开裂。

由于泵体内各零件尺寸大小、厚薄不一样，加热太快，小而薄的零部件温度升高很快，先膨胀，会造成各零件配合不均产生歪斜、抱轴、轴弯曲变形等后果。所以，要采取慢速均匀预热的方法，为了使泵内零件对称而均匀地加热，应一边预热一边盘车。热态泵在预热时，要每隔10min盘车半转；当温度高于150℃时，应每隔5min盘车一次，以防泵轴产生变形。热态泵停车时，也应每隔20～30min盘车半转，使之均匀冷却，以免泵轴弯曲。

（3）盘车。泵启动前要进行盘车。其目的不仅是使各零件均匀加热，而且要检查泵是否正常（如轴承的润滑情况，是否有卡轴现象，泵是否有堵塞或冻结，密封是否泄漏等）。因为轴上叶轮自重的影响，轴中间产生一定的扰度。特别是多级泵，轴长、叶轮多、自重大、轴的扰度大，所以对备用泵也要经常盘车，每次转180°（半转）为好。

（4）空转。切忌离心泵空转。因为在泵内没有液体空转时，必然会使机件干摩擦，造成密封环、轴封、平衡盘等很快磨损，同时温度也急剧升高，烧坏摩擦釜，或者引起抱轴。泵在运行过程中，如果发现因液体抽空或吸入管漏气而空转时，应立即停车。

二、往复泵的操作及注意事项

1. 往复泵的运行

（1）运行前的准备。

1）严格检查往复泵的进、出口管线及阀门、盲板等，如有异物堵塞管路的情况，一定要予以清除。

2）机体内加入清洁润滑油至指示刻度。油杯内加入清洁润滑油，并微微开启针形阀，使往复泵保持润滑。

3）排除汽缸内的冷凝水，打开油缸内的排气阀，之后给少许蒸汽暖缸。

4）检查盘根的松动、磨损情况。

5）检查疏水阀和放空阀是否打开，润滑油孔是否畅通。

（2）启动。

1）盘车2～3转，检查有无受阻情况，发现问题及时处理。

2）第一次使用要引入液体灌泵，以排除泵内存留的空气，缩短启动过程，避免干摩擦。引入液体后查看泵体的温升变化情况。

3）打开压力表阀、安全阀的前手阀。

4）启动泵，观察流量、压力、泄漏情况。

（3）停车。

1）做好停泵前的联系、准备工作。

2）停泵。

3）关闭泵的出、入口阀门。

4）关压力表阀、安全阀。

5）放掉油缸内压力。

6）打开汽缸放水阀，排缸内存水。

7）做好防冻工作，搞好卫生。

2. 运行中的维护

（1）每天检查机体内及油杯内润滑油液面，如需加油即应补足。

（2）出口压力在满足生产任务情况下不得超压。

（3）查看泄漏情况和盘根磨损情况。查看运行是否正常，是否有抽空或振动情况。

（4）检查地脚螺钉等是否有松动情况。

（5）润滑油的牌号要符合要求，每天加一次润滑油，保持良好的润滑状态。坚持润滑油的三级过滤。

三、齿轮泵的操作及注意事项

（1）油液必须清洁，因输送液体清洁度对泵的使用寿命及正常运行有很大影响，所以油泵入口端应加装过滤器，过滤器网孔不低于50μm。

（2）电动机接线后，注意泵的旋转方向是否相符，进、出口位置不得接错。

（3）启动油泵前应用手转动联轴器，检查泵内齿轮的转动是否灵活，应无阻卡现象。

（4）经常检查泵主动齿轮上的密封情况，若有漏油，可将压盖适当压紧，为避免密封圈的迅速磨损、发热，不宜压得过紧。

（5）要经常检查油泵各处有无泄漏及发热现象，如有泄漏、发热过高及异常声响时，应立即停泵进行检查修理。

四、隔膜泵的操作及注意事项

1. 隔膜泵的运行

（1）运行前的准备工作。

1）检查各连接处的螺栓是否拧紧，不允许有任何松动。

2）新泵在加热前应洗净泵内防腐油脂或泵上的污垢，洗时应用煤油擦洗，不可以用刀刮。

3）根据环境温度的高低，传动箱内注入适量的合成润滑油至油标的油位线。

4）隔膜泵缸体油腔内必须注满变压器油，应将油腔内的气排尽，可适量加入消泡剂。

5）盘动联轴器，使柱塞前后移动数次，应运转灵活，不得有任何卡涩现象。如有异常现象，应及时排除故障后，才能开车。

6）检查电源电压情况和电动机线路，应使泵按照规定的方向旋转。

7）启动电动机，泵在空载下投入运行，然后将泵的行程零位与调量表零位相对应，以消除运输过程中调量表指针因惯性自行转动产生的漂移。

8）输送易凝固介质的高温柱塞计量隔膜泵，应先通保温介质1～2h，使泵头温度达到操作要求后再投料运行。

（2）运行。

1）依据工艺流程的需要，参考合格证中提供的流量表定曲线或查对实际工作复式流量表定曲线，得出相对应的行程百分数值，把调量表指针转到指定刻度。旋转调量表时，应注意不得过快或过猛，应按照从小流量往大流量方向调节，若需从大流量向小流量调节时，应把调量表旋过数格，再向大流量方向旋转至所需要的刻度。调节完毕后必须将调节转盘锁紧，以防松动。

2）打开进口管道阀门，启动泵。观察运行情况，不得有异常的噪声。

3）检查柱塞填料密封处的泄漏损失和运动副温升，当泄漏损失量超过15滴/min时，应适当旋紧填料螺母。当温度迅速升高时应紧急停车，并松开填料压盖，检查原因，消除后再投入运行。

（3）停车。

1）切断电源，电动机停止转动。

2）关闭进口管道阀门。

2. 隔膜泵的维护

（1）传动箱、隔膜缸体、油腔油泵的托架处油池及安全阀组内，应定期观察指定的油位量，不得过多或过少，润滑油应干净无杂质，并注意适时换油。

（2）填料密封处的泄漏量应不超过8～15滴/min，若泄漏量超过，应适当旋紧填料螺母，但是不得使填料处温度升得过高，从而造成抱轴或烧坏柱塞和填料密封。

（3）泵在运行中主要部位温度规定如下：电动机容许最高温度为70℃。

（4）新泵运转5000h以后，应拆机检查和清洗内部零件，对连杆套等易磨件视其磨损情况进行更换，以消除间隙过大产生的撞击声。

（5）泵若长期停用时，应将泵缸内介质排放干净，并把内表面清洗干净，最好将柱塞从填料箱内取出，避免表面局部被腐蚀。外露的加工表面涂防锈油，存放期时泵应置于通风干燥处，并加罩遮盖。

五、磁力泵的操作及注意事项

1. 磁力泵的操作

（1）开泵前，除自吸式的磁力泵以外，其他的必须先灌泵，同时必须关闭排出阀。

（2）运转时，可以短时间关闭排出阀运转，待出口压力起来后再打开出口阀。

（3）磁力泵的流量调节。通常情况，调节排出阀、旁路阀，特殊情况下也可以调节泵的转速。

（4）应注意泵的流量、扬程、振动、噪声、温度等相关的参数，若有异常应及时处理。

2. *磁力泵操作的注意事项*

（1）磁力泵在正常操作条件下，不存在随时间推移而老化退磁的现象，但当泵过载、堵转或操作温度高于磁钢许用温度时就会发生退磁。因此，磁力泵必须在正常操作条件下运行。

（2）磁力泵忌空运转，以避免滑动轴承和隔离套被烧坏。磁力泵输送的介质不允许含有铁磁性杂质与硬质杂质，磁力泵不允许在小于30%额定流量下工作。

（3）磁力泵不需要任何保养，但应经常检查电流、温升和出口压力是否正常，是否渗漏，运行是否平稳，振动和噪声是否正常。一般情况下建议2～3个月检查一次，必要时进行随时检查，发现异常情况及时处理。

六、屏蔽泵的操作及注意事项

（1）开泵时打开进口阀门、循环管路阀门，直到储蓄液体充满泵体为止。

（2）启动后观察电压、电流、振动和噪声是否正常，正常时方可调节泵出口阀门至工况开度。不允许用进口阀门调节泵，以免产生汽蚀。

（3）屏蔽泵平时一般不需要保养，但应经常检查电流、电动机温度、出口压力是否正常，运行是否平稳、有无噪声等。

习　　题

1. 某溶液的相对密度为1.84，求1kg该溶液的密度及体积。

［答：$\rho=1840\text{kg/m}^3$，$V=5.43\times10^{-4}\text{m}^3$］

2. 用普通U形压差计测量原油通过孔板时的压降，指示液为汞，原油的密度为860 kg/m^3，压差计上的读数为18.7cm。计算原油通过孔板时的压力降，以kPa表示。已知汞的密度为13600kg/m^3。

［答：23.4kPa］

3. 某设备进、出口的表压分别为－12kPa和157kPa，当地大气压为101.3kPa。试求此设备的进、出口的绝对压力及进、出口的压力差各为多少帕。

［答：89.3kPa，258.3kPa，169kPa］

4. 若用压力表测得输送水、油（密度为880kg/m^3）、98%硫酸（密度为1830kg/m^3）的某段水平等直径管路的压力降均为49kPa。试问三者的压头损失的数值是否相等？各为多少米液柱？

［答：4.99m水柱，5.68m油柱，2.73m硫酸柱］

5. 把内径为20mm、长度为2m的塑料管（光滑管），弯成倒U形，作为虹吸管使用。如图1－88所示，当管内充满液体，一端插入液槽中，另一端就会使槽中的液体自动流出。液体密度为1000kg/m^3，黏度为1mPa·s。为保持稳态流动，使槽内液面恒定。要想使输液量为$1.7\text{m}^3/\text{h}$，虹吸管出口端距槽内液面的距离h需要多少米？

[答：0.617m]

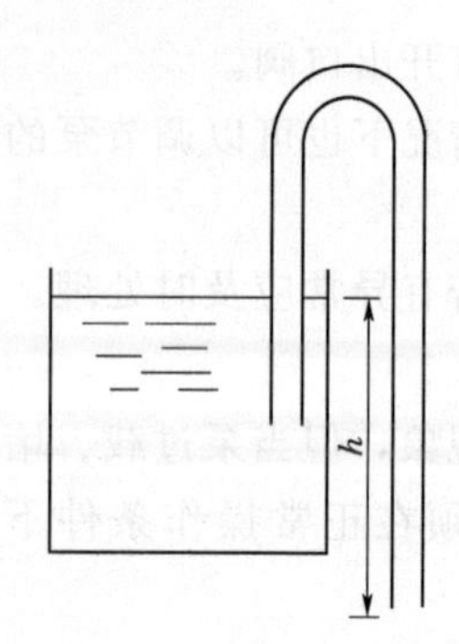
图 1-88 习题 5 图

6. 某异径串联管路，小管内径为 50mm，大管内径为 100mm。水由小管流向大管，其体积流量为 $15m^3/h$。试分别求出水在小管和大管中的：(1) 质量流量，kg/h；(2) 平均流速，m/s；(3) 质量流速，$kg/(m^2 \cdot s)$。

[答：小管中，15000kg/h，2.12m/s，$2122kg/(m^2 \cdot s)$；大管中，15000kg/h，0.53m/s，$530.5kg/(m^2 \cdot s)$]

7. 某离心泵安装在水井水面上 4.5m，泵流量为 $20m^3/h$，吸水管为 $\phi108\times4mm$ 钢管，吸水管中损失能量为 24.5J/kg，求泵入口处的压力，当地的大气压为 100kPa。

[答：31.1kPa（绝压）]

8. 如图 1-89 所示，某水塔内水的深度保持 3m，塔底有一内径为 100mm 的钢管连接，现欲使流量为 $90m^3/h$，塔底与管出口的垂直距离应为多少？（设能量损失为 196.2J/kg。）

[答：17.52m]

9. 如图 1-90 所示，高位槽水面保持稳定，水面距水管出口为 5m，所用管路为 $\phi108\times4mm$ 钢管，若管路损失压头为 4.5m 水柱，求该系统每小时的送水量。

[答：$88.56m^3/h$]

10. 如图 1-91 所示输水系统，高位槽水面高于地面 8m，输水管为 $\phi108\times4mm$ 普通管，埋于地面以 1m 处，出口管管口高出地面 2m。已知水流动时的阻力损失可用下式计算：$h_{损}=45\left(\frac{u^2}{2}\right)$，式中 u 为管内流速。试求：(1) 输水管中水的流量，m^3/h；(2) 欲使水量增加 10%，应将高位槽液面增高多少米？（设在两种情况下高位槽液面均恒定。）

[答：(1) $46.24m^3/h$；(2) 1.58m]

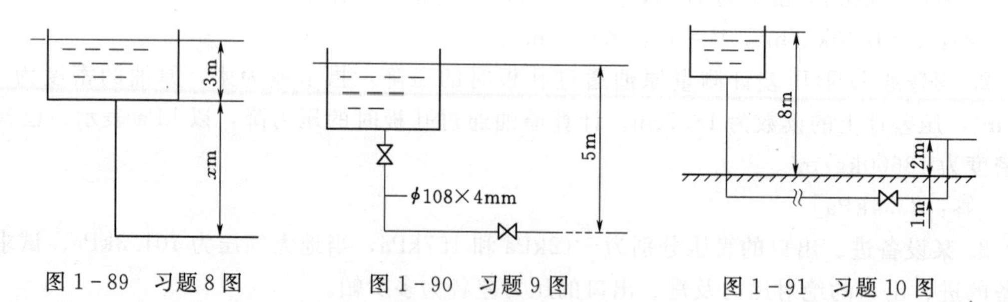

图 1-89 习题 8 图　　图 1-90 习题 9 图　　图 1-91 习题 10 图

11. 20℃的水在 $\phi76\times3mm$ 无缝钢管中流动，流量为 $30m^3/h$。试判断其流动类型；如要保证管内流体作层流流动，则管内最大的平均流速应为多少？

[答：$Re=1.51\times10^5$，为湍流；0.0288m/s]

12. 套管换热器由无缝钢管 $\phi25\times2.5mm$ 和 $\phi76\times3mm$ 组成，今有 50℃、流量为 2000kg/h 的水在套管环隙中流过，试判断水的流动类型。

[答：$Re=1.35\times10^4$，为湍流]

13. 水以 $2.7\times10^{-3}m^3/s$ 的流量流过内径为 50mm 的铸铁管。操作条件下水的黏度为 $1.09mPa\cdot s$，密度为 $1000kg/m^3$，求水通过 75m 水平管段的阻力损失。

[答：65.7J/kg]

14. 10℃的水在内径为25mm的钢管中流动，流速为1m/s。试计算在100m长的直管中的损失压头。

[答：6.12m]

15. 有一列管换热器，外壳内径为800mm，内有长度4m的$\phi 38\times 2.5$mm的钢管211根。冷油在这些管内同时流过而被加热，流量为300m^3/h。冷油的平均黏度为8mPa·s，相对密度为0.8，求油通过管子的损失压头。

[答：0.071m]

16. 密度为1200kg/m^3，黏度为1.7mPa·s的盐水，在内径为75mm钢管中的流量为25m^3/h。最初液面与最终液面的高度差为24m，管子直管长为112m，管上有2个全开的截止阀和5个90°标准弯头。求泵的有效功率。

[答：2.49kW]

17. 在用水测定离心泵性能的实验中，当流量为26m^3/h时，泵出口处压力表和入口处真空表读数分别为152kPa和24.7kPa，轴功率为2.45kW，转速为2900r/min。若真空表和压力表两测压口间的垂直距离为0.4m，泵的进、出口管径相同，两测压口间管路流动阻力可忽略不计。试计算该泵的效率，并列出该效率下泵的性能。

[答：$H=18.41$m，$\eta=0.53$，其余略]

18. 如图1-92所示，水从液位恒定的敞口高位槽中流出并排入大气。高位槽中水面距地面8m，出水管为$\phi 89\times 4$mm，管出口距地面为2m。阀门全开时，管路的全部压头损失为5.7m（不包括出口压头损失）。(1) 试求管路的输水量，m^3/h；(2) 分析阀门从关闭到全开，管路中任意截面$A-A$处压力的变化。

[答：(1) 45m^3/h；(2) 略]

19. 如图1-93所示，用离心泵输送水槽中的常温水。泵的吸入管为$\phi 32\times 2.5$mm，管的下端位于水面以下2m，并装有底阀与拦污网，该处的局部压头损失为$8\times\frac{u^2}{2g}$。若截面2-2′处的真空度为39.2kPa，由1-1′截面至2-2′截面的压头损失为$\frac{1}{2}\times\frac{u^2}{2g}$。试求：(1) 吸入管中水的流量，$m^3/h$；(2) 吸入口1-1′截面的表压。

[答：(1) 2.95m^3/h；(2) 10.4kPa（表压）]

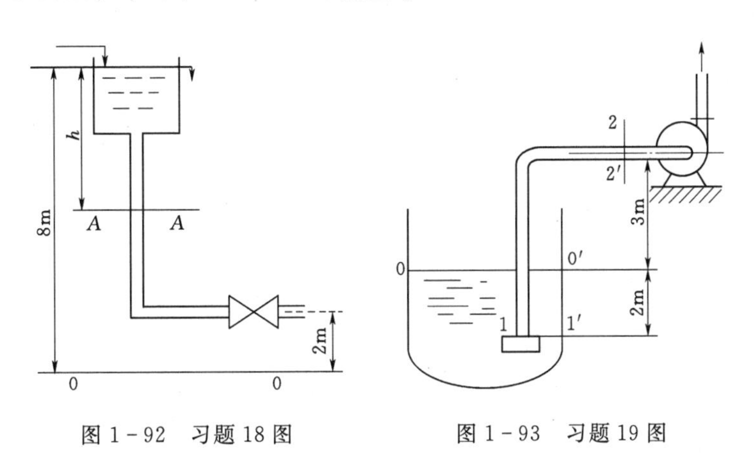

图1-92 习题18图　　图1-93 习题19图

20. 密度为 1200kg/m³ 的盐水，以 25m³/h 的流量流过内径为 75mm 的无缝钢管，两液面间的垂直距离为 30m，钢管总长为 120m，管件、阀门等的局部阻力为钢管阻力的 25%。试求泵的轴功率。假设：①摩擦系数 $\lambda=0.03$；②泵的效率 $\eta=0.6$。

[答：5.11kW]

21. 用某离心泵以 40m³/h 的流量将储水池中 65℃的热水输送到凉水塔顶，并经喷头喷出而落入凉水池中，以达到冷却的目的。已知水在进入喷头之前需要维持 49kPa 的表压强，喷头入口较储水池水面高 8m。吸入管路和排出管路中压头损失分别为 1m 和 5m，管路中的动压头可以忽略不计。试选用合适的离心泵，并确定泵的安装高度（当地大气压按 101.33kPa 计）。

[答：$H=19.09$m，$P_{轴}=2.0$kW，$H_g\approx 3$m]

22. 某工艺装置的部分流程如图 1-94 所示。已知各段管路均为 $\phi57\times3.5$mm 的无缝钢管，AB 段和 BD 段的总长度（包括直管与局部阻力当量长度）均为 200m，BC 段总长度为 120m。管中流体密度为 800kg/m³，管内流动状况均处于阻力平方区，且 $\lambda=0.025$，其他条件如图 1-94 所示，试计算泵的流量和扬程。

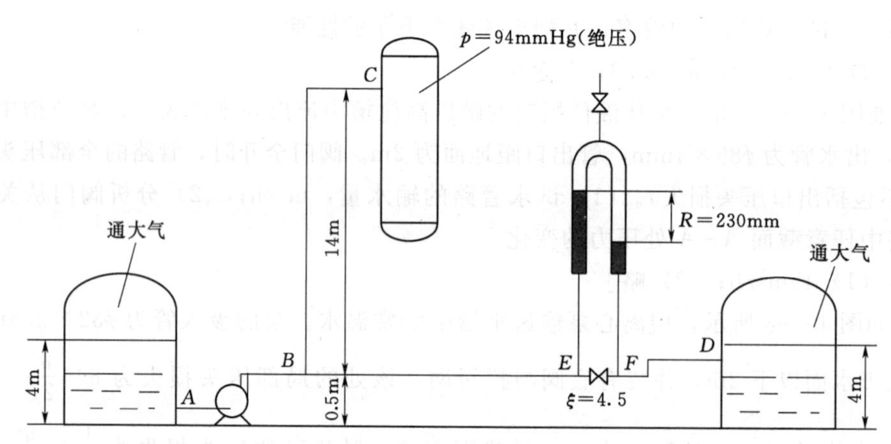

图 1-94 习题 22 图

[答：$H=34.0$m，$q_V=16.8$m³/h]

模块二

非均相物系的分离

学习目标

知识目标

1. 了解非均相物质系分离的主要方法与工业应用，常见重力沉降、离心沉降及过滤设备的结构特点与应用，其他气体分离设备的构造及特点。

2. 理解沉降及过滤的基本概念，影响沉降、过滤的主要因素，过滤机理，离心沉降与重力沉降的比较，多层降尘室的原理。

3. 掌握重力沉降及离心沉降速度的计算。

技能目标

1. 能根据生产单元合理选择非均相物系分离的方法。
2. 能进行降尘室生产能力的计算。
3. 能根据生产单元正确选择旋风分离器。
4. 具备板框压滤机的操作及故障处理的能力。
5. 培养追踪技术发展，适应岗位变化的能力。

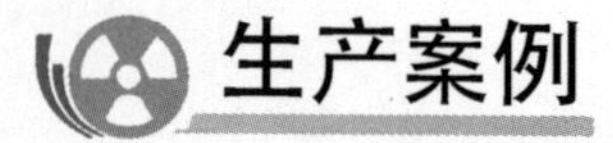

生产案例

以工业上碳酸氢铵的生产为例。如图 2-1 所示，氨水和二氧化碳在碳化塔中进行反应，生成含有碳酸氢铵的悬浮液，然后通过离心过滤机将液体和固体分离，再通过气流干燥器将水分进一步除去，干燥后的气固混合液由旋风分离器和袋滤器进行分离，得到最终产品。在此生产过程中，有许多用到非均相混合物的分离操作，包括气-固分离和液-固分离。生产工艺中采用的分离设备如离心机、过滤机、旋风分离器和袋滤器都是非均相混合物常用的分离设备。所以，非均相混合物的分离是化工生产中常用的单元操作之一。

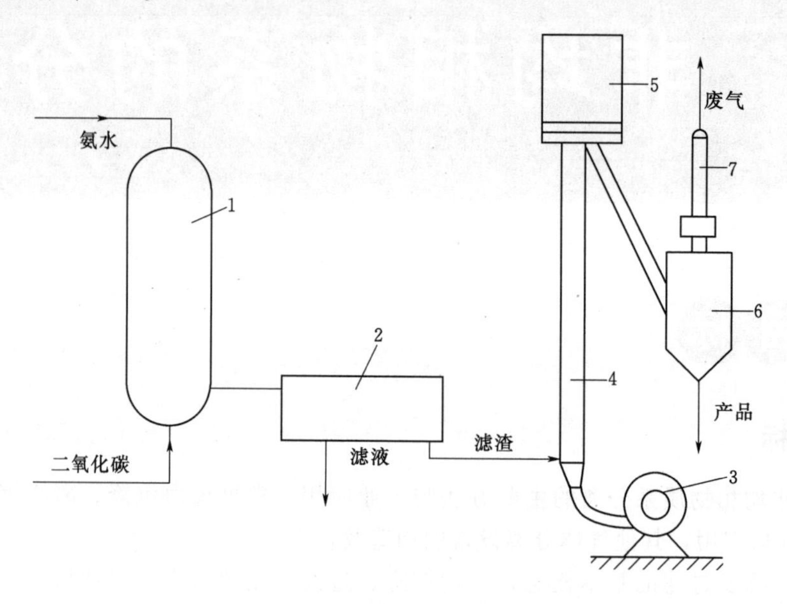

图 2-1 碳酸氢铵的生产流程示意图

1—碳化塔；2—离心过滤机；3—风机；4—气流干燥器；
5—缓冲器；6—旋风分离器；7—袋滤器

项目一

基 础 知 识

混合物可分为两类，即均相混合物（或均相物系）和非均相混合物（或非均相物系）。

均相混合物（或均相物系）是指物系内各处组成均匀且不存在相界面的混合物，如溶液及混合气体。该类物系的分离可采用蒸发、精馏、吸收等方法。

非均相混合物（或非均相物系）是指物系内存在相界面且界面两侧的物质性质截然不同，包括气态非均相混合物（如含尘气体和含雾气体）和液态非均相混合物（如悬浮液、乳浊液和泡沫液等）。

非均相物系里，处于分散状态的物质，如悬浮液中的固粒、乳浊液中的微滴、泡沫液中的气泡，统称为分散物质（或分散相）；包围着分散物质而处于连续状态的流体，如气态非均相物系中的气体、液态非均相物系中的连续液体，则称为分散介质（或连续相）。

非均相物系分离就是利用连续相和分散相之间物理性质的差异，借助外界力的作用使两相产生相对运动而实现分离的方法。

一、非均相混合物的分离在工业中的应用

非均相混合物的分离在工业生产中主要应用于以下几点：

（1）回收分散相。收集粉碎机、沸腾干燥器、喷雾干燥器等设备出口气流中夹带的物料；收集蒸发设备出口气流中带出的药液雾滴；回收结晶器中晶浆中夹带的颗粒；回收催化反应器中气体夹带的催化剂，以循环应用等。

（2）净化连续相。除去药液中无用的混悬颗粒以便得到澄清药液；将结晶产品与母液分开；除去空气中的尘粒以便得到洁净空气；除去催化反应原料气中的杂质，以保证催化剂的活性等。

（3）环境保护和安全生产。近年来，工业污染对环境的危害越来越明显，利用机械分离的方法处理工厂排出的废气、废液，使其浓度符合规定的排放标准，以保护环境；去除容易构成危险隐患的漂浮粉尘以保证安全生产。

二、非均相混合物的分离方法

非均相混合物通常采用机械的方法分离，即利用非均相混合物中分散相和连续相的物理性质（如密度、颗粒形状、尺寸等）的差异，使两相之间发生相对运动而使其分离。根据两相运动方式的不同，机械分离可有两种操作方式：过滤和沉降。

1. 过滤

过滤是流体相对于固体颗粒床层运动而实现固液分离的过程。过滤操作的外力可以是重力、压差或惯性离心力。因此，过滤操作又分为重力过滤、加压过滤、真空过滤和离心过滤。

2. 沉降

沉降是在外力作用下使颗粒相对于流体（静止或运动）运动而实现分离的过程。沉降操作的外力可以是重力（称为重力沉降），也可以是惯性离心力（称为离心沉降）。

此外，对于含尘气体的分离还有过滤净制、湿法净制、电净制等方法。

项目二

过　　滤

过滤是利用重力、离心力或压力差使悬浮液通过多孔性介质的孔道，其中固体颗粒被截留，从而实现固液混合物的分离。过滤操作所处理的悬浮液称为滤浆，所用的多孔性物质称为过滤介质，通过介质孔道的液体称为滤液，被截留的物质称为滤饼或滤渣。

与沉降分离相比，过滤操作可使悬浮液分离得更迅速、更彻底。

任务一　过滤的基本概念

一、过滤及过滤推动力

过滤是以某种多孔性物质作为介质来处理悬浮液的单元操作。在外力作用下，悬浮液中的液体通过介质的孔道而固体颗粒被截留下来，从而实现非均相物系的固-液分离。

过滤推动力是过滤介质两侧的压力差。压力差产生的方式有滤液自身重力、离心力和外加压力，过滤设备中常采用后两种方式产生的压力差作为过滤操作的推动力。

用沉降法（重力、离心力）处理悬浮液，往往需要较长时间，而且沉渣中液体含量较高，而过滤操作可使悬浮液得到迅速的分离，滤渣中的液体含量也较低。当被处理的悬浮液含固体颗粒较少时，应先在增稠器中进行沉降，然后将沉渣送至过滤机。在某些场合过滤是沉降的后续操作。

二、过滤方式及过滤介质

1. 过滤方式

工业上的过滤操作主要分为饼层过滤和深层过滤。

（1）饼层过滤。如图 2－2（a）所示，过滤时非均相混合物即滤浆置于过滤介质的一侧，固体沉积物在介质表面堆积、架桥而形成滤饼层，如图 2－2（b）所示。滤饼层是有效过滤层，随着操作的进行其厚度逐渐增加。由于滤饼层截留的固体颗粒粒径小于介质孔径，因此饼层形成前得到的浑浊初滤液，待滤饼形成后应返回滤浆槽重新过滤，饼层形成后收集的滤液为符合要求的滤液。饼层过滤适用于处理固体含量较高的混悬液。

（2）深层过滤。如图 2－3 所示，过滤介质是较厚的粒状介质的床层，过滤时悬浮液中的颗粒沉积在床层内部的孔道壁面上，而不形成滤饼。深层过滤适用于生产量大而悬浮颗粒粒径小、固体含量低或是黏软的絮状物。如自来水厂的饮水净化、合成纤维纺丝液中除去固

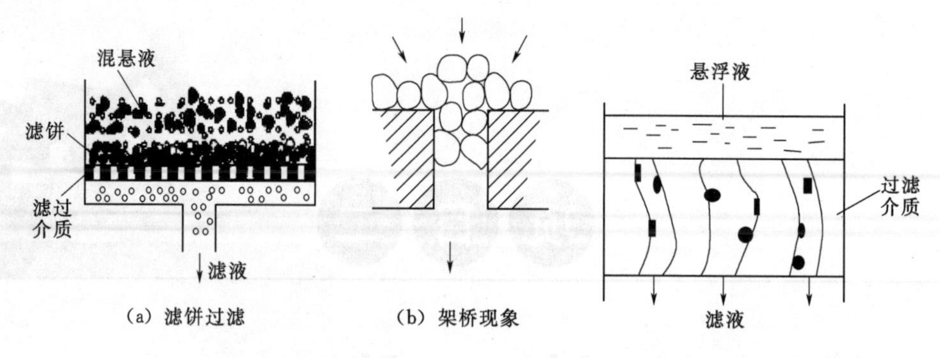

(a) 滤饼过滤　(b) 架桥现象

图 2-2　饼层过滤示意图

图 2-3　深层过滤示意图

体物质、中药生产中药液的澄清过滤等。

另外，膜过滤作为一种精密分离技术，近年来发展很快，已应用于许多行业。膜过滤是利用膜孔隙的选择透过性进行两相分离的技术。以膜两侧的流体压差为推动力，使溶剂、无机离子、小分子等透过膜，而截留微粒及大分子。

工业生产中悬浮液固相含量一般较高（体积分数大于 1%），因此本节重点讨论滤饼过滤。

2. 过滤介质

性能优良的过滤介质除能够达到所需分离要求外，还应具有足够的机械强度，尽可能小的流过阻力，较高的耐腐蚀性和一定的耐热性，最好表面光滑，滤饼剥离容易。

工业常用过滤介质主要有织物介质、多孔性固体介质、粒状介质和微孔滤膜等。

（1）织物介质。是由天然或合成纤维、金属丝等编织而成的筛网、滤布，适用于滤饼过滤，一般可截留粒径 5μm 以上的固体微粒。

（2）多孔性固体介质。是由素瓷、金属或玻璃的烧结物、塑料细粉黏结而成的多孔性塑料管等，适用于含黏软性絮状悬浮颗粒或腐蚀性混悬液的过滤，一般可截留粒径 1～3μm 的微细粒子。

（3）粒状介质。是由各种固体颗粒（砂石、木炭、石棉）或非编织纤维（玻璃棉等）堆积而成的，适用于深层过滤，如制剂用水的预处理。

（4）微孔滤膜。是由高分子材料制成的薄膜状多孔介质，适用于精滤，可截留粒径 0.01μm 以上的微粒，尤其适用于滤除 0.02～10μm 的混悬微粒。

三、滤饼的压缩性和助滤剂

1. 滤饼的压缩性

若构成滤饼的颗粒是不易变形的坚硬固体颗粒，则当滤饼两侧压力差增大时，颗粒形状和颗粒间空隙不发生明显变化，这类滤饼称为不可压缩滤饼；有的悬浮颗粒比较软，所形成的滤饼受压容易变形，当滤饼两侧压力差增大时，颗粒的形状和颗粒间的空隙有明显改变，这类滤饼称为可压缩滤饼。滤饼的压缩性对过滤效率及滤材的可使用时间影响很大，是设计过滤工艺和选择过滤介质的依据。

2. 助滤剂

为了减小可压缩滤饼的过滤阻力，可采用助滤剂改变滤饼结构，以提高滤饼的刚性和孔隙率。助滤剂是有一定刚性的粒状或纤维状固体，常用的有硅藻土、活性炭、纤维粉、珍珠岩粉等。助滤剂应具有化学稳定性，不与混悬液发生化学反应，不溶于液相中，在过滤操作的压力差范围内具有不可压缩性。

助滤剂的使用方法有预涂法和掺滤法两种。预涂是把助滤剂单独配成混悬液先行过滤，在过滤介质表面形成助滤剂预涂层，然后再过滤滤浆。掺滤是把助滤剂按一定比例直接分散在待过滤的混悬液中，一起过滤，其加入量为料浆的0.1%～0.5%（质量分数）。由于助滤剂混在滤饼中不易分离，所以当滤饼是产品时一般不使用助滤剂。

任务二　过滤操作过程及过滤设备

一、过滤操作过程

整个过滤过程包括过滤、洗涤、去湿及卸料四个阶段。

1. 过滤

过滤是指悬浮液通过过滤介质成为澄清液的操作过程。由于过滤介质中微细孔道的直径一般稍大于一部分悬浮颗粒的直径，所以过滤之处会有一些细小颗粒穿过介质而使滤液浑浊。饼层形成前得到的浑浊初滤液，待饼层形成后应返回滤浆槽重新过滤，饼层形成后收集的滤液为符合要求的滤液，即有效的过滤操作是在饼层形成后开始的。

2. 洗涤

过滤操作进行到一定时间后，由于滤饼的增厚，过滤速率逐渐降低，再持续下去是不经济的，应清除滤饼，重新开始过滤，此时应停止加入悬浮液。

在去除滤饼之前，颗粒间隙中总会残留一定数量的滤液，为了回收（或去掉）这部分滤液，通常要用水（或其他溶剂）进行滤饼的洗涤，以回收滤液或除去滤饼中可溶性杂质，以净化固体产品。

洗涤时，水均匀而平稳地流过滤饼中的毛细孔道，由于毛细孔道很小，所以开始时，清水并不与滤液混合，而只是将孔道中的滤液置换出来。当大部分滤液被置换之后，滤液才逐渐被冲稀而排除。洗涤后得到的液体称为洗涤液或洗液。

3. 去湿

洗涤之后，需将滤饼孔道中残留的洗液除掉。常用的去湿操作是用压缩空气吹干，或用减压吸干滤饼中的湿分。

4. 卸料

卸料是将去湿后的滤饼从滤布卸下来的操作。通常采用压缩空气从过滤介质后面倒吹以卸除滤饼。卸料要力求干净彻底。卸料后的滤布要进行清洗，以便再次使用，此操作称为滤布的再生。

二、影响过滤操作的因素

过滤操作要求有尽可能高的过滤速率。过滤速率是单位时间内得到的滤液的体积。过滤过程中影响过滤操作的因素很多，主要有以下三个方面。

1. 悬浮液的性质

悬浮液中液相的黏度会影响过滤速率。悬浮液的温度越高，黏度越小，对过滤有利，所以一般料液趁热过滤。但在真空过滤时，提高温度会使真空度下降，从而降低过滤速率。

2. 过滤的推动力

过滤以重力为推动力的操作，过滤速率不快，一般仅用于处理固体含量低而易于过滤的悬浮液。真空过滤的速率较高，但受到溶液沸点和大气压强的限制。加压过滤可以在较高的压强差下操作，提高了过滤速率，但对设备的强度及严密性要求较高，且受到滤布强度、滤饼的可压缩性以及滤液澄清程度等的限制。

3. 过滤介质和滤饼的性质

过滤介质的影响主要表现在过滤阻力和澄清程度上，因此要根据悬浮液颗粒的大小来选择合适的过滤介质。此外，滤饼颗粒的形状、大小、结构特征等对过滤操作也有影响。若是不可压缩滤饼，提高过滤的推动力可加快过滤速率；而对于可压缩滤饼，提高过滤的推动力反而使过滤速率变慢。

三、过滤设备

过滤混悬液的设备称为过滤机。为适应不同生产工艺要求，过滤机有多种类型。按操作方式可分为间歇过滤机和连续过滤机，按过滤推动力产生的方式可分为压滤机、真空过滤机和离心过滤机。

1. 板框压滤机

板框压滤机是一种历史较久，但仍沿用不衰的间歇过滤机。由若干块滤板和滤框间隔排列，靠滤板和滤框两侧的支耳架在机架的横梁上，用一端的压紧装置压紧组装而成，如图2-4所示。滤板和滤框是板框压滤机的主要工作部件，滤板和滤框的个数在机座长度范围内可自行调节，一般为10～60块不等，过滤面积为2～80m^2。

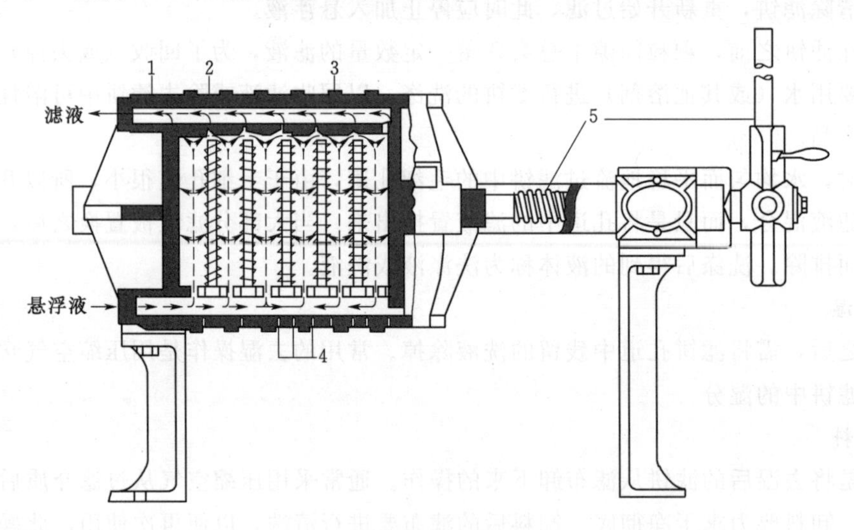

图2-4 板框压滤机

1—固定头；2—滤板；3—滤框；4—滤布；5—压紧装置

滤板和滤框一般制成正方形，其构造如图2-5所示。板和框的角端均开有圆孔，装合、压紧后即构成供滤浆、滤液和洗涤液流动的通道。滤框两侧覆以滤布，空框和滤布围成了容纳滤浆及滤饼的空间。板又分为洗涤板和过滤板两种，为便于区别，常在板、框外侧铸有小钮或其他标志，通常，过滤板为一钮，框为二钮，洗涤板为三钮，如图2-5所示。装合时即按钮数1-2-3-2-1-2-3-2-1…的顺序排列板和框。压紧装置的驱动可用手动、电动

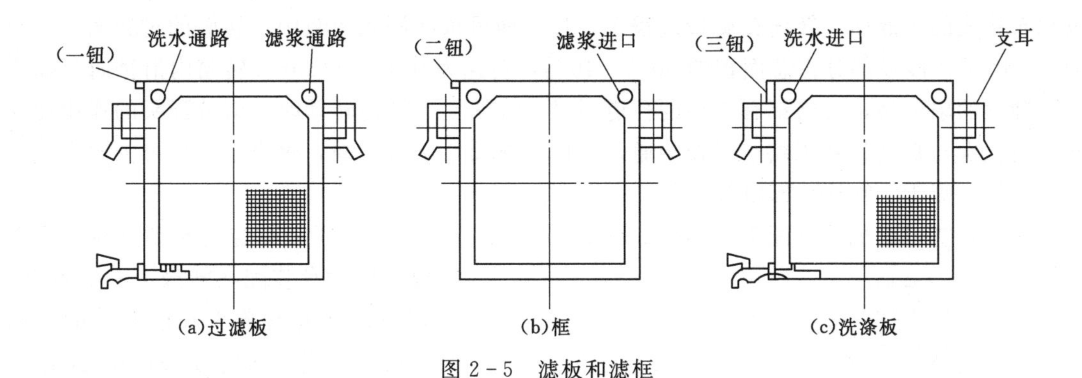

图 2-5 滤板和滤框

或液压传动等方式。

板框压滤机为间歇操作，每个操作周期由装配、压紧、过滤、洗涤、拆开、卸料、处理等操作组成，板框装合完毕，开始过滤。过滤时，悬浮液在指定的压力下经滤浆通道，由滤框角端的暗孔进入框内，滤液分别穿过两侧滤布，再经邻板板面流到滤液出口排走，固体则被截留于框内，待滤饼充满滤框后，即停止过滤。

若滤饼需要洗涤，可将洗水压入洗水通道，经洗涤板角端的暗孔进入板面与滤布之间。此时，应关闭洗涤板下部的滤液出口，洗水便在压力差推动下穿过一层滤布及整个厚度的滤饼，然后再横穿另一层滤布，最后由过滤板下部的滤液出口排出，这种操作方式称为横穿洗涤法，其作用在于提高洗涤效果。洗涤结束后，旋开压紧装置并将板框拉开，卸出滤饼，清洗滤布，重新组合，进入下一个操作循环。

板框压滤机的优点是结构简单，制造容易，设备紧凑，过滤面积大而占地小，操作压强高，滤饼含水少，对各种物料的适应能力强；它的缺点是间歇手工操作，劳动强度大，生产效率低。近年来大型板框压滤机的自动化和机械化发展很快，国内也开始使用自动操作的板框压滤机。

2. 转筒真空过滤机

转筒真空过滤机为连续式真空过滤设备，如图 2-6 所示。主机由滤浆槽、篮式转鼓、分配头、刮刀等部件构成。篮式转筒是一个转轴呈水平放置的圆筒，圆筒一周为金属网上履

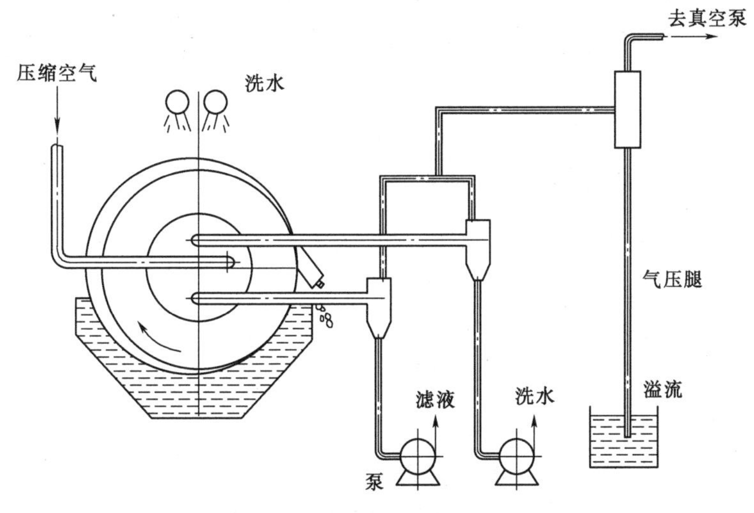

图 2-6 转筒真空过滤机示意图

以滤布构成的过滤面，转筒在旋转过程中，过滤面可依次浸入滤浆中。转筒的过滤面积一般为 5～40m²，浸没部分占总面积的 30%～40%，转速为 0.1～3r/min。转筒内沿径向分隔成若干独立的扇形格，每格都有单独的孔道通至分配头上。转筒转动时，借分配头的作用使这些孔道依次与真空管及压缩空气管相通，因而，转筒每旋转一周，每个扇形格可依次完成过滤、洗涤、吸干、吹松、卸饼等操作。

转筒真空过滤机及分配头的结构如图 2-7 所示，分配头由紧密贴合的转动盘和固定盘构成，转动盘装配在转鼓上一起旋转，固定盘内侧开有若干长度不等的凹槽与各种不同作用的管道相通。操作时转动盘与固定盘相对滑动旋转，由固定盘上相连的不同作用的管道实现滤液吸出、洗涤水吸出及空气压入的操作。即当转鼓上某些扇形格浸入料浆中时，恰与滤液吸出系统相通，进行真空吸滤，该部分扇形格离开液面时，继续吸滤，吸走滤饼中残余液体；当转到洗涤水喷淋处，恰与洗涤水吸出系统相通，在洗涤过程中将洗涤水吸走并脱水；再转到与空气压入系统连接处，滤饼被压入的空气吹松并由刮刀刮下。在再生区空气将残余滤渣从过滤介质上吹除。转鼓旋转一周，完成一个操作周期，连续旋转便构成连续的过滤操作。

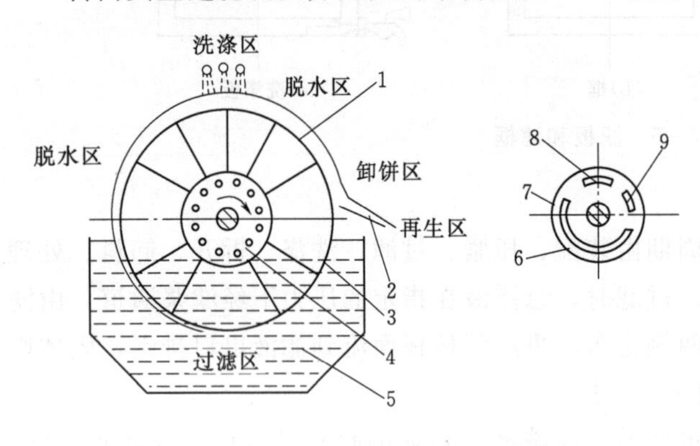

图 2-7 转筒真空过滤机及分配头的结构

1—滤饼；2—刮刀；3—转鼓；4—转动盘；5—滤浆槽；6—固定盘；7—滤液出口凹槽；8—洗涤水出口凹槽；9—压缩空气进口凹槽

转筒真空过滤机的优点是连续且自动操作，省人力；适用于处理含易过滤颗粒浓度较高的悬浮液；用于过滤细和黏的物料时采用预涂助滤剂的方法也比较方便，只要调整刮刀的切削深度就能使助滤剂层在长时间内发挥作用。缺点是系统设备比较复杂，投资大；依靠真空作为过滤推动力会受限制；此外由于真空操作，不适于过滤高温悬浮液。

项目三

沉　　降

沉降是指在某种外力作用下，由于两相物质密度不同而发生相对运动，从而实现两相分离的操作过程。实现沉降操作的作用力可以是重力或惯性离心力，因此，沉降过程有重力沉降和离心沉降两种方式。

任务一　重　力　沉　降

一、重力沉降基本概念

重力沉降是依据重力作用而发生的沉降过程，一般用于气、固混合物和混悬液的分离。它是利用混悬液中固体颗粒的密度大于浸提液的密度而使颗粒沉降分离。

1. 自由沉降和沉降速率

以固体颗粒在流体中的沉降为例进行分析，颗粒的沉降速率与颗粒的形状有很大关系，为了便于理论推导，先分析光滑球形颗粒的自由沉降速率。

（1）球形颗粒的自由沉降速率。颗粒在静止流体中沉降时，不受其他颗粒的干扰及器壁的影响，称为自由沉降。较稀的混悬液或含尘气体中固体颗粒的沉降可视为自由沉降。

一个表面光滑的刚性球形颗粒置于静止流体中，当颗粒密度大于流体密度时，颗粒将下沉，若颗粒作自由沉降运动，在沉降过程中，颗粒受到三个力的作用：①重力，方向垂直向下；②浮力，方向向上；③阻力，方向向上。如图 2-8 所示。

设球形颗粒的直径为 d_s，颗粒密度为 ρ_s，流体的密度为 ρ，则重力 F_g、浮力 F_b 和阻力 F_d 分别为

$$F_g=\frac{\pi}{6}d_s^3\rho_s g \tag{2-1}$$

$$F_b=\frac{\pi}{6}d_s^3\rho g \tag{2-2}$$

$$F_d=\xi A\frac{\rho u^2}{2} \tag{2-3}$$

式中　A——沉降颗粒沿沉降方向的最大投形面积，对于球形颗粒，$A=\pi/4$，m^2；

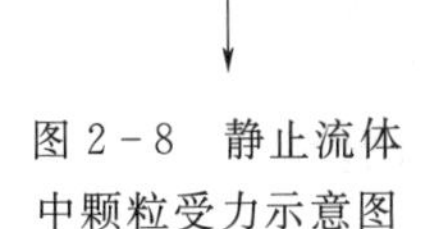

图 2-8　静止流体中颗粒受力示意图

u——颗粒相对于流体的降落速率，m/s；

ξ——沉降阻力系数。

对于一定的颗粒与流体，重力与浮力的大小一定，而阻力随沉降速率而变。根据牛顿第二定律，有

$$F_g - F_b - F_b = ma \tag{2-4}$$

式中　m——颗粒的质量，kg；

a——加速度，m/s^2。

当颗粒开始沉降的瞬间，u 为零，阻力也为零，加速度 a 为其最大值；颗粒开始沉降后，随着 u 逐渐增大，阻力也随着增大，直到速率增大到一定值 u_t 后，重力、浮力、阻力三者达到平衡，加速度为零；此时颗粒做匀速运动的速率即为沉降速率，用 u_t 表示，单位为 m/s，即

$$F_g - F_b - F_b = 0 \tag{2-5}$$

将式（2-1）～式（2-3）代入式（2-5），整理得

$$u_t = \sqrt{\frac{4d_s g(\rho_s - \rho)}{3\rho\xi}} \tag{2-6}$$

对于微小颗粒，沉降的加速阶段时间很短，可以忽略不计，因此，整个沉降过程可以视为匀速沉降过程，加速度 a 为零。在这种情况下可直接将 u_t 用于重力沉降速率的计算。用式（2-6）计算沉降速率 u_t 时，必须确定沉降阻力系数 ξ。ξ 是颗粒与流体相对运动时，以颗粒形状及尺寸为特征量的雷诺数 $Re_t = d_s u_t \rho/\mu$ 的函数，一般由实验测定。图 2-9 所示为通过实验测定并综合绘制的 ξ-Re_t 关系曲线。

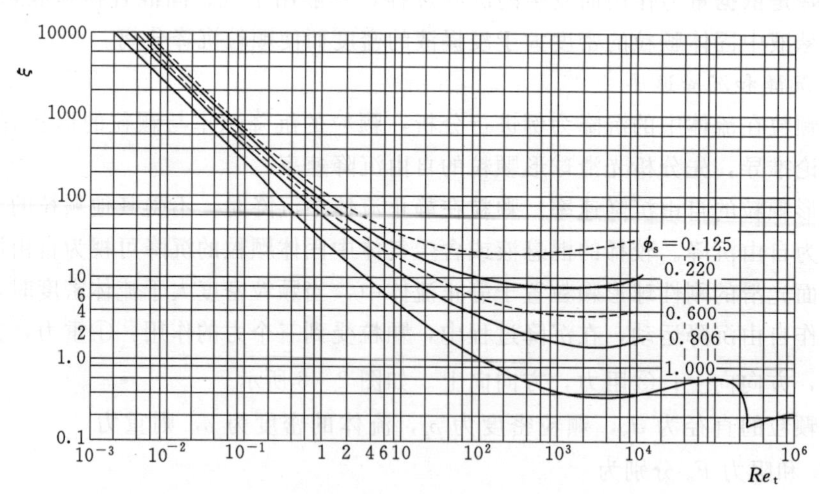

图 2-9　球形颗粒的阻力系数 ξ 与 Re_t 的关系曲线

对于球形颗粒（球形度 $\phi_s = 1$），图中曲线大致可分为三个区域，各区域中 ξ 与 Re_t 的函数关系可分别表示为

层流区

$$\xi = \frac{24}{Re_t}, \quad 10^{-4} < Re_t < 1 \tag{2-7}$$

过渡区

$$\xi = \frac{18.5}{Re_t^{0.6}}, \quad 1 < Re_t < 10^3 \tag{2-8}$$

湍流区 $\xi=0.44,\quad 10^3<Re_t<2\times10^5$ (2-9)

将式（2-7）～式（2-9）分别代入式（2-6），可得各区域的沉降速率公式为

层流区 $$10^{-4}<Re_t<1,\quad u_t=\frac{d_s^2g(\rho_s-\rho)}{18\mu} \tag{2-10}$$

过渡区 $$1<Re_t<10^3,\quad u_t=0.27\sqrt{\frac{d_s(\rho_s-\rho)g}{\rho}Re_t^{0.6}} \tag{2-11}$$

湍流区 $$10^3<Re_t<2\times10^5,\quad u_t=1.74\sqrt{\frac{d_s(\rho_s-\rho)g}{\rho}} \tag{2-12}$$

式（2-10）～式（2-12）分别称为斯托克斯公式、艾仑公式及牛顿公式。由此三式可看出，在整个区域内，d_s 及 $\rho_s-\rho$ 越大，则沉降速率 u_t 越大；在层流区由于流体黏性引起的表面摩擦阻力占主要地位，因此层流区的沉降速率与流体黏度 μ 成反比。

在用各区公式计算沉降速率时，由于无法计算雷诺数 Re_t，因此常采用试差法，即先假设颗粒沉降属于某个区域，选择相对应的计算公式进行计算，然后再将计算结果用雷诺数 Re_t 进行校核，若与原假设区域一致，则计算出的 u_t 有效，否则，按计算出来的雷诺数 Re_t 另选区域，直至校核与假设相符为止。

【例 2-1】 直径为 90μm，密度为 3000kg/m³ 的球形颗粒在 20℃的水中作自由沉降，水在容器中的深度为 0.7m，试求颗粒沉降到容器底部需多长时间（已知 20℃水的密度 $\rho=998.2\text{kg/m}^3$，黏度 $\mu=100.5\times10^{-5}\text{Pa}\cdot\text{s}$，$g$ 取 9.81m/s²）。

解： 假设沉降区域属于层流，沉降速率用斯托克斯公式计算，即有

$$u_t=\frac{d^2(\rho_s-\rho)g}{18\mu}=\frac{(90\times10^{-6})^2\times(3000-998.2)\times9.81}{18\times100.5\times10^{-5}}=8.79\times10^{-3}(\text{m/s})$$

校核流型：

此时雷诺数 $$Re_t=\frac{du\rho}{\mu}=\frac{90\times10^{-6}\times8.79\times10^{-3}\times998.2}{100.5\times10^{-5}}=0.7857<1$$

因此假设正确。所以时间为 $$\tau=\frac{L}{u_t}=\frac{0.7}{8.79\times10^{-3}}=79.6(\text{s})$$

（2）非球形颗粒的自由沉降速率。非球形颗粒的几何形状及投影面积 A 对沉降速率都有影响。颗粒向沉降方向的投影面积 A 越大，沉降阻力越大，沉降速率越慢。一般地，相同密度的颗粒，球形或近球形颗粒的沉降速率大于同体积非球形颗粒的沉降速率。

非球形颗粒几何形状与球形的差异程度，用球形度表示，即一个任意几何形体的球形度，等于体积与之相同的一个球形颗粒的表面积与这个任意形状颗粒的表面积之比。当体积相同时，球形颗粒的表面积最小，因此，球形度值越小，颗粒形状与球形的差异越大，当颗粒为球形时，球形度为 1。

非球形颗粒的大小可用当量直径表示，即与颗粒等体积球形颗粒的直径，称为体积当量直径。

2. 影响重力沉降的因素

（1）壁面效应。当颗粒靠近器壁沉降时，由于器壁的影响，颗粒的沉降速度较自由沉降时小，这种现象称为壁面效应。

（2）颗粒形状。沉降过程中颗粒的形状与颗粒在流体中运动时所受的阻力密切相关。实验证明，颗粒的形状偏离球形越大，阻力系数也越大。因此常将固体颗粒近似为球形颗粒来

考虑其沉降速度。

(3) 干扰沉降。悬浮液中颗粒的浓度比较大时，颗粒之间的距离很近，颗粒沉降时会互相干扰，这种现象称为干扰沉降。干扰沉降的速度比自由沉降的小，其计算也比较复杂，因此常不考虑干扰沉降。

二、重力沉降设备及其生产能力

1. 降尘室

降尘室是利用重力沉降的作用从含尘气体中除去固体颗粒的设备，其结构如图 2-10 所示。

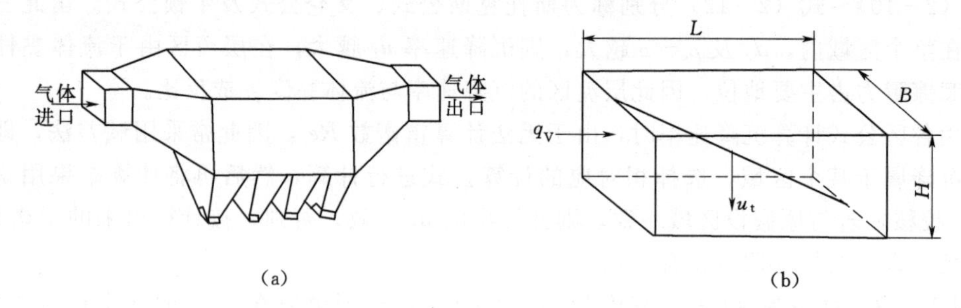

图 2-10 降尘室

含尘气体进入降尘室后，流通截面积扩大，速率降低，使气体在降尘室内有一定的停留时间。若在这个时间内颗粒沉到了室底，则颗粒就能从气体中除去。要保证尘粒从气体中分离出来，则颗粒沉降至底部所用时间$\frac{H}{u_t}$必须小于等于气体通过沉降室的时间$\frac{L}{u}$，即

$$\frac{L}{u} \geqslant \frac{H}{u_t} \tag{2-13}$$

式中 u——气体在降尘室内的平均流率，m/s；

L——降尘室的长度，m；

H——降尘室的高度，m。

根据尘粒从气体中分离出来的必要条件，设 q_V 为降尘室所处理的含尘气体的体积流量，即降尘室的生产能力为

$$q_V = BHu$$

则

$$u = \frac{q_V}{BH}$$

式中 B——降尘室的宽度，m。

将该计算式代入式 (2-13)，可得

$$q_V \leqslant BLu_t \tag{2-14}$$

可见，降尘室生产能力只与降尘室的底面积及颗粒的沉降速率 u_t 有关，而与降尘室高度 H 无关，所以降尘室一般采用扁平的几何形状，或在室内加多层隔板，形成多层降尘室，如图 2-11 所示，室内以水平隔板均匀分成若干层，隔板间距为 40～100mm。

降尘室操作时，气流速率 u 不能过高，以免干扰颗粒的沉降或把已沉降下来的颗粒重新扬起。为此，应保证气体流动的雷诺数处于层流范围内。

降尘室结构简单，流体阻力小，但设备庞大、效率低，只适用于分离粗颗粒（一般指直径 75μm 以上的颗粒），或作为预除尘使用。

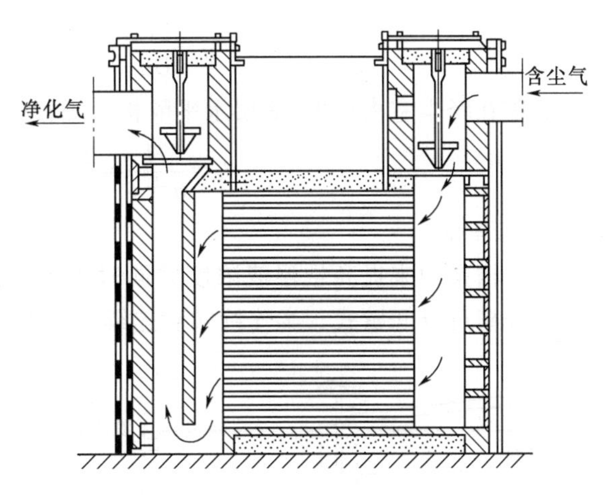

图 2-11 多层隔板降尘室

【例 2-2】 拟用降尘室除去常压炉气中的球形尘粒。降尘室的宽和长分别为 2m 和 6m，气体的处理量为 $1m^3/s$（0℃、101.3kPa）。炉气温度为 427℃，相应的密度 $\rho=0.5kg/m^3$，黏度 $\mu=3.4\times10^{-5}Pa\cdot s$，固体密度 $\rho_s=4000kg/m^3$。操作条件下，规定气体流率不得大于 0.5m/s，试求：（1）降尘室的总高度 H；（2）理论上能完全分离下来的最小颗粒尺寸；（3）欲使粒径为 10μm 的颗粒完全分离下来，需在降尘室内设置几层水平隔板？隔板间距是多少？（g 取 $9.81m/s^2$。）

解：（1）操作条件下的体积流量为

$$q_V=\frac{273+t}{273}q_{V0}=\frac{273+427}{273}\times1=2.564(m^3/s)$$

因为

$$q_V=BHu$$

所以

$$H=\frac{q_V}{uB}=\frac{2.564}{0.5\times2}=2.564(m)$$

（2）可全部除去的最小颗粒沉降速率为

$$u_t=\frac{q_V}{BL}=\frac{2.564}{2\times6}=0.214(m/s)$$

设颗粒沉降属于斯托克斯区，则

$$d_{min}=\sqrt{\frac{18\mu}{(\rho_s-\rho)g}u_t}=\sqrt{\frac{18\times3.4\times10^{-5}\times0.214}{(4000-0.5)\times9.81}}=5.78\times10^{-5}(m)$$

校核：

$$Re_t=\frac{d_{min}u_t\rho}{\mu}=\frac{5.78\times10^{-5}\times0.214\times0.5}{3.4\times10^{-5}}=0.182<1$$

属于斯托克斯区，故假设成立，以上计算结果有效。所以，可全部除去的最小颗粒直径为 57.8μm。

（3）先判断颗粒沉降区。

$$Re_t=\frac{d'_{min}u_t\rho}{\mu}=\frac{10\times10^{-6}\times0.214\times0.5}{3.4\times10^{-5}}<1$$

属于斯托克斯区，于是

$$u'_t=\frac{d'^2_{min}g(\rho_s-\rho)}{18\mu}=\frac{(10\times10^{-6})^2\times9.81\times(4000-0.5)}{18\times3.4\times10^{-5}}=0.00641(m/s)$$

又

$$q_V=A'u'_t$$

$$A'=\frac{q_V}{u'_t}=\frac{2.564}{0.00641}=400(m^2)$$

则
$$n=\frac{A'}{BL}-1=\frac{400}{2\times 6}-1=32.3$$

故需在降尘室内设置 33 层水平隔板，隔板间距

$$h=\frac{H}{n+1}=\frac{2.564}{33+1}=0.0754(\mathrm{m})$$

2. 沉降槽

沉降槽是用来提高悬浮液浓度并同时得到澄清液的重力沉降设备，也称沉降器或增浓器。沉降槽可分间歇式、半连续式和连续式三种。

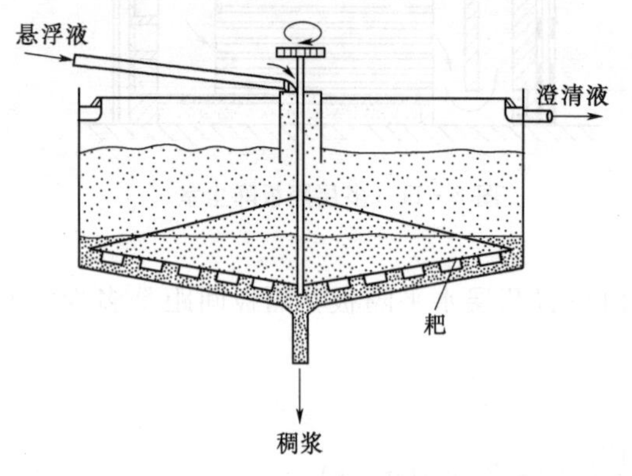

图 2-12 连续沉降槽

在化工生产中常用连续操作的沉降槽，如图 2-12 所示，它是一个带锥形底的圆池，悬浮液由位于中央的进料口加至液面以下，经一水平挡板折流后沿径向扩展，随着颗粒的沉降，液体缓慢向上流动，经溢流堰流出得到清液，颗粒则下沉至底部形成沉淀层，由缓慢转动的耙将沉渣移至中心，从底部出口排出。间歇沉降槽的操作过程是将装入的料浆静止足够时间后，上部清液使用虹吸管或泵抽出，下部沉渣从低口排出。

沉降槽有澄清液体和增稠悬浮液的双重作用功能。与降尘室类似，沉降槽的生产能力与高度无关，只与底面积及颗粒的沉降速率有关，故沉降槽一般均制造成大截面、低高度。大的沉降槽直径可达 10～100m，深 2.5～4m，它一般用于大流量、低浓度悬浮液的处理。沉降槽处理后的沉渣中还含有大约 50％的液体，必要时再用过滤机等作进一步处理。

对于含有颗粒直径小于 1μm 的液体，一般称为溶胶，由于颗粒直径小较难分离。为使小颗粒 u_t 增大，常加絮凝剂使小粒子变成大粒子。例如，河水净化加明矾［$KAl(SO_4)_2\cdot 12H_2O$］，使水中细小污物沉降。常用的电解质，除了明矾，还有三氧化铝、绿矾、三氯化铁等，一般用量为 40～200mg/kg。近年来，已研究出某些高分子絮凝剂。

任务二 离 心 沉 降

当分散相与连续相密度差较小或颗粒细小时，在重力作用下沉降速率较低，利用离心力的作用，使固体颗粒沉降速率加快以达到分离的目的，这样的操作称为离心沉降。离心沉降不仅可以大大提高沉降速率，沉降设备的尺寸也可以大大缩小。

一、离心沉降基本概念及原理

1. 离心分离因数

离心力与重力或离心加速度与重力加速度之比值称离心分离因数，通常用 K_c 来表示。

一个质量为 m 的球形颗粒在重力场中所受的惯性力即重力，有

$$F_g=mg$$

重力场强度即重力加速度 g 基本上可视为常数，其方向指向地心。而它在离心力场中

所受的惯性力即离心力，为

$$F_c = m\frac{u_T^2}{R} = m\omega^2 R$$

式中 R——旋转半径，m；

u_T——切向速度，m/s；

ω——旋转角速度，1/s；

$\frac{u_T^2}{R}$——离心加速度，m/s^2。

离心力场的强度即离心加速度$\frac{u_T^2}{R}$随位置及转速而改变，其方向是沿旋转半径从中心指向外周。

由此可以看出，颗粒在重力场和离心力场中所受的力不同，而离心分离因数 K_c 的物理意义就是表征颗粒在离心力场中所受的离心力比在重力场中所受的重力大的倍数。用数学表达式可表示为

$$K_c = \frac{F_c}{F_g} = \frac{u_T^2}{gR} \tag{2-15}$$

离心分离因数是衡量离心分离性能的指标。显然，旋转角速度越高，半径越大，K_c 则越大。因此，可以通过人为地调节离心加速度来获得不同的离心分离因数，从而说明离心沉降比重力沉降具有更强的适应能力和分离能力。

2. 离心沉降速率

当物体受到离心力作用时，产生圆周运动。那么当流体带着颗粒旋转时，如果颗粒的密度大于流体的密度，则惯性离心力便会使颗粒沿切线方向甩出，亦即使颗粒在径向与流体发生相对运动而飞离中心。颗粒在离心力场中与重力场中相似，也受到三个力的作用，即惯性离心力、向心力（与重力场的浮力相当，方向沿半径指向旋转中心）和阻力（与颗粒径向运动方向相反，方向沿半径指向中心）。

设球形颗粒的直径为 d，密度为 ρ_s，流体密度为 ρ，颗粒与中心轴的距离为 R，切向速度为 u_T，离心沉降速度为 u_r，则

惯性离心力 $$F_c = \frac{\pi}{6}d^3\rho_s\frac{u_T^2}{R}$$

向心力（指向中心） $$F_b = \frac{\pi}{6}d^3\rho\frac{u_T^2}{R}$$

阻力（指向中心） $$F_d = \xi\frac{\pi}{4}d^2\frac{\rho u_r^2}{2}$$

在三力达到平衡时，$F_c - F_b - F_d = 0$。平衡时满足以下关系式：

$$\frac{\pi}{6}d^3\rho_s\frac{u_T^2}{R} - \frac{\pi}{6}d^3\rho\frac{u_T^2}{R} - \xi\frac{\pi}{4}d^2\frac{\rho u_r^2}{2} = 0$$

整理上式得离心沉降速度为

$$u_r = \sqrt{\frac{4d(\rho_s - \rho)u_T^2}{3\xi\rho R}} \tag{2-16}$$

比较式（2-16）与式（2-6），可见离心沉降速率 u_r 与重力沉降速率 u_T 具有相似的关

系式，只是将式（2-6）中的重力加速度 g 换成式（2-16）中的离心加速度 u^2/R，且沉降方向不是向下，而是向外，即背离旋转中心。

将离心沉降速率与重力沉降速率作比较，可以看出，离心沉降速率比重力沉降速率增大的倍数，正等于离心加速度与重力加速度之比，即离心分离因数 K_c 所表示的数值。K_c 值越高，其离心分离效率越高。K_c 值一般为几百到几万，因此同一颗粒在离心沉降设备中的分离效果远比在重力沉降设备中的高。由此也可以看出 K_c 值是离心分离设备的一个重要参数。

二、离心沉降设备

1. 旋风分离器

旋风分离器在工业上应用已有近百年的历史，一般用来除去气体中粒径 5μm 以上的颗粒。

旋风分离器形式多样，图 2-13 所示为最简单的一种旋风分离器。主体上部为圆筒，下部为圆锥筒；顶部侧面为切线方向的矩形进口，上面中心为气体出口，排气管下口低于进气管下沿；底部集灰斗要求密封。

含固体颗粒的气体由矩形进口管切向进入器内，以造成气体与颗粒的圆周运动。颗粒被离心力抛至器壁并汇集于锥形底部的集灰斗中，被净化后的气体则从中央排气管排出。

旋风分离器构造简单，没有运动部件，操作不受温度、压强的限制。其缺点是气体在器内的流动阻力较大，对器壁的磨损较严重，分离效率对气体流量的变化较为敏感。

2. 旋液分离器

旋液分离器是一种利用离心沉降作用分离悬浮液的设备，其结构及操作原理与旋风分离器相似，形状如图 2-14 所示。设备主体也是由圆筒与圆锥两部分组成，且圆筒部分直径小，圆锥部分长，有利于提高沉降速率和增强分离效果。

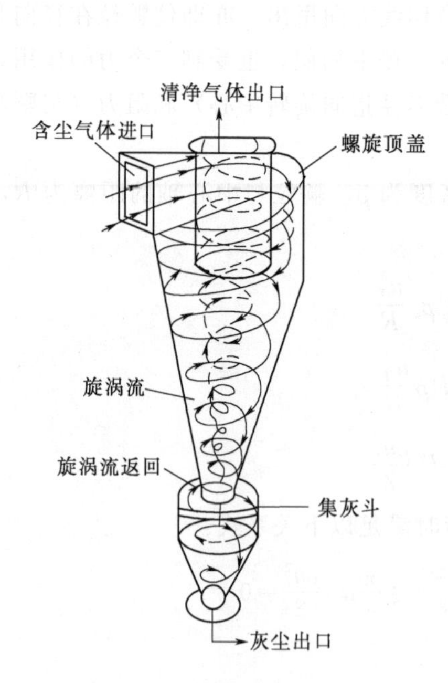

图 2-13 气体在旋风分离器内的流动

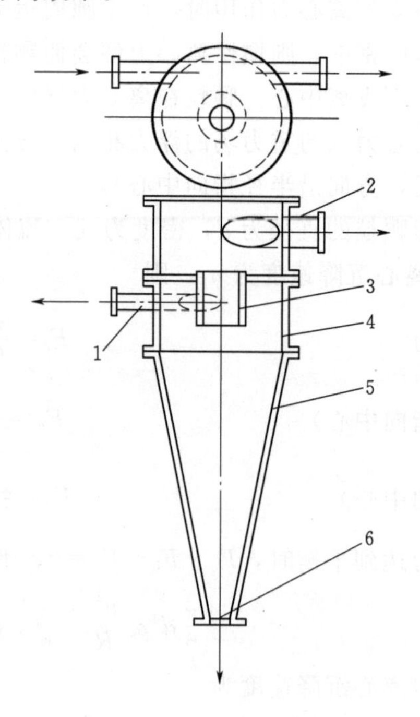

图 2-14 旋液分离器

1—悬浮液进口；2—溢流出口；3—中心溢流管；4—筒体；5—锥体；6—底流出口

悬浮液经入口管由切向进入圆筒，向下作螺旋形运动，固体颗粒受惯性离心力作用被甩向器壁与液体分离，由底部排出稠厚的悬浮液（底流）；清液或者含较小颗粒的液体则形成螺旋上升的内旋流，由器顶溢流管排出，称为溢流。由于液体和固体的颗粒密度不同，所以借离心力作用，悬浮液中的固液两相得以分离。

旋液分离器构造简单，本身无活动部件，制造方便，价廉，体积小，生产能力大，分离的颗粒范围广。缺点是固体颗粒沿壁面快速运动，对器壁产生严重磨损，因此要求旋液分离器的内衬材料必须是耐磨材料。

任务三 气体净制设备简介

重力沉降和离心沉降主要用于固体浓度较高的含尘气体的分离净制，而对分离效率要求较高的净制工艺或对含尘浓度较低且含微细尘粒气体的净制，需用其他的净制方法及设备。

一、过滤净制

用过滤法将含尘气体中尘粒滤除的净制方法称为气体的过滤净制。常用的过滤净制设备是袋滤器，其结构如图 2-15 所示，主要由滤袋、滤袋支承骨架、脉冲清灰装置、机壳、集灰斗和排灰阀等部件构成。工作时，含尘气体自下部进风管进入袋滤器，气体穿过支撑于骨架上的滤袋由袋外进入袋内，气体中的固体颗粒被截留在滤袋外表面上，洁净气体汇集于上部出风管排出，截留在滤袋外表面的尘粒积至一定厚度时，清灰装置自动定时开启，压缩空气由袋内向袋外脉冲式反吹，使袋外表面的尘粒落入集灰斗，通过排灰阀排出。

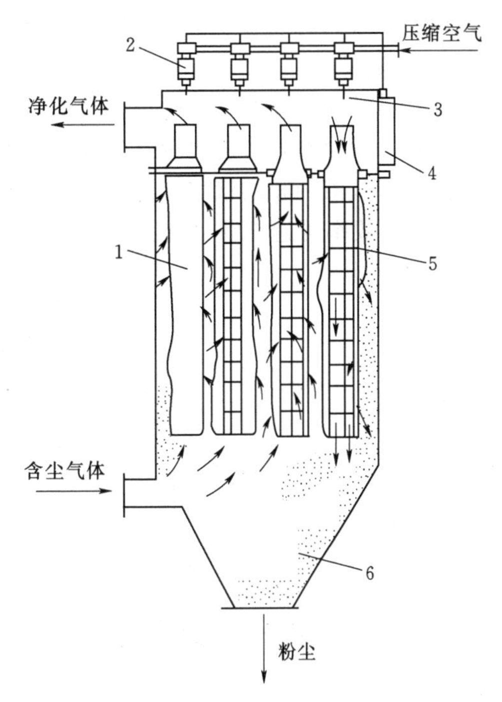

图 2-15 脉冲式袋滤器

1—滤袋；2—电磁阀；3—喷嘴；4—自控器；5—骨架；6—灰斗

袋滤器的滤尘效率和生产能力与制作布袋的材料和总过滤面积有关，为了提高总过滤面积，布袋制成细长的管状，每个滤袋长度为 2～3.5m，直径为 120～300mm，按一定排列形式安装在机壳内。选择孔隙率高、气流阻力小、纤股间隙小的滤布制作滤袋。

袋滤器一般可滤除 1μm 以上粒径的尘粒，除尘效率可达 99.9%以上。对含尘浓度高的气体常将袋滤器串联在旋风分离器后面，以提高除尘效率。袋滤器和旋风分离器配合对药物粉末的收集具有很好的效果。袋滤器不适于处理含湿量过高的气体。

二、湿法净制

气体的湿法净制是使含尘气体与水接触使其中尘粒被水黏附除去的净制方法。气体湿法净制的设备类型有多种，其基本原理都是在设备内产生气-固-水三相高度湍动，以提高气-

固-水的接触，使尘粒被水黏附。故湿法净制不适用于固体尘粒为有用物料的回收工艺。

1. 文丘里洗涤器

文丘里洗涤器的结构如图 2-16 所示，由收缩管、喉管、扩散管三部分组成，扩散管后面接旋风分离器。工作时用可调锥调整气体流速，使含尘气体以 50～100m/s 的速度通过喉管，洗涤水由喉管周边均布的小孔送入洗涤器时被高速气流喷成很细的液滴，使尘粒附聚于水滴中而提高沉降粒子的粒径，随后在旋风分离器中与气体分离。

文丘里洗涤器结构简单，没有活动件，结实耐用，操作方便，洗涤水用量约为气体体积流量的 1‰，可除去 0.1μm 以上的尘粒，除尘效率可达 95%～99%，但压力降较大，一般为 2000～5000Pa。

2. 湍球塔

湍球塔是一种高效除尘设备，主要由塔体、喷水管、支承筛板、轻质小球、挡网、除沫器等部分组成，工作时洗涤水自塔上部喷水管洒下，含尘气体自下部进风管送入塔内，当达到一定风速时，使筛板上面的小球剧烈翻腾形成水-气-小球三相湍动以增大气-液两相接触和碰撞的机会，使尘粒被水吸附与气体分离，除尘效率高。为防止快速上升气流中夹带雾沫，塔上部装有除沫装置。湍球塔气流速度快，气液分布比较均匀，生产能力高。

3. 泡沫塔

泡沫塔结构如图 2-17 所示，筛板上有一定高度的液体，当含尘气流以高速由下而上通过筛孔进入液层时，形成大量强烈扰动的泡沫以扩大气液接触面，使气体中的尘粒被泡沫层吸附，由于气液两相的接触面积很大，因而除尘效率较高，若气体中所含的尘粒直径大于 5μm，分离效率可达 99%。泡沫塔是空塔板的一种，除可用于除尘外，也可用于蒸馏等。

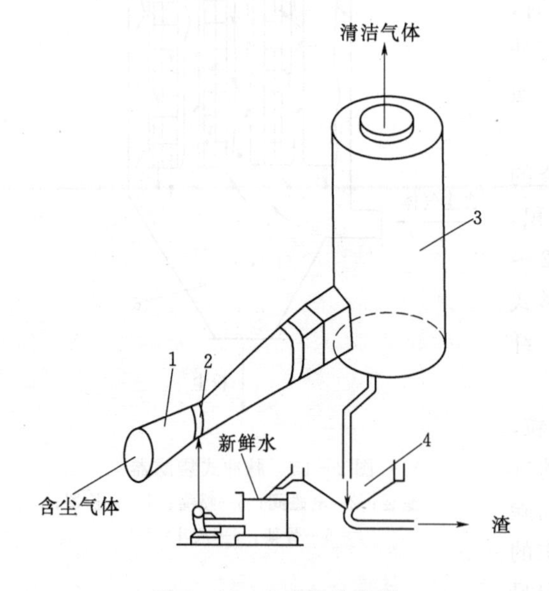

图 2-16 文丘里洗涤器
1—洗涤管；2—有孔的喉管；
3—旋风分离器；4—沉降槽

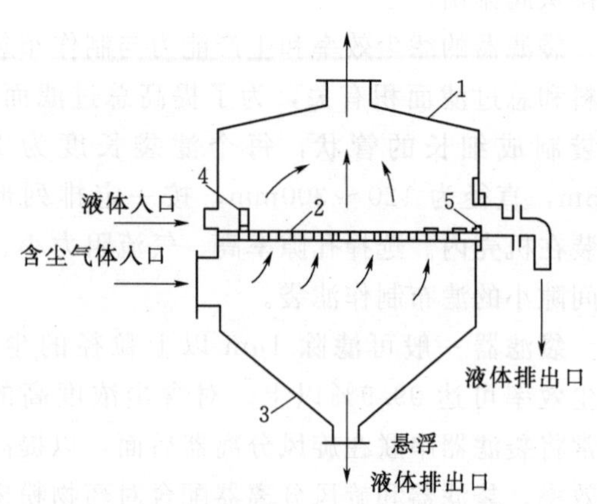

图 2-17 泡沫塔结构图
1—外壳；2—筛板；3—锥形底；
4—进液室；5—液流挡板

三、气体的电净制

气体的电净制是利用高压直流静电场的电离作用使通过电场的含尘气体中的尘粒带电，

带电尘粒被带相反电荷的电极板吸附，将尘粒从气体中分离出来，使气体得以净制的方法称为气体电净制。用于气体电净制的设备称为静电除尘器。静电除尘器能有效地捕集 0.1μm 甚至更小的尘粒或雾滴，分离效率可高达 99.99%。气流在通过静电除尘器时阻力较小，气体处理量可以很大，其缺点是设备费和操作费较高，安装、维护、管理要求严格。

任务四 离 心 分 离

一、离心分离的概念

利用离心力分离液态非均相物系中两种密度不同物质的操作称为离心分离。适于离心分离的液态非均相物系包括液-固混合物系（混悬液）和液-液混合物系（乳浊液）。

用于离心分离的设备称为离心机。它与旋液分离器的主要区别在于离心力是由设备（转鼓）本身旋转产生的，由于离心机可产生很大的离心力，故可用来分离用一般方法难以分离的混悬液或乳浊液。

离心机按设备结构和分离工艺过程可分为离心过滤式和离心沉降式两种类型。

（1）离心过滤式离心机。转鼓上有小孔，并衬以金属网和滤布，混悬液在转鼓带动下高速旋转，液体和其中悬浮颗粒在离心力作用下快速甩向转鼓而使转鼓两侧产生压力差，在此压力差作用下，液体穿过滤布排出转鼓，而混悬颗粒被滤布截留形成滤饼。

（2）离心沉降式离心机。转鼓上无孔，混悬液或乳浊液被转鼓带动高速旋转时，密度较大的物相向转鼓内壁沉降，密度较小的物相趋向旋转中心而使两相分离。在沉降式离心机中的离心分离原理与离心沉降原理相同，不同的是在旋风分离器或旋液分离器中的离心力场是靠高速流体自身旋转产生的，而离心机中的离心力场是由离心机的转鼓高速旋转带动液体旋转产生的。

如前所述，离心分离因数 K_c 是离心分离设备的重要性能参数，设备的离心分离因数越大，则分离性能越好。

根据离心分离因数的大小，又可将离心机分为以下三类：常速离心机，$K_c<3000$（一般为 600～1200）；高速离心机，$K_c=3000\sim50000$；超速离心机，$K_c>50000$。离心分离因数的上限值取决于主轴和转鼓等部件的材料长度及机器结构的稳定性等。目前可生产离心分离因数 500000 以上的离心机，可以用来分离胶体颗粒及破坏乳浊液等。

离心机还可按操作方式分为间歇式和连续式，或根据转鼓轴线的方向分为立式和卧式。

二、离心机

1. 三足式离心机

三足式离心机是一台间歇操作、人工卸料的立式离心机，在工业上采用较早，目前仍是国内应用最广、制造数量最多的一种离心机，图 2-18 为其结构示意图。离心机的主要部件是一篮式鼓壁，壁面钻有许多小孔，内壁衬有金属丝网及滤布。整个机座和外罩由三根拉杆弹簧悬挂于三足支柱上，以减轻运转时的振动。料液加入转鼓后，滤液穿过转鼓于机座下部排出，滤渣沉积于转鼓内壁，待一批料液过滤完毕，或转鼓内的滤渣量达到设备允许的最大值时，可停止加料并继续运转一段时间以沥干滤液。必要时，也可于滤饼表面洒以清水进行洗涤，然后停车卸料，清洗设备。

三足式离心机的转鼓直径一般较大，转速不高（<2000r/min），过滤面积为 0.6～

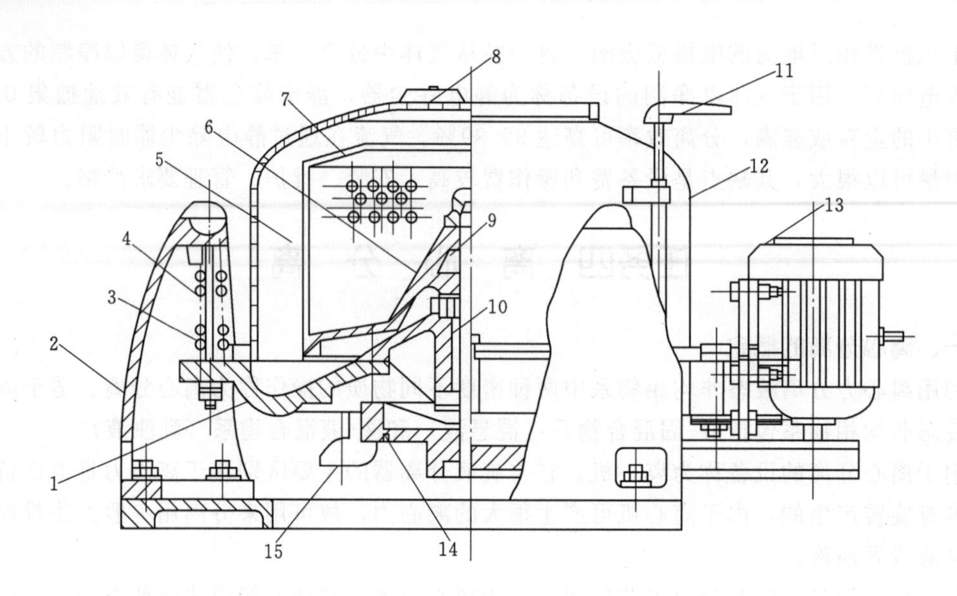

图 2-18 三足式离心机结构示意图

1—底盘；2—支柱；3—缓冲弹簧；4—摆杆；5—鼓壁；6—转鼓底；7—拦液板；8—机盖；9—主轴；10—轴承座；11—制动器手柄；12—外壳；13—电动机；14—制动轮；15—滤液出口

$2.7m^2$。与其他形式的离心机相比，三足式离心机具有构造简单，运转周期可灵活掌握等优点，一般可用于间歇生产过程中小批量物料的处理，尤其适用于各种盐类结晶的过滤和脱水，晶体较少受到破损。它的缺点是卸料时的劳动条件较差，转动部件位于机座下部，检修不方便。

2. 刮刀卸料式离心机

悬浮液从加料管进入连续运转的卧式转鼓，机内设有耙齿以使沉积的滤渣均布于转鼓壁。待滤饼达到一定厚度时，停止加料，进行洗涤、沥干。然后，借液压传动的刮刀逐渐向上移动，将滤饼刮入卸料斗卸出机外，继而清洗转鼓。整个操作周期均在连续运转中完成，每一步骤均采用自动控制的液压操作。

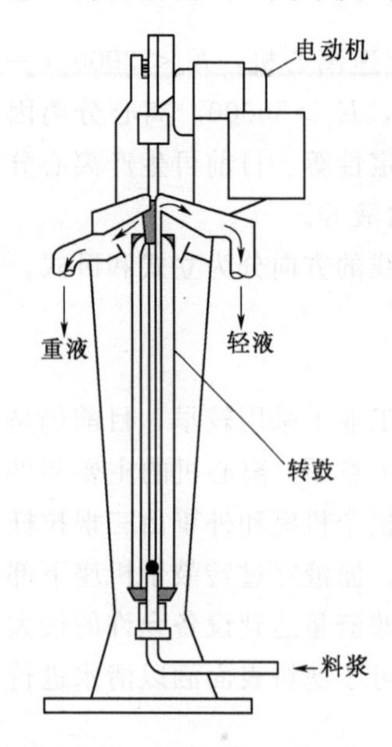

图 2-19 管式高速离心机

刮刀卸料式离心机每一操作周期为 35～90s，连续运转，生产能力较高，劳动条件好，适宜于过滤连续生产过程中大于 0.1mm 的颗粒。但对于细、黏颗粒的过滤往往需要较长的操作周期，采用此种离心机不够经济，而且刮刀卸渣也不够彻底，颗粒破碎严重，对于必须保持晶粒完整的物料不宜采用。

3. 管式高速离心机

管式高速离心机是沉降式离心机，如图 2-19 所示，其主要结构为细长的管状机壳和转鼓等部件。常见的转鼓直径为 0.1～0.15m、长度约 1.500m、转速为 8000～50000r/min，其离心分离因数 K_c 为 15000～65000。

当用于分离乳浊液时，乳浊液从底部进口引入，在管内自下而上运行的过程中，因离心力作用，依密度不同而分成内外两个同心层。外层为重液层，内层为轻液层。到达顶部后，分别自轻液溢流口与重液溢流口送出管外。

当用于分离混悬液时，则将重液出口关闭，只留轻液出口，而固体颗粒沉降在转鼓的鼓壁上，经一定时间沉积较厚时，可通过间歇地将管取出加以清除。

管式高速离心机离心分离因数大，分离效率高，故能分离一般离心机难以分离的物料，如两相密度差较小的乳浊液或含微细混悬颗粒的混悬液。

4. 碟片式高速离心机

碟片式高速离心机亦简称分离机。如图 2－20 所示，碟片式高速离心机的底部为圆锥形，壳内有 30～150 片倒锥形碟片叠置成层，碟片直径 200～800mm，由一垂直轴带动，转鼓以 4700～8500r/min 的转速旋转，离心分离因数可达 4000～10000。碟片式高速离心机可用于澄清悬浮液中少量细小颗粒以获得清净的液体，也可用于乳浊液中轻、重两相的分离，如油料脱水等。

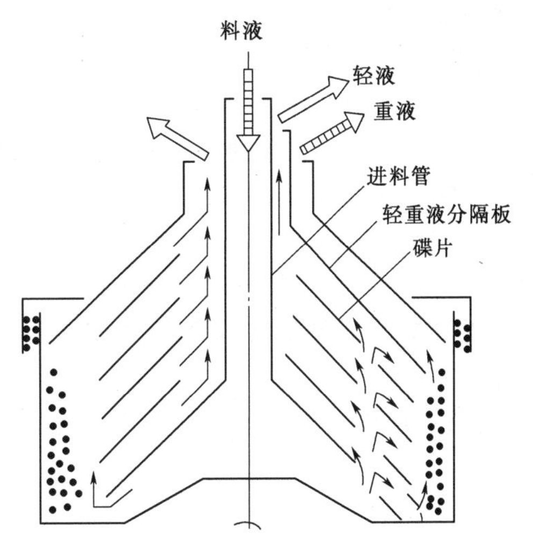

图 2－20　碟片式高速离心机

碟片式高速离心机中两碟片之间的间隙很小，一般为 0.5～1.25mm，细小颗粒在碟片通道间的水平沉降距离较短，故可将粒径小至 0.5μm 的颗粒从轻液中加以分离。因此，碟片式高速离心机适用于净化带有少量微细颗粒的黏性液体（涂料、油脂等），或润滑油中少量水分的脱除等。

碟片式高速离心机具有较高的分离效率，转鼓容量较大，但结构复杂，不易用耐腐蚀材料制造，不适用于分离腐蚀性的液体。

习　　题

1. 已知某尘粒的直径为 30μm，密度为 $1800kg/m^3$。求该尘粒在 20℃常压空气中的沉降速率。

[答：0.049m/s]

2. 直径为 95μm、密度为 $3000kg/m^3$ 的球形颗粒在 20℃的水中作自由沉降，水在容器中的深度为 0.6m，试求颗粒沉降到容器底部所需的时间。

[答：60.9s]

3. 试计算直径为 30μm 的球形石英颗粒（其密度为 $2650kg/m^3$），在 20℃水中和 20℃常压空气中的自由沉降速率。

[答：8.02×10^{-4}m/s，7.18×10^{-2}m/s]

4. 密度为 $2150kg/m^3$ 的烟灰球形颗粒在 20℃空气中在滞流沉降的最大颗粒直径是多少？

[答：77.3μm]

5. 求直径为 60μm 的石英颗粒（密度 2600kg/m^3）在 20℃水中的沉降速度，并求它在 20℃的空气中的沉降速率。

[答：3.14×10^{-3}m/s，0.89m/s]

6. 密度为 2650kg/m^3 的球形石英颗粒在 20℃的空气中自由沉降，计算服从斯托克斯公式的最大颗粒直径及服从牛顿公式的最小颗粒直径。

[答：57.4μm，1513μm]

7. 密度为 1850kg/m^3 的固体颗粒在 50℃和 20℃的水中按斯托克斯公式沉降时，沉降速率的比值是多少？如颗粒直径增加一倍，在同温度水中按斯托克斯公式沉降时，沉降速率的比值又是多少？

[答：1.84，4]

8. 直径为 10μm 的石英颗粒随 20℃的水做旋转运动，在旋转半径 $R=0.05$m 处的切向速度为 12m/s，求该处的离心沉降速度和离心分离因数。

[答：0.0262m/s；294]

9. 质量流量为 2.50kg/s，温度为 20℃的常压含尘空气在进入反应器之前必须除尘并预热至 150℃，已知尘粒密度是 1800kg/m^3。现有一台总面积为 130m^2 的多层降尘器，试求在下列两种情况下降尘器可全部除去的最小颗粒直径。①先除尘，后预热；②先预热，后除尘。

[答：1.72×10^{-5}m，2.38×10^{-5}m]

模块三

传　　热

学习目标

知识目标

1. 了解换热器的工作过程及一般要求。
2. 了解各种类型换热器的结构、特点及应用。
3. 理解传热的基本方式、机理、特点及影响因素。
4. 掌握间壁式换热的传热计算。
5. 掌握列管式换热器的结构及特点、选型计算方法。

技能目标

1. 能进行换热器的基本操作。
2. 能正确安装换热器。
3. 能进行换热设备的维护及清洗。
4. 能根据生产任务进行换热器的选型。
5. 会使用化工生产日常管理中常用的工具、仪器仪表。
6. 会运用所学知识和训练技能解决生产实际问题。

生产案例

以焦炉煤气为原料，采用ICI低中压法合成甲醇工艺为例，介绍传热在化工生产中的应用。ICI低中压法合成甲醇工艺在模块一的生产案例中已作介绍。本工艺在焦炉煤气净化、中间产品粗甲醇合成、粗甲醇精馏等工段中都涉及热量传递，详见模块一。

传热即热量的传递，是自然界中普遍存在的物理现象。在化工生产中，无论是化学过程还是物理过程，几乎都涉及传热或传热设备，蒸发、精馏、吸收、萃取和干燥等单元操作都与传热过程有关。例如，在化工生产中有近40%设备是换热器，同时热能的合理利用对降低产品成本和环境保护有重要意义。化工生产中进行传热的目的主要有以下方面：

(1) 加热或冷却，使物料达到指定的温度。

(2) 换热，以回收利用热量或冷量。

(3) 保温，以减少热量或冷量的损失。如高温设备的保温，低温设备的保冷。

化学工业能耗高，仅次于冶金工业，因此，应合理利用能源，节约能源。

项目一

传热的认知

一、传热的三种基本方式

任何热量的传递只能以热传导、热对流、热辐射三种方式进行。

1. 热传导

由于物体本身分子或电子的微观运动使热量从物体内温度较高的部分传递到温度较低的部分，或传递到与之接触的另一物体上的过程称为热传导（又称导热）。如果把一根铁棒的一端放在火中加热，另一端会逐渐变热，这就是热传导的缘故。

在固体中，热传导是由相邻分子的振动与碰撞所致；在流体中，特别是在气体中，除上述原因外，热传导是随机的分子热运动的结果；而在金属中，热传导是自由电子运动的结果。

特点：在纯的热传导过程中，物体各部分之间不发生相对位移，即没有物质的宏观位移；在真空中不能进行热传导。

2. 热对流

当流体发生对流传热时，除分子热运动外流体质点发生相对位移而引起的热量传递过程称为热对流（又称给热或对流传热）。

由于引起质点发生相对位移的原因不同，可分为自然对流和强制对流。自然对流是指流体内部由于温度不同而引起密度的差异，造成流体内部轻者上浮、重者下沉运动而发生的对流；强制对流是指流体在某种外力（如泵、风机、搅拌器等）的强制作用下运动而发生的对流。化工生产过程中遇到的大多是流体在流过温度不同的壁面时与该壁面间所发生的热量传递，这种热量传递也同时伴有流体分子运动所引起的热传导，合称为对流给热。

特点：对流只能发生在流体中，流体部分质点发生位移。

3. 热辐射

辐射是一种以电磁波传播能量的现象。物体会因各种原因发射出辐射能，其中物体因热的原因发出辐射能的过程称为热辐射。物体放热时，热能变为辐射能，以电磁波的形式在空间传播，当遇到另一物体，则部分或全部被吸收，重新又转变为热能。

特点：热辐射不仅是能量的转移，而且伴有能量形式的转化。此外，辐射能可以在真空中传播，不需要任何物质作媒介，这是热辐射不同于其他传热方式的又一特点。

应予指出，只有物体温度较高时，热辐射才能成为主要的传热方式。实际上，传热过程往往不是以一种传热方式单独出现，而是以两种或三种传热方式的组合方式进行的。比如生产中较普遍使用的间壁式换热器，传热过程主要是以热对流和热传导相结合的方式进行的。

二、稳定传热与不稳定传热

在传热系统中，温度分布不随时间而改变的传热过程称为稳定传热。连续生产过程中的传热多为稳定传热。

传热系统中温度分布随时间变化的传热过程则称为不稳定传热。工业生产上间歇操作的换热设备和连续生产时设备的启动和停车过程，都为不稳定的传热过程。

化工生产过程中的传热多为稳定传热，本模块只讨论稳定传热。

三、工业生产上的换热方法

参与传热的流体称为载热体。在传热过程中，温度较高而放出热能的载热体称为热载热体或加热剂；温度较低而得到热能的载热体称为冷载热体或冷却剂、冷凝剂。

冷、热两种流体在换热器内进行热交换，实现热交换的方式有以下三种。

1. 直接接触式换热

直接接触式换热的特点是冷、热两流体在换热器中直接接触，如图 3-1 所示，在混合过程中进行传热，故也称为混合式换热。混合式换热器适用于用水来冷凝水蒸气等允许两股流体直接接触混合的场合。

直接接触式传热设备最常见的有板式塔和填料塔。

2. 蓄热式换热

蓄热式换热器由热容量较大的蓄热室构成，室内装有耐火砖等固体填充物，如图 3-2 所示。操作时冷、热流体交替地流过蓄热室，利用固体填充物来积蓄和释放热量而达到换热的目的。

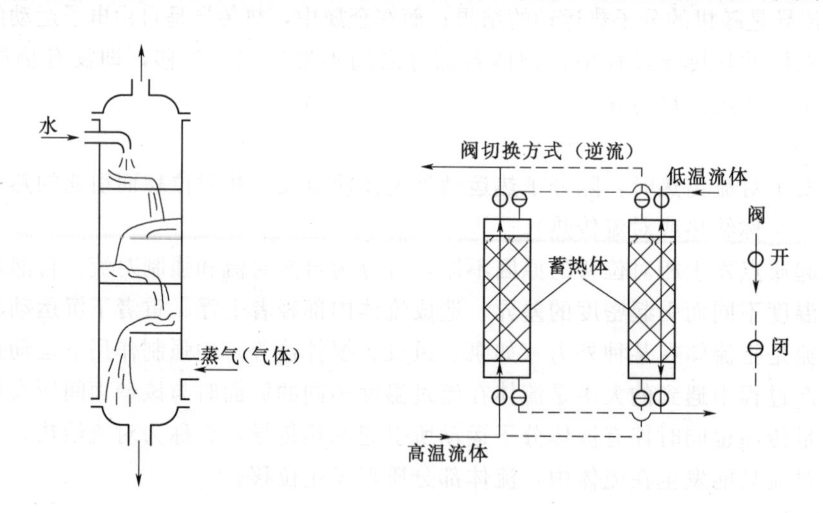

图 3-1 直接接触式换热器　　图 3-2 蓄热式换热器

由于这类换热设备的操作是间歇交替进行的，并且难免在交替时发生两股流体的混合，所以这类设备在化工生产中使用的不太多。

3. 间壁式换热

间壁式换热是生产中使用最广泛的一种形式。间壁式换热器的特点是冷、热流体被一固体壁面隔开，分别在壁面的两侧流动，不相混合。传热时热流体将热量传给固体壁面，再由壁面传给冷流体。

间壁式换热器适用于两股流体间需要进行热量交换而又不允许直接相混的场合。

化工生产中最常遇到的换热过程是间壁式换热，本模块重点讨论间壁式换热器。

四、间壁式换热器简介

用来实现冷、热流体之间热量交换的设备都可称为换热器或热交换器。在换热器内可以是单纯地进行物料的加热或冷却；也可以进行有相变化的沸腾和冷凝等过程。如图 3-3 所示，两流体通过间壁传热，热量由热流体传给冷流体，热流体的温度从 T_1 降至 T_2，冷流体的温度从 t_1 上升至 t_2。传热过程包括：①热流体在流动过程中把热量传给间壁的对流传热；②通过间壁的热传导；③热量由间壁另一侧传给冷流体的对流传热。

1. 套管式换热器

图 3-4 所示是简单的套管式换热器，它是由直径不同的两根管子同心套在一起组成的。冷、热流体分别流经内管和环隙，通过内管壁进行热的交换。

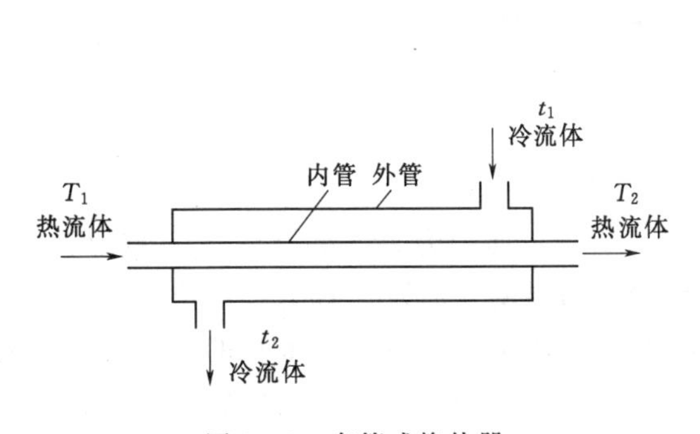

图 3-3 套管式换热器

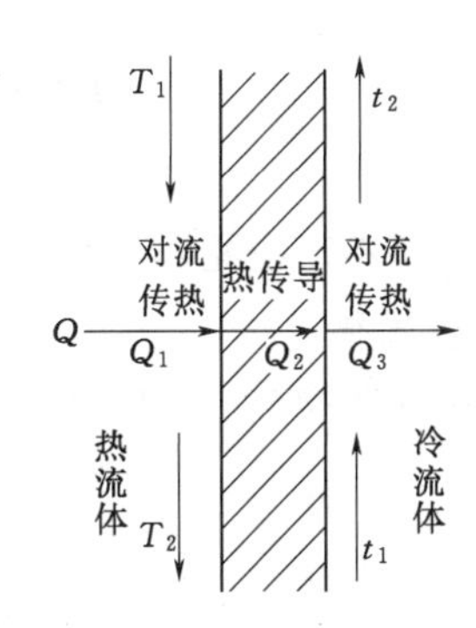

图 3-4 两流体通过间壁的传热过程

2. 列管式换热器

列管式换热器主要有壳体、管束、管板（花板）和封头等部件组成。一种流体由封头处的进口管进入分配室空间（封头与管板之间的空间）分配至各管内（称为管程），通过管束后，从另一封头的出口管流出换热器；另一种流体则由壳体的进口管流入，在壳体与管束间的空隙流过（称为壳程），从壳体的另一端出口管流出。图 3-5 所示为流体在换热器管束内只通过一次，称为单管程列管式换热器。

若在换热器的分配室空间设置隔板，将管束的全部管子平均分成若干组，流体每次只通过一组管子，然后折回进入另一组管子，如此反复多次，最后从封头处的出口管流出换热器，这种换热器称为多管程列管式换热器。图 3-6 所示为双管程列管式换热器。

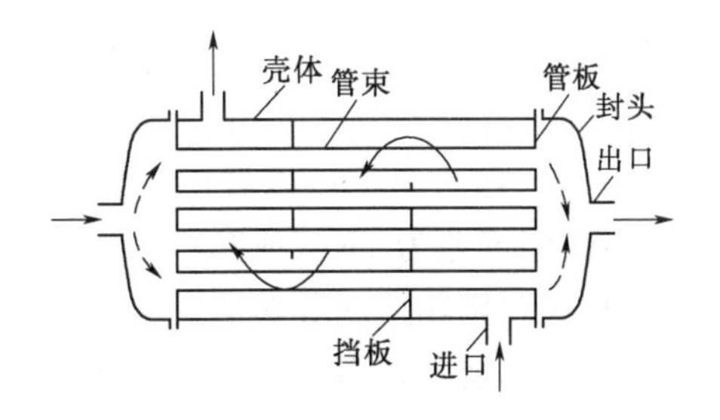

图 3-5 单管程列管式换热器

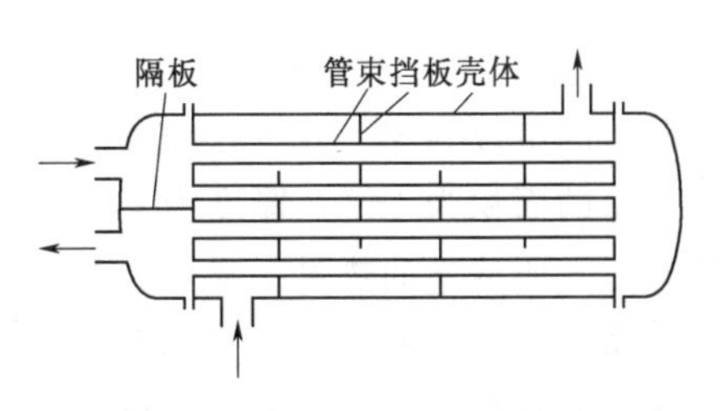

图 3-6 双管程列管式换热器

项目二

传 热 原 理

任务一 热 传 导

一、导热基本方程和导热系数

1. 傅里叶定律

一个均匀固体物质组成的平壁如图 3-7 所示，面积为 A，单位是 m^2；壁厚为 δ，单位是 m；平壁两侧壁面温度分别为 t_1 和 t_2，单位为 K 或℃，且 $t_1>t_2$。热量以热传导方式沿着与壁面垂直的方向，从高温壁面传递到低温壁面。实践证明：单位时间内物体以热传导方式传递的热量 Q 与传热面积 A 成正比，与壁面两侧的温度差 t_1-t_2 成正比，而与壁面厚度 δ 成反比，即

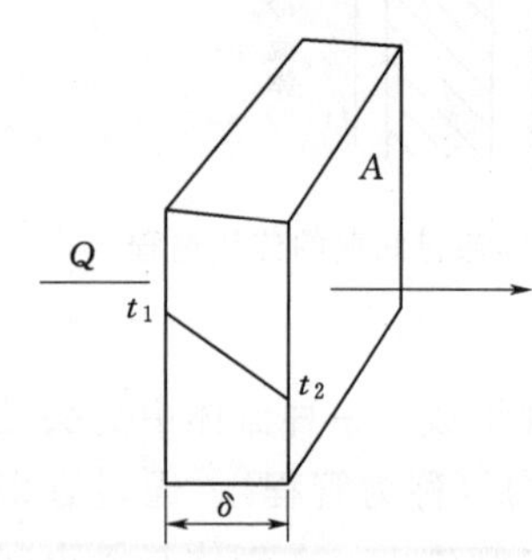

图 3-7 单层平壁热传导

$$Q\propto\frac{A}{\delta}(t_1-t_2)$$

把上述比例式改写成等式，以表示比例系数，则得

$$Q=\lambda\frac{A}{\delta}(t_1-t_2) \tag{3-1}$$

式（3-1）称为傅里叶定律，或称为热传导方程式。

2. 导热系数（热导率）

式（3-1）中的比例系数称为导热系数（又称热导率），式（3-1）可改写成

$$\lambda=\frac{Q\delta}{A(t_1-t_2)} \tag{3-2}$$

导热系数的单位为 W/(m·K) 或 W/(m·℃)，从它的单位可以看出，导热系数的意义是：当间壁的面积为 $1m^2$，厚度为 1m，壁面两侧的温度差为 1K（或℃）时，在单位时间内以热传导方式所传递的热量。显然，导热系数值越大，则物质的导热能力越强。所以，导热系数是物质导热能力的标志，是物质的物理性质之一。通常，需要提高导热速率时，可选用导热系数大的材料；反之，要降低导热速率时，应选用导热系数小的材料。

各种物质的导热系数通常用实验方法测定。导热系数数值的变化范围很大，一般而言，

金属的导热系数最大，非金属固体次之，液体的较小，而气体的最小。各类物质导热系数的数值范围大致如下：金属为10^1～10^2W/(m·K) 或 W/(m·℃)；建筑材料为10^{-1}～10^0W/(m·K) 或 W/(m·℃)；绝热材料为10^{-2}～10^{-1}W/(m·K) 或 W/(m·℃)；液体为10^{-1}W/(m·K) 或 W/(m·℃)；气体为10^{-2}～10^{-1}W/(m·K) 或 W/(m·℃)。

工程中常见物质的导热系数可从有关手册中查得。

(1) 固体的导热系数。表 3-1 列出了常用固体材料的导热系数。金属是良导电体，也是良好的导热体。纯金属的导热系数一般随温度的升高而降低，金属的纯度对导热系数影响很大，合金的导热系数一般比纯金属要低。

表 3-1　　常用固体材料的导热系数

固体	温度/℃	导热系数λ/[W/(m·℃)]	固体	温度/℃	导热系数λ/[W/(m·℃)]	固体	温度/℃	导热系数λ/[W/(m·℃)]
铝	300	230	熟铁	18	61	镁砂	200	3.8
镉	18	94	铸铁	53	48	棉毛	30	0.050
铜	100	377	石棉板	50	0.17	玻璃	30	1.09
铅	100	33	石棉	0	0.16	云母	50	0.43
镍	100	57	石棉	100	0.19	硬橡皮	0	0.15
银	100	412	石棉	200	0.21	锯屑	20	0.052
钢 (1%C)	18	45	高铝砖	430	3.1			
不锈钢	20	16	建筑砖	20	0.69			

非金属建筑材料或绝热材料（又称保温材料）的导热系数与物质的组成、结构的致密程度及温度有关。通常随密度的增加而增大，也随温度的升高而增大。

(2) 液体的导热系数。表 3-2 列出了几种液体的导热系数。非金属液体以水的导热系数最大。除水和甘油外，绝大多数液体的导热系数随温度升高而略有减小。一般纯液体的导热系数比其溶液的导热系数大。

表 3-2　　液体的导热系数

液体	温度/℃	导热系数λ/[W/(m·℃)]	液体	温度/℃	导热系数λ/[W/(m·℃)]	液体	温度/℃	导热系数λ/[W/(m·℃)]
醋酸 50%	20	0.35	甘油 60%	20	0.38	硫酸 90%	30	0.36
丙酮	30	0.17	甘油 40%	20	0.45	硫酸 60%	30	0.43
苯胺	0～20	0.17	正庚烷	30	0.14	氯化钙盐水 30%	30	0.55
苯	30	0.16	汞	28	8.36			
乙醇 80%	20	0.24	水	30	0.62			

(3) 气体的导热系数。表 3-3 列出了几种气体的导热系数。气体的导热系数很小，对导热不利，但有利于绝热和保温。工业上所用的保温材料（如软木、玻璃棉等）的导热系数之所以很小，就是因为在其空隙中存在大量空气。气体的导热系数随温度的升高而增大，这是由于温度升高，气体分子热运动增强。但在相当大的压力范围内，压力对导热系数无明显影响。

表 3-3 气体的导热系数

气体	温度/℃	导热系数λ/[W/(m·℃)]	气体	温度/℃	导热系数λ/[W/(m·℃)]	气体	温度/℃	导热系数λ/[W/(m·℃)]
氢	0	0.170	甲烷	0	0.029	乙烯	0	0.170
二氧化碳	0	0.015	水蒸气	100	0.025	乙烷	0	0.180
空气	0	0.024	氮	0	0.024			
空气	100	0.031	氧	0	0.024			

应予指出，在热传导过程中，物质内不同位置的温度各不相同，因而导热系数也随之而异，在工程计算中常取导热系数的平均值。

二、通过平壁的稳定热传导

1. 单层平壁的热传导

单层平壁的热传导方程式与式（3-1）完全一样，即

$$Q=\lambda\frac{A}{\delta}(t_1-t_2)$$

把上式改写成下面的形式：

$$\frac{Q}{A}=\frac{t_1-t_2}{\frac{\delta}{\lambda}}=\frac{\Delta t}{R}=\frac{\text{传热推动力}}{\text{热阻}} \tag{3-3}$$

式（3-3）与导电的欧姆定律相似，式中温度差 $\Delta t=t_1-t_2$，是导热过程的推动力；$R=\frac{\delta}{\lambda}$，是单层平壁的导热热阻。

【例 3-1】 某平壁厚 0.40m，内、外表面温度分别为 1500℃和 300℃，壁材料的导热系数 $\lambda=0.815+0.00076t$，试求每平方米壁面的导热速率。

解： 已知 $t_1=1500℃$，$t_2=300℃$，则壁的平均温度为

$$t=\frac{t_1+t_2}{2}=\frac{1500+300}{2}=900(℃)$$

壁的平均导热系数 $\lambda=0.815+0.00076\times900\approx1.50[W/(m\cdot℃)]$

故 $$q=\frac{Q}{A}=\frac{t_1-t_2}{\frac{\delta}{\lambda}}=\frac{1500-300}{\frac{0.40}{1.50}}=4500(W/m^2)$$

2. 多层平壁的热传导

工业上常遇到由多种不同材料组成的平壁，称为多层平壁。如锅炉墙壁是由耐火砖、保温砖和普通砖组成。

如图 3-8 所示，由三种不同材质构成的多层平壁截面积为 A，各层的厚度为 δ_1、δ_2 和 δ_3，各层的导热系数为 λ_1、λ_2 和 λ_3，若各层的温度差分别为 Δt_3、Δt_2 和 Δt_1，则三层的总温度差 $\Delta t=\Delta t_1+\Delta t_2+\Delta t_3$。因是稳定传热，式（3-3）对于各层的传热速率均适用，而且各层的传热速率也都相等，下式的关系成立：

$$\frac{Q}{A}=\frac{\Delta t_1}{\frac{\delta_1}{\lambda_1}}=\frac{\Delta t_2}{\frac{\delta_2}{\lambda_2}}=\frac{\Delta t_3}{\frac{\delta_3}{\lambda_3}}=\frac{\Delta t_1+\Delta t_2+\Delta t_3}{\frac{\delta_1}{\lambda_1}+\frac{\delta_2}{\lambda_2}+\frac{\delta_3}{\lambda_3}}=\frac{\Delta t}{R_1+R_2+R_3}=\frac{\Delta t}{\sum R} \tag{3-4}$$

即多层平壁的传热速率由推动力总温度差与各层的热阻之和的比值求得。式（3－4）与串联热阻时的导电公式同形，该式还可变形为

$$\Delta t_1=\frac{Q}{A}R_1=R_1\ \frac{\Delta t}{\sum R},\ \Delta t_2=\frac{Q}{A}R_2=R_2\ \frac{\Delta t}{\sum R},$$

$$\Delta t_3=\frac{Q}{A}R_3=R_3\ \frac{\Delta t}{\sum R} \tag{3-5}$$

由式（3－5）可以看出，利用总温度差和各层的热阻值，可以较为简便地求出各层的温度差。在多层平壁中，温度差大的壁层，则热阻也大。

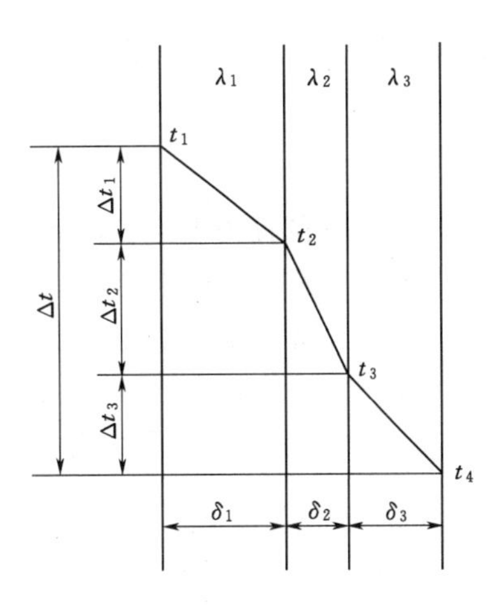

图 3－8　多层平壁的热传导

【例 3－2】 锅炉钢板壁厚 $\delta_1=20$mm，其导热系数 $\lambda_1=58.2$W/(m·℃)。若黏附在锅炉内壁的水垢层厚度 $\delta_2=1$mm，其导热系数 $\lambda_2=1.162$W/(m·℃)。已知锅炉钢板外表面温度 $t_1=260$℃，水垢表面温度 $t_3=200$℃。试求锅炉单位面积的传热速率和两层界面间的温度 t_2。

解： 根据式（3－4），单位面积的热传导方程为

$$\frac{Q}{A}=\frac{\Delta t}{\frac{\delta_1}{\lambda_1}+\frac{\delta_2}{\lambda_2}}=\frac{260-200}{\frac{0.02}{58.2}+\frac{0.001}{1.162}}\approx 49800(\mathrm{W/m^2})$$

$$\Delta t_1=\frac{Q}{A}\frac{\delta_1}{\lambda_1}=49800\times\frac{0.02}{58.2}=17.1(℃)$$

$$t_2=t_1-\Delta t_1=260-17.1=242.9(℃)$$

三、通过圆筒壁的稳定热传导

1. 单层圆筒壁的热传导

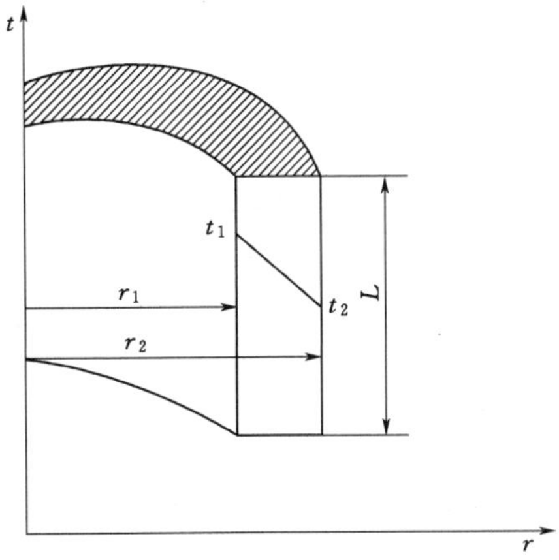

在化工生产的换热器中，常采用金属管道作为筒壁，以隔开冷、热两种载热体进行传热，如图 3－9 所示。此时，热流的方向是从筒内到筒外（t_1-t_2），而与热流方向垂直的圆筒面积（传热面积）$A=2\pi rL$（r 为圆筒半径；L 为圆筒长度）。可见，传热面积 A 不再是固定不变的常量，而是随半径而变，同时温度也随半径而变。这就是圆筒壁热传导与平壁热传导的不同之处，但传热速率在稳定时依然是常量。

图 3－9　单层圆筒壁的热传导

圆筒壁的热传导也可仿照平壁的热传导来处理，可将圆筒壁的热传导方程式写成与平壁热传导方程相类似的形式，不过其中的传热面积应采用平均值，即

$$Q=\lambda\frac{A_m}{\delta}(t_1-t_2) \tag{3-6}$$

其中 $$A_m=2\pi r_m L$$

代入式（3-6）得

$$Q=\lambda\,\frac{2\pi r_m L(t_1-t_2)}{r_2-r_1} \tag{3-7}$$

式中 r_1——圆筒内壁半径，m；

r_2——圆筒外壁半径，m；

r_m——圆筒壁的平均半径，m；

L——圆筒长度，m。

在工程计算中，r_m 采用对数平均值，即

$$r_m=\frac{r_2-r_1}{\ln\dfrac{r_2}{r_1}} \tag{3-8}$$

目前，使用算术平均值代替对数平均值的误差仅为4%在工程计算上是允许的。因此，可用算术平均值代替对数平均值。算术平均值为

$$r_m=\frac{r_2-r_1}{2} \tag{3-9}$$

由式（3-3）可以得出单层圆筒壁的导热热阻为

$$R=\frac{\delta}{\lambda}=\frac{r_2-r_1}{\lambda} \tag{3-10}$$

2. 多层圆筒壁的热传导

由不同材质构成的多层圆筒壁的热传导也可按多层平壁的热传导处理，由式（3-4）计算传热速率。但是，作为计算各层热阻的传热面积不再相等，而应采用各层的对数平均面积。

对于图3-10所示的三层圆筒壁，其公式为

$$Q=\frac{\Delta t_1+\Delta t_2+\Delta t_3}{\dfrac{\delta_1}{\lambda_1 A_{m1}}+\dfrac{\delta_2}{\lambda_2 A_{m2}}+\dfrac{\delta_3}{\lambda_3 A_{m3}}}=\frac{t_1-t_4}{\dfrac{r_2-r_1}{\lambda_1 A_{m1}}+\dfrac{r_3-r_2}{\lambda_2 A_{m2}}+\dfrac{r_4-r_3}{\lambda_3 A_{m3}}}$$

$$=\frac{2\pi L(t_1-t_4)}{\dfrac{1}{\lambda_1}\ln\dfrac{r_2}{r_1}+\dfrac{1}{\lambda_2}\ln\dfrac{r_3}{r_2}+\dfrac{1}{\lambda_3}\ln\dfrac{r_4}{r_3}} \tag{3-11}$$

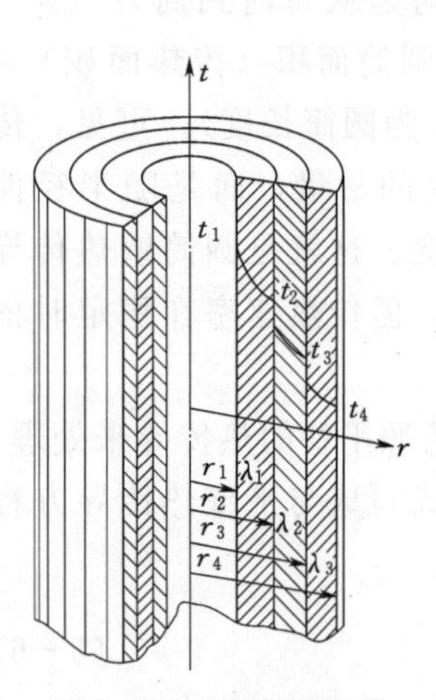

图3-10 多层圆筒壁的热传导

【例3-3】 在一 $\phi108\times4$mm 钢管［$\lambda=45$W/(m·℃)］内流过温度为120℃的水蒸气。钢管外包扎两层保温材料，里层为50mm的氧化镁粉，$\lambda=0.07$W/(m·℃)，外层为80mm的软木，$\lambda=0.043$W/(m·℃)，水蒸气管的内表面温度为120℃，软木的外表面温度为35℃。试求：（1）每米管长的热损失；（2）两保温材料层界面的温度。

解：（1）已知 $r_1=0.1/2=0.05$(m)，$r_2=0.05+0.004=0.054$(m)，$r_3=0.054+0.05=0.104$(m)，$r_4=0.104+0.080=0.184$(m)，则

$$\frac{Q}{L}=\frac{2\pi(t_1-t_4)}{\frac{1}{\lambda_1}\ln\frac{r_2}{r_1}+\frac{1}{\lambda_2}\ln\frac{r_3}{r_2}+\frac{1}{\lambda_3}\ln\frac{r_4}{r_3}}$$

$$=\frac{2\times3.14\times(120-35)}{\frac{1}{45}\ln\frac{0.054}{0.05}+\frac{1}{0.07}\ln\frac{0.104}{0.054}+\frac{1}{0.043}\ln\frac{0.184}{0.104}}$$

$$=23.59(\text{W/m})$$

（2）因为

$$\frac{Q}{L}=\frac{2\pi(t_1-t_3)}{\frac{1}{\lambda_1}\ln\frac{r_2}{r_1}+\frac{1}{\lambda_2}\ln\frac{r_3}{r_2}}$$

$$=\frac{2\times3.14\times(120-t_3)}{\frac{1}{45}\ln\frac{0.054}{0.05}+\frac{1}{0.07}\ln\frac{0.104}{0.054}}=23.59(\text{W/m})$$

所以

$$t_3=84.8℃$$

即保温层界面温度为84.8℃。

任务二 对 流 传 热

一、对流传热分析及其方程

1. 对流传热分析

冷热两个流体通过金属壁面进行热量交换时，由流体将热量传给壁面或者由壁面将热量传给流体的过程称为对流传热（或给热）。对流传热是层流内层的导热和湍流主体对流传热的统称。

流体沿固体壁面流动时，无论流动主体湍动的多么剧烈，靠近管壁处总存在一层层流内层。由于在层流内层中不产生与固体壁面成垂直方向的流体对流混合，所以固体壁面与流体间进行传热时，热量只能以热传导方式通过层流内层。虽然层流内层很薄，但导热的热阻值却很大，因此层流内层产生较大的温度差。另外，在湍流主体中，由于对流使流体混合剧烈，热量十分迅速地传递，因此湍流主体中的温度差极小。

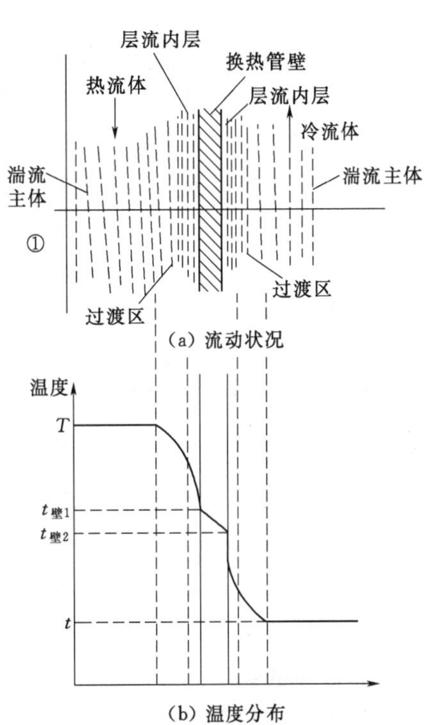

图3-11 换热管壁两侧流体流动状况及温度分布

图3-11所示是换热管壁两侧流体流动状况及温度分布示意图，由于层流内层的导热热阻大，所需要的推动力温度差就比较大，温度曲线较陡，几乎成直线下降；在湍流主体，流体温度几乎为一恒定值。一般将流动流体中存在温度梯度的区域称为温度边界层，亦称热边界层。

2. 对流传热方程

大量实践证明：在单位时间内，以对流传热过程传递的热量与固体壁面的大小、壁面温度和流体

主体平均温度两者间的差成正比，即

$$Q \propto A(t_w - t)$$

式中 Q——单位时间内以对流传热方式传递的热量，W；

A——固体壁面积，m^2；

t_w——壁面的温度，℃；

t——流体主体的平均温度，℃。

引入比例系数，则上式可写成

$$Q = \alpha A(t_w - t) \tag{3-12}$$

式中 α——对流传热系数（或给热系数），$W/(m^2 \cdot ℃)$。

对流传热系数的物理意义是，流体与壁面温度差为1℃时，在单位时间内通过$1m^2$传递的热量。所以α值表示对流传热的强度。

式（3－12）称为对流传热方程式，也称牛顿冷却定律。牛顿冷却定律以很简单的形式描述了复杂的对流传热过程的速率关系，其中的对流传热系数包括了所有影响对流传热过程的复杂因素。

将式（3－12）改写成下面的形式：

$$\frac{Q}{A} = \frac{t_w - t}{\frac{1}{\alpha}} = \frac{\text{一侧对流传热推动力}}{\text{一侧对流传热热阻}}$$

则对流传热过程的热阻R为

$$R = \frac{1}{\alpha} \tag{3-13}$$

二、对流传热系数及其影响因素

与导热系数λ不同，对流传热系数α的值不仅与流体的性质有关，还与流动状态以及传热壁面的形状、结构等有关，此外，与流体在传热过程中是否发生相变化也有关系。α的大小反映了该侧流体对流传热过程的强度，因此，如何确定不同条件下的α值，是对流传热的中心问题。还应指出，在不同的流动截面上，如果流体温度和流动状态发生变化，α值也将发生变化。表3－4列出了几种对流传热情况下α值的范围，以便对其大小有一个数量级的概念。同时，其经验值也可作为传热计算中的参考值。

表3－4 **α值的范围**

换热方式	空气自然对流	气体强制对流	水自然对流	水强制对流	水蒸气冷凝	有机蒸气冷凝	水沸腾
$\alpha/[W/(m^2 \cdot ℃)]$	5～25	20～100	20～1000	1000～15000	5000～15000	500～2000	2500～25000

影响对流传热系数的因素很多，凡是影响边界层导热和边界层外对流的条件都有关，实验表明，影响的因素主要有以下方面：

（1）流体的种类，如液体、气体和蒸气。

（2）流体的物理性质，如密度、黏度、导热系数和比热容等。

（3）流体的相态变化，在传热过程中有相变发生时的值比没有相变发生时的值大得多。

（4）流体对流的状况，强制对流时值大，自然对流时值小。

（5）流体的运动状况，湍流时值大，层流时值小。

(6) 传热壁面的形状、位置、大小、管或板、水平或垂直、直径、长度和高度等。

由上所述，如何确定不同情况下的对流传热系数是对流传热的中心问题。

由于影响对流传热系数的因素太多，要建立一个通式来求各种条件下的对流传热系数是很困难的。目前工程计算中采用理论分析与实验相结合的方法建立起来的经验关联式，即准数关联式，可表示为

$$Nu=CRe^{a}Pr^{k}Gr^{g} \tag{3-14}$$

常用的准数及物理意义列于表 3-5 中。

表 3-5　　准数的名称、符号和含义

准数名称	符号	含义
努塞特准数 (Nusselt)	$Nu=\frac{\alpha l}{\lambda}$	被决定准数，包含待定的对流传热系数
雷诺准数 (Reynolds)	$Re=\frac{du\rho}{\mu}$	反映流体的流动形态和湍动程度
普朗特准数 (Prandtl)	$Pr=\frac{c_p\mu}{\lambda}$	反映与传热有关的流体物性
格拉斯霍夫准数 (Grashof)	$Gr=\frac{\beta g\Delta t l^3\rho^2}{\mu^2}$	反映由温度差而引起的自然对流强度

准数关联式是一种经验公式，所以应用这种关联式求解时就不能超出实验条件的范围，使用时就必须注意它的适用条件。具体而言，主要指下面三个方面。

(1) 应用范围。关联式中 Re、Pr、Gr 等的数值应在实验所进行的数值范围内。

(2) 特征尺寸。参与对流传热过程的换热面几何尺寸往往不止一个。而关联式中所用特征尺寸 l 一般是反映传热面的几何特征，并对传热过程产生直接影响的主要几何尺寸。如管内强制对流传热时，圆管的特征尺寸取管径 d；如为非圆形管道，通常取当量直径 d_e。对大空间自然对流，取加热（或冷却）表面垂直高度为特征尺寸，因为加热面高度对自然对流的范围和运动速度有直接的影响。

(3) 定性温度。流体在对流传热过程中温度是变化的，确定准数中流体的特性参数所依据的温度即为定性温度。

定性温度的通常取法：流体进、出口温度的平均值 $t_m=\frac{t_1+t_2}{2}$；膜温 $t=\frac{t_m+t_w}{2}$。

三、流体无相变时的对流传热系数

(一) 流体在管内的强制对流

1. 圆形直管内强制湍流的对流传热系数

对于强制湍流，自然对流的影响可忽略不计，式 (3-14) 中 Gr 可以忽略。对低黏度流体（小于 2 倍常温水的黏度）来说，在光滑圆管中湍流传热进行的大量实验证实：

$$Nu=0.023Re^{0.8}Pr^{k} \tag{3-15a}$$

或

$$\alpha=0.023\frac{\lambda}{d}\left(\frac{du\rho}{\mu}\right)^{0.8}\left(\frac{c_p\mu}{\lambda}\right)^{n} \tag{3-15b}$$

式中　n——普朗特准数的指数，当流体被加热时，$n=0.4$；当流体被冷却时，$n=0.3$。

应用范围：$Re>10000$，$0.7<Pr<120$，管长与管径之比 $L/d_i\geqslant 60$，低黏度流体，光滑

管。若是 $L/d_i<60$ 的短管，则需进行修正，可将式（3-15b）求得的 α 值乘以大于1的短管修正系数 φ，即

$$\varphi=1+\left(\frac{d_i}{L}\right)^{0.7} \tag{3-15c}$$

定性温度：取流体进、出口温度的算术平均值。

特征尺寸：取管内径 d_i。

上述 n 取不同值的原因主要是温度对近壁层流底层中流体黏度的影响。当管内流体被加热时，靠近管壁处层流底层的温度高于流体主体温度；而流体被冷却时，情况正好相反。对于液体，其黏度随温度升高而降低，液体被加热时层流底层减薄，大多数液体的导热系数随温度升高也有所减少，但不显著，总的结果使对流传热系数增大。液体被加热时的对流传热系数必大于冷却时的对流传热系数。大多数液体的 $Pr>1$，即 $Pr^{0.4}>Pr^{0.3}$。因此，液体被加热时，n 取0.4；冷却时，n 取0.3。对于气体，其黏度随温度升高而增大，气体被加热时层流底层增厚，气体的导热系数随温度升高也略有升高，总的结果使对流传热系数减小。气体被加热时的对流传热系数必小于冷却时的对流传热系数。由于大多数气体的 $Pr<1$，即 $Pr^{0.4}<Pr^{0.3}$，故与液体一样，气体被加热时，n 取0.4；冷却时，n 取0.3。

通过以上分析可知，温度对近处层流底层内流黏度的影响，会引起近壁流层内速度分布的变化，故整个截面上的速度分布也将产生相应的变化。

如果上述条件不能满足，由式（3-15a）计算所得结果应进行修正。

（1）高黏度流体。流体黏度越大，壁面与液体主体间由于温差而引起的黏度差别也越大，单纯利用改变指数 n 的方法已得不到满意的结果，所以可按下式计算：

$$\alpha=0.027\frac{\lambda}{d}\left(\frac{du\rho}{\mu}\right)^{0.8}\left(\frac{c_p\mu}{\lambda}\right)^{0.33}\left(\frac{\mu}{\mu_w}\right)^{0.14} \tag{3-16}$$

式（3-16）考虑到壁面温度变化引起黏度变化对 α 的影响（μ 是在 t_m 时的黏度，而 μ_w 是在壁温 t_w 时的黏度）。在实际中，由于壁温难以测得，工程上近似处理为：对于液体，加热时 $\left(\frac{\mu}{\mu_w}\right)^{0.14}=1.05$，冷却时 $\left(\frac{\mu}{\mu_w}\right)^{0.14}=0.95$。其他物理量和特征尺寸与式（3-15a）相同。

（2）过渡流。$2300<Re<10000$ 时，因流体湍动不充分，层流底层变厚，热阻大而 α 小。应先按湍流计算 α，然后乘以校正系数 f。

$$f=1.0-\frac{6\times10^5}{Re^{0.8}}<1 \tag{3-17}$$

（3）流体在弯管中的对流传热系数。由于弯管处受离心力的作用，存在二次环流，湍动加剧，α 增大。先按直管计算，然后乘以校正系数 f。

$$f=\left(1+1.77\frac{d}{R}\right) \tag{3-18}$$

式中 d——管径；

R——弯管的曲率半径。

（4）非圆形直管内强制对流。作为近似计算，对非圆形管道仍可采用上述各类关联式，但需将各式中的特征尺寸 d 改用当量直径 d_e 代替。

$$\alpha=0.023\frac{\lambda}{d_e}\left(\frac{d_e u\rho}{\mu}\right)^{0.8}\left(\frac{c_p\mu}{\lambda}\right)^{n} \tag{3-19}$$

其中
$$d_e=\frac{4\times 流动截面积}{润湿周边长度}$$

这种方法比较简便但准确性较差。另一种方法是选用直接由非圆形管道内的实验数据得出的对流传热系数关联式（可查阅有关手册）。

（5）当 $l/d<60$ 时则为短管，由于管入口扰动增大，α 较大，应乘上校正系数 f。

$$f=1+\left(\frac{d}{l}\right)^{0.7}>1 \tag{3-20}$$

2. 圆形直管内强制层流的传热系数

这种情况下，应考虑自然对流及热流方向对传热系数 α 的影响。导致速度分布受热流方向影响。在管径较小和温差不大的情况下，即 $Gr<25000$ 时，自然对流影响小可忽略，传热系数可用下式计算：

$$Nu=1.86\left(RePr\frac{d}{l}\right)^{1/3}\left(\frac{\mu}{\mu_w}\right)^{0.14} \tag{3-21}$$

式（3-21）的适用范围为：$Re<2300$，$\left(RePr\frac{d}{l}\right)>10$，$0.6<Pr<6700$。

定性温度、特征尺寸取法与前面相同。

当 $Gr>25000$ 时，自然对流的影响不能忽略，上式需乘以校正系数 f。

$$f=0.8(1+0.015Gr^{1/3}) \tag{3-22}$$

在换热器设计中，应尽量避免在强制层流条件下进行传热，因为此时对流传热系数小，从而使总传热系数也很小。

【例 3-4】 有一列管式换热器，由 60 根 $\phi25\times2.5$mm 的钢管组成。流量为 13kg/s 的苯在管内流动，由 20℃被加热至 80℃，管外用水蒸气加热。（1）求苯在管内的对流传热系数；（2）如苯流量加大一倍，对流传热系数如何变化（假设物性不发生变化）？

解：（1）苯的平均温度　　$t=\frac{1}{2}(20+80)=50(℃)$

查得苯的物性数据如下：

$\rho=860\text{kg/m}^3$，$c=1.80\text{kJ/(kg}\cdot℃)$，$\mu=0.45\times10^{-3}\text{Pa}\cdot\text{s}$，$\lambda=0.14\text{W/(m}\cdot℃)$，则管内苯的流速为

$$u=\frac{q_m}{\rho\frac{\pi}{4}d_i^2n}=\frac{13}{860\times0.785\times0.02^2\times60}=0.8(\text{m/s})$$

$$Re=\frac{d_iu\rho}{\mu}=\frac{0.02\times0.8\times860}{0.45\times10^{-3}}=3.06\times10^4(湍流)$$

$$Pr=\frac{\mu c}{\lambda}=\frac{0.45\times10^{-3}\times1.80\times10^3}{0.14}=5.79$$

Re 和 Pr 均在式（3-15b）的应用范围内。苯被加热，$n=0.4$。管长虽未知，但一般列管式换热器 L/d_i 均大于 60，故可用下式计算 α：

$$\alpha=0.023\frac{\lambda}{d_i}Re^{0.8}Pr^{0.4}=0.023\times\frac{0.14}{0.02}\times(3.06\times10^4)^{0.8}\times5.79^{0.4}$$
$$=1260[\text{W/(m}^2\cdot℃)]$$

（2）若忽略定性温度的变化，当苯的流量提高一倍时，管内流速为原来的 2 倍。Re 增

加 $2^{0.8}$ 倍，所以

$$\alpha'=2^{0.8}\alpha=2^{0.8}\times1260=2194[\mathrm{W/(m^2\cdot℃)}]$$

（二）流体在管外的强制对流

流体在单根圆管外垂直流过时，在管子前半周与平壁类似，其边界层不断增厚，在后半周由于边界层分离而产生旋涡，使沿圆周各点上的局部对流传热系数各不相同。当流体垂直流过由多根平行管组成的管束时，湍动增强，故各排的对流传热系数也不尽相同。在工业换热计算中，要用到的是平均对流传热系数。

1. 流体垂直流过管束

流体垂直流过管束时，管束的排列情况可以有直列和错列两种，如图 3-12 所示。显然错列时湍动程度较高，传热系数要高一些。各排管 α 的变化规律：第一排管，直列和错列基本相同；第二排管，直列和错列相差较大；第三排管以后（直列第二排管以后），基本恒定。

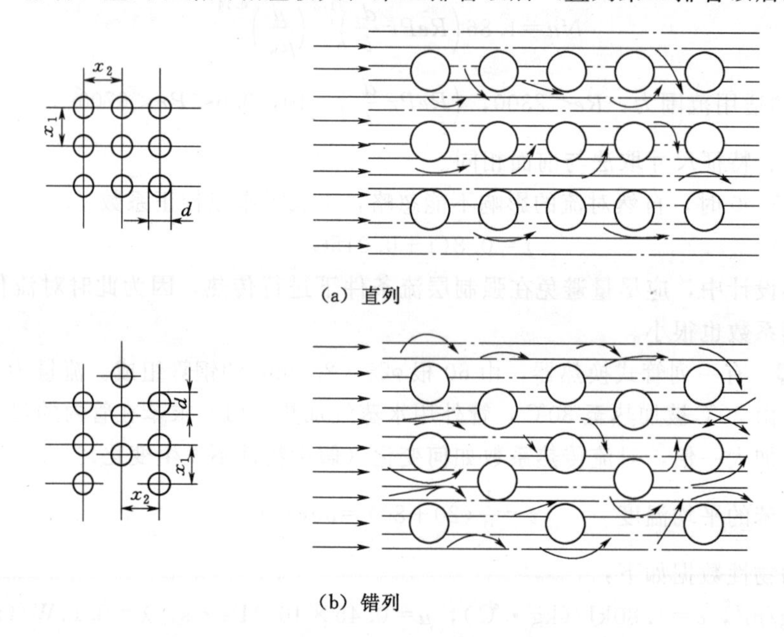

图 3-12 管束的排列

流体在管束外垂直流过时的对流传热系数可用下式计算：

$$Nu=C\varepsilon Re^{n}Pr^{0.4} \tag{3-23}$$

式中的 C、ε 和 n 取决于排列方式和管排数，见表 3-6，由实验测定。其适用范围：$5000<Re<70000$，$x_1/d=1.2\sim5$，$x_2/d=1.2\sim5$。

表 3-6 液体垂直于管束流动时的 C、ε 和 n 值

排数	直列		错列		C
	n	ε	n	ε	
1	0.60	0.171	0.6	0.171	$x_1/d=1.2\sim3$ 时，$C=1+0.1x_1/d$ $x_1/d>3$ 时，$C=1.3$
2	0.65	0.157	0.6	0.228	
3	0.65	0.157	0.6	0.290	
4	0.65	0.157	0.6	0.290	

(1) 特性尺寸取管外径 $d_{外}$，定性温度取法与前相同 $t_{均}$。

(2) 流速 u 取每列管子中最窄流道处的流速，即最大流速。

(3) 对某一排列方式，由于各列的 α 不同，应按下式求平均对流传热系数。

$$\alpha_{均}=\frac{\alpha_1 A_1+\alpha_2 A_2+\alpha_3 A_3+\cdots}{A_1+A_2+A_3+\cdots}=\frac{\sum\alpha_i A_i}{\sum A_i}$$

式中 α_i——各列的对流传热系数；

A_i——各列传热管的外表面积。

2. 流体在列管式换热器管壳间流动

一般在列管式换热器的壳程加折流挡板，折流挡板分为圆盘形和圆缺形两种。板直径近似壳内径，圆缺形折流挡板每块上均切去一部分形成弓形流通截面，交替排列。折流挡板使流体在管外流动时，既有沿管束的流动，又有垂直于管束的流动，流向和流速也不断发生变化，因而在较小的 Re($Re>100$) 下即可达到湍流。这时管外传热系数的计算，要视具体情况选用不同的公式。

对于割去 25%直径的圆缺形折流挡板，α 的计算式为

$$Nu=0.36Re^{0.55}Pr^{\frac{1}{3}}\left(\frac{\mu}{\mu_w}\right)^{0.14} \tag{3-24}$$

或

$$\alpha=0.36\frac{\lambda}{d_e}\left(\frac{d_e u\rho}{\mu}\right)^{0.55}\left(\frac{c_p\mu}{\lambda}\right)^{\frac{1}{3}}\left(\frac{\mu}{\mu_w}\right)^{0.14} \tag{3-25}$$

式中 μ_w——壁温下流体的黏度。

适用范围：$Re=2\times(10^3\sim10^6)$。

定性温度：取进、出口温度平均值。

特征尺寸：取当量直径 d_e。

注意：(1) 这里当量直径的定义为

$$d_e=\frac{4\times 流体流动截面积}{传热周边长度} \tag{3-26}$$

如图 3-13 (a) 所示，管子正方形排列时：

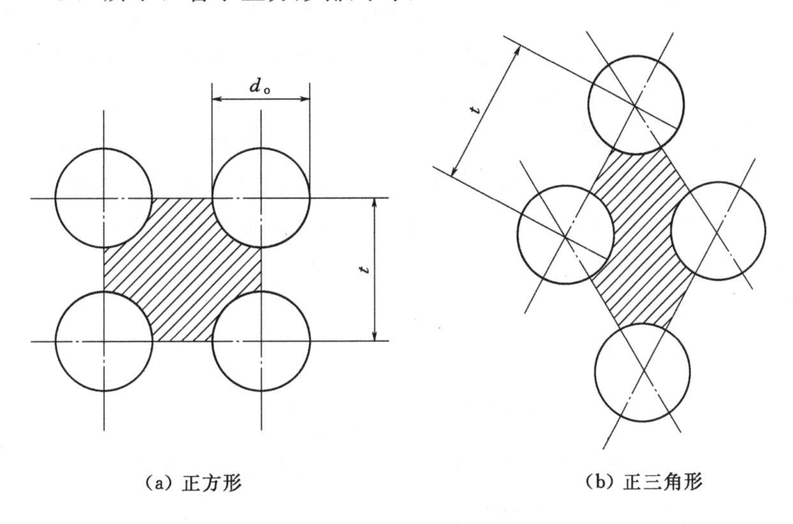

图 3-13 管子的排列

$$d_e=\frac{4(t^2-0.785d_o^2)}{\pi d_o} \tag{3-27a}$$

如图 3-13（b）所示，管子正三角形排列时：

$$d_e=\frac{4\left(\frac{\sqrt{3}}{2}t^2-0.785d_o^2\right)}{\pi d_o} \tag{3-27b}$$

（2）流速 u。根据流体流过的最大截面积 S_{max} 计算：

$$S_{max}=hD\left(1-\frac{d_o}{t}\right) \tag{3-28}$$

式中 h——相邻挡板间的距离；

D——换热器壳体的内径。

此外，若换热器的管间无挡板，则管外流体将沿管束平行流动，此时可采用管内强制对流的公式计算，但需将式中的管内径改为管间的当量直径。

四、流体有相变时的对流传热系数

（一）蒸汽冷凝

饱和蒸汽冷凝是化工生产中常见的过程。根据相律，纯物质的饱和蒸汽在恒压下冷凝时，由于气、液两相共存，其温度不变且为某一定值。当饱和蒸汽与低于其温度的冷壁面接触时，将发生冷凝过程，释放出的热量等于其冷凝焓变（或冷凝潜热）。在连续定态的冷凝过程中，压强可视为恒定，故汽相中不存在温差，也就没有热阻。由此可知，纯饱和蒸汽冷凝的特点是热阻集中在壁面上的冷凝液内，故有较大的传热系数，而且壁面冷凝液的存在形态对传热系数有很大的影响。

1. 壁面冷凝液的存在形态

（1）膜状冷凝。若冷凝液能完全润湿壁面，将形成一层完整的冷凝液膜在重力作用下沿壁面向下流动。膜状冷凝时，液膜越往下越厚，故壁面越高或水平放置的管径越大，整个壁面的平均对流传热系数也就越小。

（2）滴状冷凝。若冷凝液不能很好地润湿壁面，仅在其上凝结成小液滴，此后长大或合并成较大的液滴而脱落。例如饱和水蒸气冷凝到沾有油类物质的壁面时，在表面张力的作用下，冷凝液将在壁面上形成许多液滴，落下时又露出新的冷凝面。由于相当部分壁面直接暴露于蒸汽中，因此滴状冷凝的热阻要小得多。

冷凝液润湿壁面的能力取决于其表面张力和对壁面的附着力大小。若附着力大于表面张力，则会形成膜状冷凝；反之，则形成滴状冷凝。通常滴状冷凝时蒸汽不必通过液膜传热，可直接在传热面上冷凝，其对流传热系数比膜状冷凝的对流传热系数大 5～10 倍。但滴状冷凝难以控制，工业上大多是膜状冷凝。

2. 膜状冷凝的传热系数

（1）蒸汽在水平管外冷凝。

$$\alpha=0.725\left(\frac{r\rho^2 g\lambda^3}{n^{2/3}\mu d_o\Delta t}\right)^{1/4} \tag{3-29}$$

式中 n——水平管束在垂直列上的管子数，$n=1$ 表示单根水平圆管；

r——比汽化焓（t_s 下），kJ/kg；

ρ——冷凝液的密度，kg/m^3；

λ——冷凝液的导热系数，W/(m·K)；

μ——冷凝液的黏度，Pa·s。

特性尺寸取管外径 d_o。

定性温度取膜温 $t=\frac{t_s+t_w}{2}$，根据膜温查出冷凝液的物性 ρ、λ 和 μ。此时认为主体无热阻，热阻集中在液膜中。

(2) 蒸汽在竖直板或竖直管外的冷凝。当蒸汽在垂直管或板上冷凝时（图 3-14），冷凝液沿壁面向下流动，同时由于蒸汽不断在液膜表面冷凝，新的冷凝液不断加入，形成一个流量逐渐增加的液膜流，相应于液膜厚度加大，上部分为层流，当板或管足够高时，下部分可能发展为湍流。此时，局部的对流传热系数反而会有所增大。与强制对流一样，可用雷诺准数判别层流和湍流，公式为

$$Re=\frac{\rho u d_e}{\mu}=\frac{\rho u\left(\frac{4S}{b}\right)}{\mu}=\frac{\left(\frac{4S}{b}\right)\left(\frac{G}{S}\right)}{\mu}=\frac{4M}{\mu} \tag{3-30}$$

式中 S——冷凝液流过的截面积，m^2；

b——润湿周边长度，m；

G——冷凝液的质量流量，kg/s；

M——单位长度润湿周边上冷凝液的质量流量，kg/(s·m)，$M=G/b$，$\rho u=G/S$。

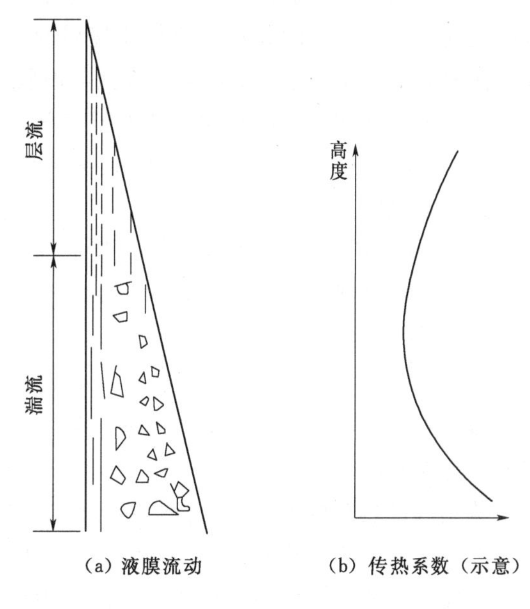

图 3-14 蒸汽在垂直壁面上的冷凝

1）层流时 α 的计算式为

$$\alpha=1.13\left(\frac{r\rho^2 g\lambda^3}{\mu l\Delta t}\right)^{1/4} \tag{3-31}$$

适用范围：$Re<2100$。

定性温度：取膜温。

特征尺寸 l：取垂直管长或板高。

2）湍流时 α 的计算式为

$$\alpha=0.0077\left(\frac{\rho^2 g\lambda^3}{\mu^2}\right)^{1/3} Re^{0.4} \tag{3-32}$$

适用范围：$Re>2100$。

定性温度：取膜温。

特征尺寸 l：取垂直管长或板高。

注：Re 是指板或管最低处的值（此时 Re 最大）。

3. 冷凝传热的影响因素和强化措施

从前面的讲述中可知，对于纯的饱和蒸汽冷凝时，热阻主要集中在冷凝液膜内，液膜的厚度及其流动状况是影响冷凝传热的关键。所以，影响液膜状况的所有因素都将影响冷凝

传热。

（1）不凝气体的影响。上面的讨论都是对纯蒸汽而言的，在实际的工业冷凝器中，由于蒸汽中常含有微量的不凝性气体，如空气。当蒸汽冷凝时，不凝气体会逐渐积累并在液膜表面形成一层导热系数很小的气膜，从而使热阻增大，传热系数降低。实验证明：当蒸汽中含不凝气体量达 1%时，传热系数将下降 60%左右。因此，在换热器的蒸汽冷凝侧，必须设有排放口，定期排放不凝气体，减少不凝气体对 α 的影响。

（2）蒸汽流速与流向的影响。前面介绍的公式只适用于蒸汽静止或流速不大的情况。蒸汽的流速对 α 有较大的影响，蒸汽流速较小（$u<10\text{m/s}$）时，可不考虑其对 α 的影响。当蒸汽流速 $u>10\text{m/s}$ 时，还要考虑蒸汽与液膜之间的摩擦作用力。此时，若蒸汽与液膜流向相同时，蒸汽会加速液膜流动，使液膜变薄，α 增大；若蒸汽与液膜流向相反时，会阻碍液膜流动，使液膜变厚，α 减小；但若逆流流动的蒸汽速度很大时，能冲散液膜使部分壁面直接暴露于蒸汽中，α 反而会增大。

一般冷凝器设计时，蒸汽入口在其上部，此时蒸汽与液膜流向相同，有利于 α 的增大。

（3）蒸汽过热程度的影响。蒸汽温度高于操作压强下的饱和温度时称为过热蒸汽。过热蒸汽与比其饱和温度高的壁面接触（$t_w>t_s$），壁面无冷凝现象，此时的传热过程为无相变的对流传热过程（气体冷却过程）。过热蒸汽与比其饱和温度低的壁面接触（$t_w<t_s$）时，过热蒸汽先在汽相下冷却至饱和温度，然后在壁面上冷凝；整个过程由两个串联的传热过程组成：冷却和冷凝。

若蒸汽过热程度不高，则传热系数值与饱和蒸汽的相差不大；如果过热程度较高，将有相当部分壁面用于过热蒸汽的冷却，在蒸汽内部存在温度梯度和热阻，从而大大降低传热系数。因此，工业上一般不采用过热蒸汽作为加热的热源。

（4）强化传热措施。既然冷凝传热过程的阻力集中于液膜，因此设法减小液膜厚度是强化冷凝给热的有效措施。

对于垂直壁面，可在壁面上开若干纵向沟槽使冷凝液沿沟流下，可减薄其余壁面上的液膜厚度，强化冷凝传热过程。

对于水平布置的管束，冷凝液从上部各管排流到下部管排使液膜变厚，因此，如能设法减少垂直方向上管排的数目或将管束改为错列，皆可提高平均传热系数。

此外，设法获得滴状冷凝也是提高传热系数的一个方向。还可在壁面上安装金属丝或翅片，使冷凝液在表面张力的作用下，流向金属丝或翅片附近集中，从而使壁面上的液膜减薄；使冷凝传热系数得到提高。

（二）液体沸腾时的对流传热系数

对液体加热时，液体内部伴有液相变为气相产生气泡的过程称为沸腾。

工业上液体沸腾有两种情况：一种是在管内流动的过程中受热沸腾，称为管内沸腾，如蒸发器中管内料液的沸腾；另一种是将加热面浸入大容积的液体中而引发的无强制对流的沸腾现象，称为池内沸腾。工业上有再沸器、蒸发器、蒸汽锅炉等都是通过沸腾传热来产生蒸汽。管内沸腾是在一定压差下流体在流动过程中受热沸腾（强制对流），此时液体流速对沸腾过程有影响，而且加热面上气泡不能自由上浮，被迫随流体一起流动，出现了复杂的气液两相的流动结构；其传热机理比大容器沸腾更为复杂。本节仅讨论大容器的沸腾传热过程。

1. 池内沸腾现象

液体加热沸腾的主要特征是液体内部沿加热面不断有蒸汽泡产生并上升穿过液层。理论上液体沸腾时气、液两相应处于平衡状态，即液体的沸点等于液体表面所处压力下对应的饱和温度 t_s。但实验表明，只是液体上方的蒸汽温度等于 t_s，而沸腾液体的平均温度高于相应的饱和温度，即液体处于过热状态。液体的过热是小气泡生成的必要条件。小气泡首先在温度最高、过热度也最高的固体加热表面上产生，但也不是加热面上的任何一点都能产生气泡。实验发现液体沸腾时气泡仅在加热表面的若干粗糙不平的点上产生，这些点称为汽化核心。在沸腾过程中，小气泡首先在汽化核心处生成并长大，在浮力作用下脱离壁面。随着气泡的不断形成并上升，周围液体随时填补并冲刷壁面，贴壁液体层发生剧烈扰动，热阻大为降低；在气泡上浮过程中，引起液体主体的扰动和对流，且过热液体在气泡表面进一步蒸发，使气泡进一步长大，过热液体和气泡表面的传热强度也很大。所以，液体沸腾时的对流传热系数比无相变时大得多。

2. 沸腾曲线

图 3－15 所示是常压下水在铂电热丝表面上沸腾时 Δt（$\Delta t=t_w-t_s$）与 α 的关系曲线。

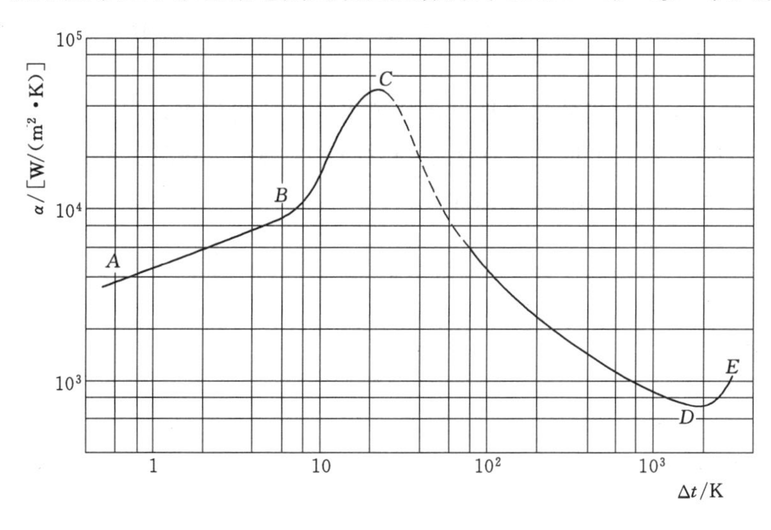

图 3－15　常压下水沸腾时 Δt 与 α 的关系

（1）曲线 AB 段，由于温差 Δt 很小，仅在加热面有少量汽化核心形成气泡，长大速度慢，加热面附近液层受到的扰动不大，所以加热面与液体之间主要以自然对流为主。对流传热系数随温差 Δt 的增大而略有增大。此阶段称为自然对流区。

（2）BC 段，随着 Δt 增大，汽化核心数增多，气泡长大速度也快，对液体扰动增强，对流传热系数增加，由汽化核心产生的气泡对传热起主导作用，此阶段称为核状沸腾。

（3）CD 段，随着 Δt 进一步增大到一定数值，加热面上的汽化核心大大增加，以至气泡产生的速度大于脱离壁面的速度，气泡相连形成气膜，将加热面与液体隔开，由于气体的导热系数 λ 较小，使 α 急剧下降，此阶段称为膜状沸腾。D 点以后，气膜稳定，由于加热面 t_w 高，热辐射影响增大，对流传热系数再度增大。

工业上一般维持沸腾装置在核状沸腾下工作，很少发生膜状沸腾。其优点是：此阶段下 α 大，t_w 小。从核状沸腾到膜状沸腾的转折点 C 称为临界点（此后传热恶化），其对应临界

值 Δt_c、α_c、q_c。对于常压水在大容器内沸腾时：$\Delta t_c=25℃$、$q_c=1.25\times10^6\ W/m^2$。

由于液体沸腾时要产生气泡，所以一切影响气泡生成、长大和脱离壁面的因素对沸腾对流传热都有重要影响。

3. 沸腾传热的影响因素和强化措施

（1）流体物性。流体的导热系数、黏度、密度、表面张力等均对沸腾传热有影响；一般情况下，α 随 λ、ρ 的增大而增大，随 μ、σ 的增大而减小。而表面张力 σ 小、润湿能力大的液体，有利于气泡形成和脱离壁面，对沸腾传热有利。故在液体中加入少量添加剂以降低其表面张力，可提高沸腾传热系数。

（2）温差 Δt。从沸腾曲线可知，温差 Δt 是影响和控制沸腾传热过程的重要因素，应尽量控制在核状沸腾阶段进行操作。

（3）操作压力。提高操作压力 p，相当于提高液体的饱和温度 t_s，使液体的 μ 和 σ 下降，有利于气泡形成和脱离壁面，强化了沸腾传热，在同温差下，α 增大。

（4）加热面的状况。加热面越粗糙，提供汽化核心多，越有利于传热。新的、洁净的、粗糙的加热面，α 大；当壁面被油脂沾污后，会使 α 下降。此外，加热面的布置情况对沸腾传热也有明显的影响。例如在水平管束外沸腾时，其上升气泡会覆盖上方管的一部分加热面，导致平均 α 下降。

对于沸腾传热，由于过程的复杂性，虽然提出的经验式很多，但不够完善，至今还未总结出普遍适用的公式。有相变时的 α 比无相变时的 α 大得多，热阻主要集中在无相变一侧流体，此时有相变一侧流体的 α 只需近似计算。

项目三

传热计算

在实际生产中，需要冷、热两种流体进行热交换，但又不允许它们混合，为此需要采用间壁式的换热器。此时，冷、热两流体分别处在间壁两侧，两流体间的热交换包括固体壁面的导热和流体与固体壁面间的对流传热。关于导热和对流传热在前面已介绍过，本项目主要在此基础上进一步讨论间壁式换热器的传热计算。

任务一　热负荷与载热体用量的确定

一、热量衡算

在没有其他能量变化的情况下，根据能量守恒定律，单位时间内，换热器中热流体放出的热量（或称热流体的传热量）等于冷流体吸收的热量（或称冷流体的传热量）加上散失到环境中的热量（热量损失，简称热损），即

$$Q_h = Q_c + Q_L \tag{3-33}$$

式中　Q_h——热流体放出的热量，kW；

Q_c——冷流体吸收的热量，kW；

Q_L——热损，kW。

热量衡算用于确定加热剂或冷却剂的用量和一端的流体温度，在传热中具有重要地位。

当换热器保温性能良好，热损失可以忽略不计时，式（3-33）可变为

$$Q_h = Q_c \tag{3-34}$$

二、热负荷的确定

要求换热器在单位时间内完成的传热量称为换热器的热负荷，其取决于生产任务，是换热中的已知量。对于间壁式换热器，热负荷应取管内流体的传热量。

热负荷是由生产工艺条件决定的，是对换热器换热能力的要求；而传热速率是换热器本身在一定操作条件下的换热能力，是换热器本身的特性，两者是不相同的。

（1）当换热器保温性能良好，热损失可以忽略不计时，热负荷取 Q_h 或 Q_c 均可。

（2）当换热器的热损失不能忽略时，必定有 $Q_h \neq Q_c$，此时，热负荷取 Q_h 还是 Q_c，需根据具体情况而定。

以套管式换热器为例，当热流体走管程、冷流体走壳程时，从图 3-16（a）可以看出，

经过传热面（间壁）传递的热量为热流体放出的热量，因此热负荷应取 Q_h；当冷流体走管程、热流体走壳程时，从图 3-16（b）可以看出，经过传热面传递的热量为冷流体吸收的热量，因此热负荷应取 Q_c。

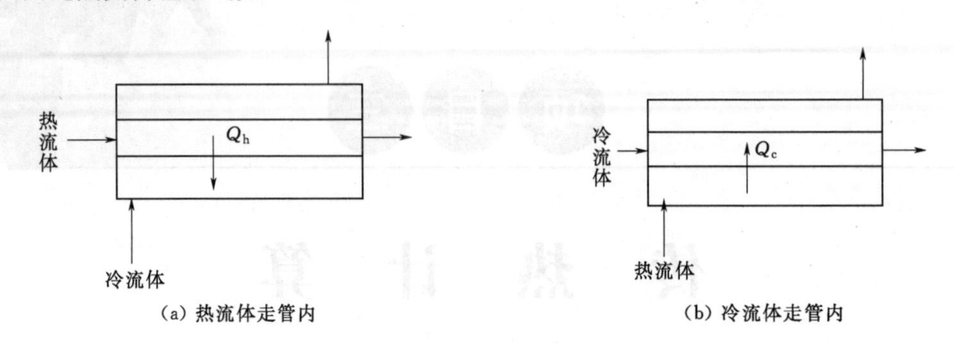

图 3-16　热负荷的确定

总之，哪种流体走管程，就应取该流体的传热量作为换热器的热负荷。

热负荷是要求换热器具有的换热能力。一个能满足生产换热要求的换热器，必须使其传热速率等于（或略大于）热负荷。所以，通过计算热负荷，便可确定换热器的传热速率。

三、传热量的计算

根据流体在换热过程中温度与相态的变化，可以采用不同的方法计算传热量。

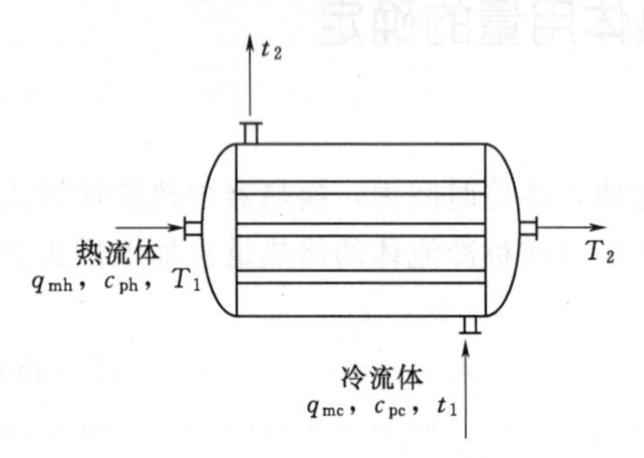

图 3-17　换热器的热量衡算

如图 3-17 所示的换热过程，冷、热流体的进、出口温度分别为 t_1、t_2，T_1、T_2，冷、热流体的质量流量为 q_{mc}、q_{mh}。设换热器绝热良好，热损失可以忽略，则两流体流经换热器时，单位时间内热流体放出热等于冷流体吸收热。

（1）若流体在换热过程中没有相变化，且流体的比热容变化不大时，可列出的热量衡算式为

$$Q=q_{mh}c_{ph}(T_1-T_2)=q_{mc}c_{pc}(t_2-t_1) \quad (3-35)$$

或

$$Q=q_{mh}(H_1-H_2)=q_{mc}(h_2-h_1) \quad (3-36)$$

式中　Q——热负荷，W；

q_{mh}、q_{mc}——热、冷流体的质量流量，kg/s；

c_{ph}、c_{pc}——热、冷流体的平均定压比热容，J/(kg·℃)；

T_1、T_2——热流体进、出口温度，℃；

t_1、t_2——冷流体的进、出口温度，℃；

H_1、H_2——热流体进、出口的焓，J/kg；

h_1、h_2——冷流体进、出口的焓，J/kg。

焓的数值决定于流体的物态和温度。通常取 0℃为计算基准，规定液体和蒸汽的焓均取 0℃液态的焓为 0J/kg，而气体则取 0℃气态的焓为 0J/kg。

（2）若流体在换热过程中仅仅发生相变化（饱和蒸汽变为饱和液体或饱和液体变为饱和蒸汽，即冷凝或汽化），而没有温度变化，其传热量可按下式计算：

$$Q_h=q_{mh}r_h \quad (3-37)$$

$$Q_c = q_{mc} r_c \tag{3-38}$$

以上式中　r_h、r_c——热、冷流体的比汽化潜热，J/kg，从手册中查取。

(3) 若流体在换热过程中既有温度变化又有相态变化，则可把上述两种方法联合起来求其传热量。例如，饱和蒸汽冷凝后，冷凝液出口温度低于饱和温度（或称冷凝温度）时，其传热量可按下式计算：

$$Q_h = q_{mh}[r_h + c_{ph}(T_s - T_2)] \tag{3-39}$$

式中　T_s——冷凝液的饱和温度，K。

(4) 若热流体有相变化，如饱和蒸汽冷凝，而冷流体无相变化，则

$$Q = q_{mh}[r + c_{ph}(T_s - T_2)] = q_{mc} c_{pc}(t_1 - t_2) \tag{3-40}$$

式中　r——热、冷流体的比汽化潜热，J/kg，从手册中查取。

【例 3-5】 在套管式换热器内用 0.16MPa 的饱和蒸汽加热空气，饱和蒸汽的消耗量为 10kg/h，冷凝后进一步冷却到 100℃，空气流量为 420kg/h，进、出口温度分别为 30℃和 80℃。蒸汽走壳程，空气走管程。试求：(1) 热损失；(2) 换热器的热负荷。

解：(1) 先求蒸汽的传热量。对于蒸汽，既有相变，又有温度变化，可用式（3-39）计算。

查资料得 $p=0.16$MPa 的饱和蒸汽的有关参数：$T_s = 113$℃，$r_h = 2224.2$kJ/kg。又已知：$T_2 = 100$℃，则水的平均温度为

$$T_m = \frac{113+100}{2} = 106.5(℃)$$

查资料得此温度下水的比热容 $c_{ph} = 4.23$kJ/(kg·K)。

由式（3-39）有

$$Q_h = q_{mh}[r_h + c_{ph}(T_s - T_2)] = \left(\frac{10}{3600}\right) \times [2224.2 + 4.23 \times (113-100)]$$
$$= 6.33(\text{kW})$$

再求空气的传热量。空气的进、出口平均温度为

$$t_m = \frac{30+80}{2} = 55(℃)$$

查资料得此温度下空气的比热容 $c_{pc,m} = 1.005$kJ/(kg·K)。由式（3-35）有

$$Q_c = q_{mc} c_{pc}(t_2 - t_1) = \left(\frac{420}{3600}\right) \times 1.005 \times (80-30) = 5.86(\text{kW})$$

热损失
$$Q_l = Q_h - Q_c = 6.33 - 5.86 = 0.47(\text{kW})$$

(2) 因为空气走管程，所以换热器的热负荷应为空气的传热量，即

$$Q = Q_c = 5.86\text{kW}$$

四、载热体消耗量

换热器中当物料需要冷却时，它所放出的热量由冷流体带走；当物料需要加热时，必须由热流体供给热量。在确定了换热器的热负荷以后，载热体的流量可根据热量衡算确定。

【例 3-6】 将 0.5kg/s，80℃的硝基苯通过换热器用冷却水将其冷却到 40℃。冷却水初温为 30℃，终温不超过 35℃。已知水的比热容为 4.19kJ/(kg·℃)，试求换热器的热负荷及冷却水用量。

解：由资料得硝基苯 $T=\frac{80+40}{2}=60℃$时的比热容为 1.58kJ/(kg·℃)。

由式（3-35）计算换热器的热负荷为

$$Q_{硝}=q_{m硝}c_{硝}(T_1-T_2)$$
$$=0.5\times1.58\times10^3\times(80-40)=31600(W)=31.6(kW)$$

冷却水用量

$$q_{m水}=\frac{Q_{水}}{c_{水}(t_2-t_1)}=\frac{Q_{硝}}{c_{水}(t_2-t_1)}$$
$$=\frac{31600}{4.19\times10^3\times(35-30)}=1.51(kg/s)$$

五、载热体的选用

在化工生产中，若要加热一种冷流体，同时又要冷却另一种热流体，只要两者温度变化的要求能够达到，就应尽可能让这两股流体进行换热。利用生产过程中流体自身的热交换，充分回收热能，对于降低生产成本和节约能源都具有十分重要的意义。但是当工艺换热条件不能满足要求时，就需要采用外来的载热体与工艺流体进行热交换。载热体有许多种，应根据工艺流体温度的要求，选择一种合适的载热体。载热体的选择可参考下列原则：①载体温度必须满足工艺要求；②载热体的温度调节应方便；③载热体应具有化学稳定性，不分解；④载热体的毒性低，对设备腐蚀性小；⑤载热体不易燃、不易爆；⑥载热体价廉易得。

目前生产中使用得最广泛的载热体是饱和水蒸气和水。

1. 饱和水蒸气

由于饱和水蒸气冷凝时放出大量的热，加热均匀，不会有局部过热的现象，依据饱和温度与水蒸气压力的对应关系，通过调节压力能很方便、准确地控制加热温度。饱和水蒸气加热的缺点是加热温度不太高，因为水蒸气的饱和蒸汽压随温度升高而增大，对锅炉、管路和设备的耐压、密闭要求也大大提高，带来许多困难。所以，一般水蒸气加热的温度范围为120～180℃，绝对压强为200～1000kPa。这一温度范围能满足大部分化工工业的需要，蒸发、干燥等单元操作大多也在此温度范围内进行。

水蒸气加热分为直接和间接两种。直接法是将蒸汽用管子直接通入被加热的液体中，蒸汽所含热量可以完全利用，但液体被稀释，这往往是工艺条件不允许的；间接法是在换热器中进行，加热时必须注意以下两点：

（1）要经常排除不凝气体，否则会降低蒸气的传热效果。不凝气体的来源为溶于原来水中的空气，另外是管路或换热器连接处不严密而漏入。排除方法可在加热室的上端装一放空阀门，借蒸气的压强将混入的不凝气体间歇排除。

（2）要不断排除冷凝水，否则冷凝水积聚于换热器内占据了一部分传热面积，使传热效果降低。排除的方法是在冷凝水排出管上安装冷凝水排出器（也称疏水器），它的作用是在排除冷凝水的同时阻止蒸汽逸出。

2. 水

水是广泛使用的冷却剂。水的初温由气候条件所决定，一般为4～25℃，因此水的用量主要决定于经过换热器之后的出口温度；其次水中含有一定量的污垢杂质，当沉积在换热器壁面上时就会降低换热器的传热效果。所以冷却水温的确定主要从温度和流速两个方面考虑：

（1）水与被冷却的流体之间一般应有5～35℃的温度差。

（2）冷却水的温度不能超过40～50℃，以避免溶解在水中的各种盐类析出，在传热壁面上形成污垢。

（3）水的流速不应小于0.5m/s，否则在传热面上易产生污垢。

如果需要把物料加热到180℃以上，就不用饱和水蒸气而需要用其他的载热体，这类载热体工业上称为高温载热体；如果把物料冷却到5～10℃或更低的温度，就必须采用低温冷却剂。现把工业上常用的载热体列于表3-7。

表3-7　工业上常用的载热体

载热体		适用温度范围/℃	说　明
加热剂	热水	40～100	利用水蒸气冷凝水或废热水的余热
	饱和水蒸气	100～180	180℃水蒸气压力为1.0MPa，再高压力不经济，温度易调节，冷凝相变热大，对流传热系数大
	矿物油	＜250	价廉易得，黏度大，对流传热系数小，温度过高易分解，易燃
	联苯混合物 如道生油含联苯26.5% 二苯醚73.5%	液体15～255 蒸汽255～380	适用温度范围宽，用蒸气加热时温度易调节，黏度比矿物油小
	熔盐 $NaNO_3$ 7% $NaNO_2$ 40% KNO_3 53%	142～530	温度高，加热均匀，热容小
	烟道气	500～1000	温度高，热容小，对流传热系数小
冷却剂	冷水 （有河水、井水、水厂给水、循环水）	15～25	来源广，价格低，冷却效果好，调节方便，水温受季节和气温影响，冷却水出口温度宜≤50℃，以免结垢
	空气	＜35	缺乏水资源地区可用空气，对流传热系数小，温度受季节和气候的影响
	冷冻盐水（氯化钙溶液）	－15～0	用于低温冷却，成本高

任务二　传热速率及其方程式

一、传热速率

（1）传热速率Q。又称热流量，单位时间内通过传热面所传递的热量，单位是W或J/s。它表征了换热器的生产能力。

（2）热通量q。又称为热流强度，单位时间内通过单位传热面积所传递的热量，单位是W/m^2或$J/(s\cdot m^2)$。它是反映传热强度的指标。

$$q=\frac{Q}{A} \tag{3-41}$$

式中　A——总传热面积，m^2。

二、传热速率方程式

在换热器中传热的快慢用传热速率表示。传热速率是指单位时间内通过传热面的热量，单位为 W。在间壁式换热器中，热量是通过两股流体间的壁面传递的，这个壁面称为传热面。两股流体间所以能有热量交换，是因为它们有温度差。如果以 T 表示热流体的温度，t 表示冷流体的温度，那么温度差（$T-t$）就是热量传递的推动力，用 Δt_m 表示，单位为 K 或℃。实践证明：两股流体单位时间所交换的热量与传热面积成正比，与温度差成正比，即

$$Q \propto A\Delta t_m$$

把上述比例式改写成等式，以 K 表示比例常数，则得

$$Q=KA\Delta t_m \tag{3-42}$$

式中 K——总传热系数，$W/(m^2 \cdot ℃)$或 $W/(m^2 \cdot K)$；

Q——传热速率，W 或 J/s；

A——总传热面积，m^2；

Δt_m——两流体的平均温差，℃或 K。

式（3-42）称为传热速率方程式。K、A、Δt_m是传热过程的三大要素。

将式（3-42）改写为

$$\frac{Q}{A}=\frac{\Delta t_m(\text{传热推动力})}{\dfrac{1}{K}(\text{传热总阻力})} \tag{3-43}$$

式中 $\dfrac{1}{K}$——传热过程的总阻力，简称热阻，用 R 表示，即 $R=\dfrac{1}{K}$。

由式（3-43）可知，单位传热面积上的传热速率与传热推动力成正比，与热阻成反比。因此，提高换热器传热速率的途径为提高传热推动力和降低传热阻力。

必须注意，传热速率和热负荷虽然在数值上一般看作相等，但其含义不同。热负荷是由工艺条件决定的，是对换热器的要求；传热速率是换热器本身的换热能力，是设备的特征。

【例 3-7】 用饱和水蒸气将原料液由 100℃加热至 120℃。原料液流量为 $100m^3/h$，密度为 $1080kg/m^3$，比热容为 $2.93kJ/(kg \cdot ℃)$。已知总传热系数为 $680W/(m^2 \cdot ℃)$，传热平均温差为 23.3℃，饱和水蒸气的比汽化焓为 2168kJ/(kg)，试求蒸汽用量和所需的传热面积。

解：热负荷：

$$Q=q_{mc}c_{pc}(t_2-t_1)=\frac{100\times1080}{3600}\times2.93\times10^3\times(120-100)=1.76\times10^6(W)$$

$$q_{mh}=\frac{Q}{r_h}=\frac{1.76\times10^6}{2168\times10^3}=0.812(kg/s)$$

由传热速率方程可得

$$A=\frac{Q}{K\Delta t_m}=\frac{1.76\times10^6}{680\times23.3}=111(m^2)$$

任务三 传热平均温差的计算

前已述及，在沿管长方向的不同部分，冷、热流体温度差不同，本任务讨论如何计算其平均值Δt_m。就冷、热流体的相互流动方向而言，可以有不同的流动形式，传热平均温差Δt_m的计算方法因流动形式而异。按照参与热交换的冷、热流体在沿换热器传热面流动时各点温度变化情况，可分为恒温差传热和变温差传热。

一、恒温差传热

两侧流体均发生相变，且温度不变，则冷、热流体温差处处相等，不随换热器位置而变。如间壁的一侧液体保持恒定的沸腾温度 t 下蒸发；而间壁的另一侧，饱和蒸汽在温度 T 下冷凝，此时传热面两侧的温差保持均一不变（$\Delta t=T-t$），称为恒温差传热。

二、变温差传热

变温差传热是指传热温度随换热器位置而变的一种热交换。当间壁传热过程中一侧或两侧的流体沿着传热壁面在不同位置点的温度不同时，传热温度差也必随换热器位置而变化，该过程可分为单侧变温和双侧变温两种情况。

1. 单侧变温的平均温差

图 3-18 所示为一侧流体温度有变化，另一侧流体的温度无变化的传热。图 3-18（a）所示热流体温度无变化，而冷流体温度发生变化。例如在生产中用饱和水蒸气加热某冷流体，水蒸气在换热过程中由气变液放出热量，其温度是恒定的，但被加热的冷流体温度从 t_1 升至 t_2，此时沿着传热面的传热温差是变化的。图 3-18（b）所示冷流体温度无变化，而热流体的温度发生变化。例如生产中的废热锅炉用高温流体加热恒定温度下沸腾的水，高温流体的温度从 T_1 降至 T_2，而沸腾的水温始终保持为沸点，此时的传热温差也是变化的。其温差的平均值可取其对数平均值，即按下式计算：

$$\Delta t_m=\frac{\Delta t_1-\Delta t_2}{\ln\frac{\Delta t_1}{\Delta t_2}} \tag{3-44}$$

式中取 $\Delta t_1>\Delta t_2$。Δt_1 和 Δt_2 为传热过程中最初、最终的两流体之间温差。

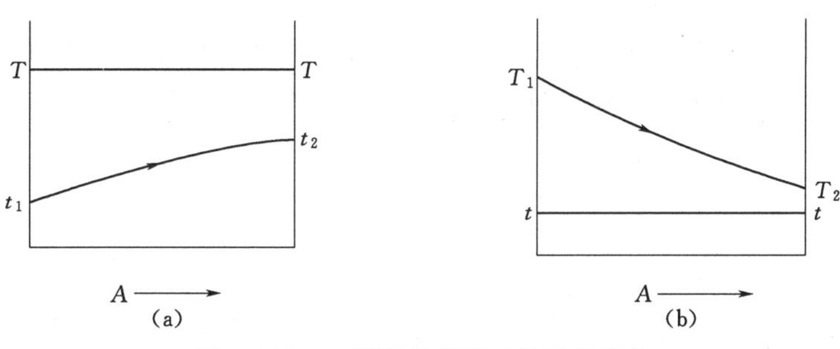

图 3-18　一侧流体变温时的温度变化

在工程计算中，当 $\frac{\Delta t_1}{\Delta t_2}\leqslant 2$ 时，可近似地采用算术平均值，即

$$\Delta t=\frac{\Delta t_1+\Delta t_2}{2} \tag{3-45}$$

算术平均温差与对数平均温差相比较，在 $\frac{\Delta t_1}{\Delta t_2}<2$ 时，其误差小于 4%。

【例 3-8】 有一废热锅炉，管外为沸腾的水，压力为 1.1MP（绝压）。管内直接合成转化气，温度由 570℃下降到 470℃，试求平均温差。

解： 温度 t 查资料得在 1.1MPa（绝压）下，水的饱和温度为 180℃，属单边变温传热

热流体温度 T　570℃ $\longrightarrow$ 470℃

冷流体温度 t　180℃ $\longleftarrow$ 180℃

$\Delta t_1=390℃$　$\Delta t_2=290℃$

$$\frac{\Delta t_1}{\Delta t_2}=\frac{390}{290}=1.34<2$$

所以
$$\Delta t_m=\frac{\Delta t_1+\Delta t_2}{2}=\frac{390+290}{2}=340(℃)$$

由上例可知，单边变温传热时流体的流动方向对 Δt 无影响。

2. 双侧变温的平均温差

常用的冷却器和预热器等，在换热过程中间壁的一侧为热流体，另一侧为冷流体，热流体沿间壁的一侧流动，温度逐渐下降，而冷流体沿间壁的另一侧流动，温度逐渐升高。这种情况下，换热器各点的温度也是不同的，属双侧变温传热。在此种变温传热中，参与热交换的两种流体的流向大致有并流、逆流、错流和折流四种类型，如图 3-19 所示。

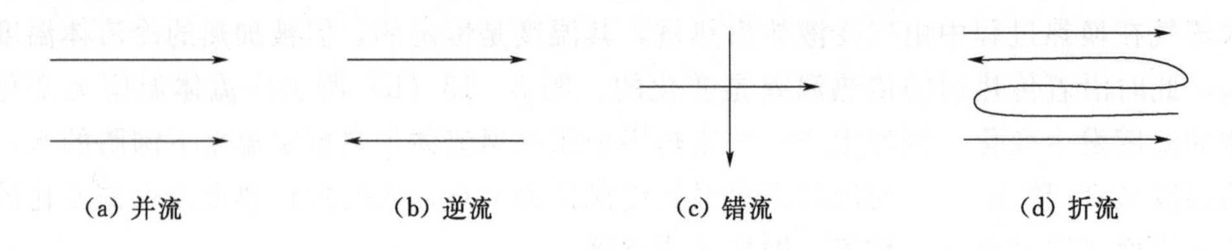

图 3-19　换热器中流体流向示意图

在换热器中，若两流体的流动方向相同，称为并流；若两流体的流动方向相反，称为逆流；若两流体的流动方向垂直交叉，称为错流；若既有相同流向又有相反流向甚至还有交叉流向，则称为折流。

(1) 逆流和并流的平均温差。图 3-20 所示为逆流和并流时冷、热流体温度变化示意图。并流与逆流两种流向的平均温差计算式与式 (3-44) 完全一样。

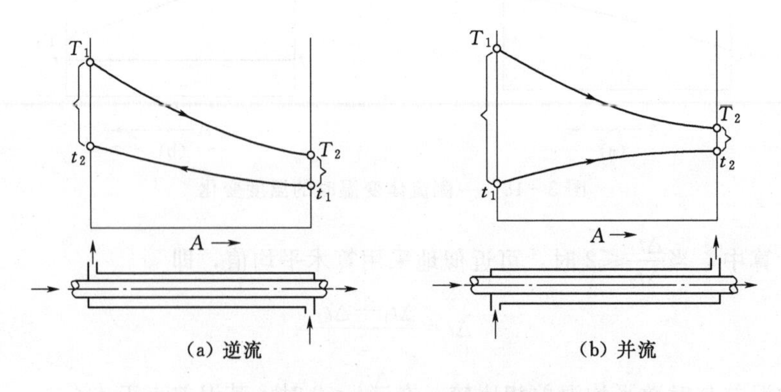

图 3-20　逆流和并流时冷、热流体温度变化示意图

应当注意，在计算时取冷、热流体在换热器两端温差大的作为 Δt_1，小的作为 Δt_2，可使式 (3-44) 中的分子与分母都是正数。如遇 $\frac{\Delta t_1}{\Delta t_2}<2$ 时，仍可用算术平均值计算，即

$$\Delta t_m=\frac{\Delta t_1+\Delta t_2}{2}$$

不难看出，当一侧流体变温而另一侧流体恒温时，并流和逆流的平均温差是相等的；当

两侧流体都变温时，由于流动方向的不同，两端的温差也不相同，因此并流和逆流时的平均温差是不相等的。

逆流的另一优点是可以节省加热剂或冷却剂的用量。例如，若要求将一定流量的冷流体从 120℃加热到 160℃，而热流体的进口温度为 245℃，出口温度不作规定。此时若采用逆流，热流体的出口温度可以降至接近于 120℃；而采用并流时，则只能降至接近于 160℃。这样，逆流时的加热剂用量就较并流时为少。

由以上分析可知，逆流优于并流，因而工业生产中换热器多采用逆流操作。但是在某些生产工艺有特殊要求时，如要求冷流体被加热时不能超过某一温度，或热流体被冷却时不能低于某一温度，则宜采用并流操作。

【例 3-9】 在套管式换热器内，将热流体由 90℃冷却至 70℃，与此同时，冷流体温度由 20℃上升至 60℃。试计算：(1) 两流体作逆流和并流时的平均温差；(2) 若操作条件下，换热器的热负荷为 585kW，其传热系数 K 为 300W/(m^2·K)，求两流体作逆流和并流时所需的换热器的传热面积。

解：(1) 平均传热推动力。

逆流时：

$$\begin{array}{lll} \text{热流体温度 } T & 90℃ \longrightarrow & 70℃ \\ \text{冷流体温度 } t & 60℃ \longleftarrow & 20℃ \\ & \Delta t_2=30℃ & \Delta t_1=50℃ \end{array}$$

所以

$$\Delta t_{m逆}=\frac{\Delta t_1-\Delta t_2}{\ln\dfrac{\Delta t_1}{\Delta t_2}}=\frac{50-30}{\ln\dfrac{50}{30}}=39.2(℃)$$

由于$\Delta t_1/\Delta t_2=50/30<2$，也可近似取算术平均值，即

$$\Delta t_{m逆}=\frac{50+30}{2}=40(℃)$$

并流时：

$$\begin{array}{lll} \text{热流体温度 } T & 90℃ \longrightarrow & 70℃ \\ \text{冷流体温度 } t & 20℃ \longrightarrow & 60℃ \\ & \Delta t_1=70℃ & \Delta t_2=10℃ \end{array}$$

所以

$$\Delta t_{m并}=\frac{\Delta t_1-\Delta t_2}{\ln\dfrac{\Delta t_1}{\Delta t_2}}=\frac{70-10}{\ln\dfrac{70}{10}}=30.8(℃)$$

(2) 所需传热面积。

逆流时：
$$A_{逆}=\frac{Q}{K\Delta t_{m逆}}=\frac{585\times10^3}{300\times39.2}=49.74(m^2)$$

并流时：
$$A_{并}=\frac{Q}{K\Delta t_{m并}}=\frac{585\times10^3}{300\times30.8}=63.31(m^2)$$

从此例可以看出，在进、出口流体温度完全相同的情况下，并流形成的传热推动力小于逆流时的推动力，在同样换热任务下，逆流需要的换热面积比并流的小。

(2) 错流和折流的平均温差。为了强化传热，列管式换热器的管程或壳程常常为多程，流体经过两次或多次折流后再流出换热器，这使换热器内流体流动的形式偏离纯粹的逆流和并流，因而使平均温差的计算更为复杂。错流或折流时的平均温差 $\Delta t_{m逆}$，是先按逆流计算对数平均温差，再乘以温差校正系数 φ，即 $\Delta t_m=\varphi\Delta t_{m逆}$。

步骤如下：

1）先按逆流计算对数平均温差$\Delta t_{m逆}$。

2）求平均温差校正系数φ。

各种流动情况下的平均温差校正系数φ，可根据R和P两个参数查图3-21便可获得。

$$\varphi=f(P,R)$$

$$P=\frac{t_2-t_1}{T_1-t_1}=\frac{冷流体温升}{两流体最初温差}，R=\frac{T_1-T_2}{t_2-t_1}=\frac{热流体温降}{冷流体温升}$$

3）求平均传热温差$\Delta t_m=\varphi\Delta t_{m逆}$。

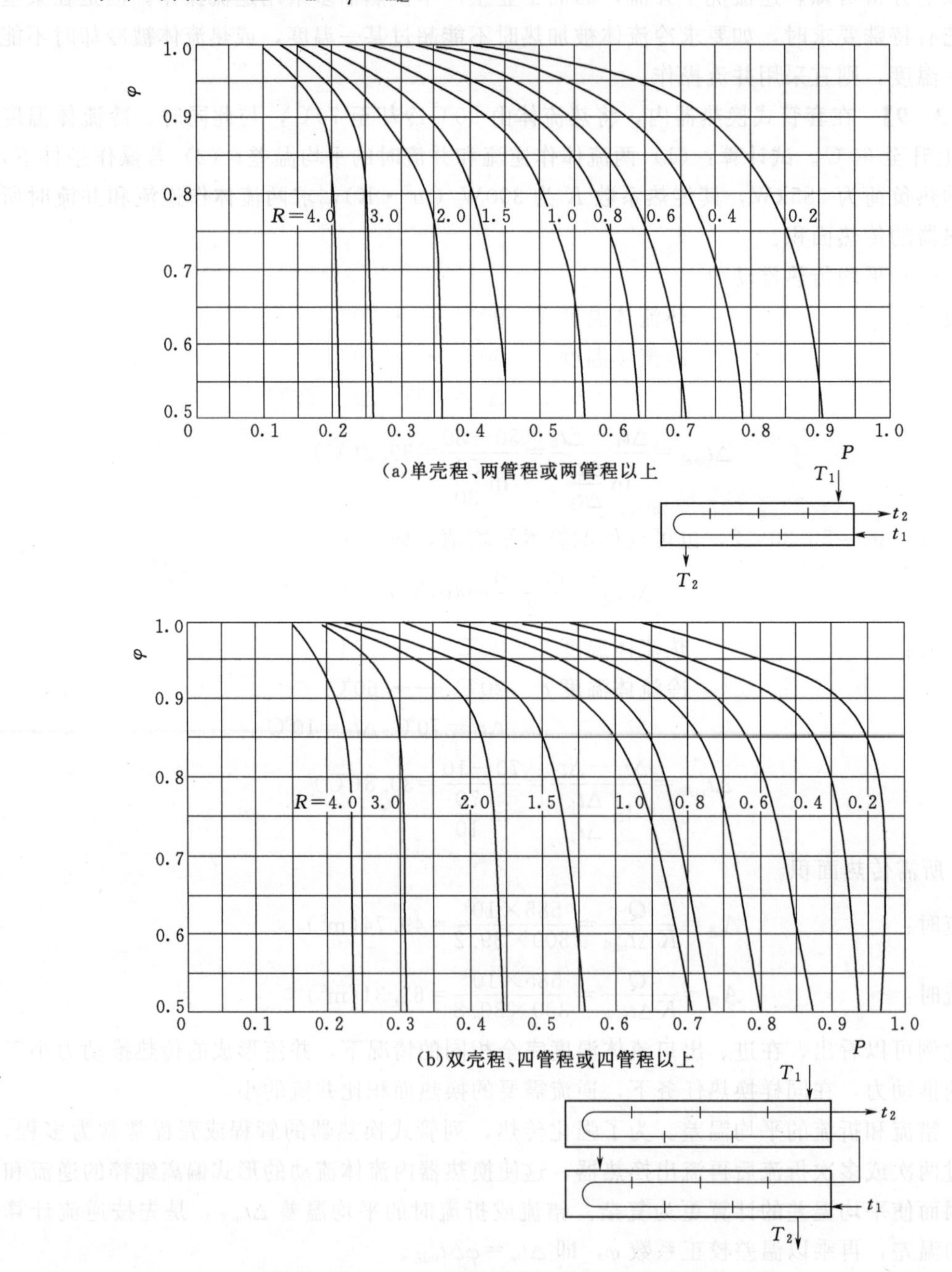

(a)单壳程、两管程或两管程以上

(b)双壳程、四管程或四管程以上

图3-21（一） 几种流动形式的Δt_m校正系数φ值

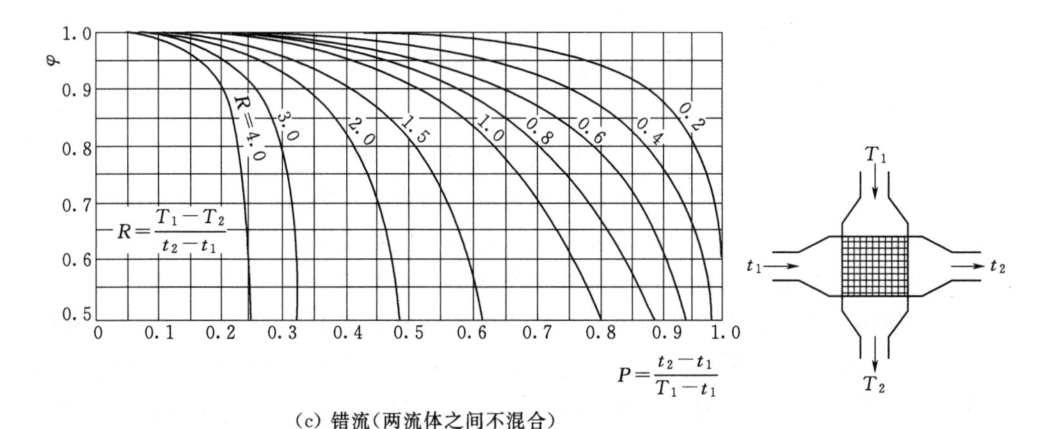

(c) 错流(两流体之间不混合)

图 3-21（二） 几种流动形式的 Δt_m 校正系数 φ 值

由于平均温差校正系数 φ 恒小于 1，故折流时的平均温差总小于逆流时的平均温差。在设计时要注意使 $\varphi>0.8$，否则经济上不合理，也影响换热器操作的稳定性，因为此时若操作温度稍有变动（P 略增大），将会使 φ 值急剧下降。所以，当计算得出的 $\varphi<0.8$ 时，应改变流动方式后再计算。

【例 3-10】 在一单壳程、四管程的列管式换热器中，用水冷却油。冷水在壳程流动，进口温度为 15℃，出口温度为 32℃。油的进口温度为 100℃，出口温度为 40℃。试求两流体间的平均温差。

解：此题为求简单折流时的平均温度差，先按逆流计算，即

热流体温度 T　100℃ ⟶ 40℃

冷流体温度 t　32℃ ⟵ 15℃

$\Delta t_1=68℃$　$\Delta t_2=25℃$

$$\Delta t_{m逆}=\frac{\Delta t_1-\Delta t_2}{\ln\frac{\Delta t_1}{\Delta t_2}}=\frac{68-25}{\ln\frac{68}{25}}=43(℃)$$

$$R=\frac{T_1-T_2}{t_2-t_1}=\frac{100-40}{32-15}=3.53$$

$$P=\frac{t_2-t_1}{T_1-t_1}=\frac{32-15}{100-15}=0.20$$

查图 3-21（a）得 $\varphi=0.9$，所以

$$\Delta t_m=\varphi\Delta t_{m逆}=0.9\times43=38.7(℃)$$

【例 3-11】 现有单壳程、二管程列管式换热器。若用其将热油从 100℃冷却至 50℃，假设冷却水走管程，进口温度为 20℃，出口温度为 40℃，试求换热器的平均传热推动力。

解：流体在换热器中的相对流向为折流，故先按逆流计算，即逆流的平均传热温差为

$$\Delta t_{m逆}=\frac{\Delta t_1-\Delta t_2}{\ln\frac{\Delta t_1}{\Delta t_2}}=\frac{(100-40)-(50-20)}{\ln\frac{100-40}{50-20}}=43.3(℃)$$

再按折流计算，因为

$$P=\frac{t_2-t_1}{T_1-t_1}=\frac{40-20}{100-20}=0.25$$

$$R=\frac{T_1-T_2}{t_2-t_1}=\frac{100-50}{40-20}=2.5$$

由图 3-21（a）查得：$\varphi=0.89$，所以

$$\Delta t_m=\varphi\Delta t_{m逆}=0.89\times 43.3=38.5(℃)$$

从提高传热推动力的角度看，应尽量采用逆流。因为在换热器的热负荷和传热系数一定时，若载热体的流量一定，可减少传热面积，从而节省设备投资费用；若传热面积一定，则可减少加热剂（或冷却剂）用量，从而降低操作费用。但由于一些特别的原因，其他流向仍在工业生产中使用，比如，当工艺要求被加热流体的终温不高于某一定值，或被冷却流体的终温不低于某一定值时，常采用并流，因为并流能限制出口温度；加热黏度较大的冷流体也常采用并流，因并流时进口端温差较大，冷流体进入换热器后温度可迅速提高，黏度降低，有利于提高传热效果。错流或折流虽然平均温差比逆流低，但可以有效地降低传热热阻，而降低热阻往往比提高传热推动力更为有利，此外，错流、折流还便于加工和检修，所以工程上错流或折流仍然是多见的。

【例 3-12】 在一传热面积 $S=50m^2$ 的列管式换热器中，用冷却水将热油从 110℃冷却至 80℃，热油放出的热量为 400kW，冷却水的进、出口温度分别为 30℃和 50℃。忽略热损失。(1) 计算并流操作时冷却水用量和平均传热温差；(2) 如果采用逆流，仍然维持油的流量和进、出口温度不变，冷却水进口温度不变，试求冷却水的用量和出口温度（假设两种情况下换热器的传热系数 K 不变）。

解：(1) (30+50)/2=40℃，查资料得 40℃下水的比热容为 4.174kJ/(kg·K)，则冷却水用量为

$$q_{mc}=\frac{Q}{c_{pc}(t_2-t_1)}=\frac{400\times 3600}{4.174\times(50-30)}=1.725\times 10^4(kg/h)$$

平均传热温差为

$$\Delta t_m=\frac{\Delta t_1-\Delta t_2}{\ln\frac{\Delta t_1}{\Delta t_2}}=\frac{(110-30)-(80-50)}{\ln\frac{110-30}{80-50}}=51(℃)$$

(2) 根据题意，换热器的传热面积 S、传热系数 K 及热负荷 Q 均与并流时相同，其平均传热温差也和并流时相同，故有

$$\Delta t_m=51℃$$

假设此时$\Delta t_1/\Delta t_2\leqslant 2$，则可用算术平均值，即

$$\Delta t_m=\frac{(110-t_2)+(80-30)}{2}=51(℃)$$

解得

$$t_2=58℃$$

此时，$\Delta t_1=110-58=52(℃)$，$\Delta t_2=80-30=50(℃)$，$\Delta t_1/\Delta t_2=52/50<2$，假设正确。因此，冷却水的出口温度 $t_2=58℃$。

(30+58)/2=44℃，查资料得 44℃时水的比热容为 4.174kJ/(kg·K)，则逆流时冷却水用量为

$$q_m=\frac{Q}{c_p(t_2-t_2)}=\frac{400\times 3600}{4.174\times(58-30)}=1.232\times 10^4(kg/h)$$

可见，对于两侧流体温度均发生变化的变温传热，采用逆流换热有可能比采用并流换热

节约载热体的用量。必须指出，节约载热体的用量是以牺牲传热推动力为代价的，应综合分析作出选择。

任务四 总传热系数

总传热系数 K 的物理意义是：当传热平均温差为1℃时，在单位时间内通过单位传热面积所传递的热量。K 值是衡量换热器工作效率的重要参数。因此，了解总传热系数的影响因素，合理确定 K 值，是传热计算中的一个重要问题。

一、计算传热系数的基本公式

间壁两侧流体的热交换过程包括三个串联的传热过程。流体在换热器中沿管长方向的温度分布如图 3-22 所示，现截取一段微元来进行研究，其传热面积为 dA，微元壁内、外流体温度分别为 T、t（平均温度），则单位时间通过 dA 冷、热流体交换的热量 dQ 应正比于壁面两侧流体的温差，即

$$dQ=KdA(T-t)$$

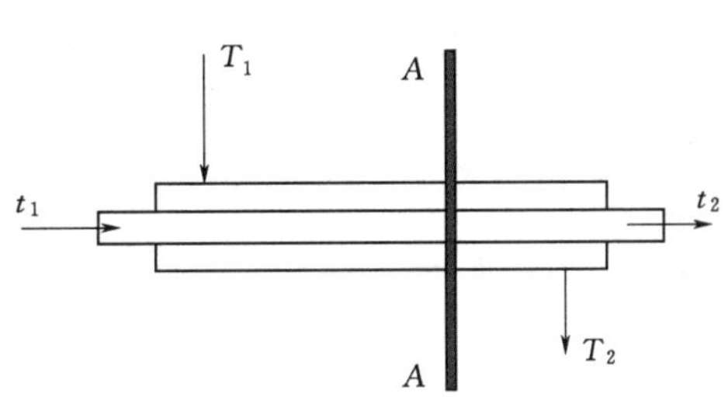

图 3-22 换热器微元面积选取

前已述及，两流体的热交换过程由三个串联的传热过程组成：

管外对流 $$dQ_1=\alpha_o dA_o(T-T_w)$$

管壁热传导 $$dQ_2=\frac{\lambda}{\delta}dA_m(T_w-t_w)$$

管内对流 $$dQ_3=\alpha_i dA_i(t_w-t)$$

对于稳定传热 $$dQ=dQ_1=dQ_2=dQ_3$$

$$dQ=\frac{T-T_w}{\frac{1}{\alpha_o dA_o}}=\frac{T_w-t_w}{\frac{\delta}{\lambda dA_m}}=\frac{t_w-t}{\frac{1}{\alpha_i dA_i}}=\frac{T-t}{\frac{1}{\alpha_i dA_i}+\frac{\delta}{\lambda dA_m}+\frac{1}{\alpha_o dA_o}}$$

与 $dQ=KdA(T-t)$，即 $dQ=\frac{T-t}{\frac{1}{KdA}}$对比，得

$$\frac{1}{KdA}=\frac{1}{\alpha_i dA_i}+\frac{\delta}{\lambda dA_m}+\frac{1}{\alpha_o dA_o} \tag{3-46}$$

式中 K——总传热系数，$W/(m^2 \cdot K)$。

1. 传热面为平面

当传热面为平面时，$dA=dA_i=dA_o=dA_m$，则

$$\frac{1}{K}=\frac{1}{\alpha_i}+\frac{\delta}{\lambda}+\frac{1}{\alpha_o} \tag{3-46a}$$

（1）多层平壁。式（3-46a）中的$\frac{\delta}{\lambda}$一项可以写成

$$\sum\frac{\delta}{\lambda}=\frac{\delta_1}{\lambda_1}+\frac{\delta_2}{\lambda_2}+\cdots+\frac{\delta_n}{\lambda_n}$$

则式（3-46a）还可写成

$$\frac{1}{K}=\frac{1}{\alpha_o}+\sum\frac{\delta}{\lambda}+\frac{1}{\alpha_i}$$

（2）若固体壁面为金属材料，固体金属的导热系数大，而壁厚又薄，$\frac{\delta}{\lambda}$与$\frac{1}{\alpha_o}$和$\frac{1}{\alpha_i}$相比可略去不计，则式（3-46a）还可写成

$$K=\frac{1}{\frac{1}{\alpha_o}+\frac{1}{\alpha_i}}=\frac{\alpha_o\alpha_i}{\alpha_o+\alpha_i}$$

（3）当$\alpha_o \gg \alpha_i$时，值接近与热阻较大一项的α_i值。

当两个α值很悬殊时，则值K与α小的值很接近，如果$\alpha_o \gg \alpha_i$，则$K \approx \alpha_i$；$\alpha_o \ll \alpha_i$，则$K \approx \alpha_o$。

【例 3-13】 换热器壁面的一侧为水蒸气冷凝，其对流传热系数为10000W/(m²·℃)；壁面的另一侧为被加热的空气，其对流传热系数为10W/(m²·℃)，壁厚2mm，其导热系数为45W/(m²·℃)。求总传热系数。

解：

$$K=\frac{1}{\frac{1}{\alpha_o}+\frac{\delta}{\lambda}+\frac{1}{\alpha_i}}=\frac{1}{\frac{1}{10000}+\frac{0.002}{45}+\frac{1}{10}}=9.98[\mathrm{W/(m^2\cdot ℃)}]$$

【例 3-14】 器壁一侧为沸腾液体，α_o为5000W/(m²·℃)，器壁另一侧为热流体，α_i为50W/(m²·℃)，壁厚为4mm，λ=40W/(m²·℃)。求总传热系数K值。为了提高K值，在其他条件不变的情况下，提高对流传热系数：（1）将α_o提高一倍；（2）将α_i提高一倍。

解：

$$K=\frac{1}{\frac{1}{\alpha_o}+\frac{\delta}{\lambda}+\frac{1}{\alpha_i}}=\frac{1}{\frac{1}{5000}+\frac{0.004}{40}+\frac{1}{50}}$$

$$=\frac{1}{0.0002+0.0001+0.02}=49.26[\mathrm{W/(m^2\cdot ℃)}]$$

（1）其他条件不变，$\alpha_o=2\times5000=10000$W/(m²·℃)，代入计算式得

$$K=\frac{1}{\frac{1}{10000}+\frac{0.004}{40}+\frac{1}{50}}=\frac{1}{0.0001+0.0001+0.02}$$

$$=49.5[\mathrm{W/(m^2\cdot ℃)}]$$

（2）其他条件不变，$\alpha_i=2\times50=100$W/(m²·℃)，代入计算式得

$$K=\frac{1}{\frac{1}{5000}+\frac{0.004}{40}+\frac{1}{100}}=\frac{1}{0.0002+0.0001+0.01}$$

$$=97.1[\mathrm{W/(m^2\cdot ℃)}]$$

由计算结果可知，总传热系数K总是接近于值小的α值。

2. 传热面为圆筒壁

当传热面为圆筒壁时，两侧的传热面积不等。

（1）以外表面积为基准（在换热器系列化标准中常如此规定），即取$dA=dA_o$，则

$$\frac{1}{K_o}=\frac{1}{\alpha_o}+\frac{\delta}{\lambda}\frac{dA_o}{dA_m}+\frac{1}{\alpha_i}\frac{dA_o}{dA_i} \tag{3-46b}$$

或
$$\frac{1}{K_o}=\frac{1}{\alpha_o}+\frac{\delta}{\lambda}\frac{d_o}{d_m}+\frac{1}{\alpha_i}\frac{d_o}{d_i} \tag{3-46c}$$

式中 A_o——换热管的外表面积，$A_o=\pi d_o L$；

A_i——换热管的内表面积，$A_i=\pi d_i L$；

A_m——换热管的对数平均面积，$A_m=\pi d_m L$；

K_o——以换热管的外表面为基准的总传热系数（下同）；

d_m——换热管的对数平均直径（下同）。

$$d_m=\frac{d_o-d_i}{\ln\frac{d_o}{d_i}}$$

若$\frac{d_o}{d_i}\leqslant 2$，则可用算术平均值代替对数平均值，即

$$d_m=\frac{d_o+d_i}{2}$$

（2）以内表面积为基准，则

$$\frac{1}{K_i}=\frac{1}{\alpha_o}\frac{d_i}{d_o}+\frac{\delta}{\lambda}\frac{d_i}{d_m}+\frac{1}{\alpha_i} \tag{3-46d}$$

（3）以平均面积为基准，则

$$\frac{1}{K_m}=\frac{1}{\alpha_o}\frac{d_m}{d_o}+\frac{\delta}{\lambda}+\frac{1}{\alpha_i}\frac{d_m}{d_i} \tag{3-46e}$$

在传热计算中，用内表面积或外表面积作为传热面积计算结果相同。但工程上习惯以管外表面积作为计算的传热面积，故以下的总传热系数 K 都是相对应于管外表面积的。

从上述推导过程看，这里的 K 是对应于 dA 的局部传热系数。严格地讲，在换热器中，流体的温度不断地沿传热面积而变（流体有相变时除外）。因此，流体的物性、对流传热系数及总传热系数都会有所变化。但是，工程计算中所使用的对流传热系数是按系统定性温度所确定的物性参数计算得到的，可视为常数，因而用式（3-46）求得的 K 值也可作为全部传热面积上的平均值而视为常数。

二、壁面的温度

稳定传热过程中热流体对壁面的对流传热量及壁面对冷流体的对流传热量均相等，即

$$\frac{Q}{A}=\alpha_1(T-t_{w1})=\alpha_2(t_{w2}-t) \tag{3-47}$$

由式（3-47）可以看出，对流传热系数值大的那一侧，其壁温与流体温度之差就小。换句话说，壁温总是比较接近值大的那一侧流体的温度。这一结论对设计换热器是很重要的。

三、污垢热阻

换热器使用一段时间后，传热速率 Q 会下降，这往往是由于传热表面有污垢积存的缘故，污垢的存在增加了传热热阻。虽然此层污垢不厚，但由于其导热系数小、热阻大，在计算 K 值时不可忽略。

若管内、外侧流体的污垢热阻用 R_{si}、R_{so}表示，按串联热阻的概念，总传热系数 K 可由下式计算：

$$R=\frac{1}{K}=\frac{1}{\alpha_o}+R_{so}+\frac{\delta}{\lambda}\frac{d_o}{d_m}+R_{si}\frac{d_o}{d_i}+\frac{1}{\alpha_i}\frac{d_o}{d_i} \tag{3-48}$$

为消除污垢热阻的影响，应定期清洗换热器。

由于污垢的厚度及导热系数难以准确估计，因此通常选用经验值，表 3-8 列出了一些常见换热情况下污垢热阻的经验值，供使用时查取。

表 3-8　　常见流体的污垢热阻 R_s

流体	$R_s/(m^2 \cdot K/kW)$	流体	$R_s/(m^2 \cdot K/kW)$
水（>50℃）		水蒸气	
蒸馏水	0.09	优质不含油	0.052
海水	0.09	劣质不含油	0.09
清净的河水	0.21	液体	
未处理的凉水塔用水	0.58	盐水	0.172
已处理的凉水塔用水	0.26	有机物	0.172
已处理的锅炉用水	0.26	熔盐	0.086
硬水、井水	0.58	植物油	0.52
气体		燃料油	0.172～0.52
空气	0.26～0.53	重油	0.86
溶剂蒸气	0.172	焦油	1.72

四、几点讨论

（1）若传热壁面为平壁或薄管壁时，A_i、A_o、A_m 相等或近似相等，则式（3-48）可简化为

$$\frac{1}{K}=\frac{1}{\alpha_i}+R_{si}+\frac{\delta}{\lambda}+R_{so}+\frac{1}{\alpha_o} \tag{3-48a}$$

当使用金属薄壁管时，管壁热阻可忽略；若为清洁流体，污垢热阻也可忽略。此时

$$\frac{1}{K}\approx\frac{1}{\alpha_i}+\frac{1}{\alpha_o} \tag{3-48b}$$

式（3-48b）说明传热系数 K 必小于任一侧流体的对流传热系数。

（2）在实际生产中，流体的进、出口温度往往受到工艺要求的制约，因此，提高 K 值是强化传热的重要途径之一。欲提高 K 值，必须设法减小起决定作用的热阻。

若 $\alpha_i \gg \alpha_o$，则 $1/K \approx 1/\alpha_o$，此时，欲提高 K 值，关键在于提高管外侧的对流传热系数；若 $\alpha_o \gg \alpha_i$，则 $1/K \approx 1/\alpha_i$，此时，欲提高 K 值，关键在于提高管内侧的对流传热系数。

总之，当两个 α 相差很大时，欲提高 K 值，应该采取措施提高 α 小的那一侧的对流传热系数。

若 α_i 与 α_o 较为接近，改变两侧的对流传热系数，对提高 K 值均是有效的。

（3）K 值除上述计算方法外，还可选用实际生产的经验数据或直接测定。表 3-9 列出了列管式换热器对于不同流体在不同情况下的传热系数的大致范围，可供参考选择。选取工艺条件相仿、设备类似而又比较成熟的经验数据，在换热器设计计算中是常见的。

表 3-9　　列管式换热器中 K 值的大致范围

热流体	冷流体	总传热系数 $K/[W/(m^2 \cdot K)]$
水	水	850～1700
轻油	水	340～910

续表

热流体	冷流体	总传热系数 K/[W/(m^2·K)]
重油	水	60～280
气体	水	17～280
水蒸气冷凝	水	1420～4250
水蒸气冷凝	气体	30～300
低沸点烃类蒸气冷凝（常压）	水	455～1140
高沸点烃类蒸气冷凝（减压）	水	60～170
水蒸气冷凝	水沸腾	2000～4250
水蒸气冷凝	轻油沸腾	455～1020
水蒸气冷凝	重油沸腾	140～425

【例 3-15】 列管式换热器的换热管为 $\phi25\times2$mm 无缝钢管 [$\lambda=46.5$W/(m·K)]，水从列管内经过，$\alpha_i=400$W/(m^2·K)，饱和水蒸气在管外冷凝，$\alpha_o=10000$W/(m^2·K)，由于换热器刚投入使用，污垢热阻可以忽略。试计算：(1) 总传热系数 K 及各分热阻所占总热阻的比例；(2) 将 α_i 提高一倍（其他条件不变）后的 K 值；(3) 将 α_o 提高一倍（其他条件不变）后的 K 值。

解： (1) 由于壁面较薄，可忽略管壁内外表面积的差异。根据题意：$R_{si}=R_{so}=0$，由式 (3-46a) 得

$$K=\frac{1}{\dfrac{1}{\alpha_i}+\dfrac{\delta}{\lambda}+\dfrac{1}{\alpha_o}}=\frac{1}{\dfrac{1}{400}+\dfrac{0.002}{46.5}+\dfrac{1}{10000}}=378.4[\text{W}/(\text{m}^2\cdot\text{K})]$$

各分热阻及所占比例的计算直观而简单，故省略计算过程，直接将计算结果列于表 3-10。

表 3-10　［例 3-15］计算结果

热阻名称	热阻值×10^3/[(m^2·K)/W]	比例/%
总热阻 $1/K$	2.64	100
管内对流热阻 $1/\alpha_i$	2.5	94.7
管外对流热阻 $1/\alpha_o$	0.1	3.8
壁面导热热阻 δ/λ	0.04	1.5

管内对流热阻占主导地位，因此，提高 K 值的有效途径应该是减小管内对流热阻，即设法提高 α_i 值。

(2) 将 α_i 提高一倍（其他条件不变），即 $\alpha_i'=800$W/(m^2·K)，则

$$K'=\frac{1}{\dfrac{1}{800}+\dfrac{0.002}{46.5}+\dfrac{1}{10000}}=717.9[\text{W}/(\text{m}^2\cdot\text{K})]$$

增幅为

$$\frac{717.9-378.4}{378.4}\times100\%=89.7\%$$

(3) 将 α_o 提高一倍（其他条件不变），即 $\alpha_o'=20000$W/(m^2·K)，则

$$K''=\frac{1}{\dfrac{1}{400}+\dfrac{0.002}{46.5}+\dfrac{1}{20000}}=385.7[\text{W}/(\text{m}^2\cdot\text{K})]$$

增幅为 $$\frac{385.7-378.4}{378.4}\times100\%=1.9\%$$

显然，提高较小对流传热系数才是更有效的强化传热的手段。

【例 3-16】 ［例 3-15］中的换热器使用一段时间后形成了垢层，试计算此时的传热系数 K 值。

解： 根据表 3-8 所列数据，取水的污垢热阻 $R_{si}=0.58\text{m}^2\cdot\text{K/kW}$，水蒸气的 $R_{so}=0.09(\text{m}^2\cdot\text{K})/\text{kW}$。则由式（3-48a）有

$$K'''=\frac{1}{\frac{1}{\alpha_i}+R_{si}+\frac{\delta}{\lambda}+R_{so}+\frac{1}{\alpha_o}}$$

$$=\frac{1}{\frac{1}{400}+0.00058+\frac{0.002}{46.5}+0.00009+\frac{1}{10000}}$$

$$=301.8[\text{W}/(\text{m}^2\cdot\text{K})]$$

由于污垢热阻的产生，使传热系数下降了

$$\frac{K-K'''}{K}\times100\%=\frac{378.4-301.8}{378.4}\times100\%=20.2\%$$

本例说明，垢层的存在，大大降低了传热速率。因此在实际生产中，应该尽量减缓垢层的形成并及时清除污垢。

【例 3-17】 一换热器用外径 20mm、厚 2mm 的铜管制成传热面。管内走某种气体，其流量为 400kg/h，由 50℃冷却到 20℃，平均比热容为 830J/(kg·℃)。管外冷却水与管内气体逆流流动，流量为 100kg/h，其初温为 10℃。已知热流体一侧的对流传热系数 α_i 为 60W/(m²·℃)，管壁对水的对流传热系数 α_o 为 1150W/(m²·℃)。若忽略污垢热功当量阻，不计热损失。求：(1) 冷却水的终温；(2) 总传热系数 K；(3) 换热器的传热面积 A；(4) 所需铜管的长度 L。

解： 按题意为薄壁圆管的变温传热。

(1) 冷却水的出口温度 t_2 由热量衡算得。因为

$$Q=q_{mh}c_h(T_1-T_2)=q_{mc}c_c(t_2-t_1)$$

所以 $$\frac{400}{3600}\times830\times(50-20)=\frac{100}{3600}\times4190\times(t_2-10)$$

$$t_2=33.8℃$$

(2) 因管壁很薄，可按平壁公式计算。又铜壁的热阻很小，可以忽略不计，故

$$K=\frac{1}{\frac{1}{\alpha_i}+\frac{1}{\alpha_o}}=\frac{\alpha_i\alpha_o}{\alpha_i+\alpha_o}=\frac{60\times1150}{60+1150}=57[\text{W}/(\text{m}^2\cdot℃)]$$

(3) 由传热速率方程得

$$Q=\frac{400}{3600}\times830\times(50-20)=2767(\text{W})$$

逆流时：　热流体温度 T　50℃ ⟶ 20℃

冷流体温度 t　33.8℃ ⟵ 10℃

$\Delta t_1=16.2℃$　$\Delta t_2=10℃$

$$\Delta t_m=\frac{\Delta t_1-\Delta t_2}{\ln\dfrac{\Delta t_1}{\Delta t_2}}=\frac{16.2-10}{\ln\dfrac{16.2}{10}}=12.9(℃)$$

$$A=\frac{Q}{K\Delta t_m}=\frac{2767}{57\times 12.9}=3.76(m^2)$$

(4) 所需铜管的长度 L 为

$$L=\frac{A}{\pi d_o}=\frac{3.76}{3.14\times 0.02}=59.9(m)$$

任务五　传热计算示例与分析

换热器计算包括设计型和操作型两类。

一、换热器的设计型计算

1. 设计型计算的命题方式

设计任务：将一定流量 q_{mh} 的热流体自给定温度 T_1 冷却至指定温度 T_2；或将一定流量 q_{mc} 的冷流体自给定温度 t_1 加热至指定温度 t_2。

设计条件：可供使用的冷却介质即冷流体的进口温度 t_1；或可供使用的加热介质即热流体的进口温度 T_1。

计算目的：确定经济上合理的传热面积及其他有关尺寸。

2. 设计型问题的计算方法

设计计算的大致步骤如下：

(1) 首先由传热任务用热量衡算式计算换热器的热负荷 Q。

(2) 作出适当的选择并计算平均推动力 Δt_m。

(3) 计算冷、热流体与管壁的对流传热系数 α_o、α_i 及总传热系数 K。

(4) 由总传热速率方程计算传热面积 A 或管长 l。

3. 设计型计算中参数的选择

由总传热速率方程式 $Q=KA\Delta t_m$ 可知，为确定所需的传热面积，必须知道平均推动力 Δt_m 和总传热系数 K。

为计算对数平均温差，设计者首先必须选择：①流体的流向，即决定采用逆流、并流还是其他复杂流动方式；②冷却介质的出口温度 t_2 或加热介质的出口温度 T_2。

为求得总传热系数 K，须计算两侧的传热系数 α，故设计者必须决定：①冷、热流体各走管内还是管外；②适当的流速。

同时，还必须选定适当的污垢热阻。

由上所述，设计型计算必涉及设计参数的选择。各种选择决定之后，所需的传热面积及管长等换热器其他尺寸是不难确定的。不同的选择有不同的计算结果，设计者必须作出恰当的选择才能得到经济上合理、技术上可行的设计，或者通过多方案计算，从中选出最优方案。近年来，利用计算机进行换热器优化设计日益得到广泛的应用。

4. 设计型计算的例题

【例 3-18】 有一套管式换热器，由 $\phi57\times3.5$mm 与 $\phi89\times4.5$mm 的钢管组成。甲醇在内管流动，流量为 5000kg/h，由 60℃冷却到 30℃，甲醇侧的对流传热系数 $\alpha_i=1512W/(m^2\cdot K)$。

冷却水在环隙中流动，其入口温度为20℃，出口温度拟定为35℃。忽略热损失、管壁及污垢热阻，且已知甲醇的平均比热容为2.6kJ/(kg·℃)，在定性温度下水的黏度为0.84cP、导热系数为0.61W/(m²·℃)、比热容为4.174kJ/(kg·℃)。试求：(1) 冷却水的用量；(2) 所需套管长度；(3) 若将套管换热器的内管改为$\phi48\times3$mm的钢管，其他条件不变，求此时所需的套管长度。

解：(1) 冷却水的用量q_{mc}可由热量衡算式求得，由题给的c_{pc}与c_{ph}单位相同，不必换算，q_{mh}的单位必须由kg/h换算成kg/s，故有

$$q_{mc}=\frac{q_{mh}c_{ph}(T_1-T_2)}{c_{pc}(t_2-t_1)}=\frac{\left(\frac{5000}{3600}\right)\times2.6\times(60-30)}{4.174\times(35-20)}=1.73(\text{kg/s})$$

(2) 题目没有指明以什么面积为基准，在这种情况下均当做以传热管的外表面积为基准（以后的例题都按这个约定，不另行说明），对套管式换热器而言就是以内管外表面积为基准，即

$$A=\pi d_o l$$

$$Q=q_{mh}(T_1-T_2)=K\pi d_o l\Delta t_m$$

得
$$l=\frac{Q}{K\pi d_o\Delta t_m}=\frac{q_{mh}c_{ph}(T_1-T_2)}{K\pi d_o\Delta t_m}$$

建议读者分别先求出Q、K、Δt_m的值后再代入上式求l不易错。Q的SI制单位为W，必须将q_{mh}的单位化为kg/s、c_{ph}的单位化为J/(kg·℃)再求Q，即

$$Q=q_{mh}c_{ph}(T_1-T_2)=\frac{5000}{3600}\times2.6\times10^3\times(60-30)=1.083\times10^5(\text{W})$$

求Δt_m必须先确定是逆流还是并流，题目没有明确说明流向，但由已知条件可知$t_2=35℃>T_2=30℃$，只有逆流才可能出现这种情况，故可断定本题必为逆流，于是

$$\Delta t_m=\frac{(T_1-t_2)-(T_2-t_1)}{\ln\frac{T_1-t_2}{T_2-t_1}}=\frac{(60-35)-(30-20)}{\ln\frac{60-35}{30-20}}=16.4(℃)$$

由于管壁及污垢热阻可略去，以传热管外表面积为基准的K为

$$K=\left(\frac{1}{\alpha_o}+\frac{1}{\alpha_i}\frac{d_o}{d_i}\right)^{-1}$$

式中甲醇在内管侧的α_i已知，冷却水在环隙侧的α_o未知。求α_o必须先求冷却水在环隙流动的Re，求Re要先求冷却水的流速u。

环隙当量直径　$d_e=D-d_o=(0.089-2\times0.0045)-0.057=0.023(\text{m})$

冷却水在环隙的流速

$$u=\frac{q_V}{0.785(D^2-d_1^2)}=\frac{\frac{q_{mc}}{\rho_{H_2O}}}{0.785\times(0.08^2-0.057^2)}=0.699(\text{m/s})$$

$$Re=\frac{d_e u\rho}{\mu}=\frac{0.023\times0.699\times1000}{0.84\times10^{-3}}=1.91\times10^4>10^4\text{，为湍流}$$

$$Pr=\frac{c_p\mu}{\lambda}=\frac{4.187\times10^3\times0.84\times10^{-3}}{0.61}=5.77$$

注意：求Re及Pr时必须将μ、c_p、λ等物性数据化为SI制方可代入运算，提醒读者在

解题时要特别注意物理量的单位问题。则冷却水在环隙流动的对流传热系数 α_o为

$$\alpha_o=0.023\frac{\lambda}{d_e}Re^{0.8}Pr^{0.4}=0.023\times\frac{0.61}{0.023}\times(1.91\times10^4)^{0.8}\times5.77^{0.4}=3271[W/(m^2\cdot℃)]$$

$$K=\left(\frac{1}{\alpha_o}+\frac{1}{\alpha_i}\frac{d_o}{d_i}\right)^{-1}=\left(\frac{1}{3271}+\frac{1}{1512}\times\frac{57}{50}\right)^{-1}=944[W/(m^2\cdot℃)]$$

$$l=\frac{Q}{K\pi d_o\Delta t_m}=\frac{1.083\times10^5}{944\times3.14\times0.057\times16.4}=39.1(m)$$

一般将多段套管式换热器串联安装，使管长为 39.1m 或略长一点，以满足传热要求。

(3) 当内管改为 $\phi48\times3$mm 后，管内及环隙的流通截面积均发生变化，引起 α_o、α_i均发生变化。应设法先求出变化后的 α 及 K 值，然后再求 l。

对管内的流体甲醇，根据

$$Re=\frac{d_iu\rho}{\mu}=\frac{d_i\rho}{\mu}\frac{q_{Vh}}{0.785d_i^2}\propto\frac{1}{d_i}$$

可知内管改小后，d_i减小，其他条件不变则 Re 增大，原来甲醇为湍流，现在肯定仍为湍流，

由
$$\alpha_i=0.023\frac{\lambda}{d_i}Re^{0.8}Pr^{0.3}\propto\frac{1}{d_i^{1.8}}$$

得
$$\frac{\alpha_i'}{\alpha_i}=\left(\frac{d_i}{d_i'}\right)^{1.8}=\left(\frac{50}{42}\right)^{1.8}=1.369$$

所以
$$\alpha_i'=1.369\alpha_i=1.369\times1512=2070[W/(m^2\cdot℃)]$$

对环隙的流体冷却水，根据 $d_e=D-d_o$ 及 $u=\frac{q_{Vo}}{0.785(D^2-d_o^2)}$，有

$$Re_o=\frac{d_eu\rho}{\mu}\propto\frac{D-d_o}{D^2-d_o^2}\propto\frac{1}{D+d_o}$$

从上式可知，d_o减小，其他条件不变将使环隙 Re_o增大，原来冷却水为湍流，现在肯定仍为湍流，由

$$\alpha_i=0.023\frac{\lambda}{d_e}Re^{0.8}Pr^{0.4}$$

$$\frac{\alpha_o'}{\alpha}=\frac{d_e}{d_e'}\times\left(\frac{D+d_o}{D+d_o'}\right)^{0.8}=\frac{D-d_o}{D-d_o'}\times\left(\frac{D+d_o}{D+d_o'}\right)^{0.8}=\frac{80-57}{80-48}\times\left(\frac{80+57}{80+48}\right)^{0.8}=0.759$$

所以
$$\alpha_o'=0.759\alpha_o=0.759\times3271=2483[W/(m^2\cdot℃)]$$

$$K'=\left(\frac{1}{\alpha_o'}+\frac{1}{\alpha_i'}\frac{d_o'}{d_i'}\right)^{-1}=\left(\frac{1}{2483}+\frac{1}{2070}\times\frac{48}{42}\right)^{-1}=1047[W/(m^2\cdot℃)]$$

$$l'=\frac{Q}{K'\pi d_o'\Delta t_m}=\frac{1.083\times10^5}{1047\times3.14\times0.048\times16.4}=41.8(m)$$

【例 3-19】 将流量为 2200kg/h 的空气在列管式换热器内从 20℃加热到 80℃。空气在管内作湍流流动，116℃的饱和蒸汽在管外冷凝。现因工况变动需将空气的流量增加 20%，而空气的进、出口温度不变。问采用什么方法（可以重新设计一台换热器，也可仍在原换热器中操作）能够完成新的生产任务？请作出定量计算（设管壁及污垢的热阻可略去不计）。

分析： 空气流量 q_{mc}增加 20%而其进、出口温度不变，根据热量衡算式 $Q=q_{mc}c_{pc}(t_2-t_1)$ 可知 Q 增加 20%。由总传热速率方程 $Q=KA\Delta t_m$可知，增大 K、A、Δt_m均可增大 Q 完成新的传热任务。而管径 d、管数 n 的改变均可影响 K 和 A，管长 l 的改变会影响 A，加热蒸汽饱和温度的改变会影响Δt_m。故解题时先设法找出 d、n、l 及Δt_m对 Q 影响的关系式。

解：本题为一侧饱和蒸汽冷凝加热另一侧冷流体的传热问题。蒸汽走传热管外侧，其 α_o的数量级为 10^4左右，而空气（走管内）的 α_i数量级仅 10^1，因而有 $\alpha_o \gg \alpha_i$。以后碰到饱和蒸汽冷凝加热气体的情况，均要懂得利用 $\alpha_o \gg \alpha_i$这一结论。

原工况：
$$Q=W_c c_{pc}(t_2-t_1)\text{（}Q\text{ 不必求出）}$$

$$\Delta t_m=\frac{t_2-t_1}{\ln\dfrac{T_s-t_1}{T_s-t_2}}=\frac{80-20}{\ln\dfrac{116-20}{116-80}}=61.2(℃)$$

因为管壁及污垢的热阻可略去，并根据 $\alpha_o \gg \alpha_i$，有

$$K=\left(\frac{1}{\alpha_o}+\frac{1}{\alpha_i}\frac{d_o}{d_i}\right)^{-1}\approx\alpha_i\frac{d_i}{d_o}$$

$$Q=KA\Delta t_m\approx\alpha_i\frac{d_i}{d_o}n\pi d_o l\Delta t_m=\alpha_i n\pi d_i l\Delta t_m \tag{a}$$

由于空气在管内作湍流流动，故有

$$\alpha_i=0.023\frac{\lambda}{d_i}Re^{0.8}Pr^{0.4}$$

$$Re=\frac{d_i u\rho}{\mu}=\frac{d_i}{\mu}\times\frac{q_{mc}}{0.785d_i^2 n}=\frac{q_{mc}}{0.785d_i n\mu}$$

所以
$$\alpha_i=0.023\frac{\lambda}{d_i}\left(\frac{q_{mc}}{0.785d_i n\mu}\right)^{0.8}Pr^{0.4}=\frac{C}{n^{0.8}d_i^{1.8}}$$

式中 C 在题给条件下为常数，将上式代入式（a）得

$$Q=\frac{C}{n^{0.8}d_i^{1.8}}n\pi d_i l\Delta t_m=c\pi\frac{n^{0.2}l\Delta t_m}{d_i^{0.8}}$$

新工况：
$$Q'=q'_{mc}c_{pc}(t_2-t_1)=1.2q_{mc}c_{pc}(t_2-t_1)=1.2Q \tag{b}$$

$$\alpha'_i=0.023\frac{\lambda}{d'_i}\left(\frac{1.2m_{s2}}{0.785d'_i n'\mu}\right)^{0.8}Pr^{0.4}=\frac{1.2^{0.8}C}{n'^{0.8}d'^{1.8}_i}$$

$$Q'=\alpha'_i n'\pi d'_i l'\Delta t'_m=\frac{1.2^{0.8}C}{n'^{0.8}d'^{1.8}_i}n'\pi d'_i l'\Delta t'_m=1.2^{0.8}C\pi\frac{n'^{0.2}l'\Delta t'_m}{d'^{1.8}_i} \tag{c}$$

用式（c）除以式（a），并利用式（b）的结果可得

$$\frac{Q'}{Q}=1.2^{0.8}\times\left(\frac{n'}{n}\right)^{0.2}\times\frac{l'}{l}\times\left(\frac{d_i}{d'_i}\right)^{0.8}\times\frac{\Delta t'_m}{\Delta t_m}=1.2 \tag{d}$$

根据式（d），分以下几种情况计算。

（1）重新设计一台预热器。

1）管数 n、管长 l、Δt_m不变，改变管径 d。由式（d）得

$$\frac{Q'}{Q}=1.2^{0.8}\times\left(\frac{d_i}{d'_i}\right)^{0.8}=1.2$$

解之得
$$d'_i=0.955d_i$$

即可采用缩小管径 4.5%的方法完成新的传热任务。

2）管径 d、管长 l、Δt_m不变，改变管数 n。由式（d）得

$$\frac{Q'}{Q}=1.2^{0.8}\times\left(\frac{n'}{n}\right)^{0.2}=1.2$$

解之得
$$n'=1.2n$$

即可采用增加管数 20%的方法完成新的传热任务。

3）管数 n、管径 d、Δt_m不变，改变管长 l。由式（d）得

$$\frac{Q'}{Q}=1.2^{0.8}\times\frac{l'}{l}=1.2$$

解之得

$$l'=1.037l$$

即可采用增加管长 3.7%的方法完成新的传热任务。

（2）仍在原换热器中操作。此时 n、d、l 均不变，只能改变饱和蒸汽温度 T_s，即改变 Δt_m。由式（d）得

$$\frac{Q'}{Q}=1.2^{0.8}\times\frac{\Delta t'_m}{\Delta t_m}=1.2$$

解之，并将前面得出的原工况 $\Delta t_m=61.2$℃代入，有

$$\Delta t'_m=1.037\Delta t_m=1.037\times 61.2=62.5(℃)$$

即

$$\frac{t_2-t_1}{\ln\dfrac{T'_s-t_1}{T'_s-t_2}}=\frac{80-20}{\ln\dfrac{T'_s-20}{T'_s-80}}=63.5$$

$$\frac{T'_s-20}{T'_s-80}=\exp\left(\frac{60}{63.5}\right)=2.573$$

$$T'_s=\frac{80\times 2.573-20}{2.573-1}=118.1(℃)$$

即把饱和蒸汽温度升至 118.1℃，相当于用压强为 200kPa 的饱和蒸汽加热即可完成新的传热任务。

二、换热器的操作型计算

在实际工作中，换热器的操作型计算问题是经常碰到的。例如，判断一个现有换热器对指定的生产任务是否适用，或者预测某些参数的变化对换热器传热能力的影响等都属于操作型问题。

1. 操作型计算的命题方式

（1）第一类命题。

给定条件：换热器的传热面积以及有关尺寸，冷、热流体的物理性质，冷、热流体的流量和进口温度以及流体的流动方式。

计算目的：求某些参数改变后冷、热流体的出口温度及换热器的传热能力。

（2）第二类命题。

给定条件：换热器的传热面积以及有关尺寸，冷、热流体的物理性质，热流体（或冷流体）的流量和进、出口温度，冷流体（或热流体）的进口温度以及流动方式。

计算目的：求某些参数改变后所需冷流体（或热流体）的流量及出口温度。

（3）换热器校核计算。

给定条件：换热器的传热面积及有关尺寸，传热任务。

计算目的：判断现有换热器对指定的传热任务是否适用。

2. 操作型问题的计算方法

在换热器内所传递的热流量，可由总传热速率方程式计算。同时还应满足热量衡算式，即（对逆流）

$$Q=W_{\mathrm{h}}c_{\mathrm{ph}}(T_1-T_2)=KA\frac{(T_1-t_2)-(T_2-t_1)}{\ln\dfrac{T_1-t_2}{T_2-t_1}}$$

$$Q=W_{\mathrm{h}}c_{\mathrm{ph}}(T_1-T_2)=W_{\mathrm{c}}c_{\mathrm{pc}}(t_2-t_1)\Rightarrow t_2-t_1=\frac{W_{\mathrm{h}}c_{\mathrm{ph}}}{W_{\mathrm{c}}c_{\mathrm{pc}}}(T_1-T_2)$$

联立以上两式，可得

$$\ln\frac{T_1-t_2}{T_2-t_1}=\frac{KA}{W_{\mathrm{h}}c_{\mathrm{ph}}}\left(1-\frac{W_{\mathrm{h}}c_{\mathrm{ph}}}{W_{\mathrm{c}}c_{\mathrm{pc}}}\right) \tag{3-49}$$

3. 传热过程的调节

传热过程的调节问题本质上也是操作型问题的求解过程，以热流体的冷却为例：在换热器中，若热流体的流量 m_{s1} 或进口温度 T_1 发生变化，而要求其出口温度 T_2 保持原来数值不变，可通过调节冷却介质流量来达到目的。但是，这种调节作用不能单纯地从热量衡算的观点出发，将其理解为冷流体的流量大带走的热量多，流量小带走的热量少。根据传热基本方程式，正确的理解是，冷却介质流量的调节，改变了换热器内传热过程的速率。传热速率的改变，可能来自 Δt_{m} 的变化，也可能来自 K 的变化，而多数是由两者共同引起的。

项目四

换热器的结构和选型

换热器是化工、石油、动力等许多工业部门的通用设备，在化工生产中可用作加热器、冷却器、冷凝器、蒸发器和再沸器等。根据冷、热流体热量交换的方式可以分为三大类：直接接触式换热器、蓄热式换热器、间壁式换热器。

（1）直接接触式换热器。冷、热流体在传热设备中通过直接混合的方式进行热量交换，又称混合式传热；如热气体的直接水冷或热水的直接空气冷却。这种接触方式传热面积大，设备结构较简单。但由于冷、热流体直接接触，传热中往往伴有传质，过程机理和单纯传热有所不同，应用也受到工艺要求的限制。

（2）蓄热式换热器。这种传热方式是冷、热两种流体交替通过同一蓄热室时，通过填料将热流体的热量传递给冷流体，以达到换热的目的。蓄热器结构简单，可耐高温，常用于高温气体热量的利用或冷却。其缺点是设备体积较大，过程是非定态的交替操作，且不能完全避免两种流体的掺杂。所以这类设备化工上用得不多。

（3）间壁式换热器。这类换热器的特点是在冷、热两种流体之间用一金属壁（或石墨等导热性能好的非金属壁）隔开，使两种流体在不相混合的情况下进行热量传递。

在多数情况下，化工工艺上不允许冷、热流体直接接触，故直接接触式传热和蓄热式传热在工业上并不很多，工业上应用最多的是间壁式传热过程。

任务一　间壁式换热器的类型

一、夹套式换热器

如图 3－23 所示，夹套式换热器由一个装在容器外部的夹套构成，容器内的物料和夹套内的加热剂或冷却剂隔着器壁进行换热，换热器的传热面是器壁。其优点是结构简单，容易制造，可与反应器或容器构成一个整体；其缺点是传热面积小，器内流体处于自然对流状态，传热效率低，夹套内部清洗困难。夹套内的加热剂和冷却剂一般只能使用不易结垢的水蒸气、冷却水和氨等。夹套内通蒸汽时，应从上部进入，冷凝水从底部排出；夹套内通液体载热体时，应从底部进入，从上部流出。生产中多数釜式反应器都是带夹套的，釜内通常设置搅拌装置以提高釜内传热系数，并使釜内液体受热均匀。

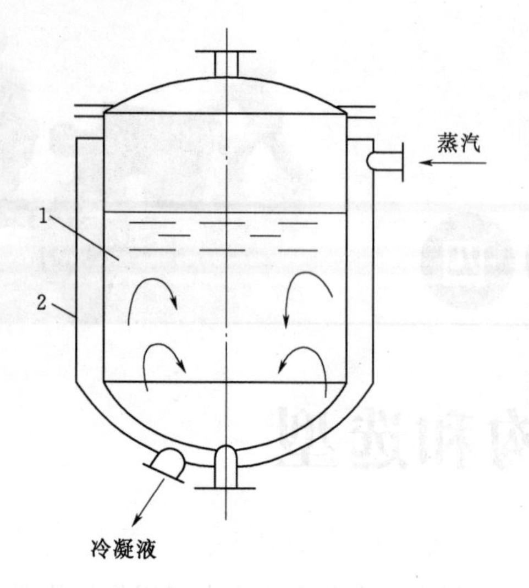

图 3-23 夹套式换热器

1—釜；2—夹套

二、沉浸式蛇管换热器

如图 3-24 所示，沉浸式蛇管换热器是将金属管绕成各种与容器相适应的形状，并沉浸在容器内的液体中；冷、热流体在管内外进行换热。其优点是结构简单，制造方便，管内能承受高压并可选择不同材料以利防腐，管外便于清洗；缺点是传热面积不大，蛇管外容器内流体的流动情况较差，对流传热系数小，平均温差也较低。适用于反应器内的传热、高压下的传热以及强腐蚀性介质的传热。为了强化传热，容器内加装搅拌装置。

三、喷淋式换热器

如图 3-25 所示，喷淋式换热器主要作为冷却设备，是将换热器成排地固定在钢架上，热流

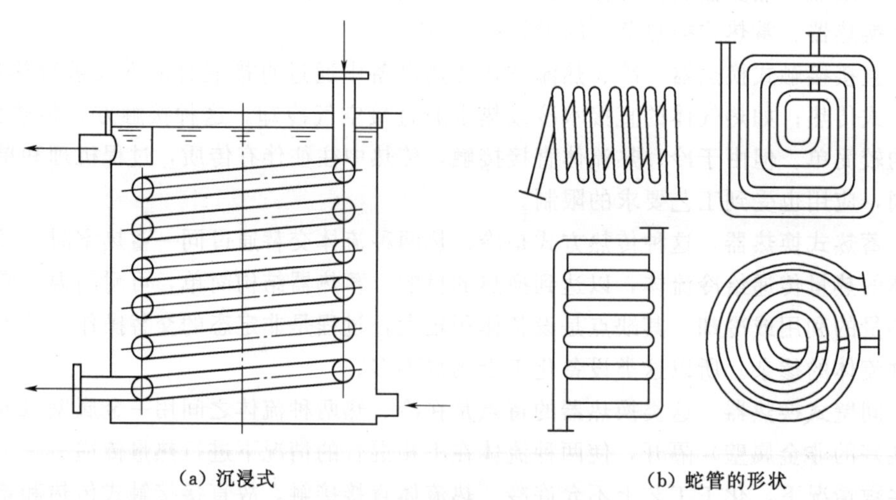

(a) 沉浸式　　(b) 蛇管的形状

图 3-24 沉浸式蛇管换热器

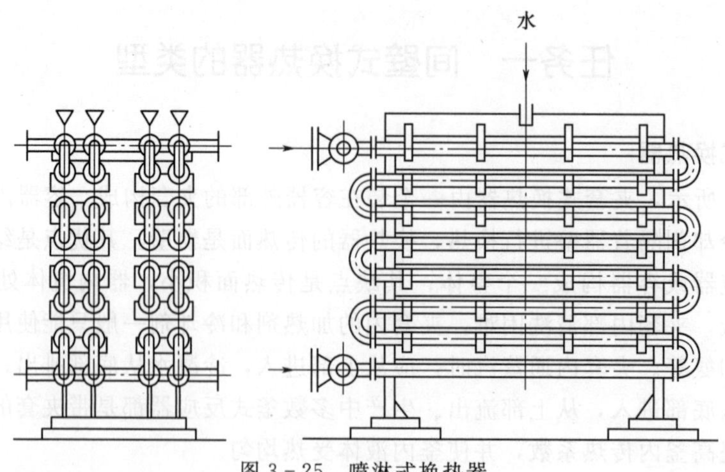

图 3-25 喷淋式换热器

体在管内流动，冷却水从最上面的管子的喷淋装置中淋下来，沿管表面流下来，被冷却的流体从最下面的管子流入，从最上面的管子流出，与外面的冷却水进行逆流换热。在下流过程中，冷却水可收集后再重新分配。这种换热器多放在空气流通好的地方，冷却水的蒸发也带走一部分的热量，故比沉浸式蛇管换热器传热效果好。其结构简单，造价低，便于检修、清洗，特别适用于高压液体的冷却，传热效果好；缺点是冷却水耗用量较大，喷淋不易均匀而影响传热效果，占地面积大且只能安装在室外。

四、套管式换热器

如图 3－26 所示，套管式换热器由两根不同直径的同心圆管构成，可根据换热要求，将若干套管用 U 形弯头连接在一起，其每一段套管称为一程。这种换热器中的管内流体和环隙流体皆可有较高的流速，故传热系数较大，并且两流体可安排为纯逆流，平均温差大。优点是结构简单，加工方便，能耐高压，传热面积可根据需要增减；缺点是单位传热面积的金属耗量大，管子接头多、不够紧凑，检修清洗不方便。广泛用于超高压生产过程，可用于所需流量和传热面积不大的场合。

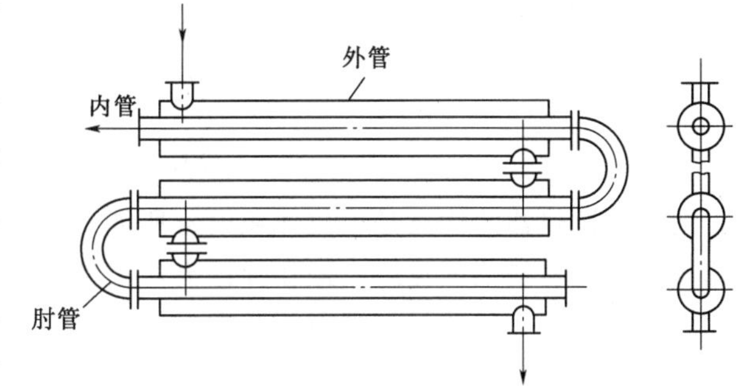

图 3－26 套管式换热器

五、列管式换热器（管壳式换热器）

列管式换热器又称为管壳式换热器，是最典型的间壁式换热器，历史悠久，占据主导作用。列管式换热器主要由壳体、管束、管板、折流挡板和封头等组成。图 3－27 所示是单壳程单管程换热器。一种流体在管内流动，其行程称为管程；另一种流体在管外流动，其行程称为壳程。管束的壁面即为传热面。

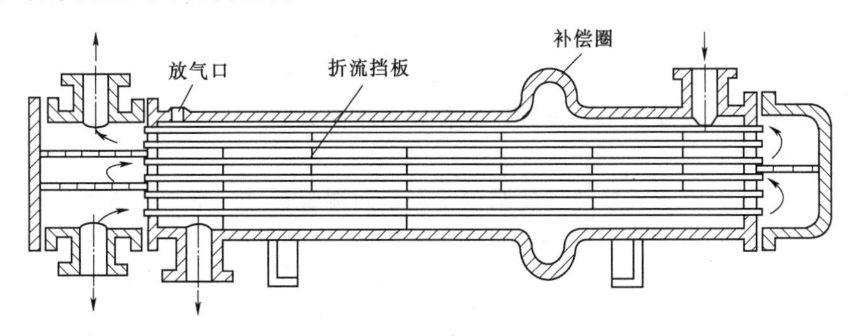

图 3－27 单壳程单管程换热器

为了调节管程和壳程流速，可采用多管程和多壳程。如在两端封头内设置适当的挡板，使全部管子分成若干组，流体依次通过每组管子往返多次。管程数增多虽可提高管内流速和管内对流传热系数，但流体流动阻力和机械能损失增大，传热平均推动力也会减小，故管程数不宜太多，以 2、4、6 程较为常见。同样，在壳程内安装纵向隔板使流体多次通过壳体空间，可提高管外流速。图 3－28 所示的是两壳程两管程的固定管板式换热器。但由于在壳体内安装纵向隔板较困难，需要时可采用多个相同的小直径换热器串联来代替多壳程。

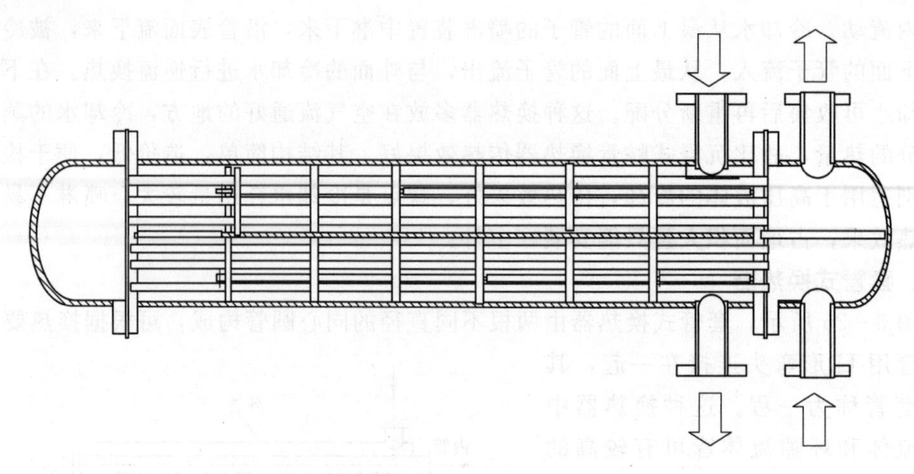

图 3-28 两壳程两管程的固定管板式换热器

列管式换热器的优点是单位体积设备所能提供的传热面积大，传热效果好，结构坚固，可选用的结构材料范围宽广，操作弹性大，大型装置中普遍采用。为提高壳程流体流速，往往在壳体内安装一定数目与管束相互垂直的折流挡板。折流挡板不仅可防止流体短路、增加流体流速，还迫使流体按规定路径多次错流通过管束，使湍动程度大为增加。常用的折流挡板有圆缺形和圆盘形两种，前者更为常用。

壳体内装有管束，管束两端固定在管板上。由于冷、热流体温度不同，壳体和管束受热不同，其膨胀程度也不同，如两者温差较大，管子会扭弯，从管板上脱落，甚至毁坏换热器。所以，列管式换热器必须从结构上考虑热膨胀的影响，采取各种补偿的办法，消除或减小热应力。

根据所采取的温差补偿措施，列管式换热器可分为以下几个形式。

1. 固定管板式

如图 3-29 所示，固定管板式换热器的结构特点是两块管板分别焊壳体的两端，管束两端固定在两管板上，适用于冷、热流体温差不大（小于 50℃）的场合。其优点是结构简单、紧凑，管内便于清洗；其缺点是壳程不能进行机械清洗，要求壳程流体清洁且不结垢；当壳体与换热管的温差较大（大于 50℃）时，产生的温差应力（又称热应力）具有破坏性，需在壳体上设置膨胀节，受膨胀节强度限制壳程压力不能太高。

2. 浮头式

如图 3-30 所示，浮头式换热器的结构特点是两端管板之一不与壳体固定连接，可以在

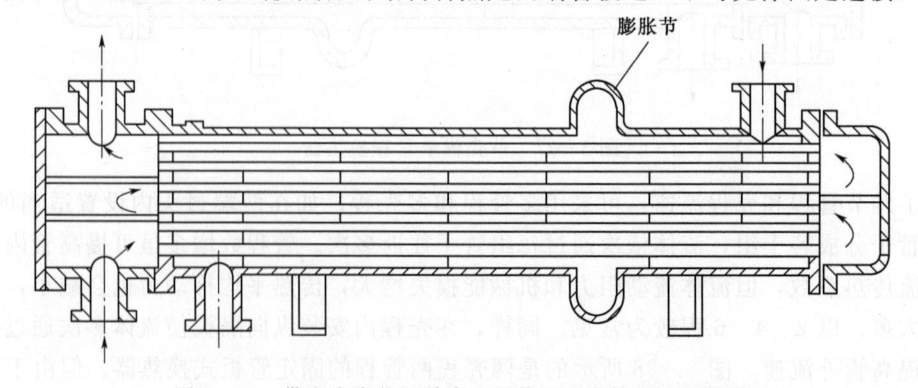

图 3-29 带有膨胀节的单壳程四管程固定管板式换热器

壳体内沿轴向自由伸缩，该端称为浮头。此种换热器的优点是当换热管与壳体有温差存在，壳体或换热管膨胀时，互不约束，不会产生温差应力；管束可以从管内抽出，便于管内和管间的清洗；其缺点是结构复杂，用材量大，造价高。浮头式换热器适用于壳体与管束温差较大或壳程流体容易结垢的场合。

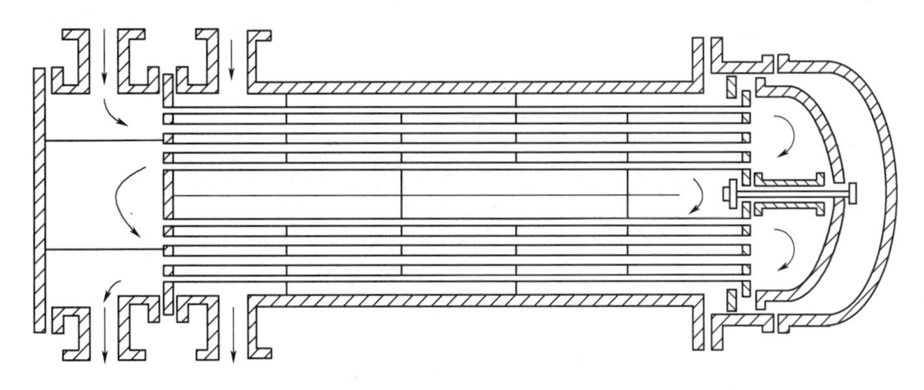

图 3-30 两壳程四管程的浮头式换热器

3. U 形管式换热器

如图 3-31 所示，U 形管式换热器的结构特点是只有一个管板，管子呈 U 形，管子两端固定在同一管板上。管束可以自由伸缩，当壳体与管子有温差时，不会产生温差应力。U 形管式换热器的优点是结构简单，只有一个管板，密封面少，运行可靠，造价低，管间清洗较方便；其缺点是管内清洗较困难，可排管子数目较少，管束最内层管间距大，壳程易短路。U 形管式换热器适用于管程、壳程温差较大或壳程介质易结垢而管程介质不易结垢的场合。

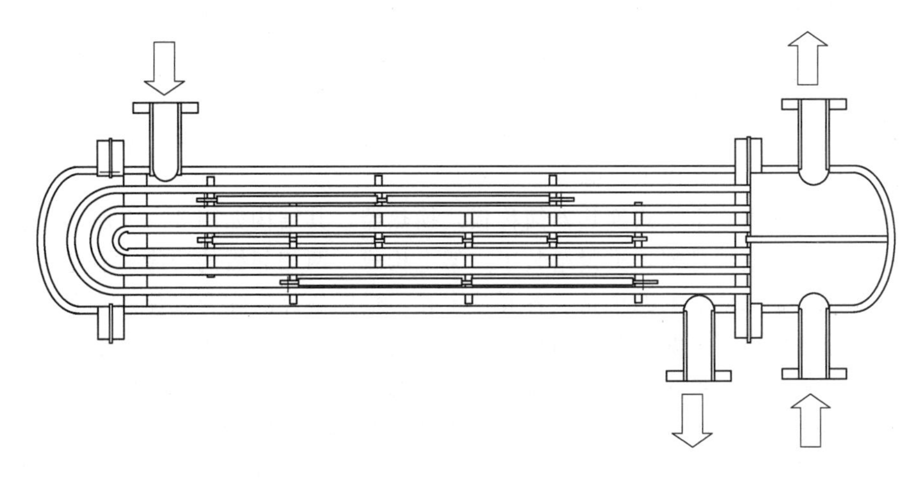

图 3-31 U 形管式换热器

4. 其他高效换热器

以上各种传统的间壁式换热器普遍存在的问题是结构不够紧凑，金属耗量大，换热器的单位体积所能提供的传热面积较小。随着工业技术的发展，涌现出各种新型的高效换热器，其革新的基本思路是：在有限的体积内增加传热面积；增加间壁两侧流体的湍动程度以提高传热系数。

（1）螺旋板式换热器。螺旋板式换热器的结构如图 3－32 所示，它是由焊在中心隔板上的两块金属薄板卷制而成，两薄板之间形成螺旋形通道，两板之间焊有一定数量的定距撑以维持通道间距，两端用盖板焊死。两流体分别在两通道内流动，隔着薄板进行换热。其中一种流体由外层的一个通道流入，顺着螺旋通道流向中心，最后由中心的接管流出；另一种流体则由中心的另一个通道流入，沿螺旋通道反方向向外流动，最后由外层接管流出。两流体在换热器内作逆流流动。

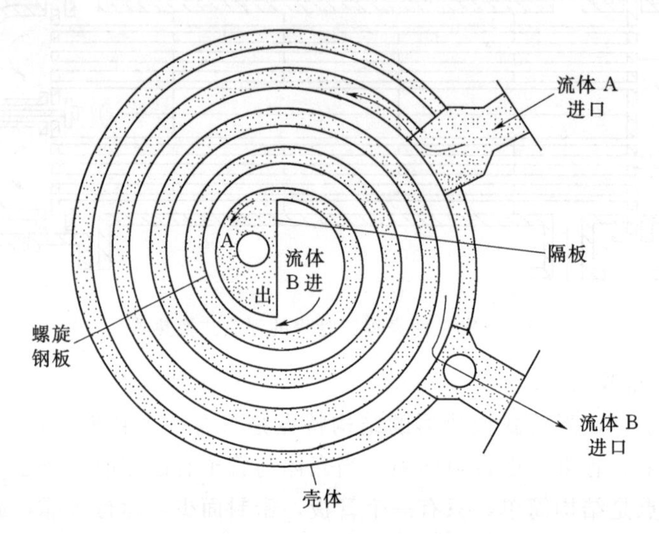

图 3－32　螺旋板式换热器

螺旋板式换热器的优点是结构紧凑；单位体积设备提供的传热面积大，约为列管式换热器的 3 倍；流体在换热器内作严格的逆流流动，可在较小的温差下操作，能充分利用低温能源；由于流向不断改变，且允许选用较高流速，故传热系数大，为列管式换热器的 1～2 倍；又由于流速较高，同时有惯性离心力的作用，污垢不易沉积。其缺点是制造和检修都比较困难；流动阻力大，在同样物料和流速下，其流动阻力为直管的 3～4 倍；操作压强和温度不能太高，通常压强在 2MPa 以下，温度小于 400℃。

（2）平板式换热器。平板式换热器简称板式换热器，其结构如图 3－33 所示，它是由若干块长方形薄金属板叠加排列，夹紧组装于支架上构成。两相邻板的边缘衬有垫片，压紧后板间形成流体通道。每块板的四个角上各开一个孔，借助垫片的配合，使两个对角方向的孔与板面一侧的流道相通，另两个孔则与板面另一侧的流道相通，使两流体分别在同一块板的两侧流过，通过板面进行换热。除了两端的两个板面外，每一块板面都是传热面，可根据所需传热面积的变化，增减板的数量。板片是平板式换热器的核心部件。为使流体均匀流动，增大传热面积，促使流体湍动，常将板面冲压成各种凹凸的波纹状，常见的波纹形状有水平波纹、人字形波纹和圆弧形波纹等，如图 3－33 所示。

平板式换热器的优点是结构紧凑，单位体积设备提供的传热面积大；组装灵活，可随时增减板数；板面波纹使流体湍动程度增强，从而具有较高的传热效率；装拆方便，有利于清洗和维修。其缺点是处理量小；受垫片材料性能的限制，操作压力和温度不能过高。平板式换热器适用于需要经常清洗、工作环境要求十分紧凑，操作压力在 2.5MPa 以下，温度在－35～200℃的场合。

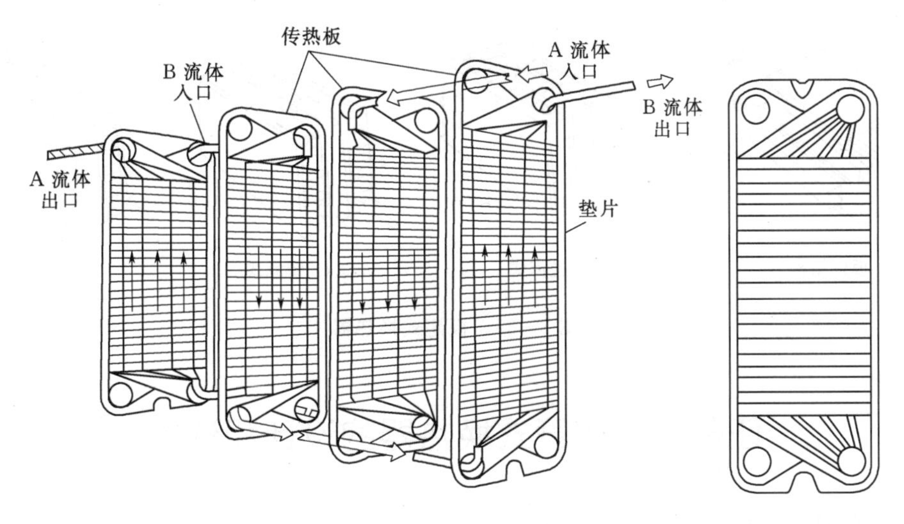

图 3-33 平板式换热器

(3) 翅片管换热器。翅片管换热器又称管翅式换热器，其结构特点是在换热管的外表面或内表面或同时装有许多翅片，常用翅片有纵向和横向两类，常用翅片管如图 3-34 所示。

在加热或冷却气体时，因气体的对流传热系数较小，传热热阻常常集中在气体一侧。此时，在气体一侧设置翅片，既可增大传热面积，又可增加气体的湍动程度，有利于提高气体侧的传热速率。通常，当两侧对流传热系数之比超过 3∶1 时，宜采用翅片管换热器。工业上常用翅片管换热器作为空气冷却器，用空气代替水，不仅可在缺水地区使用，即使在水源充足的地方也较经济。冰箱空调系统中的散热器就是典型的翅片式空冷器。

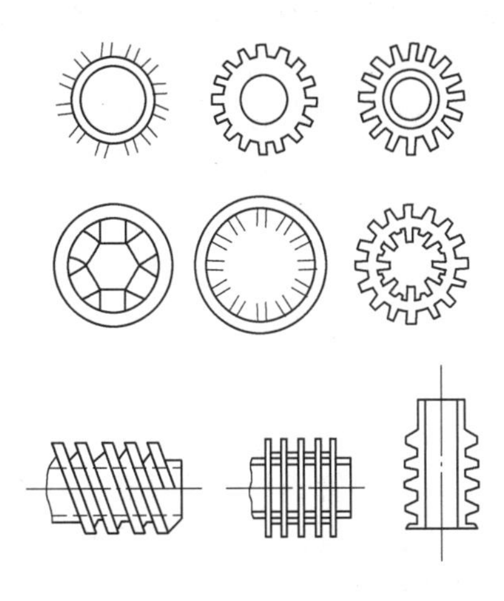

图 3-34 常用翅片管

(4) 板翅式换热器。板翅式换热器为单元体叠加结构，其基本单元体由翅片、隔板及封条组成，如图 3-35 (a) 所示。翅片上下放置隔板，两侧边缘由封条密封，并用钎焊焊牢，即构成一个翅片单元体。将一定数量的单元体组合起来，并进行适当排列，然后焊在带有进出口的集流箱上，便可构成具有逆流、错流或错逆流等多种形式的换热器，如图 3-35 (b) ～ (d) 所示。

板翅式换热器的优点是结构紧凑，单位体积设备具有的传热面积大；一般用铝合金制造，轻巧牢固；翅片促进流体湍动，其传热系数很高；铝合金材料在低温和超低温下仍具有较好的导热性和抗拉强度，故可在 −273～200℃ 范围内使用；同时因翅片对隔板有支撑作用，其允许操作压力也较高，可达 5MPa。其缺点是易堵塞，流动阻力大；清洗检修困难。故要求介质洁净，同时对铝合金材料不会产生腐蚀。

板翅式换热器因其轻巧、传热效率高等许多优点，其应用领域已从航空、航天、电子等少数部门逐渐发展到石油化工、天然气液化、气体分离等更多的工业部门。

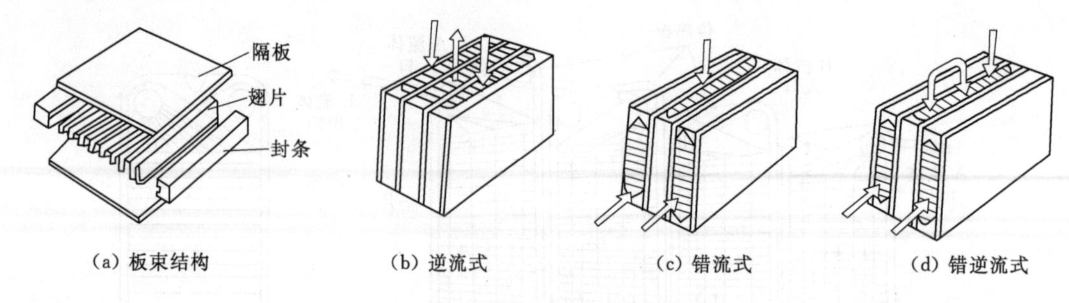

(a) 板束结构　(b) 逆流式　(c) 错流式　(d) 错逆流式

图 3-35　板翅式换热器

任务二　列管式换热器的设计和选用

一、列管式换热器的设计和选用原则

1. 冷、热流体通道的选择

综合各种因素，确定冷、热流体经过管程还是壳程，可由下列经验性原则确定：

(1) 不洁净或易结垢的流体走方便清洗的一侧。例如，对固定管板式换热器应走管程，而对U形管式换热器应走壳程。

(2) 腐蚀性流体走管程，以免管子和壳体同时被腐蚀，且管子便于维修和更换。

(3) 压力高的流体走管程，以免壳体受压，可节省壳体金属消耗量。

(4) 被冷却的流体走壳程，便于散热，增强冷却效果。

(5) 饱和蒸汽走壳程，便于及时排除冷凝水，且蒸汽较洁净，一般不需清洗。

(6) 有毒流体走管程，以减少泄漏量。

(7) 黏度大的液体或流量小的流体走壳程，因流体在有折流挡板的壳程中流动，流速与流向不断改变，在低 $Re(Re>100)$ 的情况下即可达到湍流，以提高传热效果。

(8) 若两流体温差较大，对流传热系数较大的流体走壳程，因壁温接近于 α 较大的流体，以减小管子与壳体的温差，从而减小温差应力。

上述各点往往不能同时兼顾，应视具体情况抓住主要矛盾。一般首先考虑操作压强、防腐及清洗等方面的要求。

2. 流动方式的选择

一般情况下，应尽量采用逆流换热。但在某些对流体出口温度有严格限制的特殊情况下，例如热敏性物料的加热过程，为了避免物料出口温度过高而影响产品质量，可采用并流操作。除逆流和并流之外，冷、热流体还可作多管程或多壳程的复杂折流流动。当流量一定时，管程或壳程越多，流速增大，传热系数越大，其不利的影响是流体流动阻力增大，平均温差也降低。要通过计算权衡其综合效果。

3. 流速的选择

流体在换热器内的流速对传热系数、流动阻力以及换热器的结构等方面均有一定影响。增大流速，将增大对流传热系数，减小污垢形成的机会，使总传热系数增加；但同时使流动阻力增大，动力消耗增加；随着流速的增大，管子数目将减少，对一定传热面积，要么增加管长，要么增加程数，但管子太长不利于清洗，单程变多程不仅使结构变得复杂，而且使平均温差下降。因此，流速的选择，既要考虑传热速率，又要考虑经济性，还要考虑结构、操作、清洗等其他方面的要求，通常根据经验选取适宜流速。由于湍流比层流传热效果好，所以尽可能不选择层流换热。表 3-11～表 3-13 列举了换热器内常用流速范围，供设计时参考。

表 3-11　　列管式换热器中常用的流速范围

流体的种类		一般流体	易结垢液体	气体
流速/(m/s)	管程	0.5～3.0	>1	5～30
	壳程	0.2～1.5	>0.5	3～15

表 3-12　　列管式换热器中不同黏度液体的常用流速

液体黏度/(mPa·s)	<1	1～35	35～100	100～500	500～1500	>1500
最大流速/(m/s)	2.4	1.8	1.5	1.1	0.75	0.6

表 3-13　　换热器中易燃、易爆液体的安全允许流速

液体名称	乙醚、二硫化碳、苯	甲醇、乙醇、汽油	丙酮
安全允许流速/(m/s)	<1	2～3	<10

4. 冷却剂（或加热剂）终温的选择

通常，待加热或冷却的流体进出换热器的温度由工艺条件决定，加热剂或冷却剂一旦选定，其进口温度也就确定，而出口温度则由设计者确定。例如，用冷却水冷却某种热流体，冷却水的进口温度可根据当地的气候条件作出估计，而其出口温度则要通过经济核算来确定。冷却水的出口温度取高些，可使用水量减少，动力消耗降低，但传热面积增加；反之，出口温度取低些，可使传热面积减小，但会使用水量增加。一般来说，冷却水的进、出口温差可取 5～10℃，缺水地区可选用较大温差，水源丰富地区可取较小温差。若使用软水冷却，则可以取更高的温差。若用加热剂加热冷流体，可按同样的原则确定加热剂的出口温度。

5. 管子的规格与管间距的选择

管子的规格包括管径和管长。列管式换热器标准系列中只采用 $\phi25\times2.5$mm（或 $\phi25\times2$mm）、$\phi19\times2$mm 两种规格的管子。对于洁净的流体，可选择小管径，对于不洁净或易结垢的流体，可选择大管径。管长的选择是以清洗方便及合理用材为原则。长管不便于清洗，且易弯曲。市售标准钢管长度为 6m，标准系列中换热器管长为 1.5m、2m、3m 和 6m，其中以 3m 和 6m 最为常用。此外，管长和壳径的比例一般应为 4～6。

管子在管板上常用的排列方式为正三角形、正方形直列和正方形错列三种。与正方形相比，正三角形排列比较紧凑，管外流体湍动程度较高，传热系数较大。正方形排列比较松散，传热效果较差，但管外清洗比较方便，适宜易结垢液体。如将正方形直列的管束斜转 45°安装成正方形错列，传热效果会有所改善。

管间距是指相邻两根管子的中心距，用 a 表示。管间距小，有利于提高传热系数，且设备紧凑。但受制造上的限制，一般要求相邻两管外壁的距离不小于 6mm。对于不同的管子和管板的连接方法，管间距不同，比如，采用焊接法，取 $\alpha=1.25d_o$；采用胀接法，取 $\alpha=(1.3\sim1.5)d_o$。

6. 管程数与壳程数的确定

当换热器的换热面积较大而管子又不能很长时，就得排列较多的管子，为了提高流体在管内的流速，需要将管束分程。但是程数过多，会使管程流动阻力加大，动力消耗增加，同时多程会使平均温差下降，设计时应权衡考虑。采用多程时，通常应使各程的管子数相等。

管程数 N_p 可按下式计算：

$$N_p=\frac{u}{u'} \tag{3-50}$$

式中 u——管程内流体的适宜流速，m/s；

u'——单管程时流体的实际流速，m/s。

当流向校正系数 $\varphi_{\Delta t}<0.8$ 时，应采用多壳程。但如前面所述，壳体内设置纵向隔板在制造、安装和检修上均有困难，故通常是将几个换热器串联，以代替多壳程。例如，当需要采用二壳程时，可将总管数等分为两部分，分别装在两个外壳中，然后将这两个换热器串联使用。

7. 折流挡板的选用

挡板的形状和间距对流体的流动和传热有着重要影响。弓形挡板的弓形缺口过大或过小都不利于传热，往往还会增加流动阻力，如图 3-36 所示。通常切去的弓形高度为壳体内径的 10%～40%，常用的为 20%和 25%两种。挡板应按等间距布置，其最小间距应不小于壳体内径的 1/5，且不小于 50mm；最大间距应不大于壳体内径。间距过小，会使流动阻力增大；间距过大，会使传热系数下降。在标准系列中，固定管板式换热器的间距有 150mm、300mm、600mm 三种；浮头式换热器有 150mm、200mm、300mm、480mm、600mm 五种。必须注意，当壳程流体发生相变时，不宜设置折流挡板。

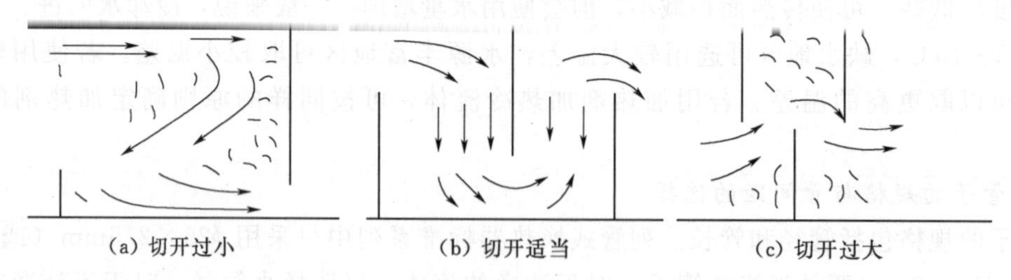

图 3-36 挡板切开对流动的影响

二、流体通过换热器的流动阻力

1. 管程流动阻力的计算

流体通过管程阻力包括各程的直管阻力、回弯阻力以及换热器进、出口阻力等。通常，进、出口阻力较小，可以忽略不计。管程阻力可按下式进行计算：

$$\sum\Delta p_i=(\Delta p_1+\Delta p_2)F_t N_s N_p \tag{3-51}$$

式中 Δp_1——因直管阻力引起的压降，Pa；

Δp_2——因回弯阻力引起的压降，Pa；

F_t——结垢校正系数，对 $\phi25\times2.5$mm 管子 $F_t=1.4$，对 $\phi19\times2$mm 管子 $F_t=1.5$；

N_s——串联的壳程数；

N_p——管程数。

式（3-51）中的Δp_1可按直管阻力计算式进行计算；Δp_2由下面经验式估算：

$$\Delta p_2=3\left(\frac{\rho u_i^2}{2}\right) \tag{3-52}$$

2. 壳程阻力的计算

壳程流体的流动状况较管程更为复杂，计算壳程阻力的公式很多，不同公式计算的结果差别较大。下式为通用的埃索公式：

$$\sum\Delta p_o=(\Delta p_1'+\Delta p_2')F_sN_s \tag{3-53}$$

其中

$$\Delta p_1'=Ff_on_c(N_B+1)\frac{\rho u_o^2}{2} \tag{3-54}$$

$$\Delta p_2'=N_B\left(3.5-\frac{2h}{D}\right)\frac{\rho u_o^2}{2} \tag{3-55}$$

式中 $\Delta p_1'$——流体横过管束的压降，Pa；

$\Delta p_2'$——流体流过折流挡板缺口的压降，Pa；

F_s——壳程结垢校正系数，对液体，$F_s=1.15$；对气体或蒸汽，$F_s=1$；

F——管子排列方式对压强降的校正系数，对正三角形排列，$F=0.5$；对正方形斜转45°排列，$F=0.4$；对正方形直列，$F=0.3$；

f_o——流体的摩擦系数，当 $Re_o>500$ 时，$f_o=5.0Re_o^{-0.228}$，其中 $Re_o=d_ou_o\rho/\mu$；

N_B——折流挡板数；

h——折流挡板间距，m；

n_c——通过管束中心线上的管子数；

u_o——按壳程最大流通面积 A_o 计算的流速，m/s，$A_o=h(D-n_cd_o)$。

三、系列标准换热器的选用步骤

1. 列管式换热器的系列标准

在我国，列管式换热器已经系列化和标准化。

（1）基本参数。列管式换热器的基本参数主要有：①公称换热面积 S_N；②公称直径 D_N；③公称压力 P_N；④换热管规格；⑤换热管长度 L；⑥管子数量 n；⑦管程数 N_p。

（2）型号表示方法。列管式换热器的型号由五部分组成，即

$$\underset{1}{\underline{\times}}\ \underset{2}{\underline{\times\times\times\times}}\ \underset{3}{\underline{\times}}-\underset{4}{\underline{\times\times}}-\underset{5}{\underline{\times\times\times}}$$

1——换热器代号，如G表示固定管板式，F表示浮头式等；

2——公称直径 D_N，mm；

3——管程数 N_p，常见的有Ⅰ、Ⅱ、Ⅳ和Ⅵ程；

4——公称压力 P_N，MPa；

5——公称换热面积 S_N，m^2。

例如，规格为G600Ⅱ-1.6-55的列管式换热器表示的含义是：该换热器为固定管板式双管程换热器，其公称直径为600mm，公称压力为1.6MPa，公称换热面积为55m^2。

通常，工业生产中需要用列管式换热器换热时，只需大系列标准中选型即可，只在一些特殊情况下才自行设计。

2. 选型（设计）的一般步骤

(1) 确定基本数据。需要确定或查取的基本数据包括两流体的流量、进出口温度、定性温度下的有关物性、操作压强等。

(2) 确定流体在换热器内的流动途径。

(3) 确定并计算热负荷。

(4) 先按单壳程偶数管程计算平均温差，根据温差校正系数不小于 0.8 的原则，确定壳程数或调整冷却剂（或加热剂）的出口温度。

(5) 根据两流体的温差和设计要求，确定换热器的形式。

(6) 选取总传热系数，根据传热基本方程初算传热面积，以此选定换热器的型号或确定换热器的基本尺寸，并确定其实际换热面积 S_p，计算在 S_p 下所需的传热系数 K_p。

(7) 计算压降。根据初定设备的情况，检查计算结果是否合理或满足工艺要求。若压降不符合要求，则需要重新调整管程数和折流挡板间距，或选择其他型号的换热器，直至压降满足要求。

(8) 核算总传热系数。计算管程、壳程的对流传热系数，确定污垢热阻，再计算总传热系数 K，由传热基本方程求出所需传热面积 S，再与换热器的实际换热面积 S_p 比较，若 $S_p/S=1.1\sim1.25$（也可用 K/K_p），则认为合理，否则需另选 K。重复上述计算步骤，直至符合要求。

四、传热过程的强化措施

传热速率方程

$$Q=KA\Delta t_m$$

为了增强传热效率，可采取增大 Δt_m、增大 A 或增大 K 的方法。

1. 增大传热平均温度差 Δt_m

(1) 两侧变温情况下，尽量采用逆流流动。

(2) 提高加热剂 T_1 的温度（如用蒸汽加热，可提高蒸汽的压力来达到提高其饱和温度的目的）；降低冷却剂 t_1 的温度。

利用增大 Δt_m 来强化传热是有限的。

2. 增大总传热系数 K

$$\frac{1}{K}=\left(\frac{1}{\alpha_o}+R_{so}\right)+\frac{b}{\lambda}\frac{A_o}{A_m}+\left(\frac{1}{\alpha_i}+R_{si}\right)\frac{A_o}{A_i}$$

(1) 尽可能利用有相变的热载体（α 大）。

(2) 用 λ 大的热载体，如液体金属 Na 等。

(3) 减小金属壁、污垢及两侧流体热阻中较大者的热阻。

(4) 提高 α 较小一侧有效。

无相变传热时提高 α 的方法：①增大流速；②管内加装扰流元件；③改变传热面形状和增加粗糙度。

3. 增大单位体积的传热面积 A/V

(1) 直接接触传热：可增大 A 和湍动程度，增大传热效率。

（2）采用高效新型换热器。在传统的间壁式换热器中，除夹套式外，其他都为管式换热器。管式的共同缺点是结构不紧凑，单位换热面积所提供的传热面小，金属消耗量大。随着工业的发展，陆续出现了不少高效紧凑的换热器并逐渐趋于完善。这些换热器基本可分为两类：一类是在管式换热器的基础上加以改进；另一类是采用各种板状换热表面。

项目五

换热器的操作与维护

正确操作和维护换热器是保证换热器长久正常运转、提高其生产效率的关键。

一、换热器的基本操作

1. 换热器的正确使用

（1）投产前应检查压力表、温度计、液位计以及有关阀门是否齐全完好。

（2）输进蒸汽前先打开冷凝水排放阀门，排除积水和污垢；打开放空阀，排除空气和其他不凝气体。

（3）换热器投产时，要先通入冷流体，缓慢或数次通入热流体，做到先预热后加热，切忌骤冷骤热，以免损坏换热器，影响其使用寿命。

（4）进入换热器的冷、热流体如果含有大颗粒固体杂质和纤维质，一定要提前过滤和清除（尤其是板式换热器），防止堵塞通道。

（5）经常检查两种流体的进出口温度和压力，发现温度、压力超出正常范围或有超出正常范围的趋势时，要立即查出原因，采取措施，使之恢复正常。

（6）定期分析流体的成分，以确定有无内漏，以便及时采取措施：对列管式换热器，进行堵管或换管；对板式换热器，修补或更换板片。

（7）定期检查换热器有无渗漏、外壳有无变形以及有无振动，若有应及时处理。

（8）定期排放不凝气体和冷凝液，定期进行清洗。

2. 具体操作要点

由于载热体不同、换热目的不同，换热器的操作要点也有所不同，下面分别予以介绍：

（1）蒸汽加热。蒸汽加热必须不断排除冷凝水和不凝气体，否则冷凝水积于换热器中，部分或全部占据传热面，变成实质的热水加热，传热速率下降；不凝气体的存在使蒸汽冷凝的传热系数大大降低。

（2）热水加热。也须定期排放不凝气体，才能保证正常操作。相对而言，热水加热，一般温度不高，加热速度慢，操作稳定。

（3）烟道气加热。烟道气的温度较高，且温度不易调节，一般用于生产蒸汽或汽化液体，在操作过程中，必须时时注意被加热物料的液位、流量和蒸汽产量，还必须做到定期排污。

（4）导热油加热。导热油黏度较大、热稳定性差、易燃、温度调节困难，但加热温度高

（可达400℃）。操作时必须严格控制进出口温度，定期检查进出管口及介质流道是否结垢，做到定期排污、定期放空，过滤或更换导热油。

（5）水和空气冷却。操作时注意根据季节变化调节水和空气的用量，用水冷却时，还要注意定期清洗，操作时要考虑自然条件的变化对操作的影响。

（6）冷冻盐水冷却。其特点是温度低、腐蚀性较大，在操作时应严格控制进出口温度，防止结晶堵塞介质通道，要定期放空和排污。

（7）冷凝。冷凝操作需要注意的是：定期排放蒸汽侧的不凝气体，特别是减压条件下不凝气体的排放。

二、换热器的维护和保养

不同类型换热器的维护和保养是不同的，下面以列管式和板式为例说明。

1. 列管式换热器的维护和保养

（1）保持设备外部整洁，保温层和油漆完好。

（2）保持压力表、温度计、安全阀和液位计等仪表以及附件的齐全、灵敏和准确。

（3）发现阀门和法兰连接处渗漏时，应及时处理。

（4）开停换热器时，阀门启闭不可过快，否则容易造成管子和壳体受到冲击，以及局部骤然胀缩，产生热应力，使局部焊缝开裂或管子连接口松弛。

（5）尽可能减少换热器的开停次数，停止使用时，应将换热器内的液体清洗放净，防止冻裂和腐蚀。

（6）定期测量换热器的壳体厚度，一般两年一次。

（7）出现故障及时处理。列管式换热器的常见故障与处理方法见表3-14，这些故障50%以上是由管子引起的，主要措施是更换管子、堵塞管子和对管子进行补胀（或补焊）。

表3-14　列管式换热器的常见故障与处理方法

故　障	产生原因	处理方法
传热效率下降	列管结垢	清洗管子
	壳体内不凝气体或冷凝液增多	排放不凝气体和冷凝液
	列管、管路或阀门堵塞	检查清理
振　动	壳程介质流动过快	调节流量
	管路振动所致	加固管路
	管束与折流挡板的结构不合理	改进设计
	机座刚度不够	加固机座
管板与壳体连接处开裂	焊接质量不好	清除、补焊
	外壳歪斜，连接管线拉力或推力过大	重新调整找正
	腐蚀严重，外壳壁厚减薄	鉴定后修补
管束、胀口渗漏	管子被折流挡板磨破	堵管或换管
	壳体和管束温差过大	补胀或焊接
	管口腐蚀或胀（焊）接质量差	换管或补胀（焊）

当管子出现渗漏时，必须更换管子。对胀接管，需先钻孔，除掉胀管头，拔出坏管，然后换上新管进行胀接，最好对周围不需更换的管子也能稍稍胀一下，注意换下坏管时，不能

碰伤管板的管孔，同时在胀接新管时，要清除管孔的残留异物，否则可能产生渗漏；对焊接管，须用专用工具清除焊缝，拔出坏管，换上新管进行焊接。

更换管子的工作比较麻烦，因此当只有个别管子损坏时，可用管堵将管子两端堵死，管堵材料的硬度不能高于管子的硬度，堵死的管子的数量不能超过换热器该管程总管数的10%。

管子胀口或焊口处发生渗漏时，有时不需换管，只需进行补胀或补焊，补胀时，应考虑胀管应力对周围管子的影响，所以对周围管子也要轻轻胀一下；补焊时，一般须先清除焊缝再重新焊接，需要应急时，也可直接对渗漏处进行补焊，但只适用于低压设备。

2. 板式换热器的维护和保养

(1) 保持设备整洁、油漆完好，紧固螺栓的螺纹部分应涂防锈油并加外罩，防止生锈和黏结灰尘。

(2) 保持压力表、温度计灵敏、准确，阀门和法兰无渗漏。

(3) 定期清理和切换过滤器，预防换热器堵塞。

(4) 组装板式换热器时，螺栓的拧紧要对称进行，松紧适宜。

板式换热器的常见故障和处理方法见表3-15。

表3-15 板式换热器的常见故障和处理方法

故障	产生原因	处理方法
密封处渗漏	胶垫未放正或扭曲	重新组装
	螺栓紧固力不均匀或紧固不够	调整螺栓紧固度
	胶垫老化或有损伤	更换新垫
内部介质渗漏	板片有裂缝	检查更新
	进出口胶垫不严密	检查修理
	侧面压板腐蚀	补焊、加工
传热效率下降	板片结垢严重	解体清理
	过滤器或管路堵塞	清理

3. 换热器的清洗

随着换热器运行时间的延长，传热面上产生的污垢会越积越多，从而使传热系数大大降低而影响传热效率，必须定期对换热器进行清洗，而且由于垢层越厚清洗越困难，所以清洗间隔时间不宜过长。

清洗方法分为化学清洗、机械清洗和高压水清洗三种，使用何种方法主要取决于换热器类型和污垢的类型。化学清洗主要用于结构较复杂的场合，如列管式换热器管间、U形管内的清洗。由于清洗剂一般呈酸性，对设备多少会有一些腐蚀。机械清洗常用于坚硬的垢层、结焦或其他沉积物，但只能清洗至工具能够到达之处，如列管式换热器的管内（卸下封头）、喷淋式蛇管换热器的外壁、板式换热器（拆开后），常用的清洗工具有刮刀、竹板、钢丝刷、尼龙刷等。高压水进行清洗用于垢层不牢的情况。

(1) 化学清洗（酸洗法）。酸洗法常用盐酸配制酸洗溶液，由于酸能腐蚀钢铁基体，因此在酸洗溶液中须加入一定数量的缓蚀剂，以抑制对基体的腐蚀（酸洗溶液的配制方法参阅有关资料）。

清洗方法分重力法和强制循环法，前者借助重力，将酸洗溶液缓慢注入设备，直至灌满，具有简单、耗能少，但效果差、时间长的特点。后者依靠酸泵使酸洗溶液通过换热器并不断循环，具有清洗效果好、时间短，但需要酸泵、较复杂的特点。

进行酸洗时，要控制好酸洗溶液的成分和酸洗的时间，原则上既要保证清洗效果，又尽量减少对设备的腐蚀；不允许有渗漏点，如果有，应采取措施消除；在配制酸洗溶液和酸洗过程中，要注意安全，须穿戴口罩、防护服、橡胶手套，并防止酸液溅入眼中。

（2）机械清洗。对列管式换热器管内的清洗，通常用钢丝刷，具体做法是用一根圆棒或圆管，一端焊上与列管内径相同的圆形钢丝刷，清洗时，一边旋转一边推进。通常，用圆管比用圆棒好，因为圆管向前推进时，清洗下来的污垢可以从圆管中退出。注意，对不锈钢管不能用钢丝刷而要用尼龙刷，对板式换热器也只能用竹板或尼龙刷，切忌用刮刀和钢丝刷。

（3）高压水清洗。采用高压泵喷出高压水进行清洗，既能清洗机械清洗无法到达的地方，又避免了化学清洗带来的腐蚀，因此也不失为一种好的清洗方法。这种方法适用于清洗列管式换热器的管间，也可用于清洗板式换热器，冲洗板式换热器中的板片时，注意将板片垫平，以防变形。

习　　题

1. 液体的质量流量为 1000kg/h，试计算以下各过程中液体放出或得到的热量。（1）常压下将 20℃的空气加热至 160℃；（2）煤油自 120℃降温至 40℃，取煤油比热容为 2.09kJ/(kg・℃)；（3）绝对压强为 120kPa 的饱和蒸汽冷凝并冷却成 60℃的水。

[答：（1）39.2kW；（2）46.4kW；（3）675.9kW]

2. 用水将 1500kg/h 的硝基苯由 80℃冷却至 30℃，冷却水的初温为 20℃，终温为 30℃，求冷却水的流量。

[答：2864kg/h]

3. 题 2 中如将冷却水的流量增加到 $5m^3/h$，那时冷却水的终温为多少？

[答：$t_2=2$℃]

4. 常压下 65℃的甲醇蒸气在冷凝器中冷凝，然后送到冷却器中冷却到 30℃（逆流操作），冷却水温都是由 20℃升至 30℃。试计算冷凝器及冷却器的平均温度差各是多少。

[答：冷凝器 $\Delta t=39.8$℃，冷却器 $\Delta t=20$℃]

5. 在一套管式换热器中，内管为 $\phi 57\times 3.5$mm 的钢管，流量为 2500kg/h，平均比热容为 2.0kJ/(kg・℃) 的热液体在内管中从 90℃冷却至 50℃，环隙中冷水从 20℃被加热至 40℃，已知总传热系数 K 值为 $200W/(m^2\cdot ℃)$，试求：（1）冷却水用量，kg/h；（2）并流流动时的平均温差及所需的套管长度，m；（3）逆流流动时的平均温差及所需的套管长度，m。

[答：（1）2386kg/h；（2）$\Delta t_{并}=30.8$℃，$l_{并}=50.4$m；（3）$\Delta t_{逆}=39.2$℃，$l_{逆}=39.7$m]

6. 在列管式换热器中用冷水将 90℃的热水冷却至 70℃。热水走管外，单程流动，其流量为 2.0kg/s。冷水走管内，双程流动，流量为 2.5kg/s，其入口温度为 30℃。换热器的传热系数可取 $2000W/(m^2\cdot ℃)$。试计算所需传热面积。

[答：$2.06m^2$]

7. 某厂用 0.2MPa（表压）的饱和水蒸气将某水溶液由 105℃加热到 115℃，已知溶液的流量为200m³/h，其密度为1080kg/m³，定压比热容为2.93kJ/(kg·℃)。试求水蒸气消耗量。设所用换热器的传热系数为700W/(m²·℃)，试求所需传热面积（当地大气压为100kPa）。

[答：0.811kg/s；109.6m²]

8. 为了测定套管式苯冷却器的总传热系数K，测得实验数据如下：冷却器传热面积为2m²，苯的流量为2000kg/h，从74℃冷却到45℃，冷却水从25℃升至40℃，逆流流动。求其传热系数。

[答：576W/(m²·℃)]

9. 房屋的砖壁厚650mm，室内空气为18℃，室外空气为−5℃。如果室内空气至壁面与室外壁面至空气的对流传热系数分别为8.12W/(m²·℃)和11.6W/(m²·℃)，试求每平方米砖壁的热损失和砖壁内、外壁面的温度[砖的导热系数为0.75W/(m·K)]。

[答：21.4W/m²，$t_{壁1}=15.5$℃，$t_{壁2}=-3.2$℃]

10. 规格为ϕ325×8mm的蒸汽管道，其内壁温度为100℃，未保温时，外壁温度仅比内壁温度低1℃，当管壁上敷以厚50mm、导热系数为0.06W/(m·K)的保温层后，其保温层外壁温度为30℃，试比较保温前后每米管道的热量损失。

[答：保温前的热损为5784.4W/m，保温后的热损98.3W/m]

11. ϕ76×3mm的钢管外包一层厚30mm的软木后，又包一层厚30mm的石棉，已知软木导热系数为0.04W/(m·K)，石棉导热系数为0.16W/(m·K)。管内壁温度−110℃，最外侧温度10℃。试求：(1)每米管路所损失的冷量；(2)在其他条件不变的情况下，将保温材料交换位置，求每米管路所损失的冷量。说明何种材料放在里面较好。

[答：(1) 44.8W/m；(2) 59.0W/m]

12. 蒸汽管的内径和外径各为160mm和170mm，管的外面包着两层绝热材料，第一层绝热材料的厚度为2mm，第二层绝热材料的厚度为40mm。管壁和两层绝热材料的导热系数分别为：$\lambda_1=58.3$W/(m·K)，$\lambda_2=0.175$W/(m·K)，$\lambda_3=0.0932$W/(m·K)。蒸汽管的内表面温度为300℃，第二层绝热材料的外表面温度为50℃。试求每米长蒸汽管的热损失。

[答：336W/m]

13. 在4mm厚的钢板一侧为热液体，其对流传热系数α_1为5000W/(m²·℃)，钢板另一侧为冷却水，其对流传热系数α_2为4000W/(m²·℃)。忽略污垢热阻，求传热系数。

[答：1852W/(m²·℃)]

14. 一列管式换热器，由ϕ25×2.5mm钢管制成。管内走流量为10kg/s的热流体，定压比热容为0.93kJ/(kg·℃)，温度由50℃冷却到40℃。流量为3.7kg/s的冷却水走管外与热流体逆流流动，冷却水进口温度为30℃。已知管内热流体的$\alpha_1=50$W/(m²·℃)，$R_{垢1}=0.5\times10^{-3}$m²·℃/W，管外水侧$\alpha_2=5000$W/(m²·℃)，$R_{垢2}=0.2\times10^{-3}$m²·℃/W。试求：(1)总传热系数K（可按平壁面计算）；(2)传热面积A；(3)忽略管壁及污垢热阻，α_1提高一倍，α_2不变，求传热系数；(4)忽略管壁及污垢热功当量阻，α_2提高一倍，α_1不变，求总传热系数。

[答：(1) 47.7W/(m²·℃)；(2) 163.8m²；(3) 98W/(m²·℃)；(4) 49.8W/(m²·℃)]

15. 一传热面积为15m²的列管式换热器，壳程用110℃的饱和水蒸气将管程某溶液由20℃加热至80℃，溶液的处理量为2.5×10⁴kg/h，比热容为4kJ/(kg·℃)，试求此操作条件下的传热系数。

[答：2035 W/(m^2·℃)]

16. 常压空气在内径为20mm的管内由20℃加热至100℃，空气的平均流速为12m/s，试求水与空气侧的对流传热系数。

[答：α=55.0W/(m^2·℃)]

17. 水以1.0m/s的流速在长3m的ϕ25×2.5mm的管内由20℃加热至40℃，试求水与管壁之间的对流传热系数。若水流量增大50%，对流传热系数为多少?

[答：α=4.58×10^3W/(m^2·℃)，α'=6.34×10^3W/(m^2·℃)]

18. 在常压下用套管式换热器将空气由20℃加热至100℃，空气以60kg/h的流量流过套管环隙，已知内管ϕ57×3.5mm，外管ϕ83×3.5mm，求空气的对流传热系数。

[答：α=37.6W/(m^2·℃)]

19. 某种黏稠液体以0.3m/s的流速在内径为50mm、长4m的管内流过，若管外用蒸气加热，试求管壁对流体的传热系数。已知液体的物性数据为：ρ=900kg/m^3，c_p=1.89kJ/(kg·℃)，λ=0.128W/(m·℃)，μ=0.01Pa·s。

[答：α=61.3W/(m^2·℃)]

20. 在下列热交换过程中，壁温接近哪一侧流体的温度？为什么？(1) 饱和水蒸气加热空气；(2) 热水加热空气；(3) 烟道气加热沸腾的水。

[答：(1) $t_{壁}\approx t_{饱}$；(2) $t_{壁}\approx t_{热水}$；(3) $t_{壁}\approx t_{水}$]

21. 4kg/s的异丁烷蒸气在一列管式换热器管外冷凝。已知异丁烷的饷温度为60℃，冷水的显示器温度为25℃，出口温度为40℃。列管式换热器的管束由直径ϕ25×2.5mm、长6m的200根管子所组成，传热面积为93m^2。此换热器为单壳程、四管程。异丁烷的冷凝潜热为290kJ/kg，操作条件下水的比热容为4.19kJ/(kg·℃)，密度为1000kg/m^3，管外冷凝对流传热系数α_2=1000W/(m^2·℃)，管内对流传热系数α_1=4700uW/(m^2·℃)，式中u为管内流速(m/s)，管壁及污垢热阻总和为0.0008(m^2·℃)/W。试核算该换热器能否满足生产要求(提示：比较换热器的实际面积与计算需要的换热面积，可按平壁面计算)。

[答：$A_{计}$=85.7m^2，能满足生产要求]

22. 流量为30kg/s的某油品在列管式换热器壳程流过，从150℃降至100℃，将管程的原油从25℃加热至60℃。现有一列管式换热器的规格为：壳径600mm，壳方单程，管方四程，共有368根直径为ϕ19×2mm、长6m的钢管，管心距为25mm，正三角形排列，壳程装有缺口(直径方向)为25%的弓形挡板，挡板间距为200mm。试核算此换热器能否满足换热要求？已知定性温度下两流体的物性见表3-16。

表3-16　习题22中流体物性

流体名称	比热容c_p /[kJ/(kg·℃)]	黏度μ /(Pa·s)	导热系数λ /[W/(m·℃)]	污垢热阻 /(m^2·℃/W)
原油	1.986	0.0029	0.136	0.001
油品	2.20	0.0052	0.119	0.0005

[答：$A_{计}$=114m^2，$A_{实}$=131.7m^2，可用]

模块四

蒸　发

知识目标

1. 了解蒸发的工业应用、多效蒸发流程的特点与适应性、蒸发设备的结构及类型、蒸发器的发展趋势。

2. 理解蒸发的实质、特点，单效蒸发的流程，多效蒸发对节能的意义。

3. 掌握蒸发操作的基本计算。

技能目标

1. 能进行单效蒸发的水分蒸发量计算，根据生产任务选择合适的蒸发器。

2. 能正确分析工艺条件变化对蒸发操作的影响。

3. 会根据蒸发器操作要点进行蒸发器的操作。

4. 能进行蒸发器事故分析及日常维护。

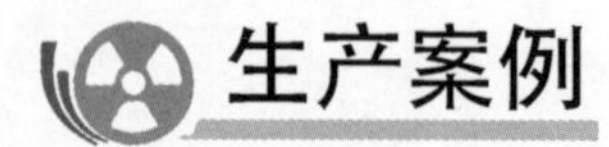

生产案例

糖蜜酒精废水蒸发浓缩工艺用于回收废水中的固废物，达到综合利用的治理目的。其工艺路线如图4-1所示。废水在蒸发器中浓缩，得到浆液，然后制成干粉，干粉可用作饲料、肥料、水泥减水剂。废水在蒸发器中以蒸汽冷凝水的形式排放，而冷凝水回用于酒精生产，从而实现酒精生产闭路用水系统且无废弃物排放的清洁生产工艺。

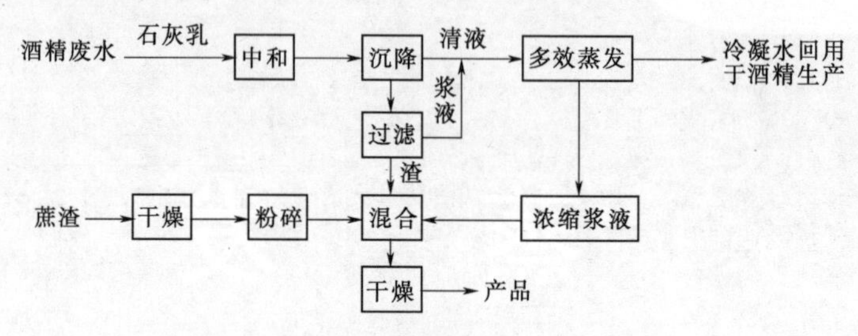

图4-1 糖蜜酒精废水蒸发浓缩工艺

此工艺中采用了多效蒸发，蒸发器是糖蜜酒精废水蒸发浓缩处理关键设备。由于废液中常含有易结垢、易发泡的物质，如钙、镁离子及胶体，结垢造成能耗增加，应选用外加热式管外沸腾自然循环式蒸发器，这种类型的蒸发器，物料循环速度接近强制循环，在加热管内不沸腾从而不产生气泡，这样不易结垢。

蒸发操作广泛应用于化工、轻工、食品、医药等工业领域，其主要目的有以下几个方面：

(1) 浓缩稀溶液直接制取产品或将浓溶液再处理（如冷却结晶）制取固体产品，例如电解烧碱液的浓缩，食糖水溶液的浓缩及各种果汁的浓缩等。

(2) 同时浓缩溶液和回收溶剂，例如有机磷农药苯溶液的浓缩脱苯，中药生产中酒精浸出液的蒸发等。

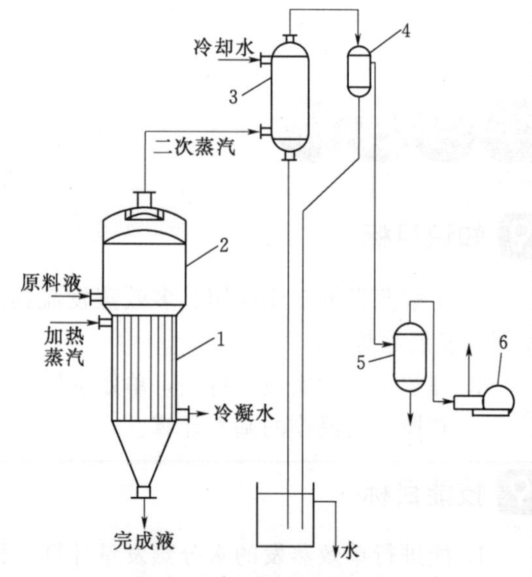

图4-2 蒸发装置示意图

1—加热室；2—分离室；3—混合冷凝器；4—分离器；5—缓冲罐；6—真空泵

(3) 为了获得纯净的溶剂，例如海水淡化等。

图4-2所示为一典型的蒸发装置示意图。图中蒸发器由加热室和分离室两部分组成。加热室为列管式换热器，加热蒸汽在加热室的管间冷凝，放出的热量通过管壁传给列管内的溶液，使其沸腾并汽化，汽液混合物则在分离室中分离，其中液体又落回加热室，当浓缩到规定浓度后排出蒸发器。分离室分离出的蒸汽（又称二次蒸汽，以区别于加热蒸汽或生蒸汽），先经顶部除沫器除去夹带的液滴，再进入混合冷凝器与冷水相混，被直接冷凝后排出。不凝气体经分离器和缓冲罐由真空泵排出。

项目一

蒸发操作的基础知识及原理

蒸发操作是通过加热的方法将含有不挥发溶质的稀溶液沸腾汽化并移除蒸汽，从而使溶液中溶质浓度提高的一种单元操作，是分离液态均相（溶液）的单元操作之一。用来实现蒸发操作的设备称为蒸发器。

任务一　蒸发操作的基础知识

蒸发操作中被蒸发的溶液大多是水溶液，因此本模块仅讨论水溶液的蒸发。工业上常用水蒸气作为加热热源，汽化出来的也是水蒸气，为区别起见，把作热源用的蒸汽称为加热蒸汽或生蒸汽，把由溶剂汽化成的蒸汽称为二次蒸汽。二次蒸汽必须不断地用冷凝等方法加以移除，否则蒸汽和溶液渐趋平衡，致使蒸发操作无法进行。

一、蒸发操作的特点

尽管蒸发操作的目的是物质的分离，但其过程的实质是热量传递而不是物质传递，溶剂汽化的速率取决于传热速率。因此，蒸发操作应属于传热过程，但它具有某些不同于一般传热过程的特殊性，具体如下：

（1）溶液性质。在蒸发过程中溶液的黏度逐渐增大，腐蚀性逐渐加强。有些溶液在蒸发过程中有晶体析出，易结垢，易产生泡沫，在高温下易分解或聚合。

（2）传热性质。传热壁面一侧为加热蒸汽冷凝，另一侧为溶液沸腾，所以属于壁面两侧流体均有相变化的恒温传热过程。

（3）溶液沸点的改变。由于不挥发溶质的存在，溶液的蒸气压低于同温度下纯溶剂的蒸气压。因此，在相同压力下，溶液的沸点高于纯溶剂的沸点，这种现象称为溶液的沸点升高。溶液的沸点升高导致蒸发的传热温差的降低。

（4）泡沫夹带。二次蒸汽中常夹带大量液沫，冷凝前必须设法除去，否则不但损失物料，而且污染冷凝设备。

（5）能源利用。蒸发操作所汽化的溶剂量较大，需要消耗大量的加热蒸汽，因此需要考虑热量的利用问题。

二、蒸发的分类

按操作方式可以分为间歇式和连续式，大多数蒸发过程为连续操作的稳态过程。

按二次蒸汽的利用情况可以分为单效蒸发和多效蒸发，若产生的二次蒸汽不加利用，直接经冷凝器冷凝后排出，这种操作称为单效蒸发。若把二次蒸汽引至另一操作压力较低的蒸发器作为加热蒸汽，并把若干个蒸发器串联组合使用，这种操作称为多效蒸发。多效蒸发中，二次蒸汽的潜热得到较为充分的利用，提高了加热蒸汽的利用率。

按操作压强可分加压蒸发、常压蒸发和减压（真空）蒸发。一般无特殊要求的溶液均采用常压蒸发。

按操作温度可分为自然蒸发和沸腾蒸发。自然蒸发是溶液中的溶剂在低于沸点时汽化，蒸发速率缓慢。沸腾蒸发是使溶液中的溶剂在沸点时汽化，蒸发速率快。工业上的蒸发操作大多采用沸腾蒸发。

蒸发操作应用广泛，实际生产中应根据被蒸发溶液的性质和工艺条件，选择适宜的蒸发方式和流程。

任务二 单效蒸发

一、单效蒸发流程

最常见的单效蒸发为减压单效蒸发，前述的硝酸铵溶液的蒸发即为单效真空蒸发，其流程如图 4-2 所示。加热蒸汽在加热室的管间冷凝，所放出的热量通过管壁传给沸腾的溶液。被蒸发的溶液自分离室加入，经蒸发后的浓缩液由器底排出。汽化产生的二次蒸汽在分离室及其顶部的除沫器中将夹带的液沫加以分离后送往冷凝器与冷却水相混而被冷凝，冷凝液由冷凝器的底部排出。溶液中的不凝气体用真空泵抽走。

工业上的蒸发操作经常在减压下进行，减压操作具有以下特点：

(1) 减压下溶液的沸点下降，有利于处理热敏性的物料，且可利用低压的蒸汽或废蒸汽作为加热剂。

(2) 溶液的沸点随所处的压强减小而降低，故对相同压强的加热蒸汽而言，当溶液处于减压时可以提高传热总温差；但与此同时，溶液的黏度加大，使总传热系数下降。

(3) 真空蒸发系统要求有造成减压的装置，使系统的投资费和操作费提高。

二、单效蒸发的计算

单效蒸发计算的主要内容有：水分蒸发量、加热蒸汽消耗量、蒸发器的传热面积。计算的依据是：物料衡算、热量衡算和传热速率方程。

1. 水分蒸发量计算

对图 4-3 所示单效蒸发器作溶质的衡算，得

$$Fw_0=(F-W)w_1$$

或

$$W=F\left(1-\frac{w_0}{w_1}\right) \qquad (4-1)$$

式中 F——原料液的流量，kg/h；

W——单位时间从溶液中蒸发的水分量，即蒸发量，kg/h；

w_0——原料液中溶质的质量分数；

w_1——完成液中溶质的质量分数。

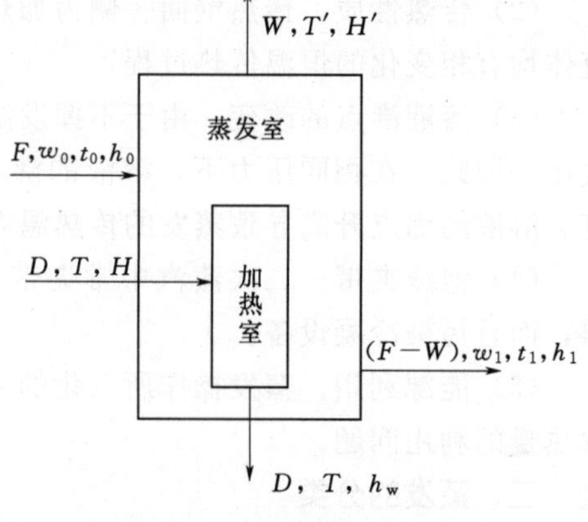

图 4-3 单效蒸发示意图

2. 加热蒸汽消耗量计算

加热蒸汽消耗量通过热量衡算求得。通常，加热蒸汽为饱和蒸汽，且冷凝后在饱和温度下排出，则加热蒸汽仅放出潜热用于蒸发。若料液在低于沸点温度下进料，对热量衡算式整理得

$$Q=Dr=Fc_{p0}(t_1-t_0)+Wr'+Q_{损} \tag{4-2}$$

式中 Q——蒸发器的热负荷或传热量，kJ/h；

D——加热蒸汽消耗量，kg/h；

c_{p0}——原料液比热容，kJ/(kg·℃)；

t_0——原料液的温度,℃；

t_1——溶液的沸点,℃；

r——加热蒸汽的汽化潜热，kJ/kg；

r'——二次蒸汽的汽化潜热，kJ/kg；

$Q_{损}$——蒸发器的热损失，kJ/h。

原料液的比热容可按下面的经验式计算：

$$c_{p0}=c_{p水}(1-w_0)+c_{pB}w_0 \tag{4-3}$$

式中 $c_{p水}$——水的比热容，kJ/(kg·℃)；

c_{pB}——溶质的比热容，kJ/(kg·℃)。

由式（4-2）得加热蒸汽消耗量为

$$D=\frac{Fc_{p0}(t_1-t_0)+Wr'+Q_{损}}{r} \tag{4-4}$$

若溶液为沸点进料，则 $t_1=t_0$，设蒸发器的热损失忽略不计，则式（4-4）可简化为

$$D=\frac{Wr'}{r} \tag{4-5}$$

或

$$\frac{D}{W}=\frac{r'}{r} \tag{4-6}$$

式中 $\frac{D}{W}$——蒸发 1kg 水时的蒸汽消耗量，称为单位蒸汽消耗量。

由于蒸汽的潜热随压力变化不大，即 $r\approx r'$，故 $D/W\approx 1$。但实际上因蒸发器有热损失等的影响，$\frac{D}{W}$约为 1.1 或稍高。

【例 4-1】 某水溶液在单效蒸发器中由 10%（质量分数，下同）浓缩至 30%，溶液的流量为 2000kg/h，料液温度为 30℃，分离室操作压力为 40kPa，加热蒸汽的绝对压力为 200kPa，溶液沸点为 80℃，原料液的比热容为 3.77kJ/(kg·℃)，蒸发器热损失为 12kW，忽略溶液的稀释热。试求：(1) 水分蒸发量；(2) 加热蒸汽消耗量和单位蒸汽消耗量。

解：(1) 由式（4-1）可得水分蒸发量：

$$W=F\left(1-\frac{w_0}{w_1}\right)=2000\times\left(1-\frac{0.2}{0.3}\right)=1333(\text{kg/h})$$

(2) 加热蒸汽消耗量由式（4-4）计算，即

$$D=\frac{Fc_{p0}(t_1-t_0)+Wr'+Q_{损}}{r}$$

由附录查得 40kPa 和 200kPa 饱和水蒸气的汽化潜热分别为 2312.2kJ/kg 和 2204.6 kJ/kg，于是

$$D=\frac{2000\times3.77\times(80-30)+1333\times2312.2+12\times3600}{2204.6}=1589(\text{kg/h})$$

单位蒸汽消耗量为 $\frac{D}{W}=\frac{1589}{1333}=1.19$

3. 蒸发器的传热面积计算

根据传热基本方程，得出传热面积 A 为

$$A=\frac{Q}{K\Delta t_{均}} \tag{4-7}$$

式中 A——换热器的传热面积，m^2；

Q——蒸发器的热负荷，W；

$\Delta t_{均}$——传热平均温差，℃；

K——换热器的总传热系数，W/(m^2·℃)。

根据热量衡算，蒸发器的热负荷 $Q=Dr$；蒸发过程为加热蒸汽冷凝和溶液沸腾之间的恒温传热，$\Delta t_{均}=T-t_1$；K 值可按模块三提供的公式计算，由于管内沸腾对流传热系数，其值受溶液性质、蒸发器的结构及操作条件等诸多因素的影响，目前还缺乏可靠的计算方法，因此，蒸发器的总传热系数主要是通过实验测定或选用经验数值。表 4-1 列出了不同类型蒸发器的 K 值范围，供选用时参考。

表 4-1 蒸发器的总传热系数 K 值

蒸发器的形式	总传热系数 K /[W/(m^2·℃)]	蒸发器的形式	总传热系数 K /[W/(m^2·℃)]
水平沉浸加热式	600～2300	外加热式(强制循环)	1200～7000
标准式(自然循环)	600～3000	升膜式	1200～6000
标准式(强制循环)	1200～6000	降膜式	1200～3500
悬筐式	600～3000	蛇管式	350～2300
外加热式(自然循环)	1200～6000		

三、溶液的沸点和温差损失

1. 溶液的沸点

溶液中溶质不挥发，在相同的条件下溶液的蒸汽压比纯溶剂的蒸汽压要低，因而相同压力下溶液的沸点总是比相同压力下水的沸点（即二次蒸汽的温度）高。例如，常压下 20%（质量分数）NaOH 水溶液的沸点为 108.5℃，而饱和水蒸气的温度为 100℃，溶液沸点升高 8.5℃。

沸点升高对蒸发操作的传热推动力温差不利，例如，用 120℃的饱和水蒸气分别加热 20%（质量分数）NaOH 水溶液和纯水，并使之沸腾，有效温差分别为

20%（质量分数）NaOH 水溶液 $\Delta t=T-t_1=120-108.5=11.5$（℃）

纯水 $\Delta t_T=T-T'=120-100=20$(℃)

由于溶液的沸点升高，蒸发溶液的传热温差较蒸发纯水的传热温差下降了 8.5℃，下降的度数称为温差损失，用 Δ 表示。由于

$$\Delta=\Delta t_T-\Delta t=(T-T')-(T-t_1)=t_1-T' \qquad (4-8)$$

即温差损失在数值上与相同条件下的沸点升高值相同。因此，在蒸发的计算中，首先设法确定 Δ 的值，进而求得溶液的沸点（$t_1=T'+\Delta$）和实际的传热温度差（$\Delta t=\Delta t_T-\Delta$）。实际上还有其他因素使温差损失，下面分别加以分析。

2. 温差损失

蒸发操作时，温差损失的原因可能有：因溶液沸点升高引起的温差损失 Δ'；因加热管内液柱静压力引起的温差损失 Δ''；由于管路流动阻力引起的温差损失 Δ'''。总温差损失为

$$\Delta=\Delta'+\Delta''+\Delta''' \qquad (4-9)$$

若二次蒸汽的温度根据蒸发器分离室的压力（即不是冷凝器的压力）确定时，则

$$\Delta=\Delta'+\Delta'' \qquad (4-10)$$

（1）因溶液沸点升高引起的温差损失 Δ'。Δ 值主要与溶液的种类、浓度以及蒸发压力有关，其值由实验测定。在一般手册中，可以查得常压下某些溶液在不同浓度时的沸点升高数据。

蒸发操作有时在加压或减压下进行，必须求得各种浓度的溶液在不同压力下的温差损失。当缺乏数据时，可由常压下溶液的温差损失 Δ_0' 用下式估算出 Δ'：

$$\Delta'=f\Delta_0' \qquad (4-11)$$

式中 f——较正系数，无因次，由下式计算得到：

$$f=\frac{0.0162(T'+273)^2}{r'} \qquad (4-12)$$

式中 T'——操作压强下二次蒸汽的温度，℃；

r'——操作压强下二次蒸汽的汽化热，kJ/kg。

【例 4-2】 浓度为 18.32%（质量分数）的 NaOH 水溶液在 50kPa 下沸腾，试求溶液沸点升高的数值。

解： 由附录查得 18.32%的 NaOH 水溶液在常压下的沸点为 107℃，故

$$\Delta_0'=107-100=7(℃)$$

再由水蒸气表查得 50kPa 时饱和蒸汽的温度为 81.2℃，潜热为 2304.5kJ/kg，故校正系数为

$$f=\frac{0.0162(T'+273)^2}{r'}=\frac{0.0162\times(81.2+273)^2}{2304.5}=0.882$$

溶液的沸点升高为 $\Delta'=f\Delta_0'=0.882\times7=61.7(℃)$

（2）因加热管内液柱静压力引起的温差损失 Δ''。某些蒸发器在工作时，器内溶液需要维持一定的液位，因而蒸发器加热管内溶液的压力均大于液面的压力，管内溶液的沸点高于液面溶液的沸点，两者之差即为因溶液静压力引起的温差损失 Δ''。为简单起见，溶液内部的沸点按液面和底部的平均压力计算，根据静力学基本方程可得

$$p_{均}=p_0+\frac{\rho gh}{2} \qquad (4-13)$$

式中 $p_{均}$——蒸发器中溶液的平均压力，Pa；

p_0——液面处的压力，即二次蒸汽压力，Pa；

ρ——溶液的密度，kg/m^3；

h——液层高度，m。

根据式（4－13）计算的平均压力可以查得相应的溶液的沸点，因此可按下式计算：

$$\Delta''=t_{p均}-t_{p0} \quad (4-14)$$

式中 $t_{p均}$——根据平均压力求得的水的沸点，℃；

t_{p0}——根据二次蒸汽压力求得的水的沸点，℃。

（3）由于管路流动阻力引起的温差损失 Δ'''。二次蒸汽由蒸发器流到冷凝器的过程中，流动阻力使其压力降低，蒸汽的饱和温度也相应降低，由此引起的温差损失即 Δ'''。

Δ'''值大小与二次蒸汽在管道中的流速、物性及管道尺寸等有关。根据经验，一般取 Δ''' 为 0.5～1.5℃，对于多效蒸发，在计算末效以前各效的温差损失时，同样也要计算二次蒸汽由前一效蒸发室通往后一效加热室时，由于管道阻力引起的温差损失 Δ'''，其值一般取为 1℃。

四、蒸发器的生产强度及其提高途径

1. 蒸发器的生产强度

评价蒸发器的性能时，多用蒸发器的生产强度作为衡量的标准。蒸发器的生产强度是指单位传热面积上单位时间内所蒸发的水量，用 U 表示，其单位为 kg/(m² · h)，即

$$U=\frac{W}{A} \quad (4-15)$$

若原料为沸点进料，且忽略蒸发器的热损失，则有

$$U=\frac{W}{A}=\frac{K\Delta t_{均}}{r} \quad (4-16)$$

由式（4－16）可以看出，欲提高蒸发器的生产强度，必须设法提高蒸发器的传热温差和总传热系数。

2. 提高蒸发器生产强度的途径

（1）提高传热温差。蒸发的传热温差 $\Delta t_{均}$ 主要取决于加热蒸汽和冷凝器中二次蒸汽的压力，因此工程上常采取以下措施来实现：

1）提高加热蒸汽压力。加热蒸汽的压力越高，其饱和温度也越高。但是加热蒸汽压力常受工厂的供汽条件所限，一般为 300～500kPa，有时可达到 600～800kPa。

2）采用真空操作。真空操作会使溶液的沸点降低，可以提高 $\Delta t_{均}$ 和生产强度，还可以防止或者减少热敏性物料的分解。但是真空操作时，不仅会增加能耗，而且会使溶液黏度增大，造成沸腾传热系数下降。因此一般冷凝器中的操作压力为 10～20kPa。

（2）提高总传热系数。通常，增大总传热系数是提高蒸发器生产强度的主要途径。总传热系数 K 值主要取决于溶液的性质、沸腾状态、操作条件和蒸发器的结构等，因此合理的设计和操作能够提高和保持蒸发器高强度的工作状态。

总之，蒸发操作应根据溶液的性质及设备的结构形式等对蒸发强度的影响，按照工艺条件权衡采取相应的措施，以强化蒸发器的生产强度，达到优化蒸发操作的目的。

任务三 多效蒸发

一、多效蒸发的操作原理

由蒸发器的热量恒算可知，在单效蒸发器中每蒸发 1kg 的水需要消耗 1kg 多的加热蒸

汽。在大规模的工业生产中，水分蒸发量很大，需要消耗大量的加热蒸汽。如果能将二次蒸汽用作另一蒸发器的加热蒸汽，则可减少加热蒸汽消耗量。由于二次蒸汽的压力和温度低于加热蒸汽的压力和温度，因此，二次蒸汽作为加热蒸汽的条件是：该蒸发器的操作压力和溶液沸点应低于前一蒸发器。采用抽真空的方法可以很方便地降低蒸发器的操作压力和溶液的沸点。每一个蒸发器称为一效，这样，在第一效蒸发器中通入加热蒸汽，产生的二次蒸汽引入第二效蒸发器，第二效的二次蒸汽再引入第三效蒸发器，以此类推，末效蒸发器的二次蒸汽通入冷凝器冷凝，冷凝器后接真空装置对系统抽真空。于是，从第一效到最末效，蒸发器的操作压力和溶液的沸点依次降低，因此可以引入前效的二次蒸汽作为后效的加热介质，即后效的加热室成为前效二次蒸汽的冷凝器，仅第一效需要消耗加热蒸汽，这就是多效蒸发的操作原理。

二、多效蒸发的流程

在多效蒸发中，物料与二次蒸汽的流向不同，可以组合成不同的流程。以三效为例，常用的多效蒸发流程有以下几种。

1. 并流（顺流）加料法的蒸发流程

料液与蒸汽的流向相同，如图 4-4 所示。料液和蒸汽都是由第一效依次流至末效。其优点如下：

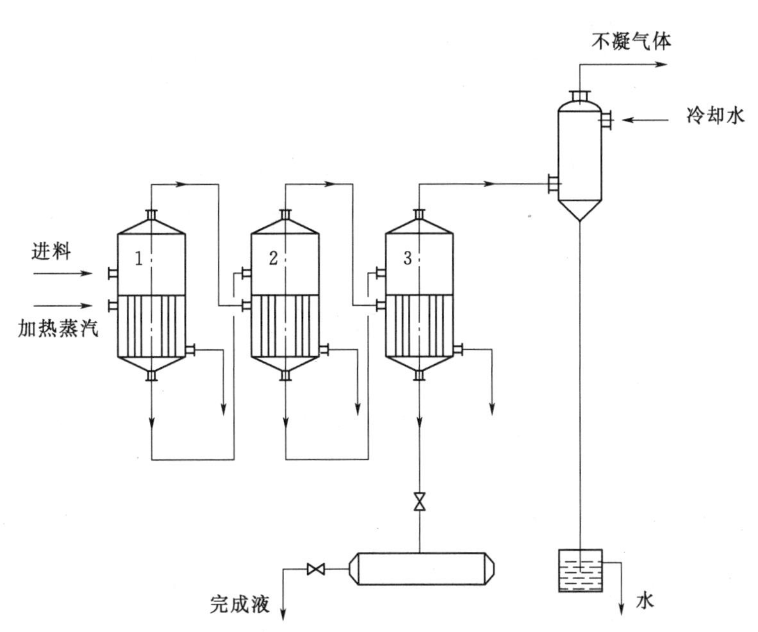

图 4-4 并流加料三效蒸发流程示意图

(1) 溶液的输送可以利用各效间的压力差，自动地从前一效进入后一效，因而各效间可省去输送泵。

(2) 前效的操作压力和温度高于后效，料液从前效进入后效时因过热而自蒸发，在各效间不必设预热器。

(3) 辅助设备少，流程紧凑，因而热量损失少，操作方便，工艺条件稳定。

其缺点有：后效温度更低而溶液浓度更高，故溶液的黏度逐效增大，降低了传热系数，往往需要更多的传热面积。因此，黏度随浓度增加很快的料液不宜采用此法。

2. 逆流加料法的蒸发流程

料液与蒸汽的流向相反，如图 4-5 所示。料液从末效加入，必须用泵送入前一效；而蒸汽从第一效加入，依次至末效。其优点如下：

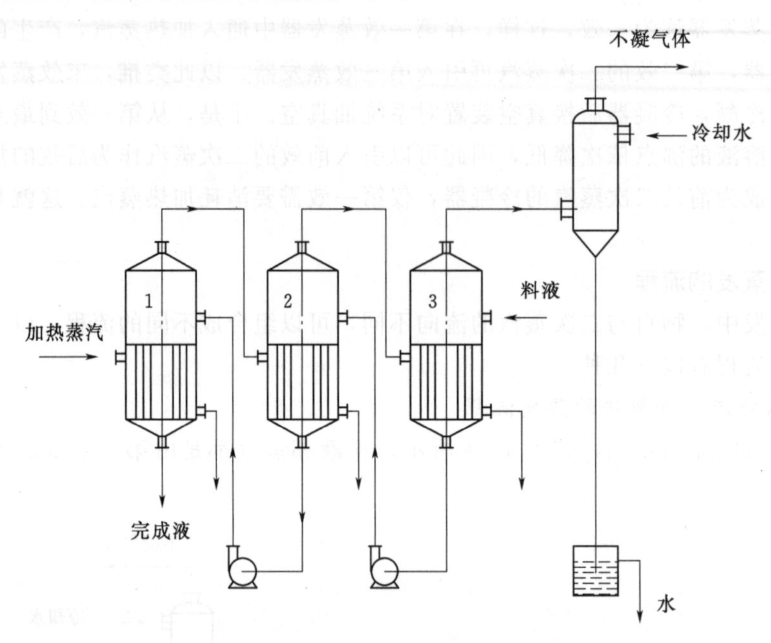

图 4-5 逆流加料法的蒸发流程示意图

(1) 蒸发的温度随溶液浓度的增大而增高，这样各效的黏度相差很小，传热系数大致相同。

(2) 完成液排出温度较高，可以在减压下进一步闪蒸增浓。

其缺点有：

(1) 辅助设备多，各效间须设料液泵。

(2) 各效均在低于沸点温度下进料，须设预热器（否则二次蒸汽量减少），故能量消耗增大。

一般来说，逆流加料法宜于处理黏度随温度和浓度变化较大的料液蒸发，但不适用于热敏性物料的蒸发。

3. 平流（错流）加料法的蒸发流程

平流加料法是按各效分别加料和分别出料的方式进行操作，各效溶液的流向互相平行，如图 4-6 所示。每效皆处于最大浓度下进行蒸发，所以溶液黏度大，致使传热损失较大；同时各效的温差损失较大，故降低了蒸发设备的生产能力。因此平流加料法适用于在蒸发过程中同时有结晶析出的场合，因其可避去结晶体在效间输送时堵塞管道，或用于对稀溶液稍加浓缩的场合。

以上介绍的是几种基本的加料蒸发流程，在实际生产中，往往根据具体情况，将以上基本的加料流程加以变型或组合使用，以适应生产需要。

三、多效蒸发效数的限定

在工业生产中，采用多效蒸发提高了加热蒸汽的利用率，消耗同样多的加热蒸汽，可以

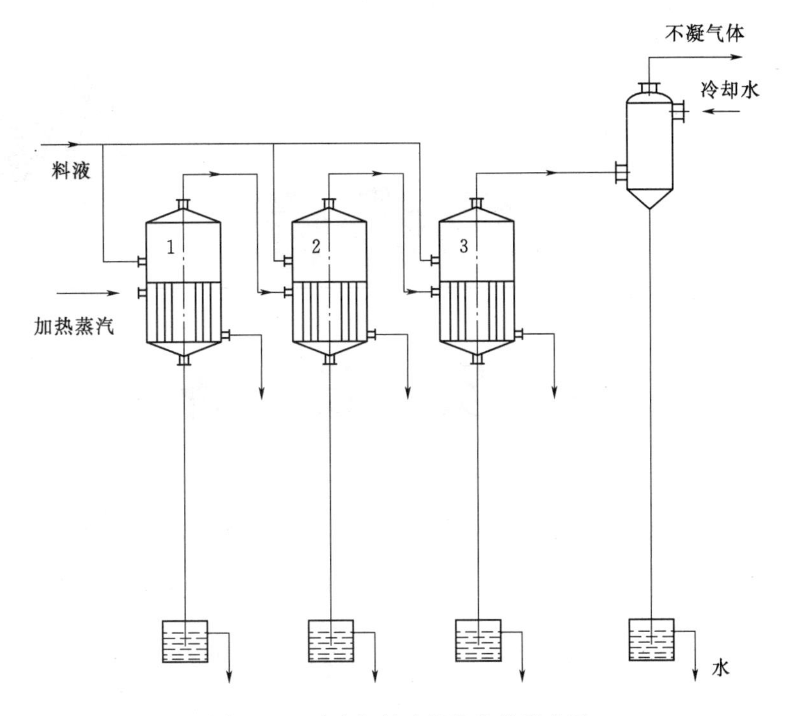

图 4-6　平流加料法蒸发流程示意图

蒸发比单效蒸发器多得多的水。如果料液在沸点下进入蒸发器，并忽略热损失、温差损失和不同压力下汽化热的差别，理论上，单效蒸发器中，1kg 加热蒸汽可以汽化 1kg 的水；双效蒸发器中，1kg 加热蒸汽可以汽化 2kg 的水；三效蒸发器中，1kg 加热蒸汽可以汽化 3kg 的水。但实际上由于存在各种温差损失和热损失，多效蒸发根本达不到上述的经济性。表 4-2 列出了实际蒸发过程单位蒸汽消耗量的最小值。

表 4-2　蒸发过程单位蒸汽消耗量的最小值

效数	单效	双效	三效	四效	五效
$(D/W)_{最小}$/(kg/kg 水)	1.1	0.57	0.4	0.3	0.27

由表 4-2 可见，随着效数的增加，所节省的加热蒸汽量越来越少，但设备费则随效数增加而成正比增加。当增加一效的设备费和操作费之和不能小于所节省的加热蒸汽的收益时，就没有必要再增加效数了，因此多效蒸发的效数是有一定限度的。即蒸发器的效数存在最佳值，须根据设备费和操作费之和最小来确定。

通常，工业上使用的多效蒸发装置，其效数并不是很多。一般对于电解质溶液，如 NaOH 等水溶液的蒸发，由于其沸点升高（即温差损失）较大，故采用 2～3 效；对于非电解质溶液，如葡萄糖水溶液或其他有机溶液的蒸发，由于其沸点升高较小，所用效数可取 4～6 效。而在海水淡化的蒸发装置中，效数可达 20～30 效。

项目二

蒸 发 设 备

蒸发设备不仅包括蒸发器，还包括使液沫进一步分离的除沫器、除去二次蒸汽的冷凝器以及真空蒸发采用的真空泵等辅助设备。下面分别介绍常用的蒸发器及蒸发器辅助设备。

任务一 蒸 发 器

一、蒸发器的基本结构

蒸发设备与一般的传热设备并无本质上的区别，但蒸发时需要不断地除去所产生的二次蒸汽。所以蒸发器除了需要间壁传热的加热室外，还需要进行气液分离的分离室，为使蒸汽和液沫能够得到比较彻底的分离，还设有除沫器。

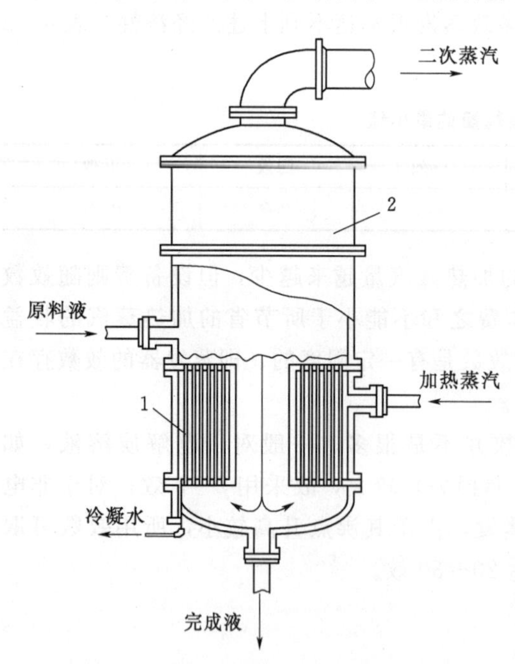

图 4-7 中央循环管式蒸发器结构

1—加热室；2—分离室

二、蒸发器的主要类型

由于生产和科研的发展和需要，促进了蒸发设备的不断改进，目前有多种结构形式。按溶液在蒸发器中的运动情况，大致可以分为循环型和单程型两大类。下面简要介绍工业上常用的几种主要形式。

1. 循环型蒸发器

循环型蒸发器的特点是溶液在蒸发器内作循环流动，根据引起溶液循环的原因，又可分为自然循环和强制循环，前者是由于溶液因受热程度不同产生密度的差异而引起的，后者是采用机械的方法迫使溶液沿传热表面流动。

(1) 中央循环管式蒸发器（又称标准蒸发器）。其结构如图 4-7 所示。加热是由 $\phi25\sim75$mm 的竖式管束完成，管长 0.6～2m；管束中间有一直径较大的中央循环管，此管截面积为加热管束总截面积的 40%～100%。由于中央循环管与管束内的溶液受热情况不同，产生密度差异。于是溶液在中央循环管内下降，由管束沸腾上升而不断地作循环运动，提高了传热效果。

这种设备的优点在于结构紧凑、制造方便、操作可靠；但缺点是清洗维修不便，溶液循环速度不高。一般适用于结垢不严重，有少量结晶析出和腐蚀性小的溶液蒸发。

(2) 悬筐式蒸发器。其结构如图 4-8 所示。加热室（悬挂在蒸发器内的筐子）取出后可清洗，以备用的加热室替换而不影响生产时间。此种设备的循环机理与标准式相同，但溶液是沿加热室外壁与蒸发器壳体内壁所形成的环隙通道下降，不断地作循环运动。

这种设备的优点在于可将加热室取出检修，热损失较标准式小，循环速度较标准式大，但结构更复杂，一般适用于易结垢和易结晶溶液的蒸发。

(3) 外热式蒸发器。其结构如图 4-9 所示，外热式蒸发器将加热室安装在分离室的外面。这种结构不仅便于清洗和维修，而且降低了蒸发器的总高度。由于可以采用较长的加热管，循环管又没有受到蒸汽加热，因此，溶液的循环速度较大，可达 1.5m/s。

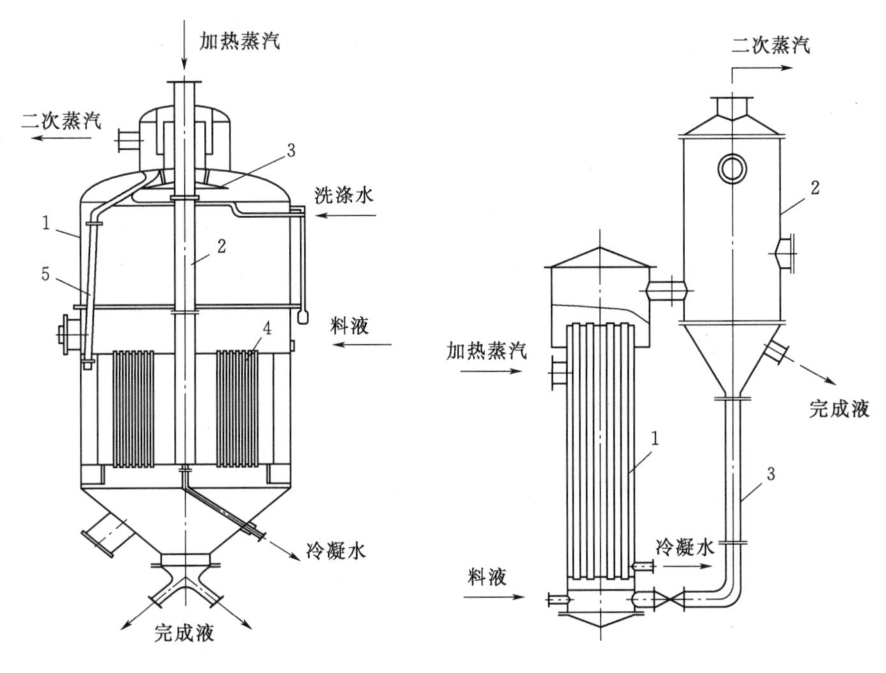

图 4-8 悬筐式蒸发器结构
1—外壳；2—加热蒸汽管；3—除沫器；4—加热室；5—液沫回流管

图 4-9 外热式蒸发器结构
1—加热室；2—分离室；3—循环管

(4) 列文式蒸发器。其结构如图 4-10 所示。其结构特点是在加热室的上方增设一段 2.7～5m 高的沸腾段，使加热室承受较大的液柱静压，故加热室内的溶液不沸腾。待溶液上升至沸腾段时，因静压的降低开始沸腾汽化。这样避免了溶质在加热室析出结晶，减少了加热室的结垢或堵塞现象。为了减小循环阻力和提高循环速度，要求循环管截面积大于加热管束总面积，该设备内的循环速度可达 2m/s 左右。

这种设备的优点在于循环速度较大，结垢少，尤其适用于有晶体析出的溶液。但由于设备庞大，需要高大的厂房，因此使用受到了一定的限制。

(5) 强制循环型蒸发器。其结构如图 4-11 所示，其特点是溶液靠泵强制循环，循环速度可达 2～5m/s。由于溶液的流速大，因此适用于有结晶析出或易结垢的溶液。但动力消耗大，每平方米传热面积消耗功率为 0.4～0.8kW。

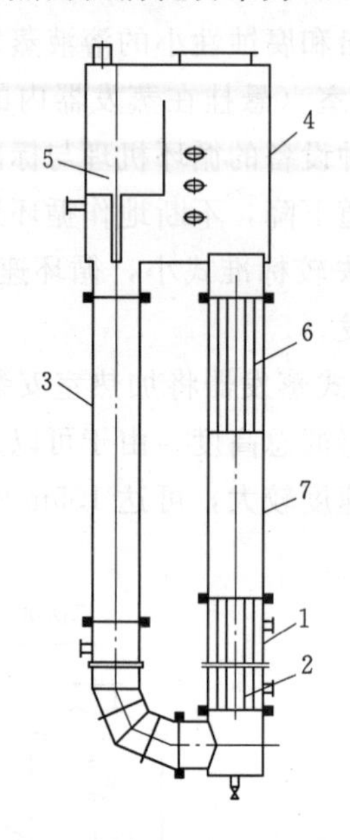

图 4-10 列文式蒸发器结构
1—加热室；2—加热管；3—循环管；4—分离室；5—除沫器；6—挡板；7—沸腾室

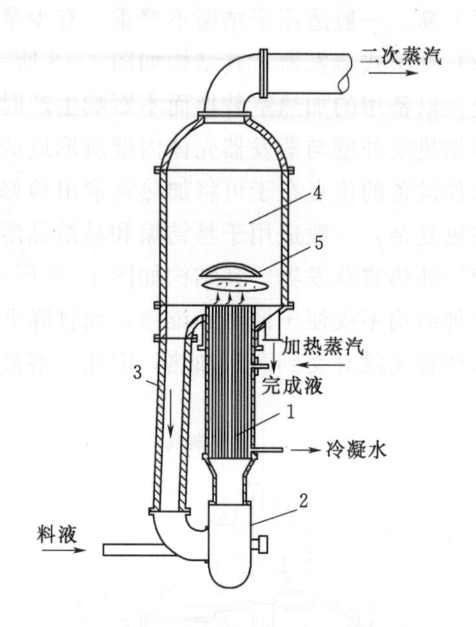

图 4-11 强制循环型蒸发器结构
1—加热管；2—循环泵；3—循环管；4—蒸发室；5—除沫器

2. 单程型蒸发器

单程型蒸发器的特点是溶液通过加热室一次即达到所需的浓度，且溶液沿加热管壁呈膜状流动，故又称为膜式蒸发器。这类蒸发器蒸发速度快，溶液受热时间短，因此特别适合处理热敏性溶液的蒸发。根据料液在蒸发器内的流动方向和成膜的原因，单程蒸发器又可分为以下几种。

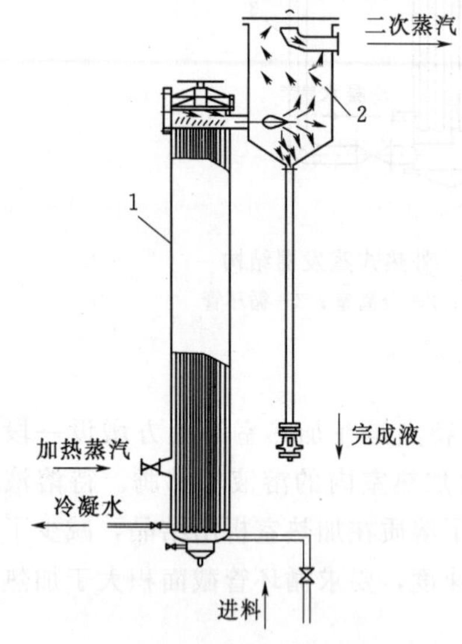

图 4-12 升膜式蒸发器结构
1—加热室；2—分离室

(1) 升膜式蒸发器。其结构如图 4-12 所示，结构与列管式换热器类似，不同之处是它的加热管直径为 25～50mm，管长与管径比为 100～300。料液经预热后由加热室底部进入，受热后迅速沸腾汽化，所产生的二次蒸汽在管内高速上升（高压下气速达 20～30m/s，减压下达 80～200m/s）。料液被上升的蒸汽所带动，沿管壁成膜状流动上升，在上升过程中逐渐被蒸浓。

此种蒸发器一般适用于稀溶液、热敏性及易气泡溶液的蒸发，而对高黏度（大于 50kPa·s）、易结晶、易结垢的溶液不适用。

(2) 降膜式蒸发器。其结构如图 4-13 所示，料液由加热室顶部加入，经液体分布器后均匀分布在每根加热管的内壁上，在重力作用下呈膜状下降，在底部得到浓缩液。二次蒸汽与浓缩液并流而下，液膜的下降还可以借助二次蒸汽的作用，因而可蒸发黏度大的溶液。为使每根加热管上能形成均匀的液膜，又要能防止蒸汽上窜，必须在每根加热管入口处安装液体分布器。

此种蒸发器不仅适用于热敏性料液的蒸发，还可以蒸发黏度较大（50～450kPa·s）的溶液，但不易处理易结晶和易结垢的溶液。

另外，单程型蒸发器还有升-降膜式蒸发器和刮板式蒸发器。将升膜式和降膜式蒸发器装在一个外壳中即成升-降膜式蒸发器。料液先经升膜式蒸发器上升，然后由降膜式蒸发器下降，在分离室中和二次蒸汽分离即得完成液，这种蒸发器多用于蒸发过程中溶液的黏度变化很大或厂房高度有一定限制的场合。刮板式蒸发器是借助外加动力成膜，特点是对物料的适应性强，可用于高黏度和易结晶、易结垢溶液的蒸发。

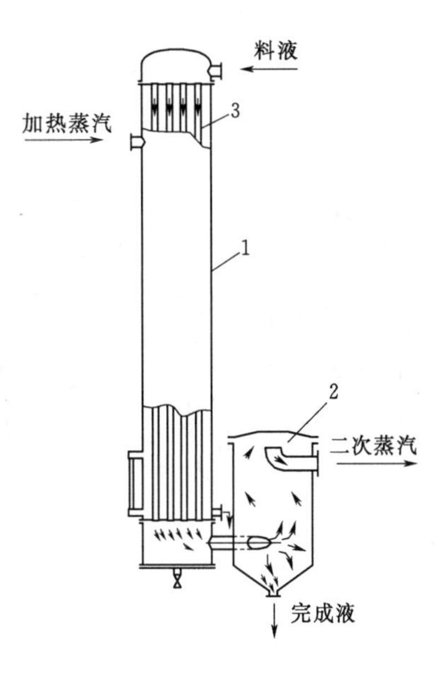

图 4-13　降膜式蒸发器结构

1—加热室；2—分离室；3—分布器

不难发现，蒸发器的主要元件都是加热管束。所以改造蒸发器的加热管束，是提高蒸发器传热强度的可行途径。近年来，国内外基本都是从改造管束着手以减薄液膜厚度，从而提高蒸发强度。

任务二　蒸发器辅助设备

蒸发器的辅助设备主要包括除沫器、冷凝器及真空装置、疏水器。

一、除沫器

1. 结构

除沫器工作时是借液滴运动的惯性撞击金属物或壁面而被捕集。除沫器有多种形式，图 4-14 所示为常用的除沫器结构。图中的（a）～（d）可直接安装在蒸发器的顶部，而（e）～（g）安装在蒸发器的外部。同时在图中的几种除沫器中，丝网除沫器的分离效果最好。丝网除沫器通常是将金属或合成纤维网叠合或卷制成整体后装入筒体而成，必要时可以更换。

2. 用途

蒸发操作时，二次蒸汽中夹带大量的液体，为防止溶质损失或者污染冷凝液体，还要设法减少液沫，安装除沫器就是为了减少液沫。

二、冷凝器及真空装置

1. 结构

冷凝器有间壁式和直接接触式两类。间壁式冷凝器主要用于二次蒸汽是有价值的产品需要回收，或会严重污染冷却水的情况；而其他大部分情况下均采用直接接触的混合式冷凝器。图 4-15 所示为逆流高位混合式冷凝器，是冷凝器中较为常见的一种。其顶部用冷却水喷淋，使之与二次蒸汽直接接触将其冷凝。这种冷凝器一般处于负压操作，为将混合冷凝后

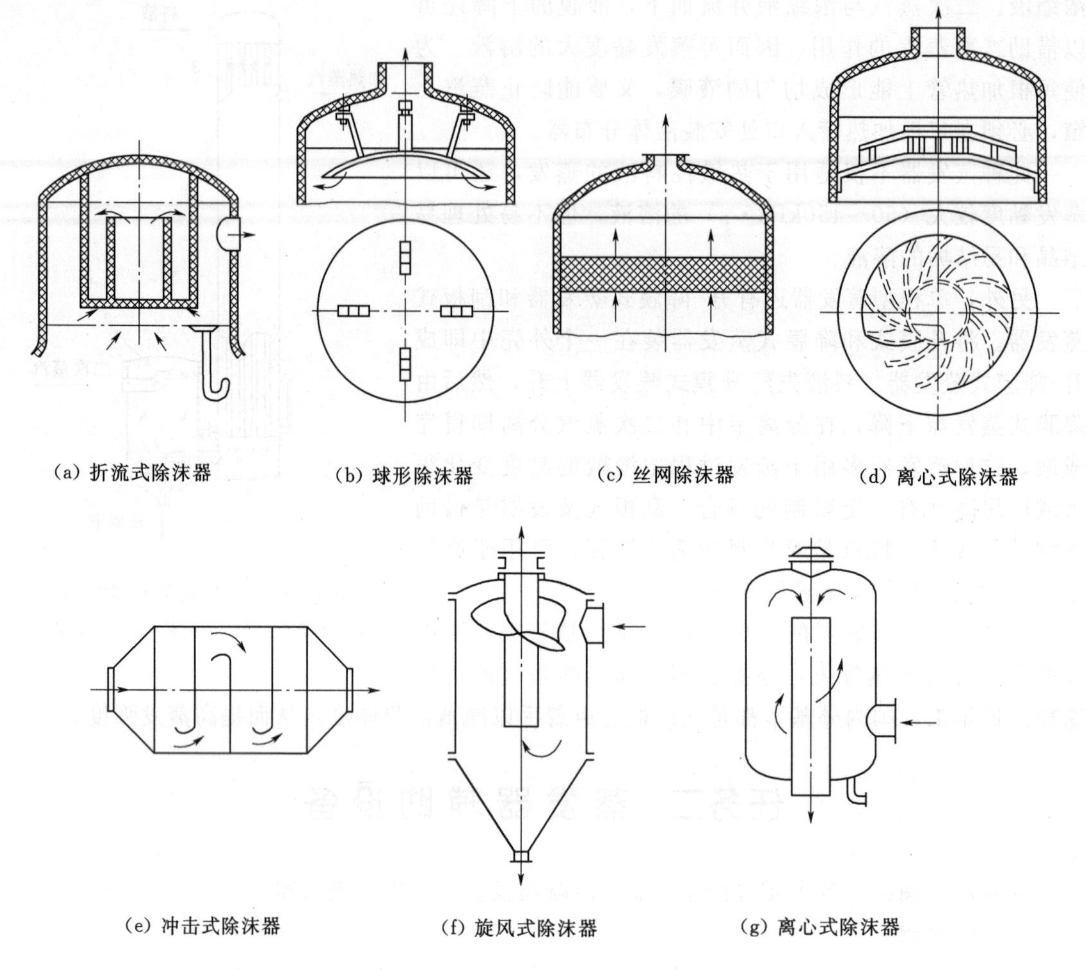

图 4-14 除沫器的主要类型

的水排向大气，冷凝器的安装必须足够高。因此冷凝器底部连接一长管（称为大气腿）正是这个原因。

2. 用途

冷凝器是一般蒸发操作中不可缺少的辅助设备之一。由于要使蒸发操作连续进行，除了必须不断地提供溶剂汽化所需的热量外，还必须及时排除二次蒸汽，通常采用的方法就是将二次蒸汽冷凝成液态水后排出。

当减压蒸发操作时，需在冷凝器后设置真空装置，不断排除二次蒸汽中的不凝气体，从而维持蒸发操作所需的真空度。常用的真空装置有喷射泵、往复式真空泵以及水环式真空泵等。

三、疏水器

1. 结构

疏水器结构形式多样，按其启闭的作用原理大致有机械式、热膨胀式和热动力式等类型。热动力式疏水器的体积小、造价低，其应用日趋广泛。图 4-16 所示为目前常用的热动力式疏水器的一种。冷凝水在加热蒸汽压强下流入冷凝水入口（图 4-16），将阀片顶开，

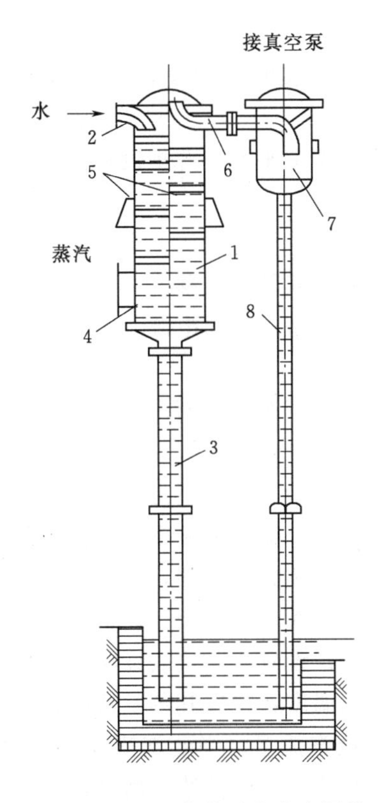

图 4-15 逆流高位混合式冷凝器

1—外壳；2—进水口；3、8—气压管；4—蒸汽进口；5—淋水板；6—不凝气体导管；7—分离器

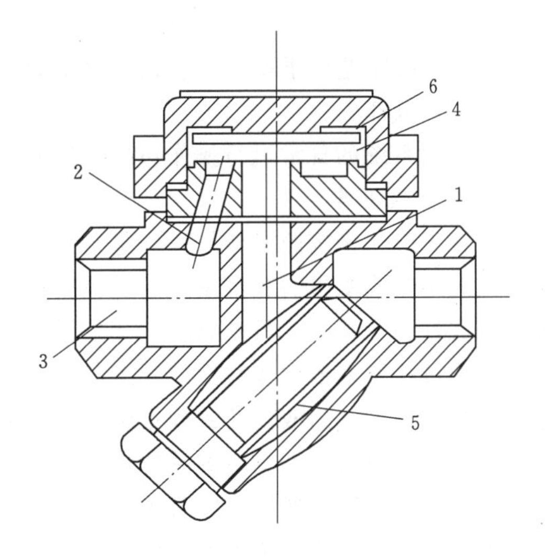

图 4-16 热动力式疏水器

1—冷凝水入口；2—冷凝水出口；3—排出管；4—变压室；5—滤网；6—阀片

由出口排出。当冷凝水趋于排尽，排出液夹带的蒸汽较多，温度升高，促使阀片上方的背压升高。同时，阀片由自重及压差自动落下，切断进出口之间的通道。经一段时间后，由于疏水器散热，阀片上方背压室内的蒸汽部分冷凝，背压下降，阀片重新开启，实现周期性地排水。

2. 用途

疏水器是蒸发器的必须辅助设备之一，其作用是将冷凝水及时排出，且能防止加热蒸汽由排出管逃逸而造成浪费。同时，疏水器的结构应便于排除不凝气体。

任务三 蒸发器的安装、操作与维护

蒸发操作是化工生产中常见的单元操作之一，操作中所使用的主要设备蒸发器属于压力容器的范畴。因此，必须要求操作人员做到“四懂”“四会”，才能上岗进行操作。所谓“四懂”，是指操作人员要懂得蒸发器的结构、原理、性能和用途；而“四会”则是指操作人员要会操作、会保养、会检查及会排除故障。除此之外，还须具有蒸发器的安全操作知识，才能使蒸发器安全正常运行，使其发挥最大的效益。尽管蒸发器有多种结构形式，但其基本的操作和维护还是具有一些共同的规律。下面以薄膜蒸发器为例介绍蒸发器的简单整体安装步骤以及蒸发器的一些共同的操作和维护规律。

一、安装

(1) 设备出厂前一般已经进行过整体试车，因此安装时可把设备整体吊装至设备基础上。

(2) 设备应整体找平，找平的位置可参考减速机机架上平面，并把设备固定在楼面上或钢架上。

(3) 对于规格较大的设备，为了增加设备的稳定程度，可在底法兰上部适当部位增加水平方向辅助支撑，辅助支点只限制设备径向位移，不限制其轴向位移。

(4) 按工艺要求配制好管道，排清异物，清洗置换设备，接通电源。

二、操作

蒸发系统的日常运行操作包括系统开车、设备运行及停车等方面。

1. 系统开车

首先应严格按照操作规程，进行开车前准备。先认真检查加热室是否有水，避免在通入蒸汽时剧热或水击引起蒸发器的整体剧振；检查泵、仪表、蒸汽与冷凝液管路、加料管路等是否完好。开车时，根据物料、蒸发设备及所附带的自控装置的不同，按照事先设定好的程序，通过控制室依次按规定的开度、规定的顺序开启加料阀、蒸气阀，并依次查看各效分离罐的液位显示。当液位达到规定值时再开启相关输送泵；设置有关仪表设定值，同时置其为自动状态；对需要抽真空的装置进行抽真空；监测各效温度，检查其蒸发情况；通过有关仪表观测产品浓度，然后增大有关蒸气阀门开度以提高蒸汽流量；当蒸汽流量达到期望值时，调节加料流量以控制浓缩液浓度。一般而言，减小加料流量则产品浓度增大，而增大加料流量则浓度降低。

在开车过程中由于非正常操作常会出现许多故障，最常见的是蒸汽供给不稳定。这可能是由于管路冷或冷凝液管路内有空气所致，应注意检查阀、泵的密封及出口，当达到正常操作温度时，就不会出现这种问题；也可能是由于空气漏入二效、三效蒸发器所致，当一效分离罐工艺蒸汽压力升高超过一定数值时，这种泄漏就会自行消失。

2. 设备运行

设备运行中，必须精心操作、严格控制。注意监测蒸发器各部分的运行情况及规定指标。通常情况下，操作人员应按规定的时间间隔检查调整蒸发器的运行情况并如实做好操作记录。当装置处于稳定运行状态下，不要轻易变动性能参数，否则会使装置处于不平衡状态，并需花费一定时间调整以达平缓，这样就造成生产的损失或者出现更坏的影响。控制蒸发装置的液位是关键，目的是使装置运行平稳，从一效到另一效的流量更趋于合理、恒定。有效地控制液位也能避免泵的“气蚀”现象，大多数泵输送的是沸腾液体，所以不可忽视发生“气蚀”的危险。只有控制好液位，才能保证泵的使用寿命。

为确保故障条件下连续运转，所有的泵都应配有备用泵，并在启动泵之前，检查泵的工作情况，严格按照要求进行操作。

按规定时间检查控制室仪表和现场仪表读数，如超出规定，应迅速查找原因。如果蒸发料液为腐蚀性溶液，应注意检查视镜玻璃，防止腐蚀。一旦视镜玻璃腐蚀严重，当液面传感器发生故障时，会造成危险。

3. 停车

停车有完全停车、短期停车和紧急停车之分。当蒸发器装置将长时间不启动或因维修需要排空的情况下，应完全停车。对装置进行小型维修只需短时间停车时，应使装置处于备用状态。如果发生重大事故，则应采取紧急停车。对于事故停车，很难预知可能发生的情况，一般应遵循以下几点：

（1）当事故发生时，首先用最快的方式切断蒸汽（或关闭控制室气动阀，或现场关闭手动截止阀），以避免料液温度继续升高。

（2）考虑停止料液供给是否安全，如果安全，应用最快方式停止进料。

（3）再考虑破坏真空会发生什么情况，如果判断出不会发生不利情况，应该打开靠近末效真空器的开关以打破真空状态，停止蒸发操作。

（4）要小心处理热料液，避免造成伤亡事故。

三、维护

（1）定期洗效。对蒸发器的维护通常采用“洗效”（又称洗炉）的方法，即清洗蒸发装置内的污垢。不同类型的蒸发器在不同的运转条件下结垢情况是不同的，因此要根据生产实际和经验，定期进行洗效。洗效周期的长短与生产强度及蒸汽消耗紧密相关。因此要特别重视操作质量，延长洗效周期。洗效方法分大洗和小洗两种。

1）大洗。大洗就是排出洗效水的洗效方法。首先降低进汽量，将效内料液排尽，然后将冷凝水加至规定液面，并提高蒸汽压力，使水沸腾以溶解效内污垢，开启循环泵冲洗管道，当达到洗涤要求时，降低蒸汽压力，再排出洗效水。若结垢严重，可进行两次洗涤。

2）小洗。小洗就是不排出洗效水的方法。一般蒸发器加热室上方易结垢，在未整体结垢前可定时水洗，以清除加热室局部垢层，从而恢复正常蒸发强度。方法是降低蒸汽量之后，将加热室及循环管内料液排尽，然后循环管内进水达一定液位时，再提高蒸汽压，并恢复正常生产，让洗效水在效内循环洗涤。

（2）经常观察各台加料泵、过料泵、强制循环泵的运行电流及工况。

（3）蒸发器周围环境要保持清洁无杂物，设备外部的保温保护层要完好，如有损坏，应及时进行维护，以减小热损失。

（4）严格执行大、中、小修计划，定期进行拆卸检查修理，并做好记录，积累设备检查修理的数据，以利于加强技术改进。

（5）蒸发器的测量及安全附件、温度计、压力表、真空表及安全阀等都必须定期校验，要求准确可靠，确保蒸发器的正确操作控制及安全运行。

（6）蒸发器为一类压力容器，日常的维护和检修必须严格执行压力容器规程的规定；对蒸发室主要进行外观和壁厚检查。加热室每年进行一次外观检查和壳体水压试验；定期对加热管进行无损壁厚测定，根据测定结果采取相应措施。

四、蒸发安全操作要点

（1）严格控制各效蒸发器的液面，使其处于工艺要求的适宜位置。

（2）在蒸发容易析出结晶的物料时，易发生管路、加热室、阀门等的结垢堵塞现象。因此需定期用水冲洗保持畅通，或者采用真空抽拉等措施补救。

（3）经常调校仪表，使其灵敏可靠。如果发现仪表失灵，要及时查找原因并处理。

（4）经常对设备、管路进行严格检查、探伤，特别是视镜玻璃要经常检查、适时更换，以防因腐蚀造成事故。

（5）检修设备前，要泄压泄料，并用水冲洗降温，去除设备内残存的腐蚀性液体。

(6) 操作、检修人员应穿戴好防护衣物，避免热液、热蒸汽造成人身伤害。

(7) 拆卸法兰螺钉时应对角拆卸或紧固，而且按步骤执行，特别是拆卸时，确认已经无液体时再卸下，以免液体喷出，并且注意管口下方不能有人。

(8) 检修蒸发器要将物料排放干净，并用热水清洗处理，再用冷水进行冒顶洗出处理。同时要检查有关阀门是否能关死，否则加盲板，以防检修过程中物料喷出伤人。蒸发器放水后，打开人孔应让空气置换并降温至36℃以下，此时检修人员方可穿戴好衣物进入检修，外面需有人监护，便于发生意外时及时抢救。

习 题

1. 在单效蒸发中，每小时将20000kg的$CaCl_2$水溶液从15%连续浓缩到25%（均为质量分数），原料液的温度为75℃。蒸发操作的压力为50kPa，溶液的沸点为87.5℃。加热蒸汽绝对压强为200kPa，原料液的比热容为3.56kJ/(kg·℃)，蒸发器的热损失为蒸发器传热量的5%。试求：(1) 蒸发量；(2) 加热蒸汽消耗量。

[答：(1) 8000kg/h；(2) 8160kg/h]

2. 用一单效蒸发器将浓度为20%的NaOH水溶液浓缩至50%，料液温度为35℃，进料流量为3000kg/h，蒸发室操作压力为19.6kPa，回执蒸汽的绝对压力为294.2kPa，溶液的沸点为100℃，蒸发器总传热系数为1200W/(m^2·℃)，料液的比热容为3.35kJ/(kg·℃)，蒸发器的热损失约为总传热量的5%。试求加热蒸汽的消耗量和蒸发器的传热面积。

[答：2369kg/h，36.2m^2]

3. 传热面积为52m^2的蒸发器，在常压下每小时蒸发2500kg浓度为7%（质量分数）的某种水溶液。原料液温度是368K，常压下沸点是376K。完成液的浓度是45%（质量分数）。加热蒸汽的表压是1.96×10^5Pa，热损失是110kW。试估算蒸发器的传热系数[溶液的比热容是3.8kJ/(kg·K)]。

[答：930W/(m^2·K)]

4. 在标准式蒸发器中，蒸发20%的$CaCl_2$水溶液，已测得二次蒸汽的压力为40kPa，蒸发器内溶液的液面高度2m，溶液的平均密度1180kg/m^3，已知操作压力下因溶液沸点升高引起的温差损失为4.24℃。试求由于溶液静压力引起的温差损失及溶液的沸点。

[答：6.90℃，86.14℃]

5. 用一单效蒸发器将流量1000kg/h的NaCl水溶液由5%（质量分数，下同）蒸浓至30%，蒸发压力为20kPa（绝压），进料温度30℃，料液比热容为4kJ/(kg·℃)，蒸发器内溶液的沸点为75℃，蒸发器的传热系数为1500W/(m^2·℃)，加热蒸汽压力为120kPa（绝压），若不计热损失，求所得完成液量、加热蒸汽消耗量和经济程度W/D，以及所需的蒸发器传热面积。

[答：166.7kg/h，954kg/h，0.874，13.6m^2]

6. 一常压蒸发器，每小时处理2700kg浓度为7%（质量分数，下同）的水溶液，溶液的沸点为103℃，加料温度为15℃，加热蒸汽的表压为196kPa，蒸发器的传热面积为50m^2，传热系数为930W/(m^2·℃)。求溶液的最终浓度和加热蒸汽消耗量。

[答：21.5%，2.32×10^3kg/h]

模块五

蒸　　馏

知识目标

1. 理解精馏原理和操作线方程、恒摩尔流假定、进料热状态参数及板式塔的液体力学性能对精馏操作的影响；掌握蒸馏装置的操作与控制要点，能熟练且正确地操作精馏装置。

2. 能对已有的蒸馏案例进行方案分析与评价，提出优化改进的建议。

3. 掌握精馏流程、全塔物料衡算、回流比的影响及选择、热量衡算。

技能目标

1. 会根据生产任务全速地选择加热剂及冷却剂，能通过精馏塔的热量衡算确定加热剂及冷却剂的消耗量。

2. 能正确选择精馏操作的回流比，掌握影响精馏操作规程的因素，对精馏过程进行正确的调节控制。

3. 能进行精馏塔简单的事故分析及日常维护。

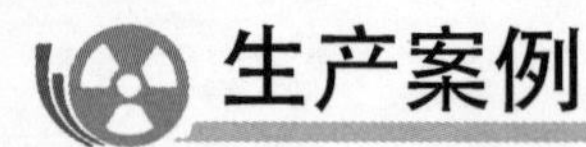

生产案例

在模块一教学案例中提到以焦炉煤气为原料，采用ICI低中压法合成甲醇的工艺，其流程的后半部分就是粗甲醇的精制工艺，即采用精馏的方法将粗甲醇精制为精甲醇，如图5-1所示。将合成送来的粗甲醇由粗甲醇槽经预精馏塔、加压精馏塔和常压精馏塔，经过多次汽化和冷凝脱除粗甲醇中的二甲醚等轻组分以及水、乙醇等重组分。高纯度精甲醇经中间罐区送到甲醇罐区，同时副产杂醇，废水送到生化处理工段。

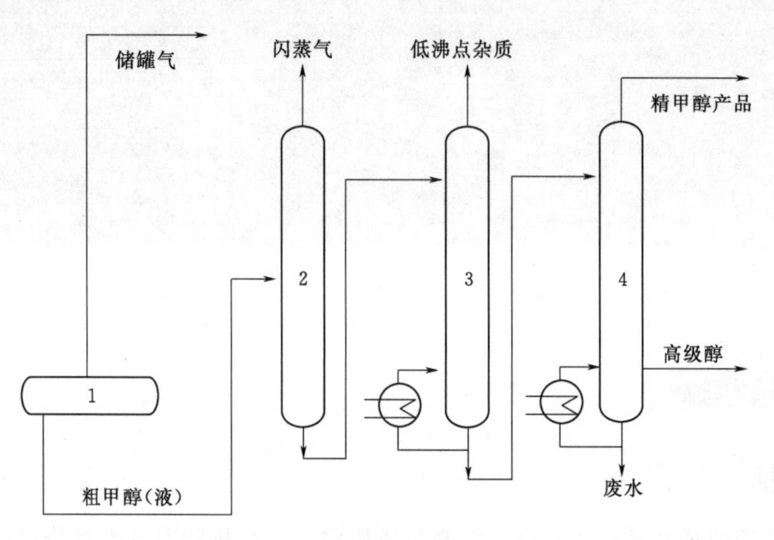

图5-1　粗甲醇的精制

1—粗甲醇槽；2—预精馏塔；3—加压精馏塔；4—常压精馏塔

项目一

蒸馏基础知识

任务一　蒸馏在化工生产中的应用

一、蒸馏的基本概念

液体是有挥发性的，打开酒瓶可以闻到酒香，就是这种特性的体现。蒸馏是利用液体均相混合物中各组分的挥发能力（沸点）的差别，将其分离的单元操作。将液体混合物加热部分汽化时，所产生的气相中，挥发能力大的组分含量比挥发能力小的组分多，据此可将液体混合物分离。例如，加热苯和甲苯的混合液，使之部分汽化，由于苯的沸点较低，其挥发能力较甲苯强，故苯较甲苯易于从液相中汽化出来，将部分汽化得到的蒸气全部冷凝，可得到苯含量高于原料的产品，从而使苯和甲苯得以初步分离。蒸馏是目前使用最广泛的液体混合物分离方法。习惯上，混合液中的易挥发组分称为轻组分，难挥发组分称为重组分。显然，蒸馏是气液两相间的传热与传质过程。

二、蒸馏过程的分类

按照不同的分类依据，蒸馏可以分为多种类型。

（1）按蒸馏原理可分为平衡蒸馏（闪蒸）、简单蒸馏、精馏和特殊蒸馏。平衡蒸馏和简单蒸馏通过一次部分汽化和冷凝分离均相混合液，因此分离不彻底，常用于混合液中各组分的挥发度相差较大，或对分离要求不高的场合；精馏通过多次部分汽化和冷凝分离混合液，能获得纯度很高的产品，因此是应用最广泛的工业蒸馏方式；若混合液中各组分的挥发能力相差很小（相对挥发度接近于1）或形成恒沸物，则必须采用特殊蒸馏。

（2）按操作压力可分为加压蒸馏、常压蒸馏和减压蒸馏。常压下为气态或常压下泡点为室温的混合液，常采用加压蒸馏；常压下泡点为室温至150℃左右的混合液，一般采用常压蒸馏；对于常压下泡点较高（一般高于150℃）或热敏性混合液，宜采用真空（减压）蒸馏，以降低操作温度，比如石油的常减压蒸馏。

（3）按被分离混合液中组分的数目分为双组分精馏和多组分精馏。被精馏的混合液中组分数目是两个的称为双组分精馏，多于两个称为多组分精馏。工业生产中绝大多数为多组分精馏，但双组分精馏的基本原理、计算方法同样适用于多组分精馏，因此，常以双组分精馏原理为基础进行讨论。

（4）按操作方式分为间歇精馏和连续精馏。间歇精馏主要应用于小规模、多品种或某些有特殊要求的场合，工业上以连续精馏为主。连续精馏的主要特点是操作稳定，生产能力高。

三、蒸馏在化工生产中的应用与发展

对于均相液体混合液，最常用的分离方法是蒸馏。例如，从发酵的醪液中提炼饮料酒，石油的炼制中分离汽油、煤油、柴油，以及空气的液化分离制取氧气、氮气等，都是蒸馏完成的。其应用的广泛性，导致几乎所有的化工厂都能用到蒸馏。由蒸馏原理可知，对于大多数混合液，各组分的沸点相差越大，则用蒸馏方法越容易分离。反之，两组分的挥发能力越接近，则越难用蒸馏分离。必须注意，对于恒沸液，组分沸点的差别并不能说明溶液中组分挥发能力是不一样的，这类溶液不能用普通蒸馏方法分离。

随着科技的发展，作为传统分离方法之一的精馏也向着开发高效节能设备、提高自动化程度、拓宽适用范围等方向发展。如研究改善大直径填料精馏塔的气液均布问题，诸如催化精馏、膜精馏、吸附精馏、反应精馏的进一步开发，各种新型耦合精馏技术得到了长足的发展，并成功地应用于工业生产中。

四、气液传质设备的分类

蒸馏过程是在气液传质设备中进行的。气液传质设备的形式多样，用得最多的是填料塔和板式塔。气相和液相在填料塔填料表面上或板式塔塔板上进行着质量传递过程。易挥发组分从液相转移至气相，难挥发组分从气相转移至液相。在实际生产中，对年产量低的混合液的分离，通常使用填料塔。

填料塔的结构如图 5-2 所示。塔体为一圆形筒体，塔内填充一定高度的填料，以填料作为气液相接触的基本单元。液体从塔顶加入，经液体分布器均匀喷淋到塔截面上。液体沿填料表面呈膜状流下。各层填料之间设有液体再分布器，将液体重新均匀分布于塔截面上，再进入下层填料。气体从塔底送入，与液体呈逆流连续通过填料层的缝隙，从塔的上部排出。气液两相在填料塔内进行接触传质。在正常情况下，液相为分散相，气相为连续相。

板式塔的结构如图 5-3 所示。塔体也为圆筒体，塔内装有若干层按一定间距放置的水

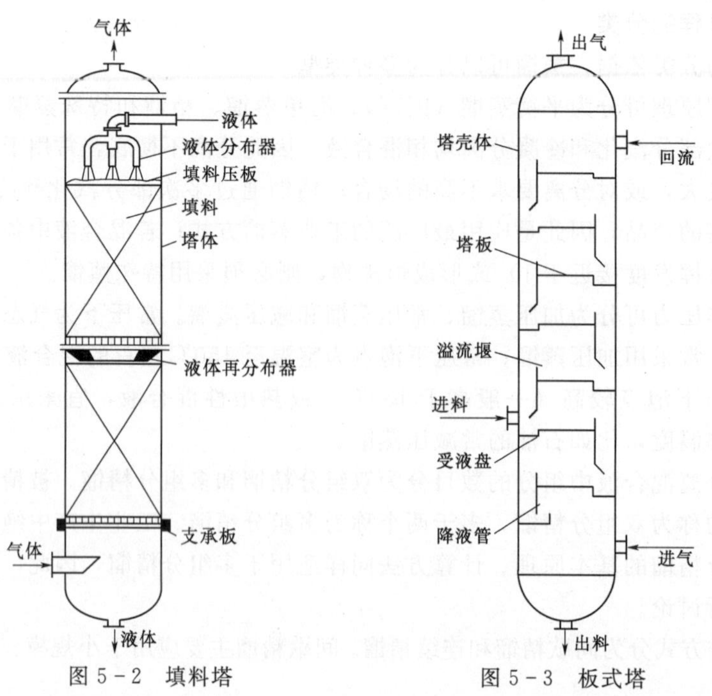

图 5-2 填料塔　　图 5-3 板式塔

平塔板。操作时，塔内液体依靠重力作用，由上层塔板的降液管流到下层塔板上，然后横向流过塔板，从另一侧的降液管流至下一层塔板。气相靠压强差推动，自下而上穿过各层塔板及板上液层而流向塔顶。塔板是板式塔的核心，在塔板上，气液两相密切接触，进行热量和质量的交换。在正常操作下，液相为连续相，气相为分散相。

任务二　双组分物系的气液相平衡

一、理想溶液的气液相平衡关系——拉乌尔定律

根据溶液中同分子间作用力与异分子间作用力的关系，溶液可分为理想溶液和非理想溶液两种。实验证明，理想溶液的气液相平衡服从拉乌尔定律，即

$$p_A = p_A^0 x_A \tag{5-1}$$

$$p_B = p_B^0 x_B = p_B^0 (1 - x_A) \tag{5-2}$$

式中　p——溶液上方组分的平衡分压，Pa；

p^0——平衡温度下纯组分的饱和蒸汽压，Pa；

x——溶液中组分的摩尔分数，下标 A 表示易挥发组分，B 表示难挥发组分。

习惯上，常略去上式表示相组成的下标，以 x 和 y 分别表示易挥发组分在液相和气相中的摩尔分数，以（$1-x$）表示液相中难挥发组分的摩尔分数，以（$1-y$）表示气相中难挥发组分的摩尔分数。

非理想溶液的气液相平衡关系可用修正的拉乌尔定律，或由实验测定。

二、双组分理想溶液的气液平衡相图

双组分理想溶液的气液平衡关系用相图表示比较直观、清晰，而且影响蒸馏的因素可在相图上直接反映出来。蒸馏中常用的相图为恒压下的温度-组成（$t-x-y$）图和气相-液相组成（$y-x$）图。

1. 温度-组成（$t-x-y$）图

蒸馏多在一定外压下进行，溶液的沸点随组成而变，故恒压下的温度-组成图是分析蒸馏原理的基础。

苯-甲苯混合液可视为理想溶液。在总压为 101.3kPa 下，苯-甲苯混合液的 $t-x-y$ 图如图 5-4 所示。图中以温度为纵坐标，以液相组成 x 或气相组成 y 为横坐标。图中上方曲线为 $t-y$ 线，表示混合液的平衡温度和平衡时气相组成之间的关系，此曲线称为饱和蒸汽线。图中下方曲线为 $t-x$ 线，表示混合液的平衡温度和平衡时液相组成之间的关系，此曲线称为饱和液体线。上述两条曲线将图分成三个区域。饱和液体线（线）以下的区域代表未沸腾的液体，称为液相区；饱和蒸汽线上方的区域代表过热蒸汽，称为过热蒸汽区；两曲线包围的区域表示气液两相同时存在，称为气液共存区。

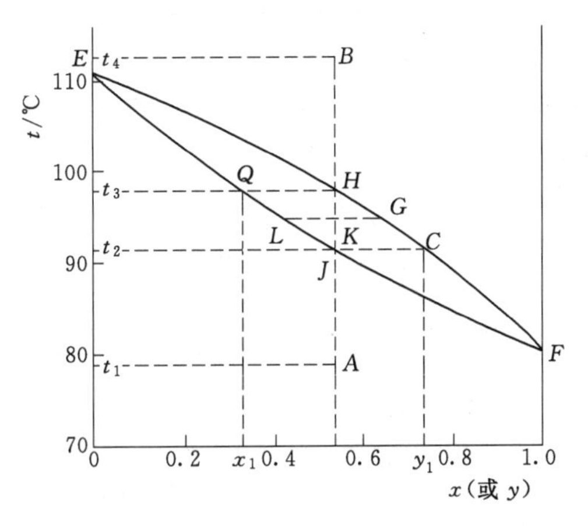

图 5-4　苯-甲苯混合液的 $t-x-y$ 图

在恒定总压下，若将温度为 t_1、组成为 x

（图中的 A 点所示）的苯-甲苯混合液加热，当温度达到 t_2（J 点）时，溶液开始沸腾，产生第一个气泡，其组成为 C 点对应组成 y_1，相应的温度称为 t_2 泡点，因此饱和液体线又称为泡点线。同样，若将温度为 t_4、组成为 B 点的过热蒸汽冷却，当温度达到 t_3（H 点）时，混合气体开始冷凝产生第一滴液滴，其组成为 Q 点对应组成 x_1，相应的温度 t_3 称为露点，因此饱和蒸汽线又称为露点线。当升温使混合液的总组成与温度位于气液共存区 K 点时，则物系被分成互呈平衡的气液两相，其液相和气相组成分别由 L、G 两点所对应横坐标得到。两相的量由杠杆规则确定。由图 5-4 可见，当气液两相达到平衡时，两相的温度相同，但气相中苯（易挥发组分）的组成大于液相组成。当气液两相组成相同时，则气相露点总时大于液相的泡点。

$t-x-y$ 数据通常由实验测得。若溶液为理想溶液，则服从拉乌尔定律。总压不太高时，可认为气相是理想气体，服从道尔顿分压定律。在以上条件下，可推导出 $t-x-y$ 的数据计算式。由式（5-1）、式（5-2）和道尔顿分压定律可得溶液上方气相总压为

$$p=p_A+p_B=p_A^0x_A+p_B^0(1-x_A)$$

解得

$$x_A=\frac{p-p_B^0}{p_A^0-p_B^0} \tag{5-3}$$

由式（5-1）和 $y_A=p_A/p$ 得

$$y_A=\frac{p_A^0x_A}{p} \tag{5-4}$$

若已知温度 t 和总压 p，由温度查出 p_A^0、p_B^0，由式（5-3）和式（5-4）就可求出 x_A、y_A。

【例 5-1】 已知在 100℃时，纯苯的饱和蒸气压为 $p_A^0=179.2\text{kPa}$，纯甲苯的饱和蒸气压为 $p_B^0=73.86\text{kPa}$。试求总压为 101.3kPa 下，苯-甲苯溶液在 100℃时的气、液相平衡组成（该溶液为理想溶液）。

解：由式（5-3）得

$$x_A=\frac{p-p_B^0}{p_A^0-p_B^0}=\frac{101.3-73.86}{179.2-73.86}=0.26$$

由式（5-4）得

$$y_A=\frac{p_A^0x_A}{p}=\frac{179.2\times0.26}{101.3}=0.46$$

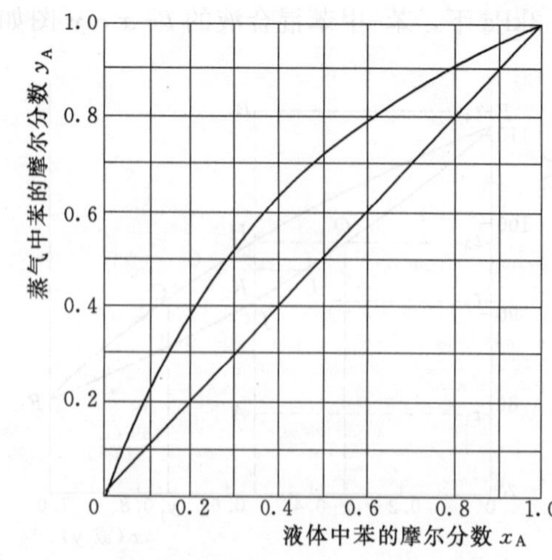

图 5-5 苯-甲苯混合液的 $y-x$ 图

2. 气相-液相组成图（$y-x$ 图）

在蒸馏分析和计算中，除 $t-x-y$ 图外，还经常用到气相-液相组成图（$y-x$ 图）。该图表示在一定总压下，气液相平衡时的气相组成与液相组成之间的对应关系。$y-x$ 图可通过 $t-x-y$ 图的数据作出。苯-甲苯混合液的 $y-x$ 图如图 5-5所示。图中曲线也称为平衡线，图中对角线（方程式为 $y=x$）为参考线。对于理想溶液，达到平衡时，气相中易挥发组分浓度 y 总是大于液相的 x，故其平衡线位于对角线的上

方。平衡线离对角线越远，表示该溶液越易分离。

总压对 $t-x-y$ 关系的影响较大，但对 $y-x$ 关系的影响就没有那么大，因此在总压变化不大时，外压对 $y-x$ 关系的影响可忽略。另外，在 $y-x$ 曲线上任何一点所对应的温度不同。

【例 5-2】 苯-甲苯的饱和蒸气压和温度关系数据见表 5-1。试根据表中数据作 $p=1atm$苯-甲苯混合液的 $y-x$ 图。

表 5-1 苯-甲苯在某些温度下的饱和蒸气压

温度/℃	80.1	85	90	95	100	105	110.6
p_A^0/kPa	101.3	116.9	135.5	155.7	179.2	204.2	240.0
p_B^0/kPa	40	46	54.0	63.3	74.3	86.0	101.3

解： 因溶液服从拉乌尔定律，所以

$$p_A=p_A^0x_A;\ p_B=p_B^0x_B;\ p=p_B^0+(p_A^0-p_B^0)x_A$$

解得

$$x_A=\frac{p-p_B^0}{p_A^0-p_B^0}$$

由分压定律得

$$p_A=py_A$$

所以

$$y_A=\frac{p_A^0x_A}{p}$$

由此可以算出任一温度下的气、液相组成，以 $t=105℃$为例，计算如下：

$$x_A=\frac{101.3-86.0}{204.2-86.0}=0.130;\ y_A=\frac{204.2\times0.130}{101.3}=0.262$$

依此类推，其他温度下的计算结果列于表 5-2 中，根据以上结果，可标绘如图 5-5 所示的图。

表 5-2 苯-甲苯在总压 101.3kPa 下的 $t-x-y$ 关系

温度 t/℃	80.1	85	90	95	100	105	110.6
x	1.000	0.780	0.581	0.411	0.258	0.130	0
y	1.000	0.900	0.777	0.632	0.456	0.262	0

在上述 $t-x-y$ 图上，找出气液两相在不同的温度时，相应的平衡组成 x、y 标绘在 $y-x$ 坐标图上，并连成光滑的曲线，就得到了 $y-x$ 图。图 5-5 表示了在一定的总压下，气相的组成 y 和与之平衡的液相组成 x 之间的关系。

应当指出，总压对平衡曲线 $y-x$ 的影响不大，若总压变化范围为 20%～30%，$y-x$ 平衡线的变动不超过 2%。因此，在总压变化不大时外压影响可以忽略，故蒸馏操作使用$y-x$图更为方便。

三、相对挥发度

表示气液平衡关系的方法，除了相图以外，还可以用相对挥发度来表示。蒸馏分离混合液的基本依据是利用各组分挥发度的差异。通常，纯液体的挥发度是指该液体在一定温度下的饱和蒸气压。混合液体中各组分的挥发度可用它在蒸气中的分压和与之平衡的液相中的摩尔分数之比来表示，即

$$v_A=\frac{p_A}{x_A} \tag{5-5}$$

$$v_B=\frac{p_B}{x_B} \tag{5-6}$$

对于理想溶液，因符合拉乌尔定律，则

$$v_A=\frac{p_A^0 x_A}{x_A}=p_A^0 \tag{5-7}$$

$$v_B=\frac{p_B^0 x_B}{x_B}=p_B^0 \tag{5-8}$$

因为 p_A^0、p_B^0 随温度变化而变化，所以 v_A、v_B 也随温度而变化，在使用时不方便，为此引入相对挥发度的概念。

溶液中易挥发组分的挥发度与难挥发组分的挥发度之比，称为相对挥发度，以 $\alpha_{A\text{-}B}$ 表示。常省略下标用 α 表示，则

$$\alpha=\frac{v_A}{v_B}=\frac{\dfrac{p_A}{x_A}}{\dfrac{p_B}{x_B}} \tag{5-9}$$

若操作压力 p 不高，气相遵循道尔顿分压定律，式（5－9）可改写为

$$\alpha=\frac{\dfrac{py_A}{x_A}}{\dfrac{py_B}{x_B}}=\frac{\dfrac{y_A}{x_A}}{\dfrac{y_B}{x_B}} \tag{5-10}$$

或

$$\frac{y_A}{y_B}=\alpha\frac{x_A}{x_B} \tag{5-11}$$

对于理想溶液，则有

$$\alpha=\frac{p_A^0}{p_B^0} \tag{5-12}$$

式（5－12）表明，理想溶液中组分的相对挥发度等于同温度下两纯组分的饱和蒸气压之比。由于 p_A^0 及 p_B^0 均随温度沿相同方向而变化，因而两者的比值变化不大。当操作温度不是很高时，α 近似为一常数，其值可在该温度范围内任取一温度利用式（5－12）求得，或由操作温度的上、下限计算两个相对挥发度，然后取其算术或几何平均值，这样即为已知。

对于两组分溶液，$x_B=1-x_A$，$y_B=1-y_A$，代入式（5－11）中，则

$$\frac{y_A}{1-y_A}=\alpha\frac{x_A}{1-x_A}$$

略去下标 A，整理得

$$y=\frac{\alpha x}{1+(\alpha-1)x} \tag{5-13}$$

当 α 为已知时，可利用式（5－13）表示 y-x 关系，即用相对挥发度表示了气液相平衡关系。所以式（5－13）称为相平衡方程。

若 $\alpha=1$，则由式（5－13）可以看出 $y=x$，即相平衡时气相的组成与液相的组成相同，不能用普通蒸馏方法分离。若 $\alpha>1$，则 $y>x$，α 越大，y 比 x 大得越多，组分 A 和 B 越易

分离。

【例 5－3】 根据表 5－3 中各温度下苯和甲苯饱和蒸气压数据，计算苯-甲苯混合液在各温度下的相对挥发度。再由两端温度时的值求平均相对挥发度并写出相平衡方程。

表 5－3 **苯和甲苯饱和蒸气压**

t/℃	80.1	82	86	90	94	98	102	106	110	110.6
p_A^0/kPa	101.3	107.4	121.1	136.1	152.6	170.5	189.6	211.2	234.2	237.8
p_B^0/kPa	39.0	41.6	47.6	54.2	61.6	69.8	78.8	88.7	99.5	101.3

解： 苯-甲苯溶液为理想溶液。低压下苯对甲苯的相对挥发度可由式（5－12）计算：

$$\alpha=\frac{p_A^0}{p_B^0}$$

根据表 5－3 中各温度下的饱和蒸气压数据，可示得各温度下的相对挥发度见表 5－4。

表 5－4 **［例 5－3］结果**

t/℃	80.1	82	86	90	94	98	102	106	110	110.6
α	2.6	2.58	2.54	2.51	2.47	2.44	2.41	2.38	2.35	2.35

由两端温度时的相对挥发度，按算术平均值，可求得平均挥发度为

$$\alpha=\frac{2.6+2.35}{2}=2.48$$

相平衡方程式为

$$y=\frac{2.48x}{1+1.48x}$$

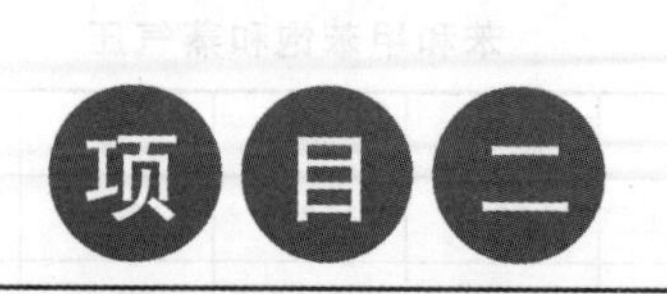

精　馏

任务一　简单蒸馏和精馏

一、简单蒸馏

简单蒸馏是使混合液在蒸馏釜中逐渐汽化，并不断将生成的蒸气移出在冷凝器内冷凝，这种使混合液中组分部分分离的方法称为简单蒸馏。简单蒸馏又称微分蒸馏，是间歇非稳定操作，在蒸馏过程中系统的温度和气、液组成均随时间改变。

简单蒸馏流程如图5-6所示。加入蒸馏釜的原料液被加热蒸气加热沸腾汽化，产生的蒸气由釜顶连续移出引入冷凝器得馏出液产品。釜内任一时刻的气、液两相组成互成平衡，如图5-7所示M和M'点。可见，易挥发组分在移出的蒸气中的含量始终大于剩余在釜内的液相中的含量，其结果使釜内易挥发组分含量由原料的初始组成沿泡点线不断下降直至终止蒸馏时组成，釜内溶液的沸点温度不断升高，气相组成也随之沿露点线不断降低。因此，通常设置若干个接收槽分段收集馏出液产品。

简单蒸馏的分离效果很有限，工业生产中一般用于混合液的初步分离或除去混合液中不挥发的杂质。

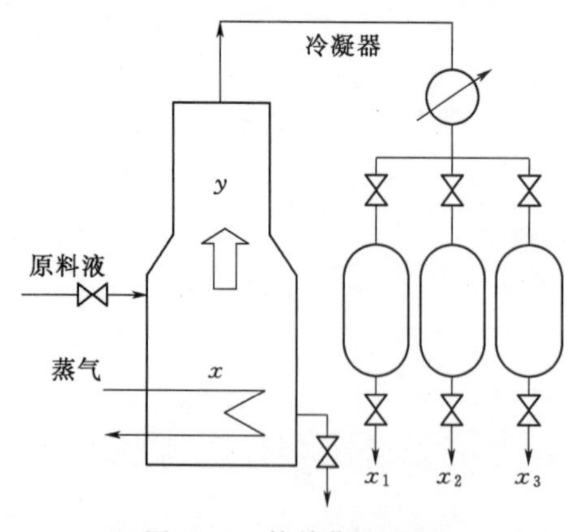

图5-6　简单蒸馏流程

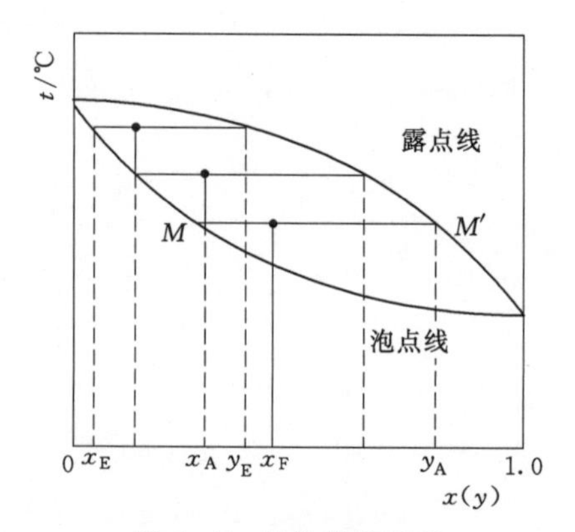

图5-7　简单蒸馏原理

二、精馏原理

由气液平衡关系可知，液体混合物一次部分汽化或混合物的蒸气一次部分冷凝，都能使混合物得到部分分离，但不能使混合物完全分离。能将液体混合物较为完全地分离的一般方法是精馏。

精馏原理可利用图5-8所示物系的$t-x-y$图来说明。将组成为x_F的两组分混合液升温至t_1使其部分汽化，并将气相和液相分开，两相的组成分别为y_1和x_1，此时$y_1>x_F>x_1$，气相量和液相量可由杠杆规则确定。若将组成为x_1的液相继续进行部分汽化，则可得到组成分别为y_2'（图中未标出）和x_2'的气相及液相。继续将组成为x_2'的液相继续进行部分汽化，又可得到组成为y_3'（图中未标出）的气相和组成为x_3'的液相，显然$x_1>x_2'>x_3'$。如此将液体混合物进行多次部分汽化，在液相中可获得高纯度的难挥发组分。同时，将组成为y_1的气相混合物进行部分冷凝，则可得到组成为y_2的气相和组成为x_2的液相。继续将组成为y_2的气相进行部分冷凝，又可得到组成为y_3的气相和组成为x_3的液相，显然$y_3>y_2>y_1$。由此可见，气相混合物经多次部分冷凝后，在气相中可获得高纯度的易挥发组分。所以，同时多次进行部分汽化和部分冷凝，就可将混合液分离为纯的或较纯的组分。

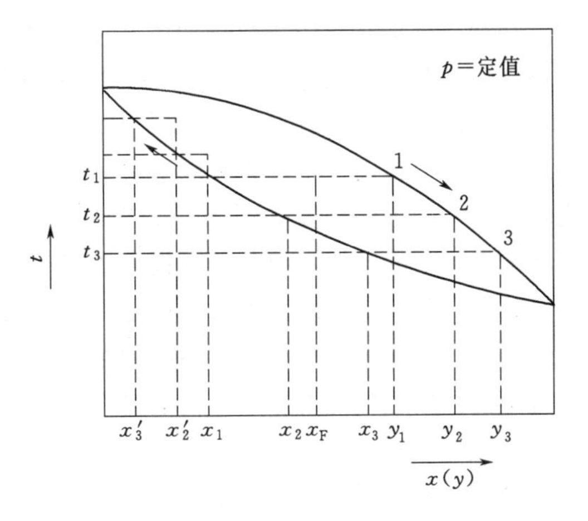

图5-8 精馏原理

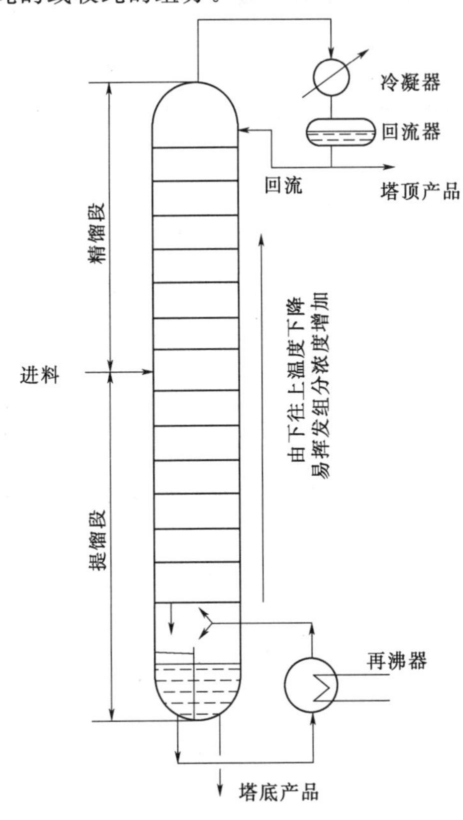

图5-9 连续精馏塔示意图

利用混合物中各组分挥发能力的差异，通过液相和气相的回流，使气、液两相逆向多级接触，在热能驱动和相平衡关系的约束下，使得易挥发组分（轻组分）不断从液相往气相中转移，而难挥发组分却由气相向液相中迁移，使混合物得到不断分离，称该过程为精馏。

连续精馏塔如图5-9所示，塔的底部是精馏塔塔釜，混合物在这里被加热，沸腾并汽化。蒸气从塔釜上升，通过填料或塔板直至塔顶，塔顶冷凝器将上升的蒸气冷凝成液体，其中一部分作为塔顶产品（馏出物）取出，另一部分重新回流塔顶（称为回流液），并从塔顶向下经填料或塔板流向塔釜。在填料表面或塔板上，下降液体与上升蒸气充分接触。蒸气被下降液体部分冷凝，使其中部分难挥发组分转入液相；同时，蒸气部分冷凝时释放的冷凝潜热传给液相，使液相部分汽化，液相中部分易挥发组分转入气相。这样的传质过程在每块塔板上逐级发生。所以，易挥发组分浓度沿指向塔顶方向逐步增大，难挥发组分浓度沿指向塔底方向逐步增大。整个精馏塔的温度自上而下逐步增大。

三、精馏装置及精馏操作流程

精馏在精馏装置中进行，如图 5-9 所示，精馏装置主要由精馏塔、塔顶冷凝器、塔底再沸器构成，有时还配有原料预热器、回流液泵、产品冷却器等装置。精馏塔是精馏装置的核心，塔板是提供气-液接触进行传热传质的场所。原料液进入的那层塔板称为加料板，加料板以上部分称为精馏段，加料板以下部分（包括加料板）称为提馏段。精馏段的作用是自下而上逐步增浓气相中的易挥发组分，以提高产品中易挥发组分的浓度；提馏段的作用是自上而下逐步增浓液相中的难挥发组分，以提高塔釜产品中难挥发组分的浓度。再沸器的作用是提供一定流量的上升蒸气流。冷凝器的作用是冷凝塔顶蒸气，提供塔顶液相产品和回流液。回流液不但是使蒸气部分冷凝的冷却剂，还起到给塔板上液相补充易挥发组分的作用，使塔板上液相组成保持不变。按进料是否连续，精馏操作流程可分为连续精馏的流程和间歇精馏的流程。

连续精馏的流程如图 5-9 所示，原料液通过泵（图中未画出）送入精馏塔。在加料板上原料液和精馏段下降的回流液汇合，逐板溢流下降，最后流入再沸器中。操作时，连续从再沸器中取出部分液体作为塔底产品（釜残液），部分液体汽化，产生上升蒸气依次通过各层塔板，最后在塔顶冷凝器中被全部冷凝。部分冷凝液利用重力作用或通过回流液泵流入塔内，其余部分经冷却器冷却后作为塔顶产品（馏出液）。间歇精馏的流程与连续精馏类同，区别在于原料液一次性加入，进料位置移至塔釜上部。

任务二　双组分连续精馏过程的物料衡算

一、理论板的概念和恒摩尔流假定

影响精馏过程的因素很多，用数学分析法来进行精馏的计算很为繁复，为了简化精馏计算，通常引入理论板的概念和恒摩尔流假定。

1. 理论板的概念

理论板是指离开该塔板的蒸气和液体成平衡的塔板。不论进入理论板的气-液两相组成如何，离开时两相温度相等，组成互成平衡。实际上，由于板上气-液两相接触面积和接触时间是有限的，因此在任何形式的塔板上，气-液两相难以达到平衡状态，理论板是不存在的，但它可作为实际板分离效率的依据和标准。在设计时求得理论板数后，通过用板效率校正就可得到实际板数。

2. 恒摩尔流假定

恒摩尔流是指在精馏塔内，无中间加料或出料的情况下，每层塔板的上升蒸气摩尔流量相等（恒摩尔气流），下降液体的摩尔流量也相等（恒摩尔液流）。

（1）精馏段　$V_1=V_2=V_3=\cdots=V=$常数

提馏段　$V_1'=V_2'=V_3'=\cdots=V'=$常数

式中　V——精馏段任一塔板上升蒸气流量，kmol/h 或 kmol/s；

V'——提馏段任一塔板上升蒸气流量，kmol/h 或 kmol/s；

下标表示塔板序号（下同）。

注意：V 不一定等于 V'。

（2）精馏段　$L_1=L_2=L_3=\cdots=L=$常数

提馏段 $L_1'=L_2'=L_3'=\cdots=L'=$常数

式中 L——精馏段任一塔板下降液体流量，kmol/h 或 kmol/s；

L'——提馏段任一塔板下降液体流量，kmol/h 或 kmol/s。

注意：L 不一定等于 L'。

在精馏塔塔板上气-液两相接触时，假若有 1kmol 蒸气冷凝，同时相应有 1kmol 的液体汽化，这样恒摩尔流动的假设才能成立。一般对于物系中各组分化学性质类似的液体，虽然其千克汽化潜热不等，但千摩尔汽化潜热皆略相同。千摩尔汽化潜热相同，同时塔保温良好，热损失可忽略不计的情况下，可视为恒摩尔流动。以后介绍的精馏计算是以恒摩尔流为前提的。

二、物料衡算和操作线方程

1. 全塔物料衡算

通过全塔物料衡算，可以求出馏出液和釜残液流量、组成及进料流量、组成之间的关系。

对图 5-10 所示连续精馏装置作全塔物料衡算。由于是连续稳定操作，故进料流量必等于出料流量。则

总物料 $$F=D+W \tag{5-14}$$

易挥发组分 $$Fx_F=Dx_D+Wx_W \tag{5-15}$$

式中 F——原料液流量，kmol/h；

D——塔顶产品（馏出液），kmol/h；

W——塔底产品（釜残液），kmol/h；

x_F——原料中易挥发组分的摩尔分数；

x_D——馏出液中易挥发组分的摩尔分数；

x_W——釜残液中易挥发组分的摩尔分数。

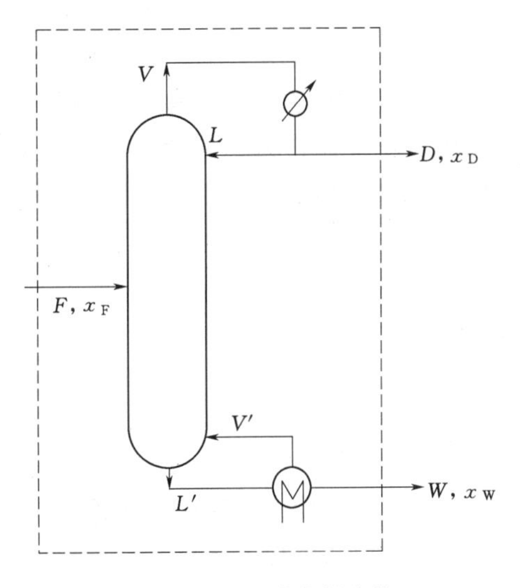

图 5-10 全塔物料衡算

全塔物料衡算式关联了 6 个量之间的关系，若已知其中四个，联立式（5-14）和式(5-15)就可求出另外两个未知数。使用时注意单位一定要统一、对应。

对精馏过程所要求的分离程度除用产品的组成表示外，有时还用回收率表示。回收率是指回收原料中易挥发组分（或难挥发组分）的百分数。如塔顶易挥发组分的回收率为

$$\eta=\frac{Dx_D}{Fx_F}\times100\%$$

塔底难挥发组分回收率则为

$$\eta=\frac{W(1-x_W)}{F(1-x_F)}\times100\%$$

【例 5-4】 将 1200kg/h 含苯 0.45（摩尔分数，下同）和甲苯 0.55 的混合液在连续精馏塔中分离，要求馏出液含苯 0.95，釜残液含苯不高于 0.1，求馏出液、釜残液的流量以及塔顶易挥发组分的回收率。

解： 苯和甲苯的摩尔质量为

$$M_F=0.45\times78+0.55\times92=85.7$$

$$F=1200/85.7=14.0(\text{kmol/h})$$

$$F=D+W$$

$$F_{xF}=D_{xD}+W_{xW}$$

联解得

$$D=\frac{F(x_F-x_W)}{x_D-x_W}=\frac{14.0\times(0.45-0.1)}{0.95-0.1}=5.76(\text{kmol/h})$$

$$W=F-D=14.0-5.76=8.24(\text{kmol/h})$$

塔顶易挥发组分回收率 η 为

$$\eta=\frac{D_{xD}}{F_{xF}}=\frac{5.76\times0.95}{14.0\times0.45}\times100\%=86.9\%$$

2. 操作线方程

假若对精馏塔内某一截面以上或以下作物料衡算，就可得到任意板下降液相组成 x_n 及由其下一层上升的蒸气组成 y_{n+1} 之间关系的方程。表示这种关系的方程称为精馏塔的操作线方程。在连续精馏塔的精馏段和提馏段之间，因有原料不断地进入塔内，因此精馏段与提馏段两者的操作关系是不相同的，应分别讨论。先推导精馏段操作关系。

(1) 精馏段操作线方程。精馏段物料衡算示意图如图 5-11 所示，把精馏段内任一横截面（例如第 n 块与第 $n+1$ 块塔板间）以上的塔段及塔顶冷凝器作为物料衡算区域。精馏段的操作线方程可通过对该区域的物料衡算求得，即

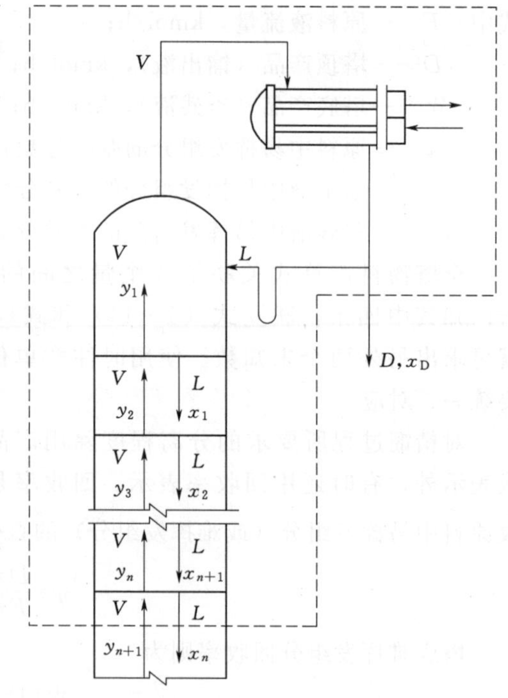

图 5-11 精馏段示意图

总物料 $$V=L+D \tag{5-16}$$

易挥发组分 $$Vy_{n+1}=Lx_n+Dx_D \tag{5-17}$$

式中 x_n——精馏段中第 n 层板下降液相中易挥发组分的摩尔分数；

y_{n+1}——精馏段第 $n+1$ 层板上升蒸气中易挥发组分的摩尔分数。

由以上两式整理得

$$y_{n+1}=\frac{L}{L+D}x_n+\frac{D}{L+D}x_D \tag{5-18}$$

式 (5-18) 右边两项的分子分母除以馏出液流量 D，并令

$$R=\frac{L}{D} \tag{5-19}$$

则有

$$y_{n+1}=\frac{R}{R+1}x_n+\frac{x_D}{R+1} \tag{5-20}$$

式 (5-20) 称为精馏段操作线方程。它表示在一定的操作条件下，精馏段内自任意第 n 块板下降液相组成 y_{n+1} 与其相邻的下一块（即 $n+1$）塔板上升蒸气组成之间的关系。

【例 5-5】 在板式精馏塔的精馏段测得：操作气液比为 1.25，进入第 i 层理论板的气

相组成 $y_{i+1}=0.712$，离开第 i 层板的液相组成 $x_i=0.65$，物系的平均相对挥发度 $\alpha=1.8$。试求：(1) 操作回流比 R 及馏出液组成 x_D；(2) 进入第 i 板的液相组成 x_{i-1}。

解：(1) 由 $\dfrac{V}{L}=\dfrac{R+1}{R}=1.25$，解得 $R=4$。

精馏段操作线方程为

$$y_{n+1}=\frac{R}{R+1}x_n+\frac{x_D}{R+1}$$

将 $y_{i+1}=0.712$，$x_i=0.65$ 及 $R=4$ 代入上式并整理得

$$0.712=0.8\times0.65+\frac{x_D}{4+1}$$

解得 $x_D=0.96$。

所以精馏段操作线方程为

$$y_{n+1}=0.8x_n+0.192 \quad \left(\frac{0.96}{4+1}=0.192\right)$$

(2) 由精馏段操作线方程得

$$x_{i-1}=\frac{y_i-0.192}{0.8}$$

式中 y_i 可由相平衡方程求出

$$y_i=\frac{\alpha x_i}{1+(\alpha-1)x_i}=\frac{1.8\times0.65}{1+(0.8-1)\times0.65}=0.7697$$

于是

$$x_{i-1}=\frac{0.7697-0.192}{0.8}=0.7221$$

(2) 提馏段操作线方程。提馏段示意图如图 5－12 所示，同理对任意第 m 层板和第 $m+1$ 层板间以下塔段及再沸器作物料衡算式，即

总物料
$$L'=V'+W \tag{5-21}$$

易挥发组分
$$L'x'_m=V'y'_{m+1}+Wx_W \tag{5-22}$$

式中 x'_m——提馏段第 m 层板下降液相中易挥发组分的摩尔分数；

y'_{m+1}——提馏段第 $m+1$ 层板上升蒸气中易挥发组分的摩尔分数。

由式（5－21）和式（5－22）得

$$y'_{m+1}=\frac{L'}{L'-W}x'_m-\frac{W}{L'-W}x_W \tag{5-23}$$

式（5－23）称为提馏段操作线方程。该方程表示在一定的条件下，提馏段内自任意第 m 块塔板下降液相组成 x'_m 与其相邻的下一块（即 $m+1$）塔板上升蒸气组成 y'_{m+1} 之间的关系。式中的 L' 受加料量及进料热状况的影响。

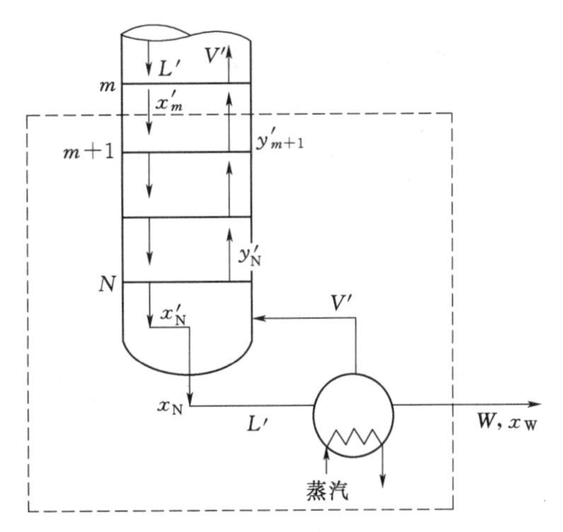

图 5－12　提馏段示意图

【例 5－6】 一连续精馏塔分离二元理想混合溶液，在精馏塔的精馏段内，进入第 i 层理论板的气相组成 $y_{i+1}=0.78$，离开第 i 层板的气相和液相组成分别为 $y_i=0.83$，$x_i=0.77$，进入第 i 层理论板的液相组成 $x_{i-1}=0.70$（以上均

为轻组分 A 的摩尔分数，下同)。塔顶为泡点回流，进料为饱和液体（此时，$L'=L+F$)，其组成为 0.46。若已知塔顶和塔底的产量之比为 2/3，试求精馏段和提馏段的操作线方程。

解：精馏段操作线方程为

$$y=\frac{R}{R+1}x+\frac{x_D}{R+1}$$

代入已知量得

$$0.83=\frac{R}{R+1}\times 0.70+\frac{x_D}{R+1}$$

$$0.78=\frac{R}{R+1}\times 0.77+\frac{x_D}{R+1}$$

解得：$R=2.5$，$x_D=0.98$。

因此，精馏段操作线方程为

$$y=\frac{R}{R+1}x+\frac{x_D}{R+1}=\frac{2.5}{3.5}x+\frac{0.98}{3.5}$$

即

$$y=0.714x+0.28$$

已知：$x_F=0.46$，$\frac{D}{W}=\frac{2}{3}$，则 $D=\frac{2}{3}W$。

物料衡算得

$$F=D+W=\frac{5}{3}W$$

及

$$Fx_F=Dx_D+Wx_W \quad \frac{5}{3}W\times 0.46=\frac{2}{3}W\times 0.98+Wx_W$$

因此

$$x_W=0.113$$

又

$$L'=L+F=R\times D+D+W=\frac{10}{3}W$$

所以，提馏段操作线方程为

$$y=\frac{L'}{L'-W}x-\frac{Wx_W}{L'-W}=\frac{\frac{10}{3}\times W}{\frac{10}{3}\times W-W}x-\frac{S}{\frac{10}{3}\times W-W}\times 0.113$$

即

$$y=1.428x-0.048$$

三、进料热状况的影响

进料热状况不同，将影响提馏段下降的液体量 L'，因而使提馏段操作线的斜率受到影响。进料热状况态对 L'的影响可通过进料热状况参数 q 来表示。q 的定义式为

$$q=\frac{L'-L}{F} \tag{5-24}$$

即每 1kmol 进料使得 L'较 L 增大的摩尔数。通过对加料板作物料及热量衡算，就能得到 q 值的计算式

$$q=\frac{\text{将 1kmol 进料变为饱和蒸汽所需的热量}}{\text{1kmol 原料液的汽化潜热}} \tag{5-25}$$

则

$$L'=L+qF \tag{5-26}$$

$$V=V'+(1-q)F \tag{5-27}$$

根据 q 值的大小将进料分为以下五种情况。

(1) $q=1$，泡点液体进料。原料液加入后不会在加料板上产生汽化或冷凝，进料全部作

为提馏段的回流液，两段上升蒸气流量相等，即

$$L'=L+F;\ V'=V$$

（2）$q=0$，饱和蒸气进料。进料中没有液体，整个进料与提馏段上升的蒸气 V' 汇合进入精馏段，两段的回流液流量则相等，即

$$L'=L;\ V=V'+F$$

（3）$0<q<1$，气液混合进料。进料中液相部分成为 L' 的一部分，而其中蒸气部分成为 V 的一部分，即

$$L'=L+F;\ V=V'+(1-q)F$$

（4）$q>1$，冷液进料。因原料液温度低于加料板上沸腾液体的温度，原料液入塔后需要吸收一部分热量使全部进料加热到板上液体的泡点温度，这部分热量由提馏段上升的蒸气部分冷凝提供。此时，提馏段下降液体流量 L' 由三部分组成：①精馏段回流液流量 L；②原料液流量 F；③提馏段蒸气冷凝液流量。由于部分上升蒸气冷凝，致使上升到精馏段的蒸气流量 V 比提馏段的 V' 要少，即

$$L'>L+F;\ V'>V\ \text{(其差额为蒸气冷凝量)}$$

（5）$q<0$，过热蒸气进料。过热蒸气入塔后不仅全部与提馏段上升蒸气 V' 汇合进入精馏段，还要放出显热成为饱和蒸气，此显热使加料板上的液体部分汽化。此情况下，进入精馏段的上升蒸气流量包括三部分：①提馏段上升蒸气流量 V'；②原料液的流量 F；③加料板上部分汽化的蒸气流量。由于部分液体汽化，下降到提馏段的液体流量要比精馏段的 L 要少，即

$$L'<L\text{(其差额为液体汽化量)};\ V>V'+F$$

各种加料情况对精馏操作的影响如图 5-13 所示。

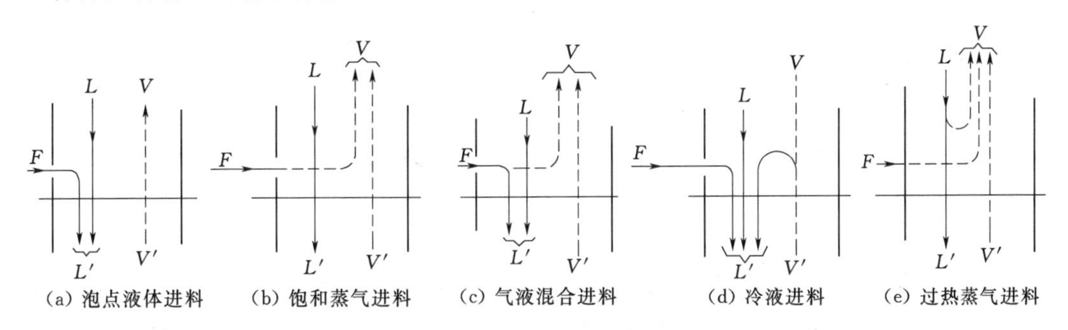

图 5-13 各种加料情况对精馏操作的影响

【例 5-7】 已知苯-甲苯原料液组成 $x_F=0.4504$，$F=100\text{kmol/h}$，精馏段的 $V=179.3\text{kmol/h}$，$L=134.5\text{kmol/h}$，试求：

（1）进料温度为 47℃时的 q 值；

（2）47℃进料状况下提馏上升蒸汽和下降液体的流量。

解：（1）$x_F=0.4504$ 的苯-甲苯混合液，查苯-甲苯 $t-x-y$ 图得原料液泡点 $t_{泡}=93$℃，故原料液为冷液体。q 值由式（5-25）计算：

$$q=\frac{r_{均}+c_{均}(t_{泡}-t_F)}{r_{均}}$$

式中 $r_{均}$——原料液的平均摩尔汽化热，kJ/kmol；

$c_{均}$——原料液的平均摩尔比热容，kJ/(kmol·℃)；

$t_{泡}$——原料液的泡点，℃；

t_F——进料温度，℃。

在93℃时，查得

$$r_{苯}=394.06kJ/kg=30737kJ/kmol$$

$$r_{甲苯}=376.83kJ/kg=34668kJ/kmol$$

原料液平均摩尔汽化潜热 $r_{均}$ 为

$$r_{均}=r_{苯}x_F+r_{甲苯}(1-x_F)=30737\times0.4504+34668\times(1-0.4504)=32897(kJ/kmol)$$

在平均温度 $t_{均}=\dfrac{93+47}{2}=70$（℃）下，有

$$c_{苯}=1.884kJ/(kg\cdot K)=146.96kJ/(kmol\cdot K)$$

$$c_{甲苯}=1.884kJ/(kg\cdot K)=173.34kJ/(kmol\cdot K)$$

原料液平均摩尔比热容为

$$c_{均}=146.96\times0.4504+173.34\times(1-0.4504)=161.46[kJ/(kmol\cdot K)]$$

所以
$$q=\frac{r_{均}+c_{均}(t_{泡}-t_F)}{r_{均}}=\frac{32734+161.46\times(93-47)}{32734}=1.227$$

（2）提馏段下降液体量和上升蒸气量分别为

$$L'=L+qF=134.5+1.227\times100=257.2(kmol/h)$$

$$V'=V-(1-q)F=179.3-(1-1.227)\times100=202(kmol/h)$$

任务三　塔板数和回流比的确定

一、理论塔板数的求法

利用气液两相的平衡关系和操作关系可求出所需的理论塔板数，利用前者可以求得塔板上气液平衡组成，而通过后者可求得相邻塔板上的液相或气相组成。通常采用的方法有逐板计算法和图解法。

1. 逐板计算法

逐板计算法通常是从塔顶（或塔底）开始，交替使用气-液相平衡方程和操作线方程去计算每一块塔板上的气-液相组成，直到满足分离要求为止。如图5-14所示，计算步骤如下：

（1）若塔顶采用全凝器，从塔顶第1块理论板上升的蒸气进入冷凝器后全部被冷凝，故塔顶馏出液组成及回流液组成均与第1块理论板上升蒸气的组成相同，即

$$y_1=x_D$$

由于离开每层理论板气-液相组成互成平衡，故可由 y_1 利用气-液相平衡方程求得 x_1，即

$$y_1=\frac{\alpha x_1}{1+(\alpha-1)x_1}$$

所以
$$x_1=\frac{y_1}{\alpha-(\alpha-1)y_1}$$

（2）由第1块理论塔板下降的回流液组成 x_1，按照精馏段操作线方程求出第2块理论板上升的蒸气组成，同理，第2块理论塔板下降的液相组成 x_2 与 y_2 互成平衡，可利用气-液相平衡方程求得：

$$y_2=\frac{R}{R+1}x_1+\frac{x_D}{R+1}$$

(3) 按照精馏段操作线方程再由 x_2 求得 y_3，如此重复计算，直至计算到 $x_n \leqslant x_F$（仅指泡点液体进料的情况）时，表示第 n 块理论板是进料板（即提馏段第 1 块理论板），因此精馏段所需理论板数为 $n-1$。对其他进料热状况，应计算到 $x_n \leqslant x_q$ 为止，x_q 为两操作线交点处的液相组成。在计算过程中，每利用一次平衡关系式，表示需要一块理论板。

(4) 从此开始，改用提馏段操作线方程和气-液相平衡方程，继续采用与上述相同的方法进行逐板计算，直至计算到 $x'_m \leqslant x_W$ 为止。因再沸器相当于一块理论板，故提馏段所需的理论板数为 $m-1$。精馏塔所需的总理论塔板数为 $n+m-2$。

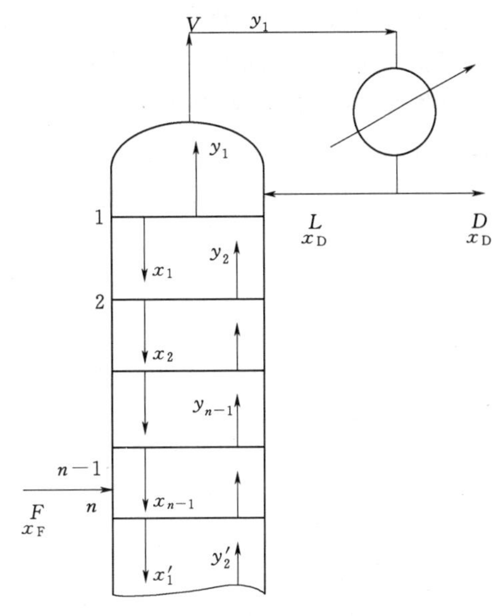

图 5-14 逐板计算法示意图

2. 图解法

图解法计算精馏塔的理论板数和逐板计算法一样，也是利用气-液平衡关系和操作线方程，只是把气-液平衡关系和操作线方程式描绘在相图上，使烦琐数学运算简化为图解过程。两者并无本质区别，只是形式不同。

(1) 精馏段操作线的做法　由精馏段操作线方程式可知精馏段操作线为直线，只要在图上找到该线上的两点，就可标绘出来。若略去精馏段操作线方程中变量的下标，则式 (5-20) 可写成

$$y=\frac{R}{R+1}x+\frac{x_D}{R+1} \tag{5-28}$$

式 (5-28) 中截距为 $\frac{x_D}{R+1}$，在图 5-15 中以 c 点表示。当 $x=x_D$ 时，代入式 (5-28) 得 $y=x_D$，即在对角线上以 a 点表示。a 点代表了全凝器的状态。连接 ac 即为精馏段操作线。

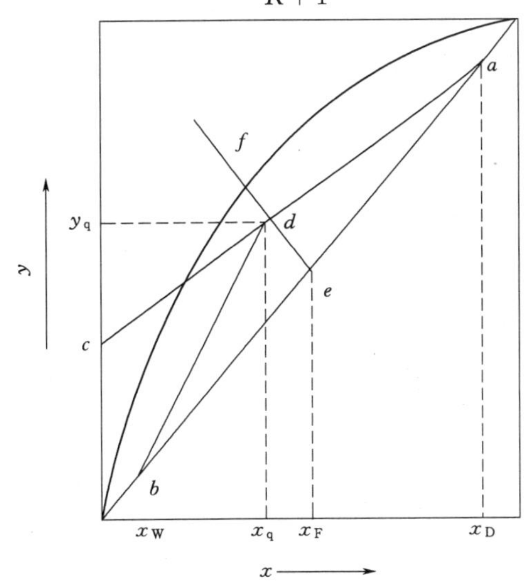

图 5-15 操作线的作法

(2) 提馏段操作线的做法。若略去提馏段操作线方程中变量的下标，则式 (5-23) 可写成

$$y=\frac{L'}{L'-W}x-\frac{W}{L'-W}x_W \tag{5-29}$$

因 $L'=L+qF$，则

$$y=\frac{L+qF}{L+qF-W}x-\frac{W}{L+qF-W}x_W \tag{5-30}$$

由式 (5-30) 可知提馏段操作线为直线，只要在 $y-x$ 图上找到该线上的两点，就可标绘出来。当 $x=x_W$ 时，代入式 (5-30) 得 $y=x_W$，即得图 5-15 对角线上的 b 点。由于提馏

段操作线的截距数值很小，b 点（x_W，x_W）与代表截距的点相距很近，作图不易准确。若利用斜率作图不仅麻烦，而且在图上不能直接反映出进料热状况的影响，故通常是找出提馏段操作线与精馏段操作线的交点 d，连接 bd 即得到提馏段操作线。提馏段操作线与精馏段操作线的交点，可由联解两操作线方程而得。

设两操作线的交点 d 的坐标为（x_q，y_q），联立式（5-28）和式（5-30），经过推导可得

$$x_q=\frac{(R+1)x_F+(q-1)x_D}{R+q} \tag{5-31}$$

$$y_q=\frac{Rx_F+qx_D}{R+q} \tag{5-32}$$

为便于作图和分析，由以上两式消去 x_D，得到

$$y=\frac{q}{q-1}x-\frac{x_F}{q-1} \tag{5-33}$$

此方程为两操作线交点的轨迹方程，称为 q 线方程或进料方程。它在相图 $x-y$ 上是通过点 $e(x_F，x_F)$的一条直线，其斜率为$\frac{q}{q-1}$。由以上两条件可作出 q 线 ef，即可求得它和精馏段操作线的交点，而 q 线是两操作线交点的轨迹，故这一交点必然也是两操作线的交点 d，连接 bd 即得提馏段操作线。

（3）进料热状况对 q 线及操作线的影响。进料热状况参数 q 值不同，q 线的斜率也就不同，q 线与精馏段操作线的交点随之变动，从而影响提馏段操作线的位置。五种不同进料热状况对 q 线及操作线的影响如图 5-16 所示。冷液进料 q 线在图中的位置是 ef_1，泡点液体进料 q 线在图中的位置是 ef_2，气液混合进料 q 线在图中的位置是 ef_3，饱和蒸汽进料 q 线在图 5-16 中的位置是 ef_4，过热蒸汽进料 q 线在图中的位置是 ef_5。

（4）图解法求理论板数的步骤如下。

1）在直角坐标纸上绘出待分离的双组分混合物在操作压强下的平衡曲线，并作出对角线，如图 5-17 所示。

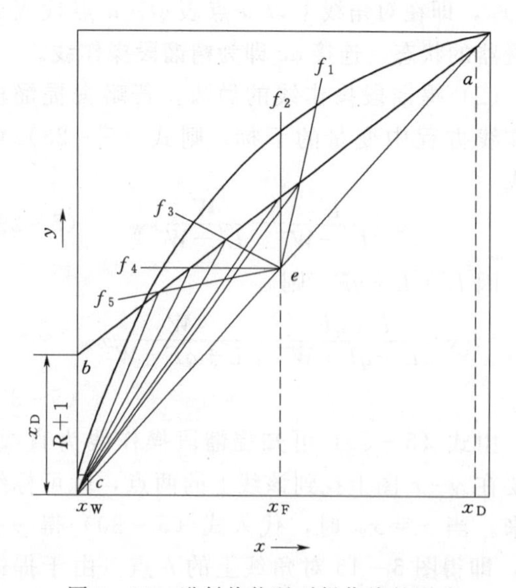

图 5-16 进料热状况对操作线的影响

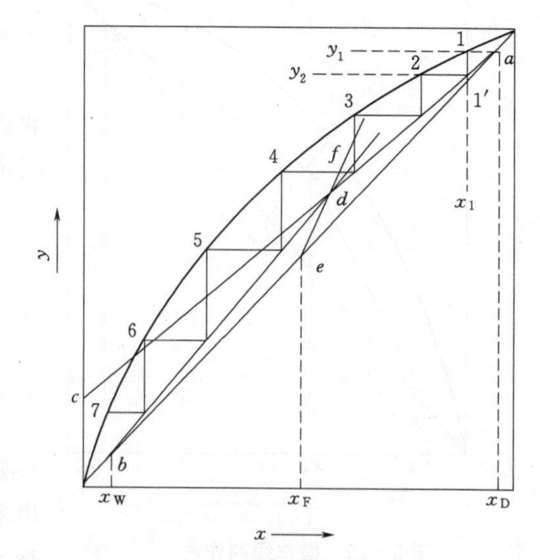

图 5-17 求理论板层数的图解方法

2）依照前面介绍的方法作精馏段的操作线 ac、q 线 ef、提馏段操作线 bd。

3）从 a 点开始，在精馏段操作线与平衡线之间作水平线及垂直线构成直角梯级，当梯级跨过 d 点时，则改在提馏段与平衡线之间作直角梯级，直至梯级的水平线达到或跨过 b 点为止。

4）梯级数目减 1 即为所需理论板数。每一个直角梯级代表一块理论板，这结合逐板计算法分析不难理解。其中过 d 点的梯级为加料板，最后一级为再沸器。因再沸器相当于一块理论板，故所需理论板数应减 1。

在图 5－17 中梯级总数为 7。第 4 层跨过 d 点，即第 4 层为加料板，精馏段共 3 层，在提馏段中，除去再沸器相当的一块理论板，则提馏段的理论板数为 $4-1=3$。该分离过程共需 6 块理论板（不包括再沸器）。

图解法较为简单，且直观形象，有利于对问题的了解和分析，目前在双组分连续精馏计算中仍广为采用。但对于相对挥发度较小而所需理论塔板数较多的物系，结果准确性较差。

3. 适宜的进料位置

在设计中确定适宜进料板位置的问题也就是如何选择加料位置可使总理论板数最少。适宜的进料位置一般应在塔内液相或气相组成与进料组成相近或相同的塔板上。当采用图解法计算理论板时，适宜的进料位置应为跨过两操作线交点所对应的阶梯。对于一定的分离任务，选此位置所需理论板数为最少，跨过两操作线交点后继续在精馏段操作线与平衡线之间作阶梯，或没有跨过交点就更换操作线，都会使所需理论板数增加。

对于已有的精馏装置，在适宜进料位置进料，可获得最佳分离效果。在实际操作中，进料位置过高，会使馏出液的组成偏低（难挥发组分偏高）；反之，使釜残液中易挥发组分含量增高，从而降低馏出液中易挥发组分的收率。对于实际的塔，往往难以预先准确确定最佳进料位置，特别是当料液浓度和其他操作条件有变化时，因此通常在相邻的几层塔板上均装有进料管，以便调整操作时选用。

二、塔板效率和实际塔板数

在实际塔板上，气液相接触的面积和时间均有限，分离也可能不完全，故离开同一塔板的气液相，一般都未达到平衡，因此实际塔板数总应多于理论塔板数。

实际塔板偏离理论板的程度用塔板效率表示。塔板效率有多种表示方法，这里介绍常用的单板效率和全塔效率。

（1）单板效率。单板效率又称默弗里（Murphree）效率。它用气相（或液相）经过一实际塔板时组成变化与经过一理论板时组成变化的比值来表示，如图 5－18 所示。

以气相表示的单板效率为

$$E_{mv}=\frac{\text{实际板的气相增浓值}}{\text{理论板的气相增浓值}}=\frac{y_n-y_{n+1}}{y_n^*-y_{n+1}} \tag{5-34}$$

以液相表示的单板效率为

$$E_{ml}=\frac{\text{实际板的液相浓度降低值}}{\text{理论板的液相尝试降低值}}=\frac{x_{n-1}-x_n}{x_{n-1}-x_n^*} \tag{5-35}$$

式中 y_{n+1}、y_n——进入和离开 n 板的气相组成；

y_n^*——与板上液体组成相平衡的气相组成；

x_{n-1}、x_n——进入和离开 n 板的液相组成；

x_n^*——与板上气体组成相平衡的液相组成。

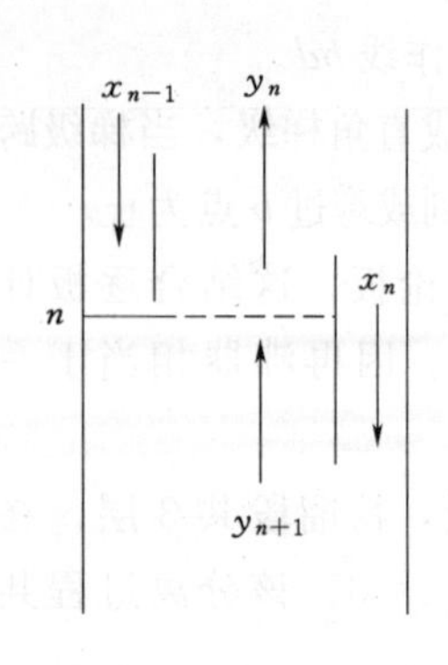

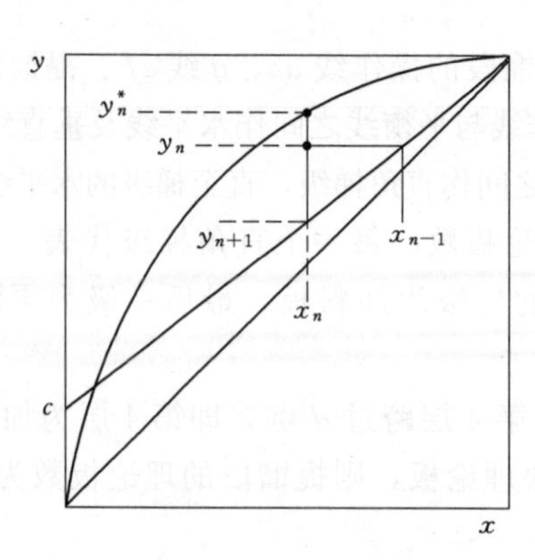

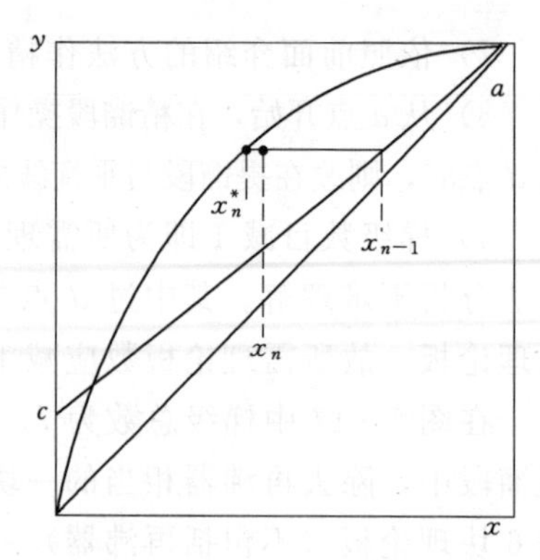

图 5-18 单板效率图

（2）全塔效率。理论板数与实际板数之比称为全塔效率，又称总板效率，用 E_T 表示：

$$E_T = \frac{N_{理}}{N_{实}} \times 100\% \tag{5-36}$$

式中 $N_{理}$——理论板数；

$N_{实}$——实际板数。

全塔效率反映了全塔的平均传质效果，但它并不等于所有单板效率是某种简单的平均值。

如已知全塔效率，就很容易由理论板数算出所需的实际板数。但问题在于影响塔板效率的因素很复杂，有系统的物性、塔板的结构、操作条件、液沫夹带、漏液、返混等。目前尚未能得到一个较为满意的求全塔效率的关联式，比较可靠的数据来自生产及中间试验的测定。对双组分混合液全塔效率多在 0.5～0.7。

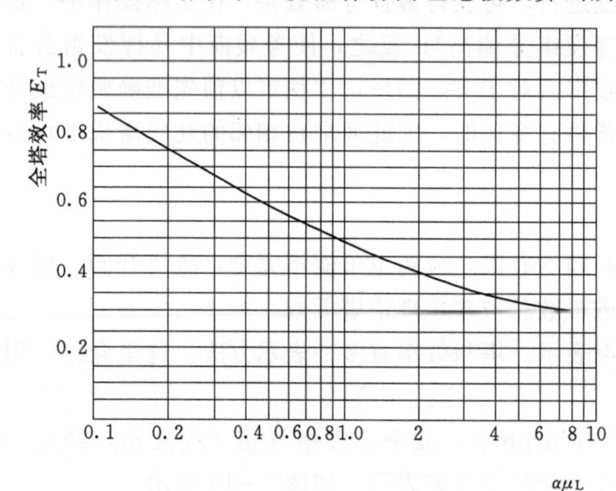

图 5-19 精馏塔效率关联曲线

奥康内尔收集了几十个工业塔的塔板效率数据，认为对于蒸馏塔，可用相对挥发度与进料液体黏度的乘积 $\alpha\mu_L$ 作为参数来表示全塔效率，关联曲线如图 5-19 所示。其数据来源只限于泡罩塔和筛板塔，浮阀塔也可参照应用，比图示数据高 10%～20%。α 和 μ_L 均取塔顶及塔底平均温度下的值，μ_L 的单位为 mPa·s。

三、回流比的影响及其选择

精馏操作必须使塔顶部分冷凝液回流，而且回流比的大小对精馏塔的操作与设计影响很大。在指定分离要求下，即 x_D 和 x_W 均为定值时，增大回流比，精馏段操作线的截距减小，操作线离平衡线越远，每一梯级的垂直线段及水平线段都增大，说明每层理论板的分离程度加大，为完成一定分离任务所需的理论板数就会减少。但是增大回流比又导致操作费用增加，因而回流比的大小涉及经济问题，既应考虑工艺上的问题，又应考虑设备费用（板数多少及冷凝器、再沸器传热面积大小）和操作费用，来选择适宜的回流比。

回流比有两个极限值：上限为全回流（即回流比为无穷大），下限为最小回流比。实际回流比为介于两极限值之间的某一适宜值。

1. 全回流和最少理论塔板数

若塔顶上升的蒸气冷凝后全部回流至塔内，这种回流方式称为全回流。

在全回流操作下，塔顶产品量 D 为零，进料量 F 和塔底产品量 D 也均为零，既不向塔内进料，也不从塔内取出产品。因而精馏塔无精馏段和提馏段之分。

全回流时回流比 $R=L/D=L/0=\infty$，是回流比的最大值。

精馏段操作线的斜率$\frac{R}{R+1}=1$，在 y 轴上的截距$\frac{x_D}{R+1}=0$，操作线与 $y-x$ 图上的对角线重合，在操作线与平衡线间绘直角梯级，其跨度最大，所需的理论板数最少，以 N_{min}表示，如图 5-20 所示。

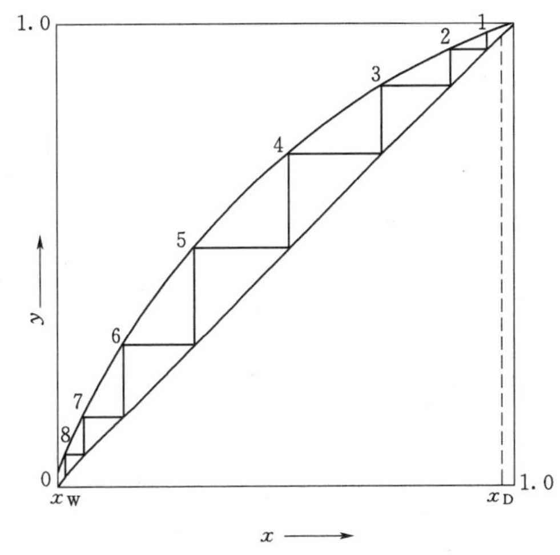

图 5-20　全回流时理论板数

N_{min}可在 $y-x$ 图上的平衡线与对角线之间直接作阶梯图解，也可用平衡方程与对角线方程逐板计算得到。

全回流操作生产能力为零，因此对正常生产无实际意义。但在精馏操作的开工阶段或在实验研究中，多采用全回流操作，这样便于过程的稳定和精馏设备性能的评比。

2. 最小回流比

对于一定的分离任务，若减小回流比，精馏段的斜率变小，两操作线的交点沿 q 线向平衡线趋近，表示气-液相的传质推动力减小，达到指定的分离程度所需的理论板数增多。当回流比减小到某一数值时，两操作线的交点 d 落在平衡曲线上，如图 5-21 所示，在平衡线和操作线间绘梯级，需要无穷多的梯级才能达到 d 点，这是一种不可能达到的极限情况，相应的回流比称为最小回流比，以 R_{min}表示。

最小回流比 R_{min}可用作图法或解析法求得。

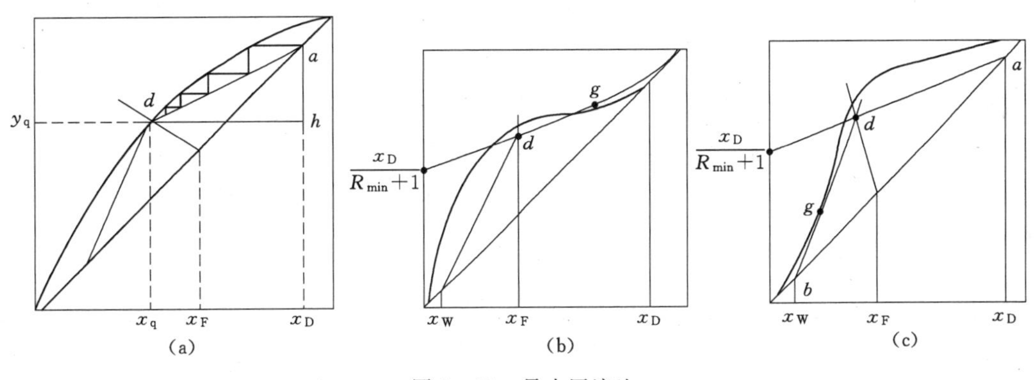

图 5-21　最小回流比

(1) 作图法。依据平衡曲线的形状不同，作图方法有所不同。对于理想溶液曲线，根据图 5-21 (a)，在最小回流比时，精馏段操作线的斜率为

$$\frac{R_{\min}}{R_{\min}+1}=\frac{ah}{dh}=\frac{x_D-y_q}{x_D-x_q}$$

整理得

$$R_{\min}=\frac{x_D-y_q}{y_q-x_q} \tag{5-37}$$

对于不正常的平衡曲线，平衡线具有下凹部分。当两操作线的交点还未落到平衡线上之前，操作线已与平衡线相切，如图5-21 (b)、(c) 所示。此时达到分离要求，所需理论板数为无穷多，故对应的回流比为最小回流比。这种情况下应根据精馏段操作线的斜率求得 $R_{\min}$。

(2) 解析法。当平衡曲线为正常情况，相对挥发度可取为常数（或取平均值）的理想溶液，则

$$y_q=\frac{\alpha x_q}{1+(\alpha-1)x_q}$$

代入式 (5-37) 整理得

$$R_{\min}=\frac{1}{\alpha-1}\left[\frac{x_D}{x_q}-\frac{\alpha(1-x_D)}{1-x_q}\right] \tag{5-38}$$

若泡点液体进料 $x_q=x_F$，故

$$R_{\min}=\frac{1}{\alpha-1}\left[\frac{x_D}{x_F}-\frac{\alpha(1-x_D)}{1-x_F}\right] \tag{5-39}$$

若饱和蒸气进料 $x_q=y_F$，$y_F=\frac{\alpha x_F}{1+(\alpha-1)x_F}$，故

$$R_{\min}=\frac{1}{\alpha-1}\left[\frac{\alpha x_D}{y_F}-\frac{1-x_D}{1-y_F}\right]-1 \tag{5-40}$$

式中 y_F——饱和蒸气进料中易挥发组分的摩尔分数。

3. 适宜回流比

实际的回流比一定要大于最小回流比；而适宜回流比需按实际情况，全面考虑设备费用（塔高、塔径、再沸器和冷凝器的传热面积等）和操作费用（热量和冷却器的消耗等），应通过经济核算来确定，使操作费用和设备费用之和最低。

在精馏塔设计中，通常根据经验取最小回流比的一定倍数作为操作回流比。近年来一般都推荐取最小回流比的1.1～2倍，即 $R=(1.1\sim2.0)R_{\min}$。

对于难分离的物系，R 应取得更大些。

【例5-8】 某连续精馏塔在101.3kPa下分离甲醇-水混合液。原料液中含甲醇0.315（摩尔分数，下同），泡点加料。若要求馏出液中甲醇含量为0.95，残液中甲醇含量为0.04。假设操作回流比为最小回流比的1.77倍。试以图解法求该塔的理论板数和加料板位置。平衡数据见表5-5。

表5-5 **甲醇-水平衡数据**

x	0.02	0.06	0.10	0.20	0.30	0.40	0.50	0.60	0.80	0.90
y	0.134	0.304	0.418	0.579	0.665	0.729	0.779	0.825	0.915	0.958

解： 已知 $x_F=0.315$，$x_D=0.95$，$x_W=0.04$，$R=1.77R_{\min}$。

根据甲醇-水平衡数据，在 $y-x$ 图上画出平衡曲线，如图5-22所示。

由平衡曲线相得泡点进料时，$x_q=0.315$，$y_q=0.715$，则

$$R_{min}=\frac{x_D-y_D}{y_q-x_q}=\frac{0.95-0.715}{0.715-0.315}=0.588$$

$$R=1.77R_{min}=1.77\times0.588=1.04$$

作精馏段操作线 ac 和提馏段操作线 bd。

由图解法求出全塔理论塔板数 $N_理=7$（不包括再沸器）。加料板位置为从上向下数第 5 块理论塔板。

1.0
y
1
2
3
4
5
6
7
8
a
b
c
d
e
0
x_W
x_F
x_D
1.0
x

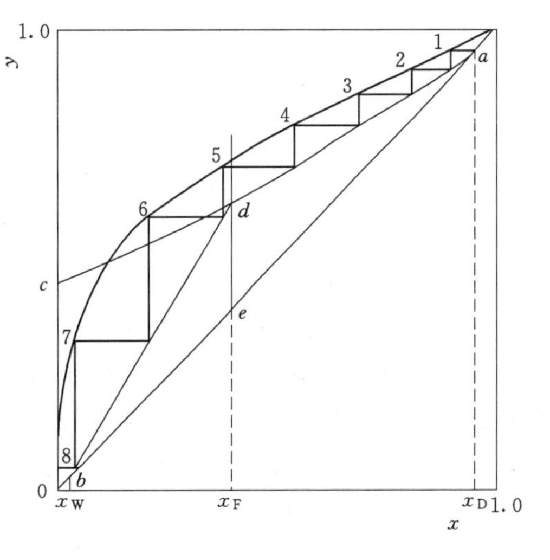

图 5-22 ［例 5-8］图

在生产中，设备都已安装好，即理论板数固定。若原料的组成、加料热状况均为定值，倘若加大回流比操作，这时操作线更接近对角线，所需理论板数减少，而塔内理论板数比需要的多，因而产品纯度会有所提高。反之，减少回流比操作，情景正好与上述相反，产品纯度会有所下降。所以在生产中把调节回流比当作保持产品纯度的一种手段。

【例 5-9】 在连续操作的板式精馏塔中分离二元混合物。在全回流条件下，测得相邻板上下降液体组成分别为 0.3、0.4、0.6（均为易挥发组分的摩尔分数），如图 5-23 所示。试求这三层板中的下面两层塔板的单板效率（分别计算气相和液相的单板效率）。已知物质的相对挥发度为 2.5。

解： 已知 $x_1=0.6$，$x_2=0.4$，$x_3=0.3$。由于是全回流，则 $y_2=0.6$，$y_3=0.4$，$y_4=0.3$。

由相平衡关系 $y_n^*=\frac{\alpha x_n}{1+(\alpha-1)x_n}$，有

$$y_2^*=\frac{\alpha x_2}{1+(\alpha-1)x_2}=\frac{2.5\times0.4}{1+(2.5-1)\times0.4}=0.625$$

$$y_3^*=\frac{\alpha x_3}{1+(\alpha-1)x_3}=\frac{2.5\times0.3}{1+(2.5-1)\times0.3}=0.517$$

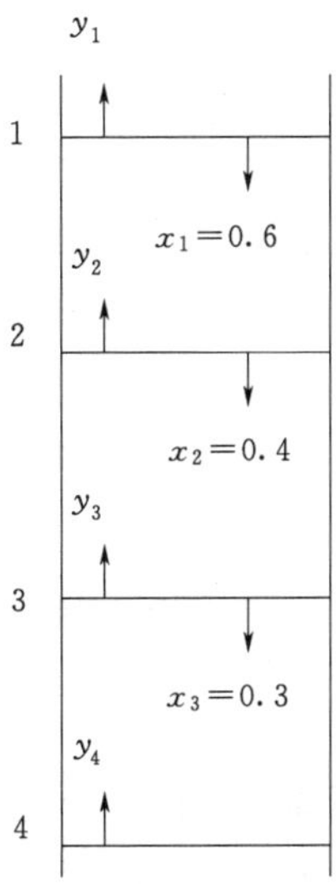

y_1
1
$x_1=0.6$
y_2
2
$x_2=0.4$
y_3
3
$x_3=0.3$
y_4
4

图 5-23 ［例 5-9］图

由气相单板效率 $E_{mv}=\frac{y_n-y_{n+1}}{y_n^*-y_{n+1}}$，得

$$E_{mv2}=\frac{y_2-y_3}{y_2^*-y_3}=\frac{0.6-0.4}{0.625-0.4}=0.889$$

$$E_{mv3}=\frac{y_3-y_4}{y_3^*-y_4}=\frac{0.4-0.3}{0.517-0.3}=0.46$$

同理，由相平衡关系 $y_n=\frac{\alpha x_n^*}{1+(\alpha-1)x_n^*}$，有

$$y_2=\frac{\alpha x_2^*}{1+(\alpha-1)x_2^*},\ 0.6=\frac{2.5x_2^*}{1+(2.5-1)x_2^*}$$

解得

$$x_2^*=0.375$$

$$y_3=\frac{\alpha x_3^*}{1+(\alpha-1)x_3^*},\ 0.4=\frac{2.5x_3^*}{1+(2.5-1)x_3^*}$$

解得
$$x_3^*=0.21$$

由液相单板效率 $E_{ml}=\frac{x_{n-1}-x_n}{x_{n-1}-x_n^*}$，得

$$E_{ml2}=\frac{x_1-x_2}{x_1-x_2^*}=\frac{0.6-0.4}{0.6-0.375}=0.889;\ E_{ml3}=\frac{x_2-x_3}{x_2-x_3^*}=\frac{0.4-0.3}{0.4-0.21}=0.526$$

四、精馏塔操作分析

精馏塔操作的基本要求是在连续稳定状态和最经济的条件下处理更多的原料液，达到预定的分离要求，即在允许范围内采用较小的回流比和较大的再沸器传热量。影响精馏稳定状态和高效操作的主要因素包括：操作压力、进料组成和热状况、塔顶回流比、全塔的物料平衡和稳定、冷凝器和再沸器的传热性能、设备散热情况等。由此可见，影响精馏操作的因素十分复杂，以下就其中主要因素予以分析。

1. 物料平衡的影响和制约

保持精馏装置的物料平衡是精馏塔稳定操作的必要条件。根据全塔物料衡算可知，对于一定的原料液流量 F，只要确定了分离程度 x_D 和 x_W，馏出液流量 D 和釜残液流量 W 也就被确定了。而 x_D 和 x_W 决定于气液平衡关系、原料液组成、进料热状况 q、回流比 R 和理论板数 N_T，因此馏出液流量 D 和釜残液流量 W 只能根据 x_D 和 x_W 确定，而不能任意增减，否则进出塔的两个组分的量不平衡，必然导致塔内组成变化，操作波动，使操作不能达到预期的分离要求。

物料不平衡导致产品不合格的情况有两种：①精馏塔顶、塔釜产品采出比例不当，使得 $Dx_D>Fx_F-Wx_W$，表现为釜温合格，而顶温上升，调节方法：不改变塔釜加热量，减少塔顶采出，加大塔釜出料和进料量；②精馏塔顶、塔釜产品采出比例不当，使得 $Dx_D<Fx_F-Wx_W$，表现为釜温不合格，而顶温合格，调节方法：不改变回流量，加大塔顶采出，加大塔釜加热量。

精馏操作中压力和液位控制是为了建立精馏塔稳定操作条件，液位恒定阻止了液体累积，压力恒定阻止了气体累积。对于一个连续系统，若不阻止累积就不可能取得稳定操作。压力是精馏操作的主要控制参数，压力除影响气体积累外，还影响冷凝、汽化、温度、组成、相对挥发度等塔内发生的几乎所有过程。

2. 回流比的影响

回流比是影响精馏塔分离效果的主要因素，生产中经常用改变回流比来调节、控制产品的质量。例如当回流比增大时，精馏段操作线斜率 L/V 变大，该段内传质推动力增加，因此，在一定的精馏段理论板数下馏出液组成变大。同时回流比增大，提馏段操作线斜率 L'/V' 变小，该段的传质推动力增加，因此在一定的提馏段理论板数下，釜残液组成变小。反之，回流比减小时，x_D 减小而 x_W 增大，使分离效果变差。

由于精馏塔分离能力不够引起产品不合格的表现为塔顶温度升高，塔釜温度降低，操作中常常采用加大回流比的方法进行调节。

回流比增加，塔内上升蒸气量及下降液体量均增加，若塔内气液负荷超过允许值，则应减少原料液流量。回流比变化时再沸器和冷凝器的传热量也应相应发生变化。

3. 进料组成和进料热状况的影响

当进料状况（x_F 和 q）发生变化时，应适当改变进料位置。一般精馏塔常设几个进料位置，以适应生产中进料状况的变化，保证在精馏塔的适宜位置进料。如进料状况改变而进料位置不变，必然引起馏出液和釜残液组成的变化。对特定的精馏塔，若 x_F 减小，则将使 x_D

和 x_W 均减小，欲保持 x_D 不变，则应增大回流比。

当进料中易挥发组分增加，表现为塔釜温度降低，应加大塔顶采出量、减小回流比。进料中易挥发组分减少，表现为塔顶温度上升，应减少塔顶采出量、增大回流比。

进料温度低，使上升蒸气的一部分冷凝成液体，增加了精馏塔提馏段的负担，使再沸器蒸气消耗增加，引起塔釜产品质量下降，甚至不合格。进料温度高，进料气体直接上升，进入精馏塔的精馏段，会造成塔顶产品质量下降，甚至不合格。进料温度变化对塔内上升蒸气量有很大影响，因此塔釜加热量和塔顶冷凝量需要调节。

五、精馏塔的产品质量控制和调节

精馏塔的产品质量通常是指馏出液及釜残液的组成达到规定值。生产中某一因素的干扰（如传热量 q、x_F）将影响产品的质量，因此应及时予以调节和控制。

在一定的压强下，混合物的泡点和露点都取决于混合物的组成，因此可以用容易测定的温度来预示塔内组成的变化。通常可用塔顶温度反映馏出液的组成，用塔底温度反映釜残液的组成。但对于高纯度分离时，在塔顶或塔底相当一段高度内，温度变化极小，因此当塔顶或塔底温度发现有可觉察的变化时，产品的组成可能已明显改变，再设法调节就很难了。可见对高纯度分离时，一般不能用测量塔顶温度来控制塔顶组成。

分析塔内沿塔高的温度分布可以看出，在精馏段或提馏段的某塔板上温度变化最显著，也就是说，这些塔板的温度对外界因素的干扰反映最为灵敏，通常将它称为灵敏板。因此，生产上常用测量和控制灵敏板的温度来保证产品的质量。

任务四　连续精馏装置的热量衡算

精馏操作是同时进行多次部分汽化和多次部分冷凝的过程。塔底供热产生的回流蒸气和塔顶冷凝得到的回流液体为塔内各板上进行的汽化和冷凝提供了过程所需的热源和冷源。因此，再沸器和冷凝器是精馏装置中极为重要的两个附属设备。对连续精馏装置进行热量衡算，可求得冷凝器和再沸器的热负荷以及冷却介质和加热介质的消耗量，为设计这些换热设备提供基本数据。

一、冷凝器的热量衡算

对如图 5-24 所示的塔顶全凝器进行热量衡算，忽略热损失。

$$\begin{aligned} Q_c &= V(H_V - H_L) \\ &= (R+1)D(H_V - H_L) \\ &= (R+1)Dr_V \end{aligned} \qquad (5-41)$$

式中 Q_c——全凝器的热负荷，kW；

H_V、H_L——塔顶上升蒸汽的焓和馏出液的焓，kJ/kmol；

r_V——塔顶蒸汽的冷凝潜热，kJ/kmol。

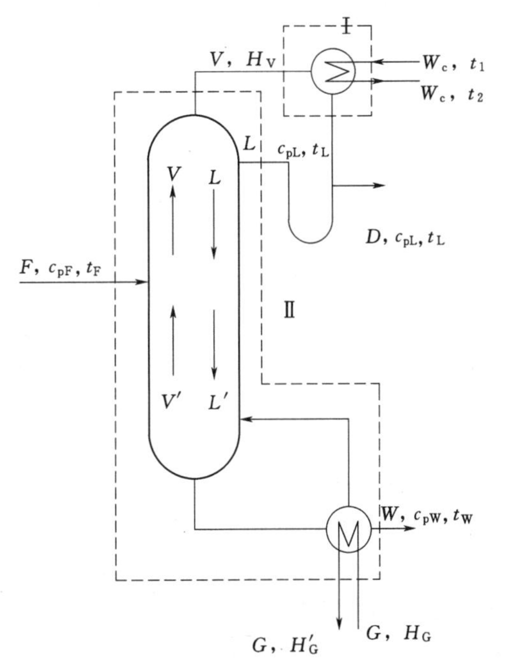

图 5-24　精馏装置的热量衡算

冷却介质消耗量为

$$W_c = \frac{Q_c}{c_{pc}(t_2 - t_1)} \tag{5-42}$$

式中 W_c——冷却介质消耗量，kg/s；

c_{pc}——冷却介质的比热容，kJ/(kg·℃)；

t_1、t_2——冷却介质在冷凝器进、出口处的温度，℃。

二、再沸器的热量衡算

再沸器的热负荷可由全塔热量衡算或再沸器的热量衡算求得，如图 5-24 中虚线框Ⅱ所示，精馏装置衡算体系热量输入、输出情况见表 5-6。

表 5-6　精馏装置衡算体系热量输入、输出情况

输入热量	输出热量	输入热量	输出热量
加热蒸气带入的热 $Q_G = GH_G$	塔顶蒸气带出的热 $Q_V = (R+l)DH_V$	回流液带入的热 $Q_L = RDc_{pL}t_L$	冷凝水带出的热 $Q'_G = GH'_G$ 和热损失 Q'
原料液带入的热 $Q_F = Fc_{pF}t_F$	釜残液带出的热 $Q_W = Wc_{pW}t_W$		

注　G—加热剂消耗量，kmol/h；H_G、H_V、H'_G—加热蒸气、塔顶蒸气和冷凝水的焓，kJ/kmol；F—原料液的流量，kmol/h；c_{pF}—原料液的比热容，kJ/(kmol·℃)；t_F、t_L、t_W—原料液、回流液和釜残液的温度，℃；R—回流比；D—馏出液的流量，kmol/h；W—釜残液的流量，kmol/h。

全塔热量衡算式为

$$Q_B = Q_G - Q'_G = (Q_V + Q_W + Q') - (Q_F + Q_L) \tag{5-43}$$

由式（5-43）得再沸器的热负荷为

$$Q_G + Q_F + Q_L = Q_V + Q_W + Q'_G + Q_G + Q' \tag{5-44}$$

若对再沸器进行热量衡算（略），可得

$$Q_B = V'(H_V - H_W) + Q_{损} \tag{5-45}$$

式中 H_V——再沸器上升蒸气的焓，kJ/kmol；

H_W——釜残液的焓，kJ/kmol；

$Q_{损}$——再沸器热损失，kJ/h。

再沸器消耗加热剂的量

$$G = \frac{Q_B}{H_G - H'_G} \tag{5-46}$$

若用饱和蒸气加热且冷凝液于饱和温度下排出，则

$$H_G - H'_G = r$$

式中 r——加热蒸气的摩尔汽化潜热，kJ/kmol。

于是

$$G = \frac{Q_B}{r} \tag{5-47}$$

【例 5-10】 用常压连续精馏塔分离正庚烷-正辛烷混合液。若每小时可得正庚烷含量 92%（摩尔分数，下同）的馏出液 50kmol，操作回流比为 2.4，泡点回流。泡点进料，进料组成为 40%，釜残液组成 5%，塔釜用绝对压强为 101.3kPa 的饱和水蒸气间接加热，塔顶为全凝器用冷却水冷却，冷却水进、出口温度分别为 25℃和 35℃。求冷却水消耗量和回执蒸气消耗量（热损失取传递热量的 3%）。

解： 首先根据物料衡算求出 V 和 V'：

$$V=(R+1)D=(2.4+1)\times 50=170(\text{kmol/h})$$

$$V'=V-(1-q)F=170\text{kmol/h}$$

(1) 冷却水消耗量。由于塔顶馏出液几乎为纯正庚烷，作为近似计算，按正庚烷的焓计算。

$x_D=0.92$ 时，泡点温度为 99.9℃，查附录此温度下正庚烷的汽化潜热为 $r_c=310\text{kJ/kg}$。正庚烷的摩尔质量为 $M_c=100\text{kg/kmol}$。

对于泡点回流，有

$$H_V-H_L=r_cM_c=310\times 100=3.1\times 10^4(\text{kJ/kmol})$$

冷凝器的热负荷为

$$Q_c=V(H_V-H_L)=170\times 3.1\times 10^4=5.27\times 10^6(\text{kJ/h})$$

冷却水的消耗量为

$$W_c=\frac{Q_c}{c_{p水}(t_2-t_1)}=\frac{5.27\times 10^6}{4.187\times(35-25)}=1.259\times 10^5(\text{kg/h})=125.9(\text{t/h})$$

(2) 加热蒸汽用量。塔釜几乎为纯正辛烷，其焓可按正辛烷的焓值计算。

$x_W=0.05$ 时，泡点温度 $t_s=124.5$℃，此时正辛烷的汽化潜热为 $r_W=300\text{kJ/kg}$。

正辛烷的摩尔质量为

$$H_{V'}-H_W\approx r_WM_W=300\times 114=34200(\text{kJ/kmol})$$

由式 (5-45) 可计算再沸器热负荷 Q_B：

$$Q_{损}=0.03[V'(H_{V'}-H_W)]$$

$$Q_B=1.03V'(H_{V'}-H_W)=1.03\times 170\times 34200=5.99\times 10^6(\text{kJ/h})$$

由附录查得 $p=101.3\text{kPa}$（绝压）时水蒸气的汽化潜热 $r=2258.7\text{kJ/kg}$，于是加热蒸汽的消耗量为

$$G=\frac{Q_B}{r}=\frac{5.99\times 10^6}{2258.7}=2.65\times 10^3(\text{kg/h})$$

由 Q_B 和 Q_c 的计算结果可见，加入塔釜的热量绝大部分在塔顶冷凝器中被带走。

任务五 板 式 塔

一、精馏操作对塔设备的要求

板式塔是由一个圆筒形壳体及其中按一定间距设置的若干层塔板构成。相邻塔板间有一定距离，称为板间距。塔内液体依靠重力作用自上而下，流经各层塔板后自塔底排出，在各层塔板上保持一定深度的流动液层。气相则在压力差的推动下，自塔底穿过各层塔板上的开孔由下而上穿过塔板上的液层最后由塔顶排出。呈错流流动的气相和液相在塔板上进行传质过程。显然，塔板的功能应使气液两相保持密切而又充分的接触，为传质过程提供足够大且不断更新的相际接触面积，减少传质阻力。在具体选择塔型或对塔设备评价时，主要考虑以下几个基本性能：

(1) 生产能力大。即单位时间单位塔截面上的处理量大。

(2) 分离效率高。是指每层塔板的分离程度大。

(3) 操作弹性大。即指最大气速负荷与最小气速负荷之比大。

(4) 塔板压降小。即气体通过每层塔板的压力降小。

(5) 塔的结构简单，制造成本低。

二、常用板式塔类型

板式塔的核心部件是塔板。塔板主要由气相通道、溢流堰、降液管等组成。根据塔板上气相通道的形式不同，可分为泡罩塔、筛板塔、浮阀塔、舌形塔、浮动舌形塔和浮动喷射塔等多种。目前从国内外实际使用情况看，主要的塔板类型为浮阀塔板、筛板塔板及泡罩塔板，前两种使用尤为广泛，因此本节只对泡罩塔板、浮阀塔板、筛板塔板作一般介绍，并对浮阀塔的设计作较详细的讨论。

1. 泡罩塔板

泡罩塔板是最早在工业上广泛应用的塔板，其结构如图5-25所示。塔板上开有许多圆孔，每孔焊上一个圆短管，称为升气管，管上再罩一个“罩”称为泡罩。升气管顶部高于液面，以防止液体从中漏下，泡罩底缘有很多齿缝浸入在板上液层中。操作时，液体通过降液管下流，并由于溢流堰保持一定的液层。气体则沿升气管上升，折流向下通过升气管与泡罩间的环形通道，最后被齿缝分散成小股气流进入液层中，气体鼓泡通过液层形成剧烈的搅拌进行传热、传质。

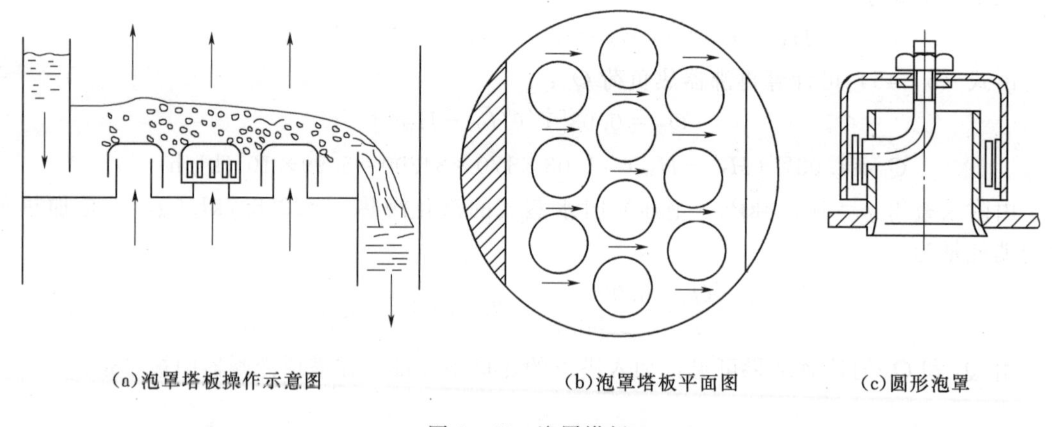

(a)泡罩塔板操作示意图　(b)泡罩塔板平面图　(c)圆形泡罩

图5-25　泡罩塔板

泡罩塔具有操作稳定可靠、液体不易泄漏、操作弹性大等优点，所以长时间被使用。但随着工业发展需要，对塔板的要求越来越高。实践证明，泡罩塔板有许多缺点，如结构复杂、造价高、气体通道曲折、造成塔板压降大、气体分布不均匀、效率较低等。由于这些缺点，泡罩塔的应用范围逐渐缩小。

2. 筛板塔板

筛板塔板也是较早出现的一种板型，由于当时对其性能认识不足，使用受到限制，直至20世纪50年代初，随着工业发展的需要，开始对筛板塔的性能设计等作较为充分的研究。当前筛板塔的应用日益广泛。

筛板塔板的结构较为简单，其结构如图5-26所示。塔板上设置降液管及溢流堰，并均匀地钻有若干小孔，称为筛孔。正常操作时，液体沿降液管流入塔板上并由于溢流堰而形成一定深度的液层，气体经筛孔分散成小股气流，鼓泡通过液层，造成气液两相的密切接触。筛板塔突出的优点是结构简单、造价低，但其缺点是操作弹性小，必须维持较为恒定的操作条件。

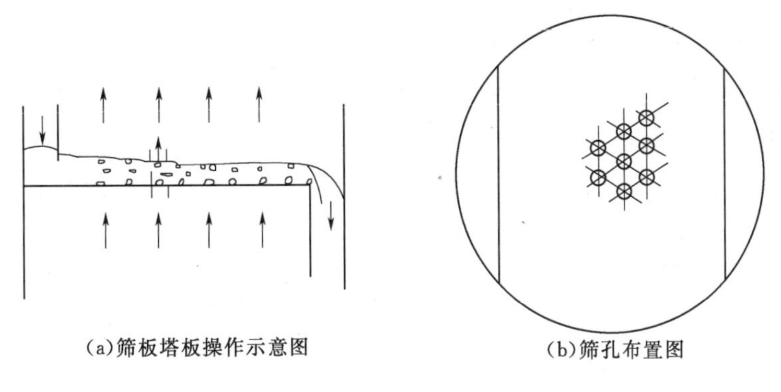
(a)筛板塔板操作示意图 (b)筛孔布置图

图 5-26 筛板塔板

3. 浮阀塔板

浮阀塔板是 20 世纪 50 年代开始使用的一种塔板，它综合了上述两种塔板的优点，即取消了泡罩塔板上的升气管和泡罩，改为在板上开孔，孔的上方安置可以上下浮动的阀片，称为浮阀。浮阀可根据气体流量大小上下浮动，自行调节，使气缝速度稳定在某一数值。这一改进使浮阀塔在操作弹性、塔板效率、压降、生产能力以及设备造价等方面比泡罩塔优越。但在处理黏度大的物料方面，还不及泡罩塔可靠。

浮阀有三条“腿”，插入阀孔后将各腿脚扳转 90°角，用以限制操作时阀片在塔板上张开的最大开度，阀片周边冲有三片略向下弯的定距片，使阀片处于静止位置时仍与塔板间留有一定的间隙。这样，避免了气量较小时阀片启闭不稳的脉动现象，同时由于阀片与塔板板面是点接触，可以防止阀片与塔板的黏结。

浮阀的类型很多，国内常用的有 F1 型、V-4 型及 T 型等，其结构如图 5-27 所示。

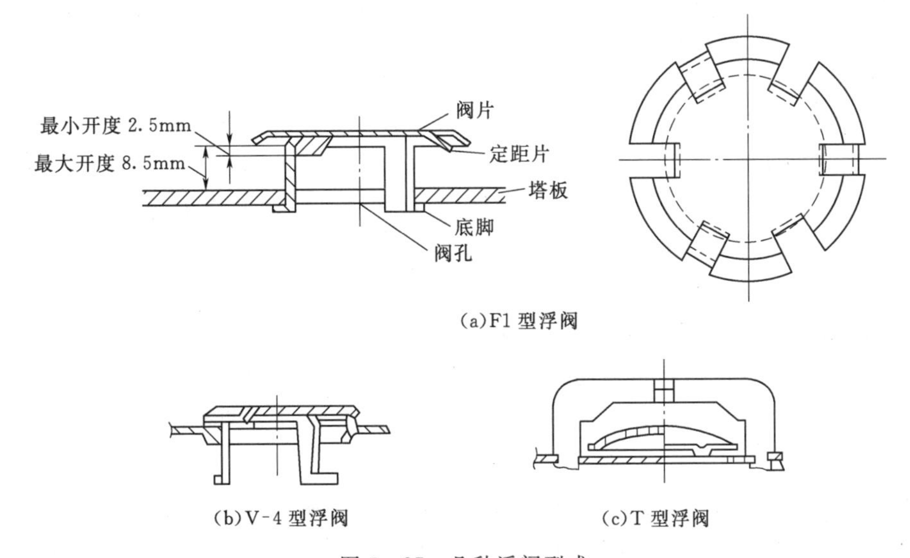

(a)F1 型浮阀

(b)V-4 型浮阀 (c)T 型浮阀

图 5-27 几种浮阀型式

F1 型浮阀如图 5-27 (a) 所示，其结构简单，制造方便，节省材料。F1 型浮阀又分轻阀和重阀两种，重阀约重 33g，轻阀约重 25g。浮阀的重量直接影响塔内气体的压强降，轻阀惯性小，但操作稳定性差。因此，一般场合都采用重阀，只有在处理量大并且要求压强降低的系统（如减压塔）中，才用轻阀。

V-4型浮阀如图5-27（b）所示，其特点是阀孔被冲成向下弯曲的文丘里形，所以减小了气体通过塔板时的压强降，阀片除腿部相应加长外，其余结构尺寸与F1型轻阀无异。V-4型轻阀适用于减压系统。

T型浮阀的结构比较复杂，如图5-27（c）所示，此型浮阀是借助固定于塔板上的支架以限制拱形阀片的运动范围，多用于易腐蚀、含颗粒或易聚合的介质。

三、板式塔的流体力学性能

塔板是气液两相进行传质和传热的场所。塔板能否正常操作与气液两相在塔板上的流动状况（即流体力学性能）有关。

1. 塔板上气液接触状况

以筛板塔为例，气体通过筛孔时的速度不同，气液两相在塔板上的接触状况也不同，通常有三种状况，如图5-28所示。

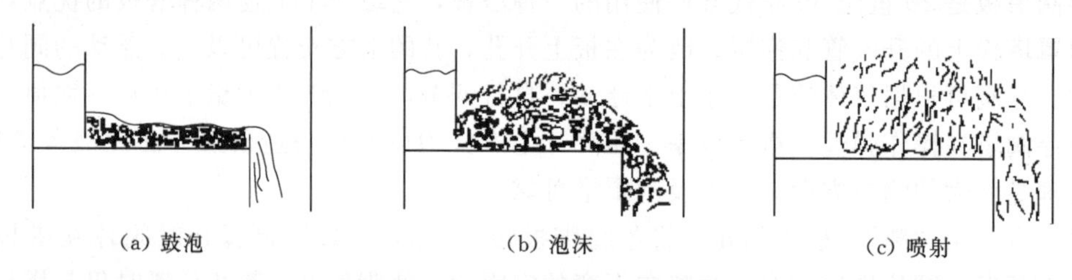
(a) 鼓泡　(b) 泡沫　(c) 喷射

图5-28 塔板上的气液接触状况

(1) 鼓泡接触状况。当孔中气速很低时，气体以鼓泡形式穿过板上的清液层，由于塔板上的气泡数量较少，因此板上液层清晰可见。两相接触面积为气泡表面，液体为连续相，气体为分散相。由于气泡数量较少，气泡表面的湍动程度较低，因此传质阻力较大，传质的面积较小，传质效果差，一般不宜采用。

(2) 泡沫接触状况。随着气速的增加，气泡数量急剧增加并形成泡沫，此时气液两相的传质面是面积很大的液膜，液膜和气泡不断发生破裂与合并，并重新形成泡沫。这时液体仍为连续相，气体为分散相。

由于这种液膜不同于因表面活性剂而形成的稳定泡沫，因此高度湍动并不断合并与破裂，为两相传质创造了良好的流体力学条件。

(3) 喷射接触状况。当孔中气速继续增大，动能很大的气体从筛孔喷出并穿过液层，将板上液体破碎成许多大小不等的液滴，并被抛上塔板上方的空间；当液滴回落合并后，再次被破碎成液滴抛出。这时两相传质面积是液滴的外表面，液体为分散相，气体为连续相。

由于液滴的多次形成与合并，使传质表面不断更新，因此为两相传质创造了良好的流体力学条件。

因为鼓泡状况的传质阻力大，故实际使用意义不大。理想的气液接触状况是泡沫接触状况和喷射接触状况，所以工业上常采用这两种状况之一。

2. 塔板上气液两相的非理想流动

塔板上理想的气液流动，是塔内两相总体上保持逆流而在塔板上呈均匀的错流，以获得最大的传质推动力。但在实际操作中经常出现偏离理想流动的情况，归纳起来有如下几种：

(1) 返混现象。与反应器的返混概念有所区别，塔板流体的返混现象指与主流方向相反的流动。与液体主体流动方向相反的流动表现为雾（液）沫夹带；与气体主体方向相反的流动表现为气泡夹带。

1）雾沫夹带。上升气流穿过塔板上的液层时，将部分液体分散成微小液滴，气体夹带着这些液滴在板间的空间上升，如果液滴来不及沉降分离，则将随着气体进入上一层塔板，这种现象称为雾沫夹带。

雾沫夹带造成液相返混，导致板效率严重下降，影响雾沫夹带的因素很多，最主要的是空塔气速和塔板间距。空塔气速减小以及板间距增大，都可以减少液沫夹带量。为维持正常操作，需要将泡沫夹带限制在一定的范围内，一般工业规定每千克上升气体夹带到上层塔板的液体量不应超过 0.1kg。

2）气泡夹带。与雾沫夹带相对应，在塔板上与气体充分接触后的液体，在流向降液管时将气泡卷入降液管，若液体在降液管内的停留时间太短，所含的气泡来不及脱离而被夹带到下一层塔板，这种现象称为气泡夹带。

气泡夹带产生的气体夹带量占气体总流量的比例很小，因而给传质带来的危害不大，但由于降液管内液体含大量的气泡，使降液管内泡沫层平均密度降低，导致降液管的通过能力降低，严重时还会破坏塔的正常操作。

（2）气体和液体的不均匀分布。

1）气体沿塔板的不均匀分布。在每一层塔板上气液两相呈错流流动，因此，希望在出塔板上各点的气速都相等，但是由于液面落差的存在，在塔板入口处的液层厚，气体通过的阻力大，因此气量小；而在塔板出口处的液层薄，气体通过的阻力小，因此气量大，从而导致气体流量沿塔板的不均匀分布。不均匀的气流分布对传质是不利的。板上的液体流动距离越长或液体流量越大，液面落差就越大。为了减轻气体流动不均匀分布，应尽量减少液面落差。

2）液体沿塔板的不均匀分布。因为塔截面是圆形的，所以液体横向流过塔板时有多种途径。在塔板中央，液体行程短而平直，阻力小、流速大；而在塔板的边沿部分，行程长而弯曲，又受到塔壁的牵制，阻力大、流速小。由于液体沿塔板的速度分布是不均匀的，因而严重时会在塔板上造成一些液体流动不畅的滞留区，总的结果是使塔板的物质传递量减少，因此对传质不利。

液体分布的不均匀性与液体流量有关，当液体流量低时，该问题尤为突出。此外，由于气体的搅动，液体在塔板上还存在各种小尺度的反向流动，而在塔板边沿处，还可能产生较大尺度的环流。这些与主体流动方向相反的流动，同样属于返混，使传质效率降低。

3. 板式塔的不正常操作

如果板式塔设计不良或操作不当，塔内将会产生使塔不能正常操作的现象，通常指液泛和漏液两种情况。

（1）液泛。在操作过程中，如果塔板上液体下降受阻，并逐渐在塔板上积累，直到充满整个板间，从而破坏了塔的正常操作，这种现象称为液泛（也称淹塔）。液泛是气液两相作逆向流动时的操作极限。发生液泛时，压力降急剧增大，塔板效率急剧降低，塔的正常操作将被破坏，在实际操作中要避免。

根据液泛发生的原因不同，可分为两种情况：夹带液泛和降液管液泛。对一定的液体流量，气速过大，气体穿过板上的液层时，造成雾沫夹带量增加，每层塔板在单位时间内被气体夹带的液体越多，液层就越厚。而液层越厚，雾沫夹带量也就越大，这样必将出现恶性循环，最终导致液体充满全塔，造成液泛，这种由于严重的雾沫夹带引起的液泛称为夹带液泛。液体流量和气体流量过大，均会引起降液管液泛。当液体流量过大时，降液管截面不足以使液体通过，管内液面升高；当气体流量过大时，相邻两块塔板的压降增大，使降液管内液体不能顺利下流，管内液体积累使液位不断升高，直至管内液体升高到越过溢流堰顶部，于是，两板间液体相连，最终导致液泛，称为降液管液泛。

开始发生液泛时的气速称为泛点气速。正常操作气速应控制在泛点气速之下。影响液泛的因素除气、液相流量和物性外，还与塔板的结构特别是塔板间距有关。设计中采用较大的板间距，可提高泛点气速。

(2) 漏液。气体通过筛孔的速度较小时，气体通过筛孔的动压不足以阻止板上液体的流下，液体会直接从孔口落下，这种现象称为漏液。漏液量随孔速的增大与板上液层高度的降低而减小。漏液会影响气液在塔板上的充分接触，降低传质效果，严重时将使塔板上不能积液而无法操作。当从孔道流下的液体量占液体流量的10%以上时，称为严重漏液，严重漏液可使塔板不能积液而无法操作。因此，为保证塔的正常操作，漏液量应不大于塔内液体流量的10%。

造成漏液的主要原因是气速太小和由于板面上液面落差所引起的气流分布不均匀，液体在塔板入口侧的液层较厚，此处往往出现漏液，所以常在塔板入口处留出一条不开孔的安定区，以避免塔内严重漏液。

4. 塔板负荷性能图

从前面的分析可以看出，影响板式塔操作情况和分离效果的主要因素为物料性质、塔板结构以及气液负荷。当确定了分离物系和塔板类型后，其操作情况和分离效果仅与气液负荷有关，要维持塔的正常操作和板效率的基本稳定，必须将塔内的气液负荷限制在一定范围内，将此范围标绘在直角坐标系中，以气相负荷 V 为纵坐标，以液相负荷 L 为横坐标，所得图形称为塔板负荷性能图，如图 5-29 所示。负荷性能图由五条线组成。

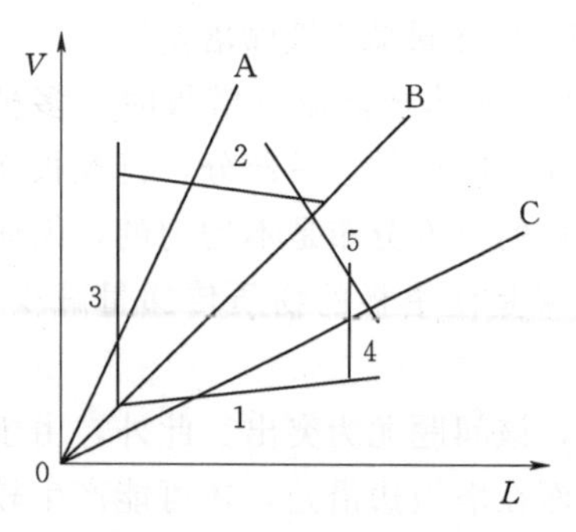

图 5-29 塔板负荷性能图

(1) 漏液线。图中 1 线为漏液线，又称气相负荷下限线。当操作时气相负荷低于此线，将发生严重的漏液现象，此时的漏液量大于液体流量的10%。塔板的适宜操作区应在该线以上。

(2) 液沫夹带线。图中 2 线为液沫夹带线，又称气相负荷上限线。若操作时气相负荷超过此线，表明液沫夹带现象严重，此时液沫夹带量大于0.1kg (液)/kg (气)。塔板的适宜操作区应在该线以下。

(3) 液相负荷下限线。图中 3 线为液相负荷下限线。若操作时液相负荷低于此线，表明液体流量过低，板上液流不能均匀分布，气液接触不良，塔板效率下降。塔板的适宜操作区应在该线以右。

(4) 液相负荷上限线。图中 4 线为液相负荷上限线。若操作时液相负荷高于此线，表明液体流量过大，此时液体在降液管内停留时间过短，易发生严重的气泡夹带，使塔板效率下降。塔板的适宜操作区应在该线以左。

(5) 液泛线。图中 5 线为液泛线。若操作时气液负荷超过此线，将发生液泛现象，使塔不能正常操作。塔板的适宜操作区在该线以下。

在塔板的负荷性能图中，五条线所包围的区域称为塔板的适宜操作区，在此区域内，气液两相负荷的变化对塔板效率影响不太大，故塔应在此范围内进行操作。

操作时的气相负荷 V 与液相负荷 L 在负荷性能图上的坐标点称为操作点。在连续精馏塔中，操作的气液比 V/L 为定值，因此，在负荷性能图上气液两相负荷的关系为通过原点、斜率为 V/L 的直线，该直线称为操作线。操作线与负荷性能图的两个交点分别表示塔的上下操作极限，两极限的气体流量之比称为塔板的操作弹性。设计时，应使操作点尽可能位于适宜操作区的中央，若操作线紧靠某条边界线，则负荷稍有波动，塔即出现不正常操作。

应予指出，当分离物系和分离任务确定后，操作点的位置即固定，但负荷性能图中各条线的相应位置随着塔板的结构尺寸而变。因此，在设计塔板时，根据操作点在负荷性能图的位置，适当调整塔板结构参数，可改进负荷性能图，以满足所需的操作弹性。例如，加大板间距可使液泛线上移，增加降液管的截面积可使液相负荷上限线右移等。

应予指出，图 5－29 所示为塔板负荷性能图的一般形式。实际上，该图与塔板的类型密切相关，不同的塔板，其负荷性能图的形状有一定的差异，对于同一个塔，各层塔板的负荷性能图也不尽相同。

塔板负荷性能图在板式塔的设计及操作中具有重要的意义。设计时使用负荷性能图可检验设计的合理性，操作时当板式塔操作出现问题时，使用负荷性能图可以分析操作状况是否合理，分析出问题所在，为解决问题提供依据。

任务六　塔设备常见故障及处理方法

塔设备的故障可分为两大类：机械性故障和操作性故障。

一、常见机械性故障

1. 塔设备的振动

脉动风力是塔设备产生振动的主要原因。塔体产生振动后，塔会发生弯曲、倾斜，塔板效率下降，影响塔设备的正常操作，甚至导致塔设备严重破坏，造成重大事故。防止塔体产生共振，通常采用以下三方面的方法。

(1) 提高塔体的固有频率，从根本上消除共振的根源。具体方法有：降低塔体总高度，增加塔体内径（需与工艺设计一并考虑），加大塔体壁厚，或采用密度小、弹性模量大的材料。

(2) 增加塔体的阻尼，抑制塔的振动。具体方法有：利用塔盘上液体的阻尼作用，在塔外部装置阻尼器或减振器，在塔壁上悬挂外包橡胶的铁链条，采用复合材料等。

(3) 采用扰流装置。合理地布置塔体上的管道、平台、扶梯和其他连接件，以破坏或消除周期性形成的旋涡。在大型钢制塔体周围焊接螺旋条，也有很好的防振作用。

2. 塔设备的腐蚀

由于塔设备一般由金属材料制造，所处理的物料大多为各种酸、碱、盐、有机溶剂及腐蚀性气体等介质，故腐蚀现象非常普遍。因此在塔设备使用过程中，应特别重视腐蚀问题。塔设备腐蚀有化学腐蚀、电化学腐蚀，可能是局部腐蚀，也可能是均匀腐蚀。造成腐蚀的原因与塔设备的选材、介质的特性、操作条件及操作过程等诸多因素有关。如炼油装置中的常压塔，产生腐蚀的原因与类型有：原油中含有的氯化物、硫化物和水对塔体和内件产生的均匀腐蚀，致使塔壁减薄，内件变形；介质腐蚀造成的浮阀点蚀而不能正常工作；在塔体高应力区和焊缝处产生的应力腐蚀，导致裂纹扩展穿孔；在塔顶部因温度过低而产生的露点腐蚀等。

防护措施应针对腐蚀产生的原因、腐蚀类型来制定，一般采用的方法有以下几种。

(1) 正确选材。金属材料的耐蚀性能与所接触的介质有关，因此，应根据介质的特性合理选择。如各种不锈钢在大气和水中或氧化性的硝酸溶液中具有很好的耐蚀性能，但在非氧化性的盐酸、稀硫酸中，耐蚀性能较差；铜及铜合金在稀盐酸、稀硫酸中相当耐蚀，但不耐硝酸溶液的腐蚀。

(2) 采用覆盖层。覆盖层的作用是将主体与介质隔绝开来。常用的有金属覆盖层与非金属覆盖层。金属覆盖层是用对某种介质耐蚀性能好的金属材料覆盖在耐蚀性能较差的金属材料上，常用的方法有电镀、喷镀、不锈钢衬里等。非金属覆盖层常用的方法是在设备内部衬以非金属材料或涂防腐涂料。

(3) 采用电化学保护。电化学保护是通过改变金属材料与介质电极电位来达到保护金属免受电化学腐蚀的办法。电化学保护分阴极保护和阳极保护两种，其中阴极保护法应用较多。

(4) 添加缓蚀剂。在介质中加入一定量的缓蚀剂，可使设备腐蚀速率降低或停止。但选择缓蚀剂时，要注意对某种介质的针对性，要合理确定缓蚀剂的类型和用量。

3. 其他常见机械性故障

(1) 介质泄漏。介质泄漏不仅影响塔设备正常操作，恶化工作环境，甚至可能酿成重大事故。介质泄漏一般发生在构件连接处，如塔体连接法兰、管道与设备连接法兰以及人孔等处。泄漏的原因有：法兰安装时未达到技术要求；受力过大引起法兰刚度不足而变形；法兰密封件失效，操作压力过大等。采取的措施是保证安装质量；改善法兰受力情况或更换法兰；选择合适的密封件材料或更换密封件；稳定操作条件，不超温、不超压。

(2) 壳体减薄。塔设备在工作一段时间后，由于介质的腐蚀和物料的冲刷，壳体壁厚可能减小。对于壁厚可能减薄的塔设备，应对其进行厚度测试，确定是否能继续使用，以确保安全。针对介质腐蚀特性和操作条件合理选择耐蚀、耐磨的材料或采用衬里，以确保其服役期内的正常运转。

(3) 局部变形。在塔设备的局部区域，可能由于峰值应力、温差应力、焊接残余应力等造成过大的变形。当局部变形过大时，可采用挖补的方法进行修理。

(4) 工作表面积垢。塔设备工作表面的积垢通常发生在结构的死角区，如塔盘支持圈与塔壁连接焊缝处，也可能出现在塔壁、塔盘等处。因介质在这些地方流动速度降低，介质中杂质等很容易形成积淀。积垢严重时，将影响塔内件的传质、传热效率。积垢的消除通常有机械除垢法和化学除垢法等方法。

(5) 塔内件损坏。易损坏内件有阀片、降液管等，损坏形式大多为松动、移位、变形，严重时甚至会发生构件脱落等。这类情况可以从工艺参数的变化反映出来，例如负荷下降、板效率下降、产物不合格、工艺参数偏离正常值等。设备安装质量不高、操作不当是塔内件损坏的主要原因，特别是超负荷、超压差运行很可能造成内件损坏，应尽量避免。处理方法是减小操作负荷或停车检修。

(6) 安全阀启跳。安全阀在超压时启跳属于正常动作，未达到规定启跳压力就启跳属于不正常启跳，应该重新设定安全阀。

(7) 仪表失灵。某块仪表出现故障可根据相关的其他仪表来遥控操作；如果调节阀出现故障，可用现场手动阀进行操作，设有旁路的，改用旁路阀控制，及时修理或更换调节阀。

二、常见操作性故障

1. 液泛

液泛可导致塔顶产品不合格，塔压差超高，釜液减少，回流罐液面上涨。其主要原因是气液负荷过高，进入了液泛区；降液管局部污物堵塞，液体下流不畅；加热过于猛烈，气相负荷过高；塔板及其他流道冻堵等。液泛时应找出原因，对症处理。如果是操作不当所致，及时采取调整气液负荷、加热等措施就会恢复正常；塔顶凝液的回流不能过大，以免引起恶性循环，可以通过加大采出量来维持液面；如果由于冻堵引起，压差升高时釜温并不高，只有加解冻剂才有效；如果是污物堵塞，只能减负荷运行或停车检修。

2. 加热故障

加热故障主要是加热剂和再沸器两方面的原因。用蒸气加热时，其故障主要表现在蒸汽压力低、减温减压器故障、不凝气体存在、凝液排出不畅等。用液体介质加热时，多数是因为堵塞、温度控制不当等。再沸器故障主要有泄漏、液面过高或过低、堵塞、虹吸道破坏、强制循环量不够等，需对症处理。

3. 塔压超高

加热过猛、冷剂中断、压力表失灵、调节阀堵塞、调节阀开度漂移、排气管冻堵等都是塔压超高的原因。一般应首先加大排出气量，同时减少加热剂量，把压力控制住再进一步查找原因，及时调整，有效控制塔压。

如果是塔压差升高，一方面可能是负荷升高，可从进料量判断；如果不是负荷升高，则要分段测压差，找出压差集中部位。若压差集中在精馏段，再看回流量是否正常，正常回流量下压差还高，很可能是冻塔；若各板温度比正常值高，可能是液泛；若处理的是易结垢物料，要考虑堵塞造成的气液流动不畅而增加了阻力，同时观察釜温和灵敏板温度，釜温不高，多是由于堵塞引起的高压差，查清原因后，降负荷运行或停车处理。

习　题

1. 含乙醇 20%（体积分数）的 20℃的水溶液，试求：(1) 乙醇溶液的质量分数；(2) 乙醇溶液的摩尔分数；(3) 乙醇溶液的平均摩尔质量。

[答：(1) 0.165；(2) 0.0718；(3) 20.0g/mol]

2. 在 107.0kPa 的压力下，苯-甲苯混合液在 369K 下沸腾，试求在该温度下的气液平衡组成（在 369K 时，$p^0_{苯}=161.\text{kPa}$，$p^0_{甲苯}=65.5\text{kPa}$）。

[答：0.44；0.66]

3. 若苯-甲苯混合液中含苯 0.4（摩尔分数），试根据图 5-4 求：(1) 该溶液的泡点温度及其平衡蒸气的瞬间组成；(2) 将该溶液加热到 100℃，这时溶液处于什么状态？各相组成分别为多少？(3) 将该溶液加热至什么温度才能全部汽化为饱和蒸气？这时蒸气的瞬间组成为多少？

[答：略]

4. 正庚烷（A）和正辛烷（B）的饱和蒸气压与温度的关系见表 5-7。

表 5-7 习题 4 附表

t/℃	98.4	105	110	115	120	125.6
p_A^0/kPa	101.3	125.3	140.0	160.0	180.0	205.3
p_B^0/kPa	44.4	55.6	64.5	74.8	86.6	101.3

设它们形成的混合物可视为理想溶液，试利用拉乌尔定律和相对挥发度，分别计算在 101.3kPa 总压下正庚烷-正辛烷混合液的气液平衡数据，并作出 $t-x-y$ 图和 $y-x$ 图。

[答：略]

5. 在一连续精馏塔中分离 CS_2 和 CCl_4 混合物。已知物料中含 CS_2 0.3（质量分数，下同），进料流量为 4000kg/h，若要求馏出液和釜残液中 CS_2 组成 0.97 和 0.05，试求所得馏出液和釜残液的摩尔流量。

[答：D=14.08kmol/h，W=19.92kmol/h]

6. 用连续精馏的方法分离乙烯和乙烷的混合物。已知进料中含乙烯 0.88（摩尔比，下同），进料量为 200kmol/h，现要求馏出液中乙烯的回收率为 99.5%，釜液中乙烷的回收率为 99.4%，试求所得馏出液、釜残液的摩尔流量和组成。

[答：D=175.3kmol/h，W=24.7kmol/h，x_D=0.9992，x_W=0.0356]

7. 常压的连续精馏塔中分离甲醇-水混合液，原料液流量为 100kmol/h，原料液组成为 x_F=0.4，泡点进料。若要求馏出液组成为 0.95，釜液组成为 0.04（以上均为摩尔分数），回流比为 2.5，试求产品的流量、精馏段的回流液体量及提馏段上升蒸气量。

[答：D=39.56kmol/h，W=60.44kmol/h，L=98.9kmol/h，V=138.46kmol/h]

8. 将组成为 0.24（易挥发组分摩尔分数，下同）的某混合液在泡点温度下送入连续精馏塔精馏。精馏以后，馏出液和釜残液的组成分别为 0.95 和 0.03。塔顶蒸气量为 850kmol/h，回流量为 670kmol/h。试求：（1）每小时釜残液量；（2）若回流比为 3，求精馏段操作线方程和提馏段操作线方程。

[答：（1）W=608.57kmol/h；（2）精馏段 $y=0.75x+0.24$，提馏段 $y=1.85x-0.025$]

9. 在常压连续精馏塔中分离某理想溶液，原料液浓度为 0.49（易挥发组分摩尔分数，下同），馏出液浓度为 0.95，操作回流比为 1.5。每千摩尔原料液变成饱和蒸气所需热量等于原料液的千摩尔激化潜热的 1.2 倍。操作条件下溶液的相对挥发度为 2。塔顶采用凝器，泡点回流。试计算精馏段自塔顶向下数的第二块理论板上升的蒸气组成。

[答：0.917]

10. 在连续精馏操作中，已知加料量为 1000kmol/h，其中气、液各半，精馏段和提馏段的操作线方程分别为 $y=0.75x+0.24$，$y=1.25x-0.00125$，试求操作回流比、原料液的组成、馏出液的流量及组成。

[答：R=3，x_F=0.5619，x_D=0.96，D=56.25kmol/h]

11. 某连续精馏塔处理氯仿-苯混合液，蒸馏后，馏出液中含有易挥发组分 0.95，原料液中含易挥发组分 0.4，残液中含易挥发组分 0.1（以上均为质量分数），泡点进料。假如操作回流比为最小回流比的 2 倍，试用图解法求所需理论板数和加料板的位置。氯仿-苯平衡数据见表 5－8。

表 5－8　　习题 11 附表

氯仿的摩尔分数		氯仿的摩尔分数	
液相中	气相中	液相中	气相中
0.068	0.093	0.495	0.662
0.14	0.196	0.60	0.76
0.218	0.308	0.72	0.855
0.303	0.424	0.855	0.941
0.395	0.548	1.0	1.0

［答：理论板数为 13 块（不包括再沸器），第 7 层理论板进料］

12. 在连续精馏塔式起重机中分离相对挥发度 $\alpha=3$ 的双组分混合物，进料为饱和蒸气，其中含易挥发组分 0.5（摩尔分数，下同），操作时的回流比 $R=4$，并测得馏出液和釜残液组成分别为 0.9 和 0.1，试写出此条件下该塔的提馏段操作线方程；又若已知塔釜上方那块实际塔板的板效率 $E_{mv}=0.6$，试求该实际塔板上升蒸气的组成。

［答：$y=1.333x-0.0333$，$y=0.3684$］

13. 用一精馏塔分离二元理想液体混合物，进料量为 100kmol/h，易挥发组分 $x_F=0.5$，泡点进料，塔顶产品 $x_D=0.95$，塔底釜液 $x_W=0.05$（以上皆为摩尔分数），操作回流比$R=1.61$，该物系相对挥发度 $\alpha=2.25$，求：(1) 塔顶和塔底的产品量（kmol/h）；(2) 提馏段上升蒸气量（kmol/h）；(3) 写出提馏段操作线数值方程；(4) 最小回流比。

［答：(1) $D=W=50$kmol/h；(2) $V'=130.5$kmol/h；(3) $y=1.383x-0.383x_W$；(4) $R_{min}=1.34$］

14. 在一常压连续精馏塔内分离苯-甲苯混合液，已知进料液流量为 80kmol/h，料液中苯含量 40%（摩尔分数，下同），泡点进料，塔顶流出液含苯 90%，要求苯回收率不低于 90%，塔顶为全凝器，泡点回流，回流比取 2，在操作条件下，物系的相对挥发度为 2.47。求用逐板计算法计算所需的理论板数。

［答：略］

15. 用一常压操作的连续精馏塔分离含苯 0.44（摩尔分数，下同）的苯-甲苯混合液。要求塔顶产品中含苯不低于 0.974，塔底产品中含苯不高于 0.0235。假设操作回流比取为 3.5。进料温度为 20℃。操作条件下相对挥发度 $\alpha=2.48$。试用图解法求理论板数及进料位置。

［答：理论板数为 10 块（不包括再沸器），第 6 层理论板进料］

模块六

吸 收

知识目标

1. 理解吸收相平衡关系、吸收速率方程及吸收阻力的控制过程，液气比对吸收操作的影响和双膜理论。

2. 掌握全塔物料衡算，吸收剂用量确定，填料层高度计算。

技能目标

1. 能确定吸收塔的填料层高度。

2. 能正确选择吸收操作的液气比，掌握影响吸收操作的因素，对吸收过程进行正确的调节控制。

3. 能进行吸收塔简单的事故分析及日常维护。

生产案例

1. 二氧化碳吸收案例

某合成氨厂经一氧化碳变换工序后变换气的主要成分为 N_2、H_2、CO_2，此外还含有少量的 CO、甲烷等杂质，其中以 CO_2 含量最高。CO_2 既是氨合成催化剂的有害物质，又是生产尿素、碳酸氢铵产品的原料，须在合成前去除，工厂采用如图 6-1 的工艺来实现。

如图 6-1 所示，含 CO_2 18%左右的低温变换气从吸收塔底部进入，在塔内分别与塔中部来的半贫液和塔顶部来的贫液进行逆流接触，溶解进入贫液和半贫液的 CO_2 与液相中的碳酸钾发生反应被吸收，出塔净化气的 CO_2 含量低于 0.1%，经分离器分离掉气体夹带的液滴后进入下一工序。

吸收了 CO_2 的溶液称为富液，从吸收塔的底部引出。为了回收能量，富液先经过水力透平减压膨胀，然后利用自身残余压力流到再生塔顶部，在再生塔顶部，溶液闪蒸出部分水蒸气和 CO_2 后沿塔流下，与由低变气再沸器加热产生的蒸气逆流接触，受热后进一步释放 CO_2。由塔中部引出的半贫液，经半贫液泵加压进入吸收塔中部，再生塔底部贫液，经锅炉给水预热器冷却后由贫液泵加压进入吸收塔顶部循环吸收。

2. 吸收解吸联合案例

某化工厂从焦炉煤气中回收粗苯（苯、甲苯、二甲苯等），采用如图 6-2 所示的工艺流程。焦炉煤气在吸收塔内与洗油（焦化工厂生产中的副产品，数十种碳氢化合物的混合物）逆流接触，气相中粗苯蒸气溶于洗油中，脱苯煤气从塔顶排出。溶解了粗苯的洗油称为富油，从塔底排出。富油经换热器升温后从塔顶进入解吸塔。过热水蒸气从解吸塔底部进塔。在解吸塔顶部排出气相为过热水蒸气和粗苯蒸气的混合物。该混合物冷凝后因两种冷凝液不互溶，并因密度不同而分层（粗苯在上、水在下），分别引出则可得粗苯产品。从解吸塔底部出来的洗油称为贫油，贫油经换热器降温后再进入吸收塔循环使用。

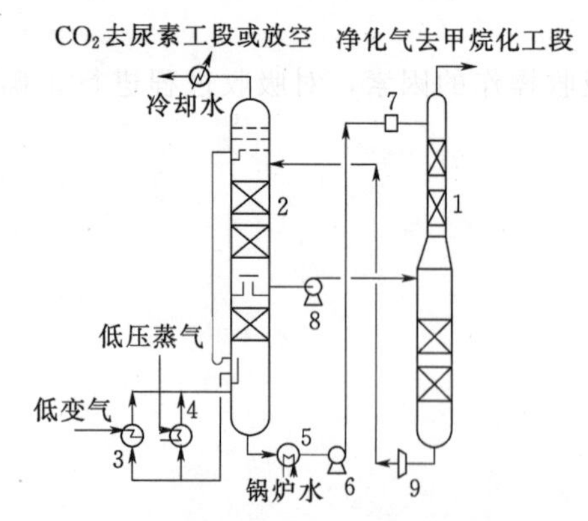

图 6-1 热钾碱法脱除 CO_2 工艺流程示意图
1—吸收塔；2—再生塔；3—低变气再沸器；
4—蒸气再沸器；5—锅炉给水预热器；
6—贫液泵；7—机械过滤器；
8—半贫液泵；9—水力透平

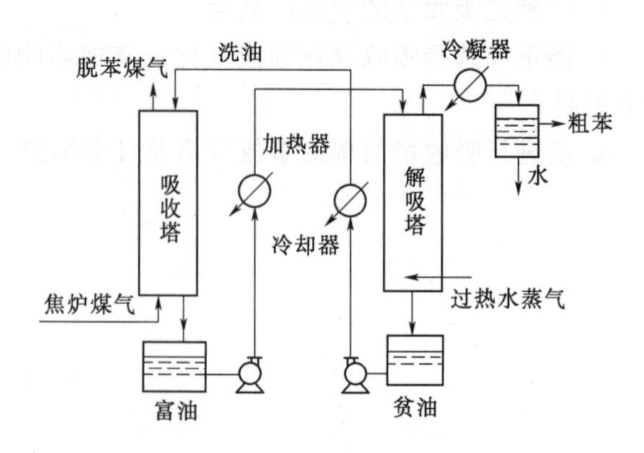

图 6-2 吸收解吸联合操作工艺流程

项目一

吸收基础知识及其工业应用

任务一　吸　收　概　述

一、吸收操作概念

使混合气体与适当的液体接触，气体中的一个或几个组分便溶解于该液体内而形成溶液，不能被溶解的组分则保留在气相之中，于是原混合气体的组分得以分离。这种利用组成混合气体各组分在溶剂中溶解度不同来分离气体混合物的操作，称为吸收操作。

如图6-3所示，在吸收操作中，所使用的液体称为溶剂（吸收剂），以S表示；被溶解的气体称为溶质（吸收质），以A表示；不溶解的气体称为惰性组分（载体），以B表示。吸收操作后得到的溶液称为吸收液，主要成分为溶剂S和溶质A；吸收后排出的气体称为吸收尾气，主要成分为惰性气体B和少量的溶质A。

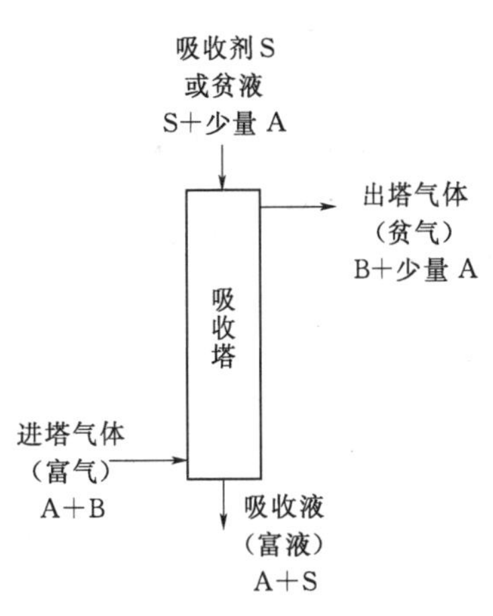

图6-3　吸收流程

与吸收操作相反，使吸收质从吸收剂中分离出来的操作称为解吸或脱吸，其目的是循环使用吸收剂或回收溶质，实际生产中吸收过程和解吸往往联合使用。

二、吸收在工业中的应用

吸收在工业中的应用包括以下几个方面：

（1）原料气的净化，即除去原料气中的杂质，其衡量标准是净化率（也称吸收率）。

（2）有用组分的回收，即从某些废气中回收有用组分，如从合成氨厂的放空气体中用水回收氨。

（3）某些产品的制取，即将气体中特定的成分以特定的溶剂吸收出来，成为液态的产品或半成品，如盐酸、硝酸、硫酸的制取。

（4）废气治理，即用特定的溶剂吸收气体中的有害成分，从而减少对环境的污染。

三、吸收的分类

（1）物理吸收：溶质溶解在溶剂中不伴有明显的化学反应，如H_2O吸收CO_2。

(2) 化学吸收：溶质与溶剂有明显的化学反应，如用1%NaOH吸收CO_2。

(3) 单组分吸收：只有一种组分可溶解于溶剂中，其他组分的溶解度可忽略不计，如碱液吸收空气中的CO_2，则N_2、H_2、O_2不被吸收。

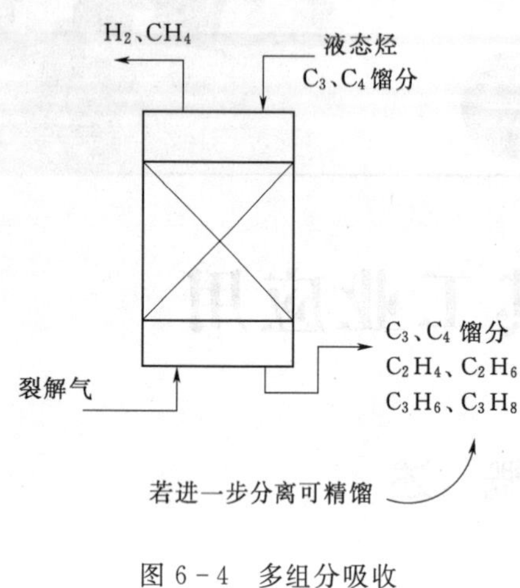

图6-4 多组分吸收

(4) 多组分吸收：如图6-4所示，液态烃吸收气态烃，裂解石油中含H_2、CH_4、C_2H_4、C_2H_6、C_3H_8等。

(5) 等温吸收：在吸收过程中，无溶解热产生，或溶剂量大，所产生的溶解热对整个溶液的温度无影响。

(6) 非等温吸收：有溶解热或反应热大量产生，使整个溶液体系的温度发生明显变化。

本模块主要讨论单组分低浓度、物理、等温吸收操作过程。

四、吸收剂的选择

吸收过程是溶质在气液两相之间的传质过程，是靠气体溶质在吸收剂中的溶解来实现的。因此，吸收剂性能往往是决定吸收效果的关键。在选择吸收剂时，应从以下几方面考虑。

(1) 溶解度。吸收剂应对混合气中被分离组分（下称溶质）有较大的溶解度，即在一定的温度和浓度下，溶质的平衡分压要低，这样可以提高吸收速率并减少吸收剂的耗用量，气体中溶质的极限残余浓度亦可降低。当吸收剂与溶质发生化学反应时，溶解度可大大提高。但要使吸收剂循环使用，则化学反应必须是可逆的。

(2) 选择性。吸收剂对混合气体中的溶质要有良好的吸收能力，而对其他组分则应不吸收或吸收甚微，否则不能直接实现有效的分离。

(3) 溶解度对操作条件的敏感性。溶质在吸收剂中的溶解度对操作条件（温度、压力）要敏感，即如果操作条件变化，溶解度要显著变化，这样被吸收的气体组分容易解吸，吸收剂再生方便。

(4) 挥发度。操作温度下吸收剂的蒸气压要低，因为离开吸收设备的气体往往被吸收剂所饱和，吸收剂的挥发度越大，则在吸收和再生过程中吸收剂损失越大。

(5) 黏性。吸收剂黏度要低，且在吸收过程中不易产生泡沫，以实现吸收塔内良好的气液接触和塔顶的气液分离。必要时，可在溶剂中加入少量消泡剂。

(6) 化学稳定性。吸收剂化学稳定性好则可避免因吸收过程中条件变化而引起的吸收剂变质。

(7) 腐蚀性。吸收剂腐蚀性应尽可能小，以减少设备费和维修费。

(8) 其他。所选用吸收剂应尽可能满足价廉、易得、易再生、无毒、无害、不易燃烧、不易爆等要求。

实际上，能够满足上述所有要求的理想溶剂往往很难找到。因此，应对可供选用的吸收剂进行全面评价后作出经济、合理、恰当的选择。

任务二 气液相平衡关系

一、吸收中常用的相组成表示法

在吸收操作中气体的总量和液体的总量都随操作的进行而改变，但惰性气体和吸收剂的量始终保持不变。因此，在吸收计算中，相组成以比质量分数或比摩尔分数表示较为方便。

1. 比质量分数与比摩尔分数

(1) 比质量分数。混合物中某两个组分的质量之比称为比质量分数，用符号 W 表示，即

$$W_A=\frac{w_A}{w_B}=\frac{w_A}{1-w_A} \quad (\mathrm{kgA/kgB}) \tag{6-1}$$

(2) 比摩尔分数。混合物中某两个组分的摩尔数之比称为比摩尔分数，用符号 X（或 Y）表示，即

$$X_A=\frac{x_A}{x_B}=\frac{x_A}{1-x_A} \quad (\mathrm{kmolA/kmolB}) \tag{6-2a}$$

如果混合物是双组分气体混合物，式（6-2a）则用 Y_A 与 y_A 的关系表示为

$$Y_A=\frac{y_A}{y_B}=\frac{y_A}{1-y_A} \quad (\mathrm{kmolA/kmolB}) \tag{6-2b}$$

(3) 比质量分数与比摩尔分数的换算关系。

$$W_A=\frac{m_A}{m_B}=\frac{n_A M_A}{n_B M_B}=X_A\frac{M_A}{M_B} \tag{6-3}$$

式中 M_A、M_B——混合物中 A、B 组分的千摩尔质量，kg/kmol。

在计算比质量分数或比摩尔分数的数值时，通常以在操作中不转移到另一相的组分作为组分。在吸收中，B 组分是指吸收剂或惰性气，A 组分是指吸收质。

2. 质量浓度与物质的量浓度

质量浓度是指单位体积混合物内所含物质的质量。对于组分，有

$$\rho_A=\frac{m_A}{V} \tag{6-4}$$

式中 ρ_A——混合物中组分的质量浓度，kg/m³；

V——混合物的总体积，m³。

物质的量浓度是单位体积混合物内所含物质的量（用千摩尔数表示）。对于气体混合物，在压强不太高、温度不太低的情况下，可视为理想气体，则 A 组分有

$$c_A=\frac{n_A}{V}=\frac{p_A}{RT} \tag{6-5}$$

式中 c_A——混合物中组分的物质的量浓度，kmol/m³。

【例 6-1】 氨水中氨的质量分数为 0.25，求氨水的比质量分数和比摩尔分数。

解： 已知 $w_A=0.25$，$M_A=17$，$M_B=18$。

比质量分数 $W_A=\frac{w_A}{1-w_A}=\frac{0.25}{1-0.25}=0.333$(kg 氨/kg 水)

由公式 $W_A=X_A\frac{M_A}{M_B}$，得比摩尔分数为

$$X_A = W_A \frac{M_B}{M_A} = 0.333 \times \frac{18}{17} = 0.353 (\text{kmol 氨/kmol 水})$$

【例 6-2】 某吸收塔在常压、25℃下操作，已知原料混合气体中含 CO_2 29%（体积分数），其余为 N_2、H_2和 CO（可视为惰性组分），经吸收后，出塔气体中 CO_2的含量为 1%（体积分数），试分别计算以比摩尔分数和物质的量浓度表示的原料混合气体和出塔气体的 CO_2组成。

解：系统可视为溶质 CO_2 和惰性组分系统，现分别以下标 1、2 表示入、出塔的气体状态。

（1）原料混合气体。因为理想气体的体积分数等于摩尔分数，所以 $y_1 = 0.29$，则

比摩尔分数 $$Y_1 = \frac{y_1}{1-y_1} = \frac{0.29}{1-0.29} = 0.408 (\text{kmolCO}_2/\text{kmol 惰气})$$

物质的量浓度 $$c_{A1} = \frac{p_{A1}}{RT} = \frac{101.3 \times 0.29}{8.314 \times 298} = 0.0119 (\text{kmolCO}_2/\text{m}^3 \text{ 混合气})$$

（2）出塔气体组成。由题意得 $y_2 = 0.01$，则

比摩尔分数 $$Y_2 = \frac{y_2}{1-y_2} = \frac{0.01}{1-0.01} = 0.0101 (\text{kmolCO}_2/\text{kmol 惰气})$$

物质的量浓度 $$c_{A2} = \frac{p_{A2}}{RT} = \frac{101.3 \times 0.01}{8.314 \times 298} = 4.09 \times 10^{-4} (\text{kmolCO}_2/\text{m}^3 \text{ 混合气})$$

二、气液相平衡关系

吸收的相平衡关系，是指气液两相达到平衡时，被吸收的组分（吸收质）在两相中的浓度关系，即吸收质在吸收剂中的平衡溶解度。

1. 气体在液体中的溶解度

在恒定的压力和温度下，用一定量的溶剂与混合气体在一密闭容器中相接触，混合气体中的溶质便向液相内转移，而溶于液相内的溶质又会从溶剂中逸出返回气相。随着溶质在液相中的溶解量增加，溶质返回气相的量也在逐渐增大，直到吸收速率与解吸速率相等时，溶质在气液两相中的浓度不再发生变化，此时气液两相达到了动态平衡。平衡时溶质在气相中的分压称为平衡分压，用符号 p_A^* 表示；溶质在液相中的浓度称为平衡溶解度，简称溶解度；它们之间的关系称为相平衡关系。

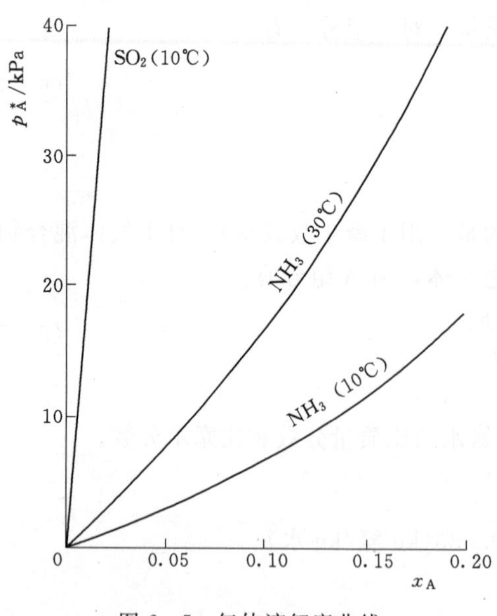

图 6-5 气体溶解度曲线

相平衡关系随物系的性质、温度和压力而异，通常由实验确定。图 6-5 所示是由实验得到的 SO_2和 NH_3在水中的溶解度曲线，也称相平衡曲线。图 6-5 中横坐标为溶质组分（SO_2、NH_3）在液相中的摩尔分数 x_A，纵坐标为溶质组分在气相中的分压 p_A。从图 6-5 中可见：在相同的温度和分压条件下，不同的溶质在同一个溶剂中的溶解度不同，溶解度很大的气体称为易溶气体，溶解度很小的气体称为难溶气体；同一个物系，在相同温度下，分压越高，

则溶解度越大；而分压一定，温度越低，则溶解度越大。这表明较高的分压和较低的温度有利于吸收操作。在实际吸收操作过程中，溶质在气相中的组成是一定的，可以借助提高操作压力 p 来提高其分压 p_A；当吸收温度较高时，则需要采取降温措施，以增大其溶解度。所以，加压和降温对吸收操作有利；反之，升温和减压则有利于解吸。对于同样浓度的溶液，易溶气体在溶液上方的气相平衡分压小，难溶气体在溶液上方的平衡分压大。

2. 亨利定律

(1) 亨利定律的数学表达。在一定温度下，对于稀溶液，在气体总压不高（≤500kPa）的情况下，吸收质在液相中的浓度与其在气相中的平衡分压成正比，即

$$p_A^* = Ex_A \tag{6-6}$$

式中 p_A^*——溶质在气相中的平衡分压，kPa；

x_A——溶质在溶液中的摩尔分数；

E——亨利系数，其单位与压力单位一致。

式 (6-6) 即为亨利定律的数学表达式，它表明稀溶液上方的溶质平衡分压 p_A^* 与该溶质在液相中的摩尔分数 x_A 成正比，比例系数称为亨利系数。亨利系数的数值可由实验测得，表 6-1 列出了某些气体水溶液的亨利系数值。

表 6-1 某些气体水溶液的亨利系数值（$E\times10^{-6}$） 单位：kPa

气体	温度/K				
	273	283	293	303	313
CO_2	0.0737	0.106	0.144	0.188	0.236
SO_2	0.00167	0.00245	0.00355	0.00485	0.00660
NH_3	0.000208	0.000240	0.000277	0.000321	—

由表 6-1 中数值可知：不同的物系在同一温度下的亨利系数不同；当物系一定时，亨利系数随温度升高而增大，温度越高，溶解度越小。所以亨利系数值越大，气体越难溶。在同一溶剂中，难溶气体的值很大，而易溶气体的值很小。

(2) 亨利定律的其他表达形式。由于互成平衡的气、液两相组成各可采用不同的表示法，因而亨利定律有不同的表达形式。

1) 用量浓度表示。若将亨利定律表示成溶质在液相中的量浓度 c_A 与其在气相中的分压 p_A^* 之间的关系，则可写成如下形式：

$$p_A^* = \frac{c_A}{H} \tag{6-7}$$

式中 H——溶解度系数，kmol/(m³·Pa)，由实验测定，其值随温度的升高而减小。

H 值反映气体溶解的难易程度，对于易溶气体，H 值很大；对于难溶气体，H 值很小。

溶解度系数与亨利系数的关系如下：

$$H = \frac{\rho_{剂}}{EM_{剂}} \tag{6-8}$$

式中 $\rho_{剂}$——溶剂的密度，kg/m³；

$M_{剂}$——溶剂的千摩尔质量，kg/kmol。

2) 用摩尔分数表示。如果气相中吸收质浓度用摩尔分数 y_A^* 表示，则 $p_A^* = py_A^*$，式

(6-6) 可写为

$$y_A^* = \frac{E}{p} x_A = m x_A \tag{6-9}$$

式中 m——相平衡常数，它与亨利系数之间的关系为 $m=E/p$。

由式 (6-9) 可以看出，m 值越大，表明该气体的溶解度越小。

3) 用比摩尔分数表示。如果气液两相组成均以比摩尔分数表示时，式 (6-9) 又可写为

$$\frac{Y_A^*}{1+Y_A^*} = m \frac{X_A}{1+X_A} \tag{6-10}$$

整理得

$$Y_A^* = \frac{m X_A}{1+(1-m) X_A}$$

当溶液很稀时，X_A 必然很小，上式分母中 $(1-m)X_A$ 一项可忽略不计，因此上式可简化为

$$Y_A^* = m X_A \tag{6-11}$$

(3) 吸收平衡线。表明吸收过程中气、液相平衡关系的图线称为吸收平衡线。在吸收操作中，通常用 $Y-X$ 图来表示，如图 6-6 所示。

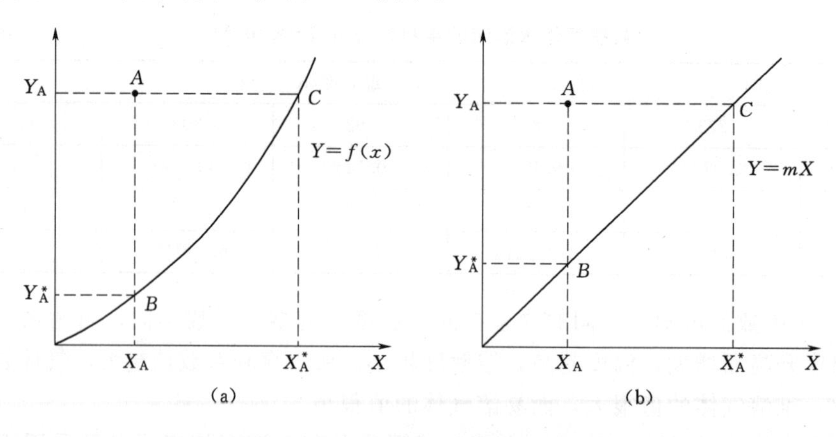

图 6-6 吸收平衡线

式 (6-10) 是用比摩尔分数表示的气液相平衡关系，它在 $Y-X$ 坐标系中是一条经原点的曲线，称为吸收平衡线，如图 6-6 (a) 所示；式 (6-11) 在 $Y-X$ 图坐标系中表示为一条经原点、斜率为 m 的直线，如图 6-6 (b) 所示。

(4) 相平衡在吸收过程中的应用。

1) 判断吸收能否进行。由于溶解平衡是吸收进行的极限，所以在一定温度下，吸收若能进行，则气相中溶质的实际组成 Y_A 必须大于与液相中溶质含量成平衡时的组成 Y_A^*，即 $Y_A > Y_A^*$。若出现 $Y_A < Y_A^*$，则过程反向进行，为解吸操作。图 6-6 中的 A 点为操作（实际状态）点。若 A 点位于平衡线的上方，$Y_A > Y_A^*$，为吸收过程；点在平衡线上，$Y_A = Y_A^*$，体系达平衡，吸收过程停止；当 A 点位于平衡线的下方时，则 $Y_A < Y_A^*$，为解吸过程。

2) 确定吸收推动力。显然，$Y_A > Y_A^*$ 是吸收进行的必要条件，而差值 $\Delta Y_A = Y_A - Y_A^*$ 则是吸收过程的推动力，差值越大，吸收速率越大。

【例 6-3】 在总压 1200kPa、温度 303K 下，含 CO_2 5%（体积分数）的气体与含 CO_2

1.0g/L 的水溶液相遇，问：该接触过程会发生吸收还是解吸？以分压差表示的推动力有多大？若要改变其传质方向可采取哪些措施？

解：为判断是吸收还是解吸，可以将溶液中溶质的平衡分压 $p^*_{CO_2}$ 与气相中的分压 p_{CO_2} 相比较。

据题意 $p_{CO_2}=py=1200\times0.05=60(kPa)$，而 $p^*_{CO_2}$ 可按亨利定律［式（6－6）］求取。

由表 6－1 查得 CO_2 水溶液在 303K 时的亨利系数 $E=188\times10^3kPa$，又因溶液很稀，故其密度与平均千摩尔质量可视为与水相同，于是可求得

$$x_{CO_2}=\frac{n_{CO_2}}{n_{H_2O}}=(1/44)/(996/18)=0.00041$$

$$p^*_{CO_2}=Ex=188\times10^3\times0.00041=77.1(kPa)$$

由计算结果可知，$p^*_{CO_2}>p_{CO_2}$，故进行的是解吸。以分压差表示的总推动力为

$$p^*_{CO_2}-p_{CO_2}=77.1-60=17.1(kPa)$$

若要改变传质方向（即变解吸为吸收），可以采取的措施是：提高操作压力，以提高气相中 CO_2 分压 p_{CO_2}，降低操作温度，以降低与液相相平衡的 CO_2 分压 $p^*_{CO_2}$。

【例 6－4】 在 101.3kPa 总压及 20℃温度下，氨在水中的溶解度为 $2.5g(NH_3)/100g(H_2O)$。若氨水的气液平衡关系符合亨利定律，相平衡常数为 0.76，试求：(1) 以 x 及 X 表示液相组成；(2) 溶液的亨利系数及溶解度系数；(3) 以 y 及 Y 表示气相组成。

解：(1)

$$x=\frac{\frac{2.5}{17}}{\frac{2.5}{17}+\frac{100}{18}}=0.0258$$

$$X=\frac{x}{1-x}=\frac{0.0258}{1-0.0258}=0.0265$$

(2) 由于氨的组成较低，氨溶液的密度可按同条件下纯水的密度计算，即

$$E=mp=0.76\times101.3=76.99(kPa)$$

$$H=\frac{\rho_{剂}}{EM_{剂}}=\frac{1000}{76.99\times18}=0.7216[kmol/(m^3\cdot kPa)]$$

(3)

$$y=mx=0.76\times0.0258=0.0196$$

$$Y=\frac{y}{1-y}=\frac{0.0196}{1-0.0196}=0.0200$$

项目二

吸收传质过程分析

任务一　吸　收　机　理

一、传质的基本方式

吸收过程是溶质从气相转移到液相的质量传递过程。由于溶质从气相转移到液相是通过扩散进行的，因此传质过程也称为扩散过程。扩散的基本方式有两种：分子扩散及涡流扩散，而实际传质操作中多为对流扩散。

（1）分子扩散。物质以分子运动的方式通过静止流体的转移，或物质通过层流流体，且传质方向与流体的流动方向相垂直的转移，导致物质从高浓度处向低浓度处传递，这种传质方式称为分子扩散。分子扩散只是分子热运动的结果，扩散的推动力是浓度差，扩散速率主要决定于扩散物质和静止流体的温度及某些物理性质。

分子扩散现象在日常生活中经常遇到。将一勺砂糖放入一杯水中，片刻后整杯的水就会变甜；如在密闭的室内，酒瓶盖被打开后，在其附近很快就可闻到酒味。这就是分子扩散的表现。

（2）涡流扩散。在湍流主体中，凭借流体质点的湍动和旋涡进行物质传递的现象，称为涡流扩散。若将一勺砂糖放入一杯水中，用勺搅动，则水将甜得更快更均，那便是涡流扩散的效果。涡流扩散速率比分子扩散速率大得多，涡流扩散速率主要决定于流体的流动形态。

（3）对流扩散。对流扩散亦称对流传质，包括湍流主体的涡流扩散和层流内层的分子扩散。

二、双膜理论

由于吸收过程是物质在两相之间的传递，其过程极为复杂。为了从理论上说明这个机理，曾提出过多种不同的理论，其中应用最广的是 1926 年由刘易斯和惠特曼提出的“双膜理论”。双膜理论的模型如图 6－7 所示，双膜理论的基本要点如下：

（1）相互接触的气、液两流体间存在着稳定的相界面，界面两侧各有一个很薄的有效层流膜层。吸收质以分子扩散方式通过此二膜层。

（2）在相界面处，气、液两相处于平衡。

（3）在膜层以外的气、液两相中心区，由于流体充分湍动，吸收质的浓度是均匀的，即两相中心区内浓度梯度为零，全部浓度变化集中在两个有效膜层内。

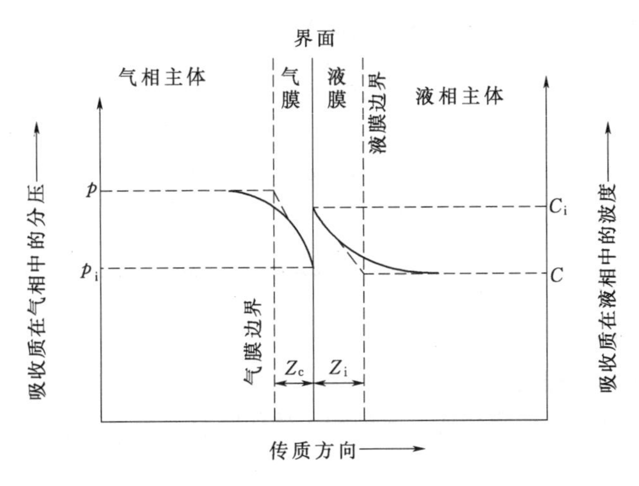

图 6-7 双膜理论的模型示意图

通过以上假设，就把整个相际传质过程简化为经由气、液两膜的分子扩散过程。双膜理论认为相界面上处于平衡状态，即图 6-7 中的 p_i 与 C_i 符合平衡关系。这样，整个相际传质过程的阻力便全部体现在两个有效膜层里。在两相主体浓度一定的情况下，两膜的阻力便决定了吸收速率的大小。因此，双膜理论也可称为双阻力理论。

图 6-7 所示为气体中的溶质气体在气相中的分压分布及液相中的浓度分布，根据双膜理论描绘出的示意图。由于气膜内的分压差 $p-p_i$ 的作用，气相中的溶质气体从气相主体转移到相界面，并在相界面处溶质气体溶解于液相中，又由于液膜浓度差 C_i-C 的作用，从相界面转移到液相主体中。这非常类似于冷热两流体通过间壁进行的换热过程，即对流扩散、溶解和对流扩散。

双膜理论把复杂的相际传质过程大为简化。对于具有固定相界面的系统及速度不高的两流体间的传质，双膜理论与实际情况是相当符合的。根据这一理论的基本概念所确定的相际传质速率关系，至今仍是传质设备设计的主要依据，这一理论对于生产实际具有重要的指导意义。

任务二 吸收速率方程

吸收速率是指单位传质面积上单位时间内吸收的溶质量。表明吸收速率与吸收推动力之间关系的数学式即为吸收速率方程式。吸收速率用符号 N_A 表示，其单位为 $kmol/(m^2 \cdot s)$。

按照双膜理论，吸收过程无论是物质传递的过程，还是传递方向上的浓度分布情况，都类似于间壁式换热器中冷热流体之间的传热步骤和温度分布情况。所以可用类似于传热速率方程的形式来表达吸收速率方程。

$$吸收速率=过程推动力/过程阻力=吸收系数\times过程推动力$$

由于吸收的推动力可以用各种不同形式的浓度差来表示，所以吸收速率方程也有多种形式。

一、气膜吸收速率方程式

吸收质从气相主体通过气膜传递到相界面时的吸收速率方程可表示为

$$N_A=k_{气}(Y_A-Y_i) \tag{6-12a}$$

或

$$N_A=\frac{Y_A-Y_i}{\frac{1}{k_{气}}} \tag{6-12b}$$

式中 Y_A、Y_i——气相主体和相界面处吸收质的比摩尔分数；

$k_{气}$——气膜吸收系数，kmol/(m^2·s)。

气膜吸收系数的倒数$\frac{1}{k_{气}}$即表示吸收质通过气膜的传递阻力，这个阻力的表达形式是与气膜推动力Y_A-Y_i相对应的。

二、液膜吸收速率方程式

吸收质从相界面处通过液膜传递进入液相主体的吸收速率方程可表示为

$$N_A=k_{液}(X_i-X_A) \tag{6-13a}$$

或

$$N_A=\frac{X_i-X_A}{\frac{1}{k_{液}}} \tag{6-13b}$$

式中 X_i、X_A——液相主体和相界面处液相中吸收质的比摩尔分数；

$k_{液}$——液膜吸收系数，kmol/(m^2·s)。

液膜吸收系数的倒数$\frac{1}{k_{液}}$即表示吸收质通过液膜的传递阻力，这个阻力的表达形式是与液膜推动力$X_A^*-X_A$相对应的。

三、吸收总系数及其相应的吸收速率方程式

为了避开难于测定的界面浓度，可以仿效传热中类似问题的处理方法。研究传热速率时，可以避开壁面温度而以冷、热两流体温度差来表示传热的总推动力。对于吸收过程，同样可以采用两相主体浓度的某种差值来表示总推动力而写出吸收速率方程式。

吸收速率＝总推动力/总阻力＝两相主体浓度差/两膜阻力之和

因此，吸收过程的总推动力应该用任何一相主体浓度与其平衡浓度的差值来表示。

1. 以$Y_A-Y_A^*$表示总推动力的吸收速率方程式

$$N_A=K_{气}(Y_A-Y_A^*) \tag{6-14a}$$

或

$$N_A=\frac{Y_A-Y_A^*}{\frac{1}{K_{气}}} \tag{6-14b}$$

式中 $K_{气}$——气相吸收总系数，kmol/(m^2·s)。

式（6-14）即为以$Y_A-Y_A^*$为总推动力的吸收速率方程式。气相吸收总系数的倒数$1/K_{气}$为两膜的总阻力，此阻力由气膜阻力$1/k_{气}$与液膜阻力$m/k_{液}$组成，即

$$\frac{1}{K_{气}}=\frac{1}{k_{气}}+\frac{m}{k_{液}} \tag{6-15}$$

对溶解度大的易溶气体，相平衡常数m很小。在$k_{气}$和$k_{液}$值数量级相近的情况下，必然有$\frac{1}{k_{气}}\gg\frac{m}{k_{液}}$，$\frac{m}{k_{液}}$相应很小，可以忽略，则式（6-15）可简化为

$$\frac{1}{K_{气}}\approx\frac{1}{k_{气}} \quad 或 \quad K_{气}\approx k_{气} \tag{6-16}$$

此式表明易溶气体的液膜阻力很小，吸收的总阻力集中在气膜内。这种情况下气膜阻力控制着整个吸收过程速率，故称为“气膜控制”。

2. 以 $X_A^* - X_A$ 表示总推动力的吸收速率方程式

$$N_A = K_{液}(X_A^* - X_A) \tag{6-17a}$$

或

$$N_A = \frac{X_A^* - X_A}{\frac{1}{K_{液}}} \tag{6-17b}$$

式中 $K_{液}$——液相吸收总系数，kmol/(m^2 · s)。

式 (6-17) 即为以 $X_A^* - X_A$ 为总推动力的吸收速率方程式。液相吸收总系数的倒数 $1/K_{液}$ 为两膜的总阻力，此阻力由气膜阻力 $1/mk_{气}$ 与液膜阻力 $1/k_{液}$ 组成，即

$$\frac{1}{K_{液}} = \frac{1}{mk_{气}} + \frac{1}{k_{液}} \tag{6-18}$$

对溶解度小的难溶气体，m 值很大，在 $k_{气}$ 和 $k_{液}$ 值数量级相近的情况下，必然有 $\frac{1}{k} \gg \frac{1}{mk_{气}}$，$\frac{1}{mk_{气}}$ 很小，也可以忽略，则式 (6-18) 可简化为

$$\frac{1}{K_{液}} \approx \frac{1}{k_{液}} \quad 或 \quad K_{液} \approx k_{液} \tag{6-19}$$

此式表明难溶气体的总阻力集中在液膜内，这种情况下液膜阻力控制着整个吸收过程速率，故称为“液膜控制”。

对于溶解度适中的气体吸收过程，气膜阻力与液膜阻力均不可忽略。要提高过程速率，必须兼顾气、液两膜阻力的降低。

正确判别吸收过程属于气膜控制或液膜控制，将给吸收过程的计算和设备的选型带来方便。如气膜控制系统，选用式 (6-14a) 和式 (6-16) 计算十分方便。在操作中增大气速，可减薄气膜厚度，降低气膜阻力，有利于提高吸收速率。

由于推动力所涉及的范围不同及浓度的表示方法不同，吸收速率呈现了上述多种形态。所以，各式中吸收系数与推动力的正确搭配及单位的一致性应特别予以注意。

项目三

填料吸收塔的计算

气体吸收常在吸收塔中进行，塔设备主要有板式塔和填料塔。本节介绍填料塔的工艺计算，主要包括：①吸收剂的用量；②填料层高度；③塔径。

常见的气体吸收为气液逆流接触。逆流操作的优点：①可以提高溶剂的使用效率（塔底），进口气体浓度高，溶液还能吸收，使溶液浓度尽量提高；②可以提高混合气体的分离效率（塔顶），出口气体浓度低，但和较新鲜的溶剂接触仍能溶解一部分，使出口气体浓度尽量降低。

任务一　物料衡算及操作线方程

一、物料衡算与操作线方程

1. 全塔物料衡算

在单组分气体吸收过程中，吸收质在气液两相中的浓度沿着吸收塔高不断地变化，导致气、液两相的总量也随塔高而变化。由于通过吸收塔的惰性气量和吸收剂量可认为不变，因而在进行吸收物料衡算时，气、液两相组成用比摩尔分数表示就十分方便。

图 6-8 所示为稳定操作状态下，单组分吸收逆流接触的填料吸收塔。

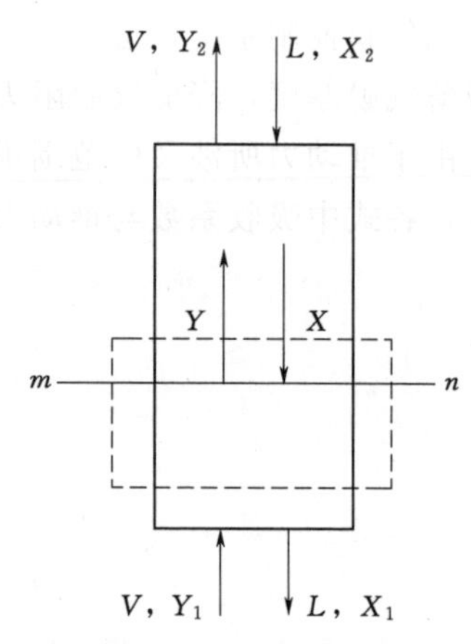

图 6-8　吸收塔的物料衡算

V—通过吸收塔的惰性气体量，kmol/s；L—通过吸收塔的吸收剂量，kmol/s；Y_1、Y_2—进、出塔气体中溶质 A 的比摩尔分数；X_1、X_2—出、进塔溶液中溶质 A 的比摩尔分数。

（注意：本项目中塔底截面一律以下标“1”代表，塔顶截面一律以下标“2”代表。）

对单位时间内进、出吸收塔的溶质量作物料衡算，可得

$$VY_1+LX_2=VY_2+LX_1$$

整理得

$$V(Y_1-Y_2)=L(X_1-X_2)=G_A \qquad (6-20)$$

式中　G_A——单位时间内全塔吸收的吸收质的量，kmol/s。

一般情况下，进塔混合气的组成与流量是吸收任务规定了的，如果吸收剂的组成与流量已经确定，则 Y_1、L、V 及 X_2 皆为已知数。又根据吸收操作的分离指标吸收率

φ，可以得知气体出塔时的浓度 Y_2。

$$Y_2=Y_1(1-\varphi) \tag{6-21}$$

其中
$$\varphi=\frac{Y_1-Y_2}{Y_1}$$

式中 φ——气相中溶质被吸收的百分率，称为吸收率。

如此，通过全塔物料衡算式（6-20）可以求得塔底排出的吸收液组成。在已知 L、V、Y_1、X_1 和 X_2 的情况下，也可由式（6-20）计算 Y_2，从而进一步求算吸收率，判断是否已达分离要求。

2. 操作线方程与操作线

在逆流操作的填料塔内，气体自下而上，其组成由 Y_2 逐渐变至 Y_1；液体自上而下，其组成由 X_2 逐渐变至 X_1。那么，填料层中各个截面上的气、液浓度 X 与 Y 之间的变化关系，需在填料层中的任一截面与塔的任一端面之间作物料衡算。

在图 6-8 所示的塔内任取 $m-n$ 截面与塔底作溶质的物料衡算，得

$$VY+LX_1=VY_1+LX$$

整理得
$$Y=\frac{L}{V}X+\left(Y_1-\frac{L}{V}X_1\right) \tag{6-22}$$

式中 Y——$m-n$ 截面上气相中溶质的比摩尔分数；

X——$m-n$ 截面上液相中溶质的比摩尔分数。

式（6-22）称为吸收塔的操作线方程，它表明塔内任一截面上的气相组成 Y 与液相组成 X 之间呈直线关系，直线的斜率为 L/V，且此直线通过 $B(X_1, Y_1)$ 及 $A(X_2, Y_2)$ 两点。标绘在图 6-9 中的直线 AB 即为操作线。操作线上任何一点代表着塔内相应截面上的液、气组成，端点 A 代表塔顶稀端，端点 B 代表塔底浓端。

应指出，操作线方程及操作线都是由物料衡算得来的，与系统的平衡关系、操作温度和压力、塔的结构形式等无关。

在进行吸收操作时，塔内任一截面上溶质在气相中的实际组成总是高于其平衡组成，所以操作线总是位于平衡线的上方。反之，如果操作线位于平衡线的下方，则应进行解吸过程。

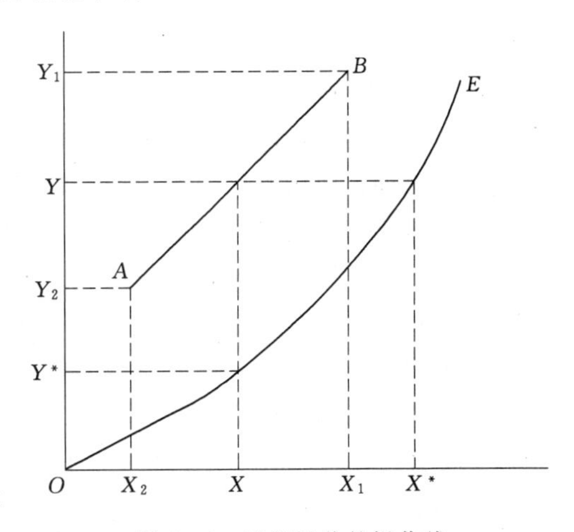

图 6-9 逆流吸收的操作线

由图 6-9 可知，吸收塔内任一截面处气、液两相间的传质推动力是由操作线和平衡线的相对位置决定的。操作线上任一点的坐标代表塔内某一截面处气、液两相的组成状态，该点与平衡线之间的垂直距离即为该截面上以气相比摩尔分数表示的吸收总推动力 $Y-Y^*$；与平衡线之间的水平距离则表示该截面上以液相比摩尔分数表示的吸收总推动力 X^*-X。在操作线上 A 点至 B 点范围内，由操作线与平衡线之间垂直距离（或水平距离）的变化情况，可以看出整个吸收过程中推动力的变化。显然，操作线与平衡线之间的距离越远，则传质推动力越大。

二、吸收剂消耗量

1. 吸收剂的单位耗用量

由逆流吸收塔的物料衡算可知

$$\frac{L}{V}=\frac{Y_1-Y_2}{X_1-X_2} \tag{6-23}$$

在V、Y_1、Y_2、X_2已知的情况下，吸收塔操作线的一个端点$A(X_2、Y_2)$已经固定，另一个端点B则在水平线$Y=Y_1$上移动，点B的横坐标取决于操作线的斜率L/V，如图6-10所示。

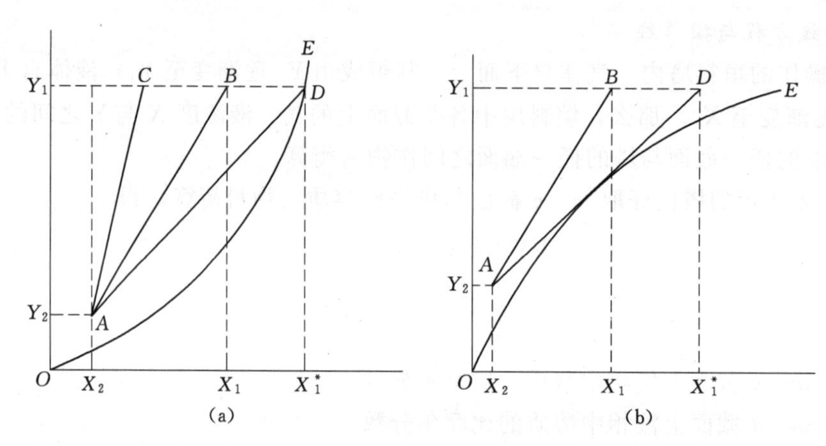

图6-10 吸收塔的最小液气比

操作线的斜率L/V称为液气比，是吸收剂与惰性气体摩尔流量的比，即处理含单位千摩尔惰性气的原料气所用的纯吸收剂耗用量大小。液气比对吸收设备尺寸和操作费用有直接的影响。

当吸收剂用量增大，即操作线的斜率L/V增大，则操作线向远离平衡线方向偏移，如图6-10中AC线所示，此时操作线与平衡线间的距离增大，即各截面上吸收推动力$Y-Y^*$增大。若在单位时间内吸收同样数量的溶质，设备尺寸可以减小，设备费用降低；但是，吸收剂消耗量增加，出塔液体中溶质含量降低，吸收剂再生所需的设备费和操作费均增大。

若减少吸收剂用量，L/V减小，操作线向平衡线靠近，传质推动力$Y-Y^*$必然减小，所需吸收设备尺寸增大，设备费用增大。当吸收剂用量减小到使操作线的一个端点与平衡线相交，如图6-10中AD线所示，在交点处相遇的气液两相组成已相互平衡，此时传质过程的推动力为零，因而达到此平衡所需的传质面积为无限大（塔为无限高）。这种极限情况下的吸收剂用量称为最小吸收剂用量，用L_{min}表示，相应的液气比称为最小液气比，用$(L/V)_{min}$表示。显然，对于一定的吸收任务，吸收剂的用量存在一个最低极限，若实际液气比小于最小液气比，便不能达到设计规定的分离要求。

由以上分析可见，吸收剂用量的大小，从设备费与操作费两方面影响生产过程的经济效益，应选择一个适宜的液气比，使两项费用之和最小。根据实践经验，一般情况下取操作液气比为最小液气比的1.1～2.0倍较为适宜，即

$$\frac{L}{V}=(1.1\sim2.0)\left(\frac{L}{V}\right)_{min} \tag{6-24}$$

必须指出，为了保证填料表面能被液体充分润湿，还应考虑到单位时间每平方米塔截面

上流下的液体量（称为喷淋密度）不得小于某一最低允许值。如果按式（6－24）算出的吸收剂用量不能满足充分润湿填料的最低要求，则应采用更大的液气比。

2. 最小液气比的求法

最小液气比可用图解法或计算法求出。

（1）图解法。一般情况下，平衡线为如图6－10（a）所示的曲线，则由图读出与Y_1相平衡的X_1^*的数值后，可用下式计算最小液气比：

$$\left(\frac{L}{V}\right)_{\min}=\frac{Y_1-Y_2}{X_1^*-X_2} \tag{6-25}$$

如果平衡线为图6－10（b）所示的曲线，则应过点D作平衡曲线的切线，由图6－10读出点D的横坐标X_1^*的数值，代入式（6－25）计算最小液气比。

（2）计算法。若平衡线为直线并可表示为$Y^*=mX$，则式（6－25）可表示为

$$\left(\frac{L}{V}\right)_{\min}=\frac{Y_1-Y_2}{\frac{Y_1}{m}-X_2} \tag{6-26}$$

【例6－5】 在一填料塔中，用洗油逆流吸收混合气体中的苯。已知混合气体的流量为1600m³/h，进塔气体中含苯0.05（摩尔分数，下同），要求吸收率90％，操作温度为25℃，操作压强为101.3kPa，相平衡关系为$Y^*=26X$，操作液气比为最小液气比的1.3倍。试求下列两种情况下吸收剂用量及出塔洗油中苯的含量：（1）洗油进塔浓度$x_2=0.00015$；（2）洗油进塔浓度$x_2=0$。

解：先确定混合气中惰性气体量和吸收质的比摩尔分数。

$$V=\frac{1600}{22.4}\times\frac{273}{273+25}\times(1-0.05)=62.2(\text{kmol 惰气/h})$$

$$Y_1=\frac{y_1}{1-y_1}=\frac{0.05}{1-0.05}=0.0526$$

$$Y_2=Y_1(1-\varphi)=0.0526\times(1-0.90)=0.00526$$

$$X_2=\frac{x_2}{1-x_2}=\frac{0.00015}{1-0.00015}=0.00015$$

（1）洗油进塔浓度$x_2=0.00015$，由于气液平衡关系为直线，则

$$\left(\frac{L}{V}\right)_{\min}=\frac{Y_1-Y_2}{\frac{Y_1}{m}-X_2}=\frac{0.0526-0.00526}{\frac{0.0526}{26}-0.00015}=25.3$$

实际液气比为

$$\frac{L}{V}=1.3\left(\frac{L}{V}\right)_{\min}=1.3\times25.3=32.9$$

$$L=32.9V=32.9\times62.2=2046(\text{kmol/h})$$

出塔洗油中苯的含量为

$$X_1=\frac{V(Y_1-Y_2)}{L}+X_2=\frac{62.2\times(0.0526-0.00526)}{2046}+0.00015=1.59\times10^{-3}$$

（2）洗油进塔浓度$x_2=0$，则$X_2=0$，因此

$$\left(\frac{L}{V}\right)_{\min}=\frac{Y_1-Y_2}{\frac{Y_1}{m}}=m\varphi=26\times0.90=23.4$$

$$\frac{L}{V}=1.3m\varphi=1.3\times23.4=30.4$$

$$L=30.4V=30.4\times62.2=1890(\text{kmol/h})$$

$$X_1=\frac{V(Y_1-Y_2)}{L}+X_2=\frac{62.2\times(0.0526-0.00526)}{1890}+0=1.56\times10^{-3}$$

任务二 吸收塔塔径的计算

吸收塔的塔径可根据圆形管道直径计算公式确定，即

$$D=\sqrt{\frac{4q_V}{\pi u}} \tag{6-27}$$

式中 D——吸收塔的内径，m；

q_V——操作条件下混合气体的体积流量，m^3/s；

u——空塔气速，即按空塔截面积计算的混合气速度，m/s，其值为 0.2～0.3m/s 到 1～1.5m/s 不等，适宜的数值由实验或经验式求得。

在吸收过程中，由于吸收质不断进入液相，故混合气量由塔底至塔顶逐渐减小。在计算塔径时，一般应以入塔时气量为依据。

计算塔径的关键是确定适宜的空塔气速，通常先确定液泛气速，然后考虑一个小于 1 的安全系数，计算出空塔气速。液泛气速的大小由吸收塔内气液比、气液两相物性及填料特性等方面决定，详细的计算过程可查阅相关手册。

按式（6－27）计算出的塔径，还应根据国家压力容器公称直径的标准进行圆整。

任务三 填料层高度的计算

为了达到指定的分离要求，吸收塔必须提供足够的气液两相接触面积。填料塔提供接触面积的元件为填料，因此，塔内的填料装填量或一定直径的塔内填料层高度将直接影响吸收结果。就基本关系而论，填料层高度 Z 等于所需的填料层体积 V 除以塔截面积 S。塔截面积已由塔径确定，填料层体积 V 则取决于完成规定任务所需的总传质面积 A 和每立方米填料层所能提供的气液有效接触面积，$V=A/a$，即

$$Z=\frac{V}{S}=\frac{A}{aS} \tag{6-28}$$

式（6－28）中总传质面积 A 应等于塔的吸收负荷 G_A（单位时间内的传质量）与塔内传质速率 N_A（单位时间内单位气液接触面积上的传质量）的比值。计算塔的吸收负荷 G_A 要依据物料衡算关系，计算传质速率 N_A 要依据吸收速率方程式，而吸收速率方程中的推动力总是实际浓度与某种平衡浓度的差额，因此又要知道相平衡关系。所以，填料层高度的计算将涉及物料衡算、传质速率与相平衡三种关系式的应用。

填料层高度的确定，可由前述的吸收速率方程式引出，但吸收速率方程式中的推动力均表示吸收塔某个截面上的数值。而对整个吸收过程，气液两相的吸收质浓度在吸收塔内各个截面上都不同，显然各个截面上的吸收推动力也不相同。全塔范围内的吸收推动力可仿照传热用平均推动力表示。式（6－14a）和式（6－17a）可表示为

$$N_A = K_{气}\Delta Y_{均} \tag{6-29a}$$

$$N_A = K_{液}\Delta X_{均} \tag{6-29b}$$

式中 N_A——全塔范围内的吸收速率，它的意义为：单位时间内全塔吸收的吸收质的量 G_A 与吸收塔提供的传质面积 A 的比值，即

$$N_A = \frac{G_A}{A} = \frac{V(Y_1 - Y_2)}{A} = \frac{L(X_1 - X_2)}{A}$$

填料层高度为 Z 的填料塔所提供的传质面积 A（气液接触面积）为

$$A = \frac{G_A}{N_A} = \frac{V(Y_1 - Y_2)}{K_{气}\ \Delta Y_{均}} \tag{6-30a}$$

或

$$A = \frac{G_A}{N_A} = \frac{V(X_1 - X_2)}{K_{液}\ \Delta X_{均}} \tag{6-30b}$$

将以上两式分别代入式（6-28）并整理，则总推动力以气相组成表示时的公式为

$$Z = \frac{V(Y_1 - Y_2)}{K_{气}aS\Delta Y_{均}} \tag{6-31a}$$

总推动力以液相组成表示时的公式为

$$Z = \frac{L(X_1 - X_2)}{K_{液}aS\Delta X_{均}} \tag{6-31b}$$

上两式中单位体积填料层内的有效接触面积 a（称为有效比表面积）值不仅与填料的形状、尺寸及充填状况有关，而且受流体物性及流体状况的影响。a 的数值很难直接测定。为了避开难以测得的有效比表面积 a，常将它与吸收系数的乘积视为一体，作为一个完整的物理量来看待，这个乘积称为体积吸收总系数。譬如 $K_{气}a$ 及 $K_{液}a$ 分别称为气相体积吸收总系数及液相体积吸收总系数，其单位均为 $kmol/(m^3 \cdot s)$。

当吸收过程的平衡线为直线或操作范围内平衡线段为直线时，平均推动力取吸收塔顶与吸收塔底推动力的对数平均值，即

$$\Delta Y_{均} = \frac{(Y_1 - Y_1^*) - (Y_2 - Y_2^*)}{\ln \dfrac{Y_1 - Y_1^*}{Y_2 - Y_2^*}} = \frac{\Delta Y_1 - \Delta Y_2}{\ln \dfrac{\Delta Y_1}{\Delta Y_2}} \tag{6-32a}$$

$$\Delta X_{均} = \frac{(X_1^* - X_1) - (X_2^* - X_2)}{\ln \dfrac{X_1^* - X_1}{X_2^* - X_2}} = \frac{\Delta X_1 - \Delta X_2}{\ln \dfrac{\Delta X_1}{\Delta X_2}} \tag{6-32b}$$

【例 6-6】 已测得一逆流吸收操作入塔混合气中吸收质摩尔分数为 0.015，其余为惰性气，出塔气中含吸收质摩尔分数为 7.5×10^{-5}；入塔吸收剂为纯溶剂，出塔溶液中含吸收质摩尔分数为 0.0141。操作条件下相平衡关系为 $Y_A^* = 0.75X$。试求气相平均推动力 $\Delta Y_{均}$。

解：先将摩尔分数换算为比摩尔分数，即

$$Y_1 = \frac{y_1}{1 - y_1} = \frac{0.015}{1 - 0.015} = 0.0152$$

$$Y_2 = \frac{y_2}{1 - y_2} = \frac{7.5\times10^{-5}}{1 - 7.5\times10^{-5}} = 7.5\times10^{-5}$$

$$X_1 = \frac{x_1}{1 - x_1} = \frac{0.0141}{1 - 0.0141} = 0.0143$$

$$Y_1^* = mX_1 = 0.75\times0.0143 = 0.011$$

$$Y_2^*=mX_2=0$$

则 $$\Delta Y_{均}=\frac{(Y_1-Y_1^*)-(Y_2-Y_2^*)}{\ln\frac{Y_1-Y_1^*}{Y_2-Y_2^*}}=\frac{(0.0152-0.011)-(7.5\times10^{-5}-0)}{\ln\frac{0.0152-0.011}{7.5\times10^{-5}-0}}$$

$$=1.025\times10^{-3}$$

【例 6-7】 若［例 6-6］中所用的吸收塔内径为 1m，入塔混合气量为 1500m³/h (101.3kPa，298K)，气相体积吸收总系数 $K_{气}a=150\text{kmol/(m}^3\cdot\text{h)}$。试求达到指定的分离要求所需要的填料层高度。

解： $$V=\frac{1500}{22.4}\times\frac{273}{298}\times(1-0.015)=60.4(\text{kmol/h})$$

塔截面积 $$S=\frac{\pi}{4}D^2=0.785\times1^2=0.785(\text{m}^2)$$

根据式（6-31a）得

$$Z=\frac{V(Y_1-Y_2)}{K_{气}aS\Delta Y_{均}}=\frac{60.4\times(0.0152-7.5\times10^{-5})}{150\times0.785\times1.025\times10^{-3}}=7.57(\text{m})$$

即所需填料层高度为 7.57m。

【例 6-8】 用纯溶剂煤油在填料塔吸收混合气体中的苯，操作压力为 100kPa，温度为 25℃，气体逆流流动。进塔的混合气体量为 2000m³/h，进塔气体含苯 5%（体积分数），其余为惰性气体，要求回收率为 95%。已知该系统的平衡关系为 $Y^*=0.14X$（式中 X、Y^* 均为比摩尔分数），气相总体积传质系数 $K_{气}X=200\text{kmol/(m}^3\cdot\text{h)}$，煤油的耗用量为最小用量的 1.5 倍，塔径为 1m。试求：(1) 煤油的耗用量，kmol/h；(2) 煤油的出塔浓度；(3) 填料层高度；(4) 欲提高回收率，可采用哪些措施，定性说明理由。

解：(1) $$Y_1=\frac{y_1}{1-y_1}=\frac{0.05}{1-0.05}=0.0526$$

$Y_2=Y_1(1-\varphi)=0.0526\times(1-95\%)=0.00263$，$X_2=0$（纯溶剂煤油）

进塔混合气体量为

$$n=\frac{pv}{RT}=\frac{100\times2000}{8.314\times(273+25)}=80.7(\text{kmol/h})$$

进塔混合气体中惰性气体的量为

$$V=n(1-y_1)=80.7\times(1-0.05)=76.7(\text{kmol/h})$$

$$X_1^*=\frac{Y_1}{m}=\frac{0.0526}{0.14}=0.3757$$

最小液气比为

$$\left(\frac{L}{V}\right)_{\min}=\frac{Y_1-Y_2}{X_1^*-X_2}=\frac{0.0526-0.00263}{0.3757-0}=0.133$$

则 $$\frac{L}{V}=1.5\left(\frac{L}{V}\right)_{\min}=1.5\times0.133=0.2$$

$$L=0.2\times76.7=15.3(\text{kmol/h})$$

(2) 由全塔物料衡算 $VY_1+LX_2=VY_2+LX_1$ 得

$$X_1=\frac{Y_1-Y_2}{\frac{L}{V}}+X_2=\frac{0.0526-0.00263}{0.2}+0=0.25$$

(3)
$$Y_1^* = mX_1 = 0.14 \times 0.250 = 0.035$$
$$Y_2^* = mX_2 = 0$$
$$\Delta Y_{均} = \frac{(Y_1 - Y_1^*) - (Y_2 - Y_2^*)}{\ln \frac{Y_1 - Y_1^*}{Y_2 - Y_2^*}} = \frac{(0.0526 - 0.035) - (0.00263 - 0)}{\ln \frac{0.0526 - 0.035}{0.00263 - 0}}$$
$$= 7.879 \times 10^{-3}$$
$$Z = \frac{V(Y_1 - Y_2)}{K_{气} aS\Delta Y_{均}} = \frac{76.7 \times (0.0526 - 0.00263)}{200 \times \frac{\pi}{4} \times 1^2 \times 7.879 \times 10^{-3}} = 3.09(\text{m})$$

(4) 欲提高回收率，可增大液相流率，增大塔高，提高操作压力或降低操作温度等。增大液相流率可增大传质推动力，同时也增大液相侧湍动程度，降低总传质阻力，从而提高传质速率和回收率；增大塔高，可使气液传质面积增大，增大传质量，从而提高回收率；提高操作压力或降低操作温度，可使相平衡常数变小，从而增大传质推动力，提高传质速率和回收率。

项目四

填料塔及吸收操作

任务一　填料塔与填料

一、填料塔的构造

填料塔由塔体、填料、液体分布装置、填料压板、填料支承装置、液体再分布装置等构成，如图 6-11 所示。

填料塔操作时，液体自塔上部进入，通过液体分布器均匀喷洒在塔截面上并沿填料表面成膜状流下。当塔较高时，由于液体有向塔壁面偏流的倾向，使液体分布逐渐变得不均匀，因而经过一定高度的填料层需要设置液体再分布器，将液体重新均匀分布到下段填料层的截面上，最后液体经填料支承装置由塔下部排出。

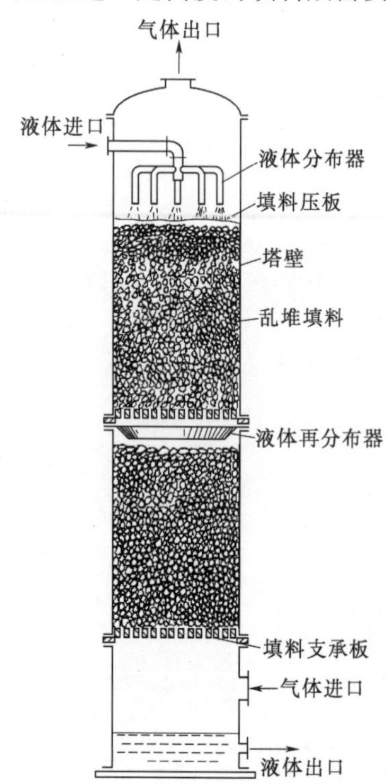

图 6-11　填料塔的典型结构

气体自塔下部经气体分布装置送入，通过填料支承装置在填料缝隙中的自由空间上升并与下降的液体相接触，最后从塔上部排出。为了除去排出气体中夹带的少量雾状液滴，在气体出口处常装有除沫器。填料层内气液两相呈逆流接触，填料的润湿表面即为气液两相接触的有效传质面积。

二、填料

1. 填料及其特性

填料是具有一定几何形体结构的固体元件。填料的作用是使气液两相的接触面积增大。填料塔操作性能的优劣，与所选择的填料密切相关，因此，根据填料特性，合理选择填料显得尤为重要。填料的主要性能可由以下特征参数表示：

(1) 比表面积 a。填料的比表面积是指单位体积填料的表面积，其单位为 m^2/m^3。填料的比表面积越大，提供的气液接触面积越大。但是由于填料堆积过程中的互相屏蔽，以及填料润湿并不完全，因此实际的气液接触面积必小于填料的比表面积。

（2）空隙率 ε。填料的空隙率是指单位体积填料层所具有的空隙体积，是一个无单位的量。空隙率越大，所通过的气体阻力越小，通过能力也越大。

（3）单位体积内堆积填料的数目。单位体积内堆积填料的数目与填料尺寸大小有关。对同一种填料，减小填料尺寸，则填料数目增加，单位体积填料的造价增加，填料层的比表面积增大而空隙率下降，气体阻力也相应增加。反之，填料尺寸若过大，在靠近壁面处，由于填料与塔壁之间的空隙大，塔截面上这种实际空隙率分布的不均匀性，引起气液流动沿塔截面分布不均。因此，填料的尺寸不应大于塔径 D 的 1/10～1/8。

（4）填料因子。在填料被润湿前后，其比表面积与空隙率 ε 均有所不同，可用干填料因子和湿填料因子来表征这种差别。干填料因子定义为 a/ε^3，单位为 1/m，其值由试验测定；湿填料因子又简称填料因子，用符号 φ 表示，单位为 1/m，其值亦由实验测定。

（5）堆积密度 ρ_P。填料的堆积密度是指单位体积填料的质量，单位为 kg/m^3，它的数值大小影响填料支承板的强度设计。此外，填料的壁越薄，单位体积填料的质量就越小，即 ρ_P 就小，材料消耗量也低，但应保证填料个体有足够的机械强度，不致压碎或变形。

除以上特性外，还要从经济性、适应性等方面去考察各种填料的优劣，尽量选用造价低、坚固耐用、机械强度高、化学稳定性好及耐腐蚀的填料。

2. 常用填料

常用填料分为实体填料和网体填料两大类。实体填料包括环形填料、鞍形填料和波纹填料等；网体填料有鞍形网、θ 网环等。用于制造填料的材料可以是金属，也可以是陶瓷、塑料等非金属材料。金属填料强度高、壁薄、空隙率和比表面积均较大，多用于无腐蚀性物料的分离。陶瓷填料应用得最早，其润湿性能好，但因壁厚、空隙小、阻力大、气液分布不均匀、传质效率低，且易破碎，仅用于高温、强腐蚀场合。塑料填料近年来发展很快，因其价格低廉、质轻耐腐、加工方便，在工业上的应用日趋广泛，但润湿性能差。

填料的填充方法可采用散装或整砌两种方式。前者分散随机堆放，后者在塔中呈整齐的有规则排列。装散装填料前先在塔内灌满水，然后从人孔或塔顶将填料倒入，边倒边将填料表面扒平，填料装至规定高度后，放净塔内的水。装整砌填料，人进入塔内进行排列，直装到规定的高度。早期使用的填料为碎石、焦炭等天然块状物，后来广泛使用瓷环和木栅等人造填料。据文献报道，目前散装填料中金属环矩鞍形填料综合性能最好，而整砌填料以波纹填料为最优，下面分别介绍。

（1）拉西环。拉西环是最早的一种填料，为外径与高度相等的空心圆柱体，如图 6-12（a）所示，它是具有内外表面的环状实壁填料。拉西环形状简单，制造容易，但当拉西环横卧放置时，内表层不易被液体润湿且气体不能通过，而且彼此容易重叠，使部分表面互相屏蔽，因而气液有效接触面积降低，流体阻力增大。

（2）鲍尔环。鲍尔环填料是在拉西环填料的基础上加以改进而研制的填料，如图 6-12（b）所示。其结构是在拉西环的侧壁上开出一排或两排位置交错的窗口，窗口的一边仍与圆环本体相连，其余边向内弯向环的中心以形成舌片，而在环上形成开孔。无论鲍尔环如何堆积，其气液流通顺畅，气体阻力大大降低，液体有多次聚集、滴落和分散的机会，并且内外表层均可有效利用。此外，使用鲍尔环填料不会产生严重的偏流和沟流现象，因此，即使填料层较高，一般也不需要分段，并无须设置液体再分布装置。

鲍尔环的性能优于拉西环。因其具有生产能力高、气体流动阻力小、操作弹性较大、传

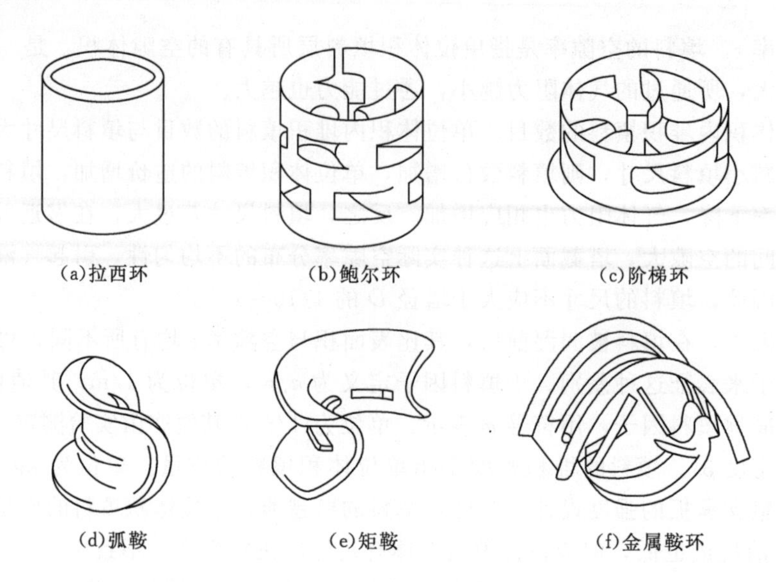

图 6-12 几种填料的外形

质效率较高等优点，鲍尔环被广泛应用于工业生产中。鲍尔环可用陶瓷、金属或塑料等材料制造。

(3) 阶梯环。阶梯环填料是在鲍尔环填料的基础上加以改进而发展起来的一种新型填料，如图 6-12 (c) 所示。其结构与鲍尔环相似，只是长径比略小，其高度通常只有直径的一半，环上也有开孔和内弯的舌片。因阶梯环的一端有向外翻的喇叭口，故散装堆积过程中环与环之间呈点接触，互相屏蔽的可能性大为降低，使床层均匀且空隙率增大，是目前使用的环形填料中性能最佳的一种。

(4) 鞍形填料。鞍形填料有弧鞍与矩鞍两种。鞍形填料是敞开型填料，其特点为表面全部敞开，不分内外，液体在表面两侧均匀流动，流体通道为圆弧形，使流体阻力减小。

弧鞍形填料又称贝尔鞍填料，如图 6-12 (d) 所示。它的外形似马鞍，两面是对称的，使液体在两侧分布同样均匀。但由于其结构特点，弧鞍形填料容易产生重叠，使有效比表面积减小。另外，因其壁较薄，机械强度低而容易破碎。

矩鞍形填料是在弧鞍形填料的基础上发展起来的，如图 6-12 (e) 所示。它的内外表面形状不同，填料堆积时不易重叠，填料层的均匀性大为提高，同时机械强度也有所增强。矩鞍形填料处理能力强，气体流动阻力小，是一种性能优良的填料。它的构形比较简单，加工比弧鞍方便，一般用陶瓷制造。

(5) 金属鞍环填料。金属鞍环填料是综合了鲍尔环填料通量大及鞍形填料的液体再分布性能好的优点而开发出的新型填料，如图 6-12 (f) 所示。由薄金属板冲程的整体鞍环，其特点为：保留了鞍形填料的弧形结构及鲍尔环的环形结构，并且有内弯叶片的小窗，全部表面能被有效利用。

(6) 波纹填料。波纹填料是一种整砌结构的新型高效填料，由许多层波纹薄板或金属网组成，有高度相同但长度不等的若干块波纹薄板搭配排列成波纹填料盘，其结构如图 6-13 所示。波纹与水平方向成 45°倾角，相邻盘旋转 90°后重叠放置，使其波纹倾斜方向互相垂直。每一块波纹填料盘的直径略小于塔体内径，若干块波纹填料盘叠放于塔内。气液两相在各波纹盘内呈曲折流动以增加湍动速度。

波纹填料具有气液分布均匀、气液接触面积大、通量大、传质效率高、流体阻力小等优点，是一种高效节能的新型填料。这种填料的缺点是造价较高，不适于有沉淀物、容易结疤、聚合或黏度较大的物料，此外，填料的装卸、清理也较困难。波纹填料可用金属、陶瓷、塑料、玻璃钢等材料制造，可根据不同的操作温度及物料腐蚀性，选用适当的材质。

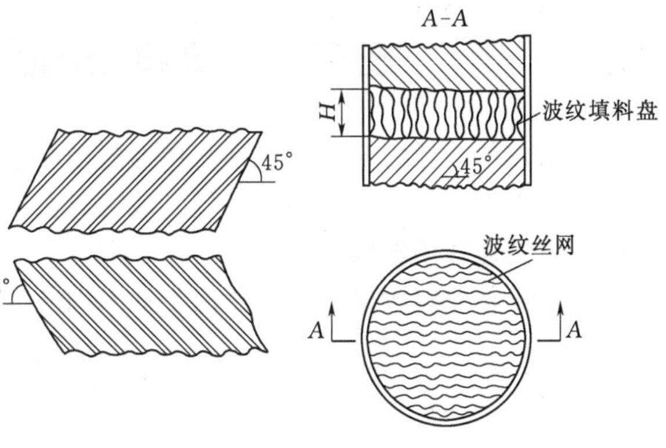

图 6-13 波纹填料的结构

三、填料塔的附属设备

设计填料塔时，有些附属结构如果设计不当，将会造成填料层气液分布不均，严重影响传质效果；或者阻力过大降低塔的生产能力。现对一些主要附属结构的功能及工艺设计要求作简单介绍，其具体结构可查阅有关设计参考资料。

1. 填料支承板

支承填料的构件称为填料支承板。气体流经支承板的通道截面积不能低于填料层的空隙率，否则将增大压力降，降低生产能力，其机械强度应足以支承填料的重量。常用的填料支承板有栅板式及升气管式。

2. 液体喷淋器

一般填料塔塔顶都应装设液体喷淋器，以保证从塔顶引入的液体能沿整个塔截面均匀地分布进入填料层，否则部分填料得不到润湿，将会降低填料层的有效利用率，影响传质效果。常见的喷淋器有管式喷淋器、莲蓬式喷洒器及盘式分布器。

3. 液体再分布器

填料塔操作时，因为塔壁面阻力小，液体沿填料层向下流动的过程中有逐渐离开中心向塔壁集中的趋势。这样，沿填料层向下距离越远，填料层中心的润湿程度就越差，形成了所谓“干锥体”的不正常现象，减小了气、液相有效接触面积。当填料层很高时，克服“干锥体”现象的措施是沿填料层高度每隔一定距离装设液体再分布器，使沿塔壁流下的液体再流向填料层中心。常用的液体再分布器有锥形及槽形两种形式。

4. 气体分布器

填料塔的气体进口装置应能防止淋下的液体进入进气管，同时能使气体分布均匀。对于直径 500mm 以下的小塔，可使进气管伸到塔的中心，管端切成 45°向下的斜口即可。对于大塔，可采用喇叭形扩大口或多孔盘管式分布器。

5. 排液装置

塔内液体从塔底排出时，应采取措施，既能使液体顺利流出，又能保证塔内气体不会从排液管排出。为此，可在排液管口安装调节阀门或采用不同的排液阻气液封装置。

6. 除雾器

若经吸收处理后的气体为下一工序的原料，或吸收剂价昂、毒性较大时，从塔顶排出的气体应尽量少夹带吸收剂雾沫，需在塔顶安装除雾器，常用的除雾器有折板除雾器、填料除雾器及丝网除雾器。

任务二 填料塔内的流体力学特性

填料塔内的流体力学特性包括气体通过填料层的压降、液泛速度、持液量（操作时单位体积填料层内持有的液体体积）及气、液两相流体的分布等。

一、气体通过填料层的压降

图 6-14 在双对数坐标系下给出了在不同液体喷淋量下单位填料层高度的压降与空塔气速的定性关系。图中最右边的直线为无液体喷淋时的干填料，即喷淋密度 $L=0$ 时的情形；其余三条线为有液体喷淋到填料表面时的情形，并且从左至右喷淋密度递减，即 $L_3>L_2>L_1$。由于填料层内的部分空隙被液体占据，气体流动的通道截面减小，同一气速下，喷淋密度越大，压降也越大。对于不同的液体喷淋密度，其各线所在位置虽不相同，但其走向是一致的，线上各有两个转折点，即图中 A_i、B_i 各点，A_i（A_1、A_2、A_3）点称为“截点”，B_i(B_1、B_2、B_3)点称为“泛点”。这两个转折点将曲线分成三个区域：

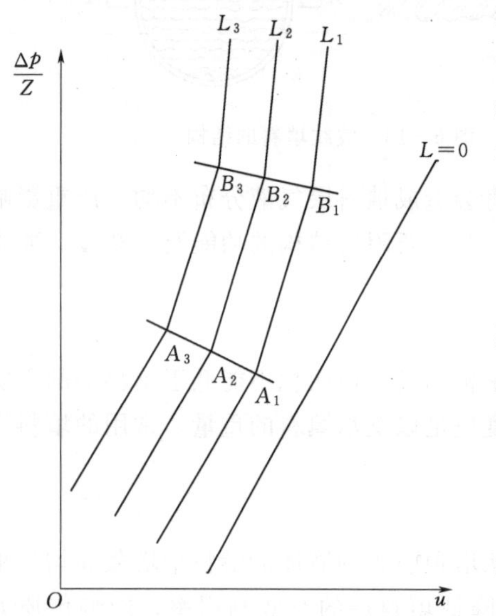

图 6-14 压降与空塔气速关系图

(1) 恒持液量区。这个区域位于点以下，当气速较低时，气液两相几乎没有互相干扰，填料表面的持液量不随气速而变。

(2) 载液区。此区域位于点之间，当气速增加到某一数值时，由于上升气流与下降液体间的摩擦力开始阻碍液体顺畅下流，致使填料层中的持液量开始随气速的增大而增加，此种现象称为拦液现象。开始发生拦液现象时的空塔气速称为载点气速。

(3) 液泛区。此区域位于点以上，当气速继续增大到这一点后，随着填料层内持液量的增加直至充满整个填料层的空隙，液体由分散相变为连续相，气相则由连续相变为分散相，气体以鼓泡的形式通过液体，气体的压强降骤然增大，液体将被拖住而很难下流，塔内液体迅速积累而达到泛滥，即发生了液泛。此时对应的空塔气速称为泛点气速或液泛气速。

一般认为，泛点为普通填料塔的操作极限，过此点则无法正常操作。要使塔的操作正常及压强降不致过大，气流速度必须低于液泛气速，故经验认为实际气速通常应取在泛点气速的 50%～80%。

二、持液量

持液量小则阻力亦小，但要使操作平稳，则一定的持液量还是必要的。持液量是由静持液量与动持液量两部分组成的。静持液量指填料层停止接收喷淋液体并经过规定的液滴时间后，仍然滞留在填料层中的液体量。其大小取决于填料的类型、尺寸及液体的性质。动持液量指一定喷淋条件下持于填料层中的液体总量与静持液量之差，表示可以从填料上滴下的那部分，亦即操作时流动于填料表面之量。其大小不但与前述因素有关，而且与喷淋密度有

关。总持液量由填料类型、尺寸、液体性质及喷淋密度等所决定，可用经验公式或曲线图估算。

任务三　吸收过程运行操作

一、吸收过程的强化途径

吸收操作的强化体现为吸收设备单位体积生产能力的提高，即提高吸收速率 N_A。从吸收速率方程式 $N_A=K_{液}\ \Delta X_{均}$ 或 $N_A=K_{气}\ \Delta Y_{均}$ 可知，提高 $K_{气}$ 或 $K_{液}$、$\Delta X_{均}$ 或 $\Delta Y_{均}$ 中任何一个均可强化传质。

1. 增大吸收系数 $K_{气}$ 或 $K_{液}$

要增大吸收系数，必须设法降低吸收总阻力，而总阻力是气膜阻力和液膜阻力之和。对不同的吸收过程，此二膜阻力对总阻力有不同程度的影响。所以，要降低总阻力，必须有针对性地降低气膜阻力或液膜阻力。易溶气体属于气膜控制，难溶气体属于液膜控制。在一定的操作条件下，一般降低吸收阻力的措施是增大流体速度及改进设备结构以增大流体的湍动程度，从而增强扩散过程中的涡流扩散效果。对气膜控制过程应着重考虑增强气相湍动程度，而对液膜控制过程则应着重考虑增强液相湍动程度。但是在采用提高流速以增强流体湍动的同时，应注意不要使流体通过吸收设备的压力降过分增大。

2. 增大吸收推动力 $\Delta X_{均}$ 或 $\Delta Y_{均}$

提高操作压力，降低操作温度对增大推动力有力；选择吸收能力大的吸收剂及增大液气比、降低进塔吸收剂中吸收质的浓度等也都能增大吸收推动力。

3. 增大传质面积 A

传质面积即气液相间的接触面积。传质面积的形式有两种：一种是使气体以小气泡状分散在液层中，另一种是使液体以液膜或液滴状分散在气流中，实际设备操作中这两种情况不是截然分开的。显然，要增大传质面积，必须设法增大气体或液体的分散度。

总之，强化吸收操作过程要权衡得失，综合考虑，得到经济而合理的方案。

二、吸收操作要点

1. 保证吸收剂的质量和用量

在吸收过程中吸收剂要保持清洁，否则吸收剂中的杂质影响吸收效果和堵塞填料。在实际生产中，要保证吸收剂成分符合工艺指标。

吸收剂用量是根据气体负荷、液气比、原料气中吸收质的含量等因素决定的。气体负荷增加时，吸收剂用量也应随之增加，以保证适当的液气比。若吸收剂用量太小，吸收后尾气中吸收质含量超标；若吸收剂用量太大，增加了吸收剂用量和动力消耗。因此，在保证吸收操作工艺控制指标的前提下，应尽量减少吸收剂用量。

2. 控制好吸收温度

吸收操作中应经常检查塔内的温度。低温有利于吸收，温度过高必须移出热量或进行冷却，维持塔在低温下操作。但温度越低，液相黏度越大，也会影响吸收速率。吸收温度取决于吸收剂和原料气温度，在操作中应将吸收温度控制在规定的范围内。

3. 控制好吸收塔液位

吸收塔的压强、进气量和进液量的变化，均会引起吸收塔液位波动。吸收塔液位是维持稳定操作的关键之一。液位过低，塔内气体通过排液管走短路，发生跑气事故；液位过高，有可能造成带液事故。液位的波动将引起一系列工艺条件的变化，从而影响吸收过程的正常进行。吸收塔的液位主要由排液阀来调节，开大排液阀，液位降低；关小排液阀，液位升高。在操作中应将吸收塔液位控制在规定的范围内。

4. 吸收塔压力差的控制

吸收塔底部与顶部的压力差是塔内阻力大小的标志，是塔内液体力学状态最明显的反应。当填料被堵塞或溶液严重发泡时，塔内的压差增大，因而压差的大小是判断填料堵塞和带液事故的重要依据。填料堵塞主要是吸收剂不清洁及钙、镁离子等杂质造成。此外，当入塔吸收剂量和入塔气量增大，吸收剂黏度过大，也会引起塔内压差增大。在吸收操作中，当发现塔压差有上升趋势或突然上升时，应迅速采取措施，如减少吸收剂用量，降低气体负荷，直至停车清洗填料，以防事故发生。

5. 控制好气体流速

气速太小，对传质不利。若气速太大，达到液泛速度，液体将被气体大量带出，操作不稳定。控制好气体流速，是提高吸收速率、稳定操作的主要措施之一。

习　题

1. 空气和CO_2的混合气体中含CO_2 20%（体积分数），试以比摩尔分数表示CO_2的组成。

[答：0.25]

2. 在101.3kPa、20℃条件下，100kg水中含氨1kg时，液面上方氨的平衡分压为0.80kPa，求气、液相组成（以摩尔分数、比摩尔分数、物质的量浓度表示）。

[答：气相：7.9×10^{-3}，7.96×10^{-3}，3.28×10^{-4}kmol/m³；液相：0.0106，0.0107，0.582kmol/m³]

3. 空气和氨的混合气总压为101.3kPa，其中含氨的体积分数为5%，试求以比摩尔分数和比质量分数表示的混合气组成。

[答：5.26×10^{-2}，3.08×10^{-2}]

4. 100kg纯水中含有2gSO_2，试以比摩尔分数表示该水溶液中SO_2的组成。

[答：5.62×10^{-3}]

5. 在101.3kPa、20℃条件下，若混合气中氨的体积分数为9.2%，在1kg水中最多可溶解NH_3 32.9g。试求在该操作条件下NH_3溶解于水的亨利系数E和相平衡常数m。

[答：277kPa，2.73]

6. 在常压、25℃条件下，气相中溶质A的分压为5.47kPa的混合气体，分别与下面三种水溶液接触，已知$E=1.52\times10^5$kPa，求下列三种情况下的传质方向和传质推动力：(1) $c_{A1}=0.001$kmol/m³；(2) $c_{A2}=0.002$kmol/m³；(3) $c_{A3}=0.003$kmol/m³。

[答：(1) 吸收 $p_A-p_A^*=2.70$kPa；(2) 平衡状态；(3) 解吸 $p_A^*-p_A=2.70$kPa]

7. 含NH_3 3%（体积分数）的混合气体，在填料塔中吸收。试求氨溶液的最大浓度。已知塔内绝压为202.6kPa，操作条件下气液平衡关系为$p=267x$。

[答：0.0228]

8. 在一逆流吸收塔中，用清水吸收混合气体中的CO_2。惰性气体处理量为300m³/h（标准)，进塔气体中含 CO_2 8%（体积分数），要求吸收率 95%，操作条件下 $Y=1600X$，操作液气比为最小液气比的 1.5 倍。求：(1) 水用量和出塔液体组成；(2) 写出操作线方程式。

[答：(1) 3.053×10^4kmol/h，3.625×10^{-5}；(2) $Y=2280X+4.35\times10^{-3}$]

9. 某混合气体中吸收质量为 5%（体积分数），要求吸收率为 80%。用纯吸收剂吸收，在 20℃、101.3kPa 下相平衡关系为 $Y=35X$，试求逆流操作的最小液气比。

[答：28]

10. 某吸收塔每小时从混合气体吸收 200kgSO_2，已知该塔的实际用水量比最小用水量大 65%，试计算每小时实际用水量。进塔气体中含 SO_2 18%（质量分数），其余是惰性组分，分子量取为 28。在操作温度 293K 和压力 101.3kPa 下 SO_2的平衡关系用直线方程式表示：$Y=26.7X$。

[答：25.8m^3/h]

11. 用清水吸收混合气体中的 SO_2，已知混合气量为 5000m^3/h（标准），其中 SO_2含量为 10%（体积分数），其余是惰性组分，相对分子质量取为 28。要求 SO_2吸收率为 95%。在操作温度 293K 和压力 101.3kPa 下 SO_2的平衡关系用直线方程式表示：$Y=26.7X$。现设取水用量为最小用量的 1.5 倍，试求水的用量及吸收后水中 SO_2的浓度。

[答：7637kmol/h，2.77×10^{-3}]

12. 在 293K 和 101.3kPa 下用清水分离氨和空气的混合气体。混合气中氨的分压是 13.3kPa，经吸收后氨的分压下降到 0.0068kPa。混合气的流量是 1020kg/h，操作条件下的平衡关系是 $Y=0.755X$。试计算吸收剂最小用量。如果适宜吸收剂用量是最小用量的 1.5 倍，试求吸收剂实际用量。

[答：24.4kmol/h；36.6kmol/h]

13. 试求油类吸收苯的所相吸收平均推动力。已知苯在气相中的最初浓度为 4%（体积分数），并在塔中吸收 80%苯，离开吸收塔的油类中苯的浓度为 0.02kmol 苯/kmol 油，吸收平衡线方程式为 $Y=0.126X$。

[答：0.02]

14. 在常压填料吸收塔中，以清水吸收焦炉气中的氨气。标准状况下，焦炉气中氨的浓度为 0.01kg/m^3，流量为 5000m^3/h。要求回收率不低于 99%，吸收剂用量为最小用量的相体积吸收总系数 $K_{气}a=200$kmol/(m^3·h)。试求该塔填料层高度。

[答：7.5m]

15. 填料塔用清水吸收烟道气中的 CO_2，烟道气中 CO_2的含量为 13%（体积分数），其他可视为空气。烟道气通过塔后，其中 CO_2被吸收 90%，塔底送出的溶液浓度为 0.0000817kmol CO_2/kmolH_2O。已知烟道气处理量为 1000m^3/h（293K、101.3kPa），平衡关系为 $Y=1420X$。若气相体积吸收总系数 $K_{气}a=8$kmol/(m^3·h)，吸收塔径为 1.2m，试求每小时用水量和所需的填料层高度。

[答：59401kmol/h，23.8m]

模块七

萃　取

学习目标

知识目标

1. 会根据萃取相图等知识确定萃取剂用量，并能进行单级萃取过程的计算。
2. 掌握萃取设备的分类及萃取典型设备。
3. 掌握单级接触萃取的流程与计算。
4. 掌握萃取设备选择的依据。

技能目标

1. 能够根据萃取任务进行萃取设备的选择。
2. 能够独立进行萃取装置的操作。
3. 通过测定原料液和萃余相的浓度，能对萃取效果进行评价。

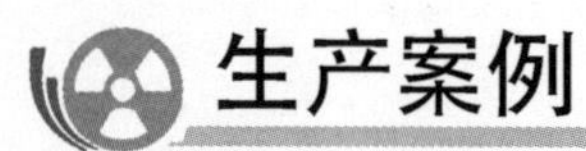

生产案例

用醋酸丁酯法对工业污水进行脱酚处理，即用醋酸丁酯法从异丙苯法生产苯酚、丙酮过程中产生的含酚污水中回收酚，流程如图7-1所示。

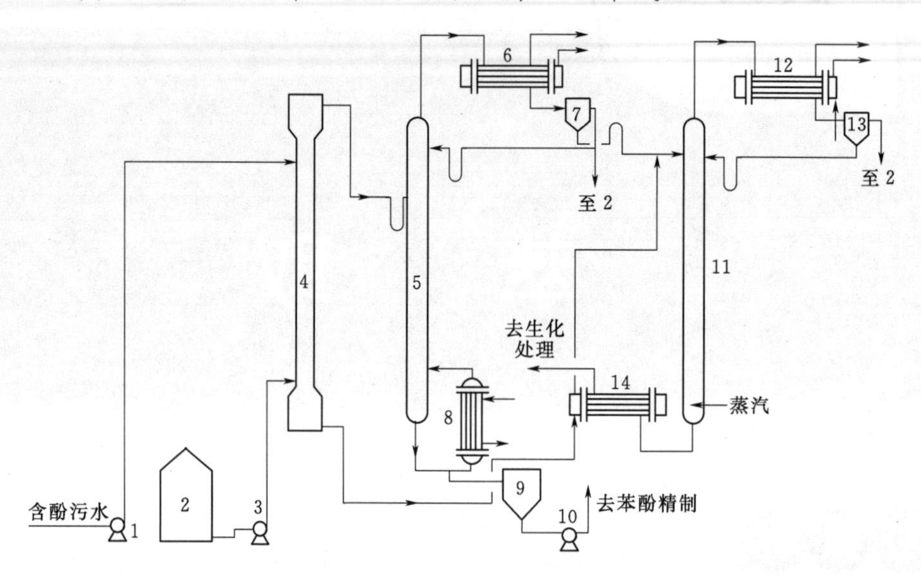

图7-1 醋酸丁酯萃取脱酚工艺流程

1、3、10—泵；2—醋酸丁酯储槽；4—萃取塔；5—苯酚回收塔；6、12—冷凝冷却器；7、13—油水分离器；8—加热器；9—接收槽；11—溶剂回收塔；14—换热器

含酚污水经预处理后由萃取塔顶加入，萃取剂醋酸丁酯从塔底加入，含酚污水和醋酸丁酯在塔内逆流操作，污水中酚从水相转移至醋酸丁酯中。离开塔顶的萃取相主要为醋酸丁酯和酚的混合物。为了得到酚，并回收萃取剂，可将萃取相送入苯酚回收塔，在塔底可获得粗酚，从塔顶得到醋酸丁酯。离开萃取塔底的萃余相主要是脱酚后的污水，其中溶有少量萃取剂，将其送入溶剂回收塔，回收其中的醋酸丁酯。初步净化后的污水从塔底排出，再送往生化处理系统，回收的醋酸丁酯可循环使用。

项目一

液-液萃取过程分析

任务一 液-液萃取基本原理及其应用

利用原料液中各组分在适当溶剂中溶解度的差异而实现混合液中组分分离的过程称为液-液萃取，又称溶剂萃取。液-液萃取是20世纪30年代用于工业生产处理均相液体混合物的分离技术，随着萃取应用领域的扩展，回流萃取、双溶剂萃取、反应萃取、超临界萃取及液膜分离技术相继问世，萃取成为分离液体混合物很有生命力的操作单元之一。

一、基本原理

液-液萃取是分离均相液体混合物的单元操作之一。利用液体混合物中各组分在某溶剂中溶解度的差异，而达到混合物分离的目的。

所选用溶剂称为萃取剂 S，也称溶剂；混合液中被分离出的组分称为溶质 A；原混合液中与萃取剂不互溶或仅部分互溶的组分称为原溶剂 B，也称稀释剂。操作完成后所获得的以萃取剂为主的溶液称为萃取相 E，而以原溶剂为主的溶液称为萃余相 R。除去萃取相中的萃取剂后得到的液体称为萃取液 E'，同样，除去萃余相中的萃取剂后得到的液体称为萃余液 R'。

如图7-2所示，萃取操作包括下列步骤：

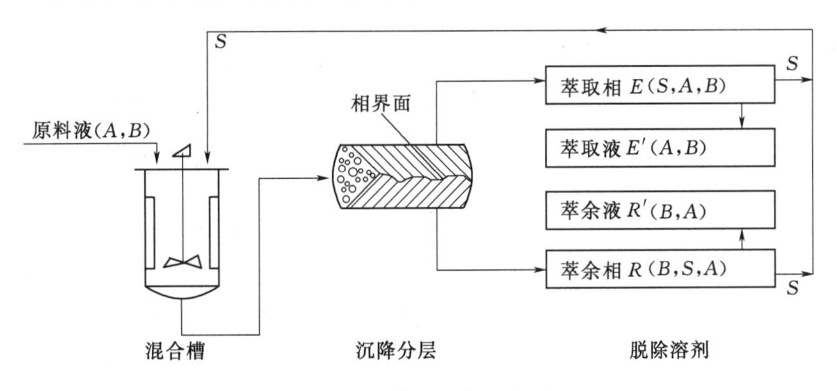

图7-2 萃取操作示意图

(1) 混合过程。原料液（$A+B$）与萃取剂充分接触，各组分发生了不同程度的相际转移，进行了质量传递。

（2）澄清过程。分散的液滴凝聚合并，形成的两相萃取相和萃余相由于密度差而分层。

（3）脱除溶剂操作。萃取相脱除溶剂得到萃取液，萃余相脱除溶剂得到萃余液，脱除溶剂常采用精馏操作。

二、萃取在工业生产中的应用

（1）溶液中各组分的相对挥发度很接近或能形成恒沸物，采用一般精馏方法进行分离需要很多的理论板数和很大的回流比，操作费用高，设备过于庞大或根本不能分离。

（2）组分的热敏性大，采用蒸馏方法易导致热分解、聚合等化学变化。

（3）溶液沸点高，需要在高真空下进行蒸馏。

（4）溶液中溶质的浓度很低，用蒸馏方法能耗太大，经济上不合理。

（5）多种金属物质的提取，如核燃料及稀有金属的提取。

萃取操作在工业上得到广泛应用，在石油化学工业尤为突出。在制药工业、食品工业、湿法冶炼工业、核工业材料提取和环境保护治理污染中均起到重要作用。

任务二 液-液相平衡

液-液萃取至少涉及三种物质，即原料液中的溶质 A 和原溶剂 B，以及萃取剂 S。加入的萃取剂与原料液（$A+B$）形成的三组分物系有三种类型：①溶质 A 完全溶于原溶剂 B 及萃取剂 S 中，但萃取剂 S 与原溶剂 B 完全不互溶，形成一对完全不互溶的混合液；②萃取剂 S 与原溶剂 B 部分互溶，与溶质 A 完全互溶，形成一对部分互溶的混合液；③萃取剂 S 不仅与原溶剂 B 部分互溶，而且与溶质 A 也部分互溶，形成两对部分互溶的混合液。第一种情况较少见，第三种情况应尽量避免，主要讨论的是第二种情况。

一、三组分系统组成的表示法

液-液萃取过程也是以相际的平衡为极限。三组分系统的相平衡关系常用三角形坐标图来表示。混合液的组成以在等腰直角三角形坐标图上表示最方便，因此萃取计算中常采用等腰直角三角形坐标图。

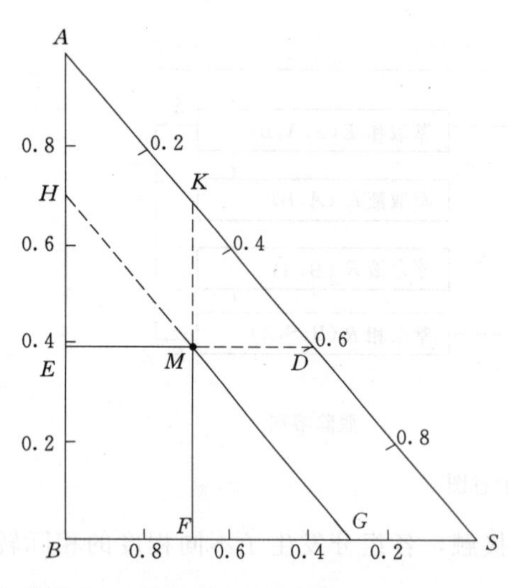

图 7-3 组成在三角形相图上的表示方法

在图 7-3 中，三角形的三个顶点分别表示纯组分。习惯上以顶点 A 表示溶质，顶点 B 表示原溶剂，顶点 S 表示萃取剂。三角形任何一个边上的任一点代表一个二元混合物，如 AB 边上的 H 点代表由 A 和 B 两组分组成的混合液，其中 A 的质量分数为 0.7，B 为 0.3。三角形内任一点代表一个三元混合物，如图中的 M 点，过 M 点分别作三个边的平行线 ED、HG 与 KF，其中 A 的质量分数以线段$\overline{MF}$表示，B 的质量分数以线段$\overline{MK}$表示，S 的质量分数以线段$\overline{ME}$表示。由图可读得：$w_A=0.4$，$w_B=0.3$，$w_S=0.3$。可见三个组分的质量分数之和等于 1。

此外，M 点的组成也可由$\overline{ME}$线段读出萃取剂 S 的含量，$\overline{MF}$线段读出溶质 A 的含量，原溶剂 B

的含量不直接从图上读出，而是可方便地计算出，即 $B=100-(S+A)$。

直角等腰三角形可用普通直角坐标纸绘制。有时，也采用非等腰直角三角形表示相组成，只有在各线密集不便于绘制时，可根据需要将某直角边适当放大，使所标绘的曲线展开，以方便使用。

二、溶解度曲线和连接线

在原料液（$A+B$）中加入适量的萃取剂 S，经过充分的接触和静置后，形成两个液层萃取相 E 及萃余相 R。达到平衡时的两个液层称为共轭相。若改变萃取剂 S 的用量，则得到新的共轭相。在三角形坐标图上，将代表各平衡液层的组成坐标点连接起来的曲线称为溶解度曲线，如图 7-4 所示。曲线以内为两相区，以外为单相区。图中点 R 及点 E 表示两平衡液层萃余相及萃取相的组成坐标，两点的连线称为连接线。溶解度曲线是根据若干组共轭相的组成绘出的。溶解度曲线在 P 点分为左右两部分，P 点称为临界混溶点，又称褶点，通过这一点的连接线无限短，在此点处 R 和 E 两相组成完全相同，溶液变为均一相。

溶解度曲线及连接线数据均由实验测得。

三、辅助曲线

在一定温度下，任何物系的连接线都有无穷多条，而且互成平衡两液层的组成是由实验测定的。因此，常用一条辅助曲线间接表示互成平衡的两液层组成之间的关系。

参阅图 7-5，图中已知四对相互平衡液层的坐标位置，即 R_1、E_1；R_2、E_2；R_3、E_3 及 R_4、E_4 各点。从 E_1 点作 AB 边的平行线，从 R_1 点作 BS 边的平行线，两线相交于 F 点。再从另三组的坐标点用同样的方法作图得交点 G、H 和 J，连各交点的曲线 $FGHJ$ 即为辅助曲线，又称共轭曲线。辅助曲线与溶解度曲线的交点即为临界混溶点。借辅助曲线即可从某一液相（E 相和 R 相）的已知组成，用图解内插法求出与此液相平衡的另一液相（E 相和 R 相）的组成。若已测出的某条连接线位置接近临界混溶点，则可将辅助线外推求出 P 点，若距离较远，用外延辅助曲线方法求 P 点是不准确的。临界混溶点数据应由实验测得。

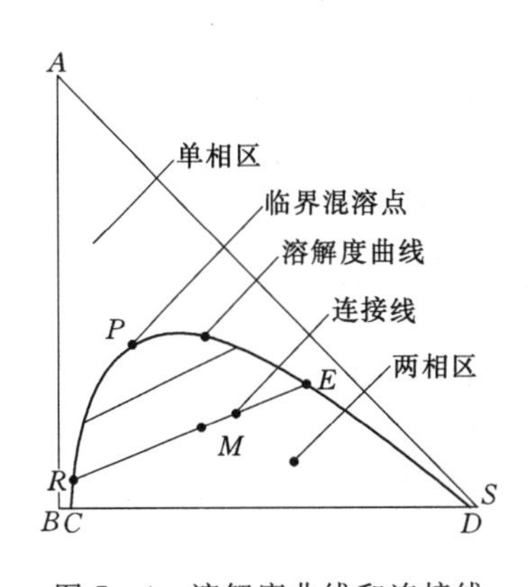

图 7-4 溶解度曲线和连接线

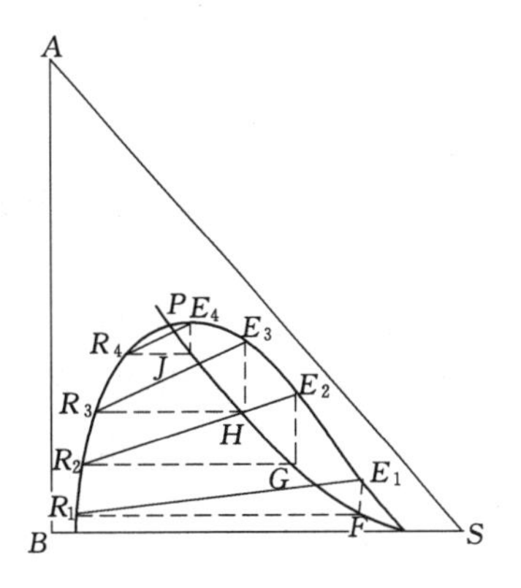

图 7-5 三元物系的辅助曲线

四、杠杆规则

如图 7-6 所示，分层区内任一点所代表的混合液可以分为两个液层，即互成平衡的相 E 和相 R。若将相 E 与相 R 混合，则总组成 M 即为混合点，M 点称为和点，而 E 点与 R 点称为差点。混合液 M 与两液层 E 与 R 之间的数量关系可用杠杆规则说明。

(1) 代表混合液总组成的点 M 和代表两平衡液层的两点（E 和 R）应处于一直线上。

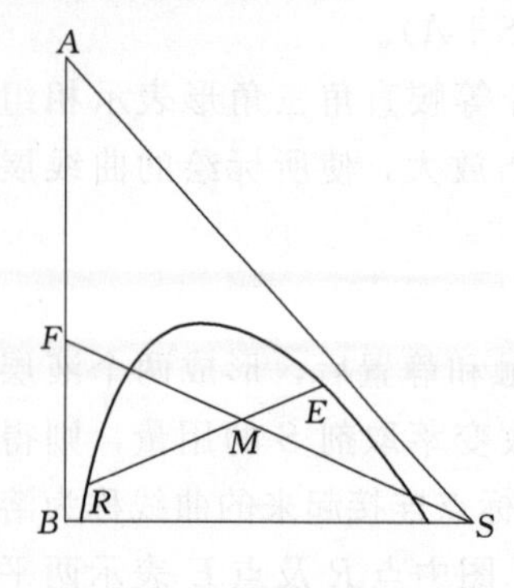

图 7-6 杠杆规则的应用

(2) E 相和 R 相的量与线段 $\overline{MR}$ 和 $\overline{ME}$ 的长度成比例，即

$$\frac{E}{R}=\frac{\overline{MR}}{\overline{ME}} \tag{7-1}$$

式中 E、R——萃取相和萃余相的质量，kg；

$\overline{MR}$、$\overline{ME}$——线段 MR 和 ME 的长度。

若三元混合物 M 是由二元混合液 F 和纯组分 S 混合而成的，如图 7-6 所示，则 M 为 F 与 S 的和点，M 与 S、F 处于同一直线上。同样可依杠杆规则得出如下关系：

$$\frac{S}{F}=\frac{\overline{MF}}{\overline{MS}} \tag{7-2}$$

式中 S、F——纯组分和二元混合液的质量，kg；

$\overline{MF}$、$\overline{MS}$——线段 MF 和 MS 的长度。

若向二元混合液 F 中逐渐加入 S，则其组成变化沿线 FS 由 F 向 S 线逐渐移动，而其余二组分（A 与 B）的比例则保持不变（仍是原来在二元溶液 F 中的比例关系）。

【例 7-1】 某液体组成为 $w_A=0.6$（质量分数，下同），$w_B=0.4$，若加入等量的纯萃取剂 S，加入后的组成 w'_A、w'_B、w'_C 各是多少？

解： 由 $w_A=0.6$ 和 $w_B=0.4$ 确定 F 点在三角形相图 AB 上的位置，如图 7-7 所示。

连接 FS，则加入 S 后的组成点 M 必在 FS 上。由 $\frac{S}{F}=\frac{\overline{MF}}{\overline{MS}}=1$ 可确定 M 点的位置。

由附图可读出：$w'_A=\overline{MD}=0.3$；$w'_B=\overline{ME}=0.2$；$w'_S=\overline{MG}=0.5$。

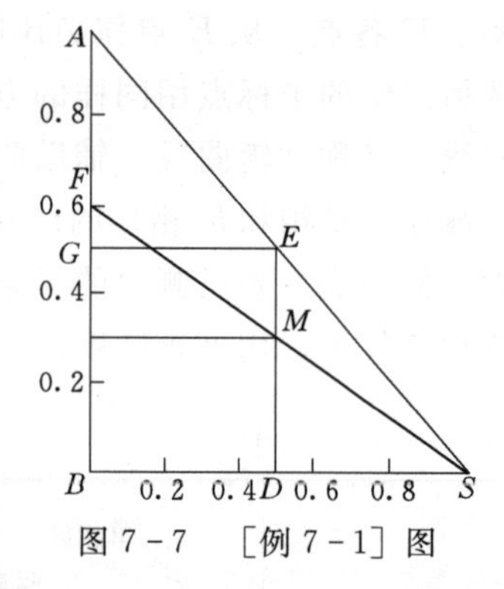

图 7-7 ［例 7-1］图

五、分配系数

在一定温度下，当达到平衡时，溶质组分 A 在两个液层（E 相和 R 相）中的浓度之比称为分配系数，以 k_A 表示，即

$$k_A=\frac{\text{组分 }A\text{ 在 }E\text{ 相中的组成}}{\text{组成 }A\text{ 在 }R\text{ 相中的组成}}=\frac{y_A}{x_A} \tag{7-3a}$$

同样，对于组分 B 也可写出相应的分配系数表达式，即

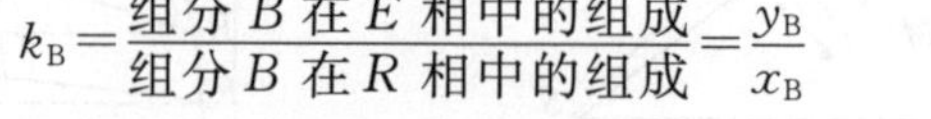

$$k_B=\frac{\text{组分 }B\text{ 在 }E\text{ 相中的组成}}{\text{组分 }B\text{ 在 }R\text{ 相中的组成}}=\frac{y_B}{x_B} \tag{7-3b}$$

式中 y_A、y_B——组分 A、B 在萃取相中的质量分数；

x_A、x_B——组分 A、B 在萃余相中的质量分数。

分配系数表达了某一组分在两个平衡液相中的分配关系。显然，k_A 值越大，萃取分离的效果越好。k_A 值与连接线的斜率有关。当 $k_A=1$，则 $y_A=x_A$，连接线与底边 BS 平行，其斜率为零；如 $k_A>1$，则 $y_A>x_A$，连接线的斜率大于零；也有时 $k_A<1$，则 $y_A<x_A$，斜率小于零。不同物系具有不同的 k_A 值，同一物系 k_A 值随温度及溶质浓度而变化，在恒定温度下，k_A 值只随溶质 A 的组成而变化。

任务三　萃取过程在三角形相图上的表示

当进行萃取操作时，原料液 F 为二元混合物（含有组分 A 与 B），F 点必在边 AB 上。若在原料液 F 中加入纯萃取剂，S 由杠杆规则知，加入 S 以后的混合液组成点 M 必在直线 FS 上。S 与 F 的数量关系依杠杆规则确定。

M 点位于两相区内，当 F 和 S 经充分混合后，分为两个液层相 E 与相 R（图 7－8）。此两液层达到平衡时，其数量间的关系同样可依杠杆规则确定。进行萃取操作之后，可得到萃取相 E 与萃余相 R。其中所含萃取剂 S 必须回收循环使用，同时可获得含溶质浓度较高的产品。若从萃取相 E 和萃余相 R 中完全脱除萃取剂 S，则可以得到萃取液 E' 和萃余液 R'。延长 SE 和 SR 线，分别交 AB 边于点 E' 与点 R'，即为该两液相组成的坐标位置。从图 7－8 可看出萃取液 E' 中溶质 A 的含量比原料液 F 中为高（F 中含 A 40%，而 E' 中含 A 65%）。萃余液 R' 中含原溶剂的量比原料液中要高（F 中含 B 60%，而 R' 中含 B 88%）。原料液 F 经过萃取并脱除萃取剂 S 以后，所含有的 A、B 组分获得部分分离的效果。E' 与 R' 间的数量关系仍用杠杆规则来确定，即

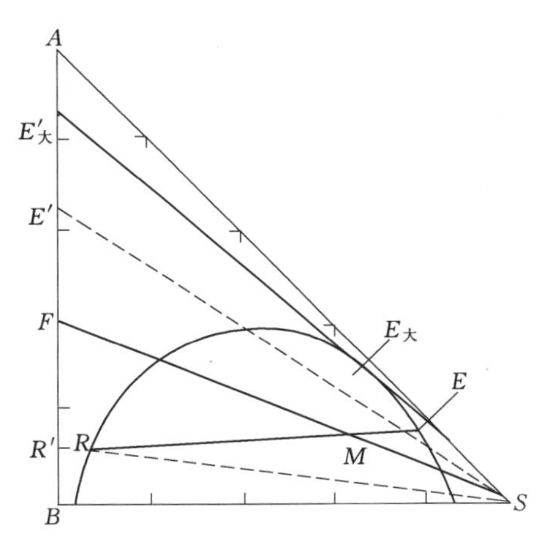

图 7－8　萃取过程在三角形相图上的表示

$$\frac{E'}{R'}=\frac{\overline{FR'}}{\overline{FE'}}$$

若从点 S 作溶解度曲线的切线，切点为 $E_大$，延长此切线与 AB 边相交于 $E'_大$ 点，此 $E'_大$ 点即为在一定操作条件下，可能获得的含组分 A 最高的萃取液的组成点。即萃取液中组分 A 能达到的极限浓度。

【例 7－2】 乙酸-苯-水三元混合溶液，在 25℃的液-液平衡数据见表 7－1，表中所列出的数据均为苯相与水相互成平衡的两液层的组成。依此数据，在直角三角形坐标上标绘：(1) 溶解度曲线；(2) 与表 7－1 中实验序号第 2、3、4、6、8 组数据相对应的连接线；(3) 临界混溶点及辅助曲线。

解：(1) 根据表 7－1 所给出的数据，首先在三角形坐标上标出此混合液的各组成点，连接各点即可得出如图 7－9 所示的溶解度曲线。

(2) 根据表 7－1 中第 2、3、4、6、8 组数据，在图 7－9 上先标绘了 $R_1 \cdots R_5$ 及 $E_1 \cdots E_5$ 各点，连接 E_1R_1、E_2R_2、E_3R_3、E_4R_4、E_5R_5 即为所求的连接线。

(3) 表 7－1 中最末一组数据 E 与 R 的组成相同，即表明互成平衡的两液相组成重合于一点，此点即为临界混溶点（图 7－9 中的 P 点）。

从 E_1 点作垂直线，从 R_1 点作水平线，两线相交于 G 点；同样从 E_2、E_3、E_4、E_5 作垂直线，再从 R_2、R_3、R_4、R_5 作水平线，得出交点 H、I、J、L，连接 P、L、J、I、H、G 诸点，即得辅助曲线。

表 7-1　　乙酸-苯-水三元混合溶液的液-液平衡数据（25℃）

实验序号	苯相质量分数/%			水相质量分数/%		
	乙酸	苯	水	乙酸	苯	水
1	0.15	99.85	0.001	4.56	0.04	95.4
2	1.40	98.56	0.040	17.70	0.20	82.1
3	3.27	96.62	0.110	29.00	0.40	70.6
4	13.30	86.30	0.400	56.90	3.30	39.8
5	15.00	84.50	0.500	59.20	4.00	36.8
6	19.00	79.40	0.700	63.90	6.50	29.6
7	22.80	76.35	0.850	64.80	7.70	27.5
8	31.00	67.10	1.900	65.80	18.10	16.1
9	35.30	62.20	2.500	64.50	21.10	14.4
10	37.80	59.20	3.000	63.40	23.40	13.2
11	44.70	50.70	4.600	59.30	30.00	10.7
12	52.30	40.50	7.200	52.30	40.50	7.2

【例 7-3】 在［例 7-2］的系统中，若已知在 25℃时，此三元溶液以充分混合并静置后，分为两个液层。其中一个液层有组成为 0.15（均为质量分数）的乙酸、0.005 的水，其余为苯。利用［例 7-2］已绘出的辅助曲线，图解求出与其相平衡的另一液相组成，绘出连接线，并求出在本例条件下乙酸在两液相中的分配系数 k_A 的数值。

解： 在图 7-9 中，溶解度曲线与辅助曲线是已知的，按题意首先标出组成为 0.15 乙酸、0.005 水的组成点，此点在临界混溶点 P 的左侧，即 R 点作水平线与辅助曲线相交于 Q 点，再由 Q 点作垂直线与溶解度曲线相交于 E 点，连 RE 即为所求连接线（图 7-10）。由图上 E 点可以读出与含有 0.15 乙酸、0.005 水的 R 相成平衡的 E 相组成为 0.59 乙酸、0.37 水、0.04 苯。

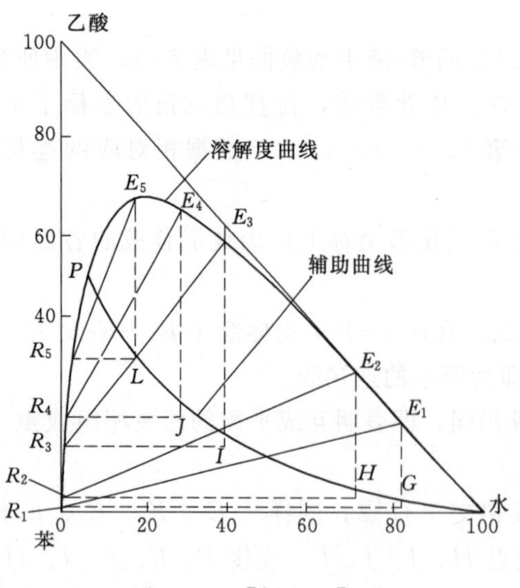

图 7-9　［例 7-2］图

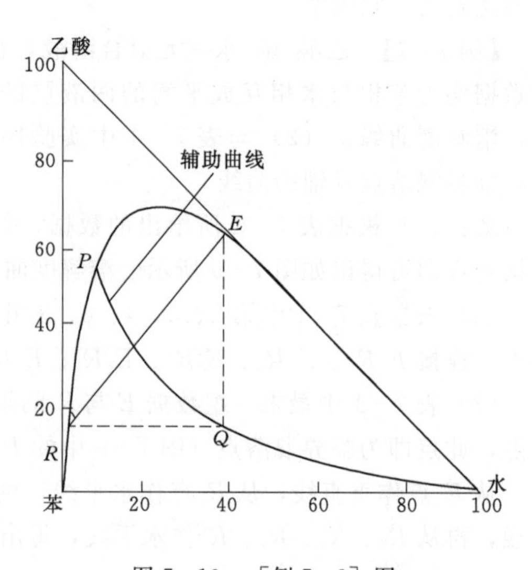

图 7-10　［例 7-3］图

乙酸在苯相中的含量为0.15，在水相中的含量为0.59。于是分配系数 k_A 数值为

$$k_A=\frac{y_A}{x_A}=\frac{0.59}{0.15}=3.93$$

任务四 影响萃取操作的主要因素

影响萃取操作的因素很多，主要有三个方面：①物系本身的性质，其中萃取剂的选择是主要因素；②操作因素，其中温度是主要因素；③设备因素。

下面将依次讨论萃取剂的选择和操作温度的影响，而在设备一节单独讨论设备的影响。

一、萃取剂的选择

选择适宜的萃取剂是萃取操作分离效果和经济性的关键。选择萃取剂时主要应考虑以下性能：

1. 萃取剂的选择性及选择性系数

选择性是指萃取剂 S 对原料液中 A、B 两个组分溶解能力的差别。若萃取剂 S 对溶质 A 的溶解能力比对原溶剂 B 的溶解能力大得多，那么这种萃取剂的选择性就好。萃取剂的选择性可用选择性系数 β 来衡量，即

$$\beta=\frac{y_A/x_A}{y_B/x_B}=\frac{k_A}{k_B} \tag{7-4}$$

由式（7-4）可知，选择性系数 β 是溶质 A 和原溶剂 B 分别在萃取相和萃余相中分配系数之比。β 与蒸馏中的相对挥发度 α 很相似，如 $\beta=1$，则 $k_A=k_B$，$y_A/x_A=y_B/x_B$，即 $y_A/y_B=x_A/x_B$，即萃取相和萃余项脱出萃取剂后得到的萃取液与萃余液将具有同样的组成，并与料液的组成一样，所以不可能用萃取方法分离。如 $\beta>1$，则 $k_A>k_B$，萃取能够实现，β 越大，分离越容易。由 β 值的大小可判断所选择萃取剂是否适宜和分离的难易。

萃取剂的选择性好，对一定的分离任务，可减少萃取剂用量，降低回收溶剂操作的能量消耗，并且可获得纯度较高的产品。

2. 萃取剂 S 与原溶剂 B 的互溶度

图7-11表示了在相同温度下，同一种含 A、B 组分的原料液与不同性能的萃取剂 S_1、S_2 所构成的相平衡关系图。图7-11（a）表明 B、S_1 互溶度小，两相区面积大，萃取液中组分 A 的极限浓度 y'_{max} 较大，图7-11（b）表明选用萃取剂 S_2 时，其极限浓度 y'_{max} 较小。显

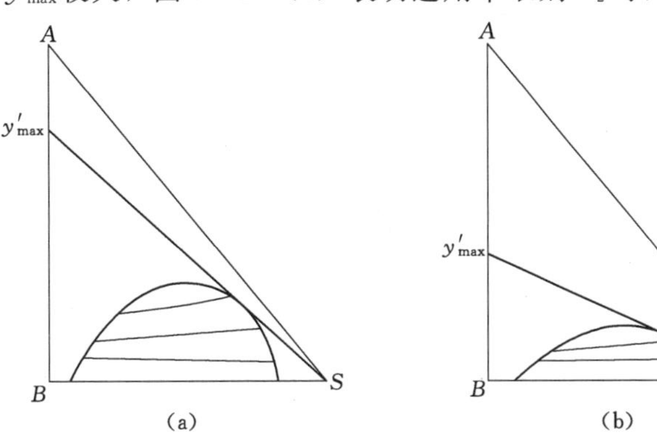

图7-11 萃取剂与原溶剂的互溶度的影响

然萃取剂与原溶剂的互溶度越小，越有利于萃取。

3. 萃取剂回收的难易与经济性

萃取剂通常需要回收后循环使用，萃取剂回收的难易直接影响萃取的操作费用。回收萃取剂所用的方法主要是蒸馏。若被萃取的溶质是不挥发的，而物系中各组分的热稳定性又较好，可采用蒸发操作回收萃取剂。

在一般萃取操作中，回收萃取剂往往是费用最高的环节，有时某种萃取剂具有许多良好的性能，仅由于回收困难而不能选用。

4. 萃取剂的物理性质

(1) 密度。萃余相与萃取相之间应有一定的密度差，以利于两个液相在充分接触以后能较快地分层，提高设备的生产能力。

(2) 界面张力。物系的界面张力较大时，细小的液滴比较容易聚结，使两相易于分层，但分散程度较差。界面张力过小时，易产生乳化现象，使两相较难分层。在实际操作中，液滴的聚集更为重要，故一般多选用界面张力较大的萃取剂。有人建议，将萃取剂和原料液加入分液漏斗中，经充分剧烈摇动后，以两液相在5min以内能够分层的，作为萃取剂界面张力适当与否的大致判别标准。

(3) 其他。为了便于操作、输送及储存，萃取剂的黏度与凝固点应较低，并应具有不易燃、毒性低等优点。此外，萃取剂还应具有化学稳定性、热稳定性以及抗氧化稳定性，对设备的腐蚀性也应较小。

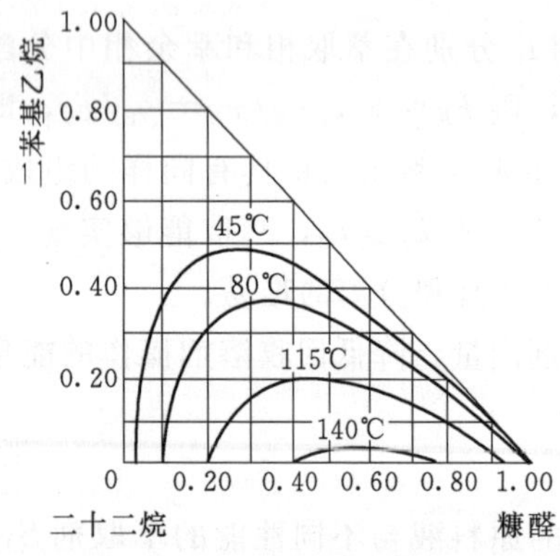

图 7-12 温度对互溶度的影响

二、操作温度的影响

相图上两相区面积的大小，不仅取决于物系本身的性质，而且与操作温度有关。一般情况下，温度升高溶解度增大，温度降低溶解度减小。如图 7-12 所示，两相区的面积随温度升高而缩小。若温度继续上升，两相区就会完全消失，成为一个完全互溶的均相三元物系，此时萃取操作便无法进行。

对同一物系，当温度降低时，两相区增加，对萃取有利。但温度降低会使溶液黏度增加，不利于两相间的分散、混合和分离，因此萃取操作温度应作适当的选择。

项目二

萃取操作流程与萃取过程的计算

任务一　单级接触萃取流程与计算

单级接触萃取流程较简单，如图 7－13 所示，既可用于间歇操作，也可用于连续生产。原料液与萃取剂借助搅拌器的作用在萃取器内进行充分混合，然后将混合液引入分离器，分为萃取相与萃余相两层。最后将两相分别引入萃取剂回收设备以回收萃取剂。

图 7－14 所示为单级接触萃取操作的图解，图中各点所用符号意义同前。在计算中，一般以生产任务所规定的原料液量及其组成为根据。此外，萃余相（或萃余液）的组成大多为生产中所要控制的指标，也为已知值。通过计算可求出萃取剂的需用量，以及萃取相和萃余相的量及组成。其步骤如下：

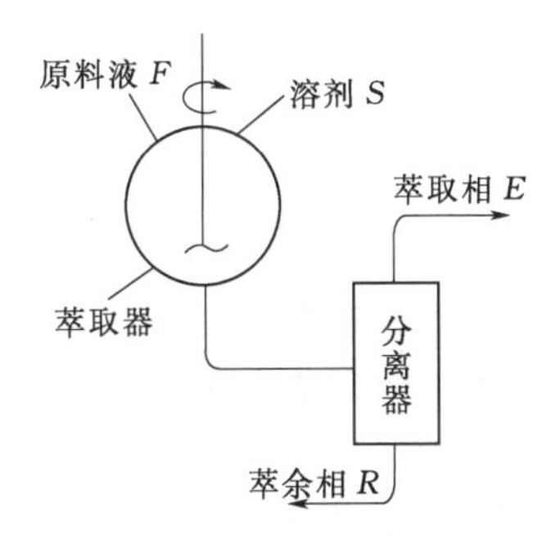

图 7－13　单级接触萃取流程示意图

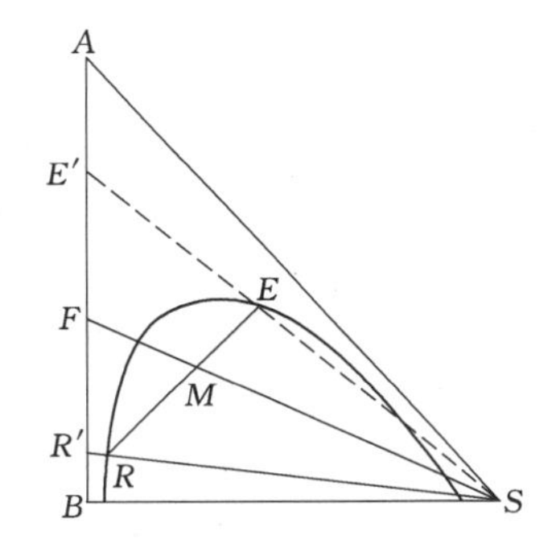

图 7－14　单级接触萃取操作图解法

（1）设加的萃取剂 S 是纯态的，则其组成即为 S 顶点。由已知原料液组成（假定其中只含有组分 A 和 B）在三角形的边 AB 上确定 F 点，连 SF 线，代表原料液与萃取剂的混合液的组成点 M 必在线 SF 上。

（2）根据萃取系统的液-液相平衡数据可作出辅助曲线（图中未画出）。前已述及，只要两平衡液层中，已知其中任一个液层的组成，则另一液层的组成可利用此辅助曲线求出（参看［例 7－3］）。先由已知的萃余液组成，在 AB 边上确定 R'，连 SR'线，与溶解度曲线相交于 R 点，再由 R 点利用辅助曲线求出 E 点（图中未示出此步骤）。连 RE 直线，RE 线与 SF 线的交点即为混合液的组成 M 点。按杠杆规则可求出 S 的量为

$$\frac{S}{F}=\frac{\overline{MF}}{\overline{MS}}$$

故
$$S=F\cdot\frac{\overline{MF}}{\overline{MS}} \tag{7-5}$$

式中，F 的量为已知，MF 与 MS 两线段长度可从图上量出，则萃取剂 S 的量可由式（7-5）求出。

（3）求 R、E 及 R'、E' 的量。连线 SE 并延长与边 AB 相交于 E' 点，即为萃取液的组成点。萃取相与萃余相的量 E、R 也可由杠杆规则求得

$$\frac{E}{R}=\frac{\overline{MR}}{\overline{ME}}$$

$$E=R\cdot\frac{\overline{MR}}{\overline{ME}} \tag{7-6}$$

因 $M=S+R$ 为已知，MR 与 ER 两线段长度可从图上量出，故 E 可由式（7-6）求得。

依总物料衡算 $$F+S=R+E=M$$

则
$$R=M-E \tag{7-7}$$

从萃取相和萃余相中回收萃取剂后所得的萃取液 E' 和萃余液 R'，其组成点均在三角形相图的边 AB 上（假定 R' 与 E' 中的萃取剂已脱净），故 R' 与 E' 的量也可依杠杆规则求得

$$\frac{E'}{F}=\frac{\overline{FR'}}{\overline{E'R'}}$$

则
$$E'=\frac{F\cdot\overline{FR'}}{\overline{E'R'}} \tag{7-8}$$

由式（7-8）求得 E' 后，则

$$R'=F-E' \tag{7-9}$$

任务二 多级萃取流程

一、多级错流萃取流程

单级接触式萃取设备中所得到的萃余相中，往往还含有较多的溶质。为了将这些溶质进一步萃取出来，可采用多级错流萃取，即将若干个单级萃取设备串联使用，并在每一级中均加入新鲜萃取剂。如图 7-15 所示（图中为 N 级），原料液 F 从第 1 级中加入，各级中均加入新鲜萃取剂 S，由第 1 级中分出的萃余相 R_1 引入第 2 级，由第 2 级中分出的萃余相 R_2 再

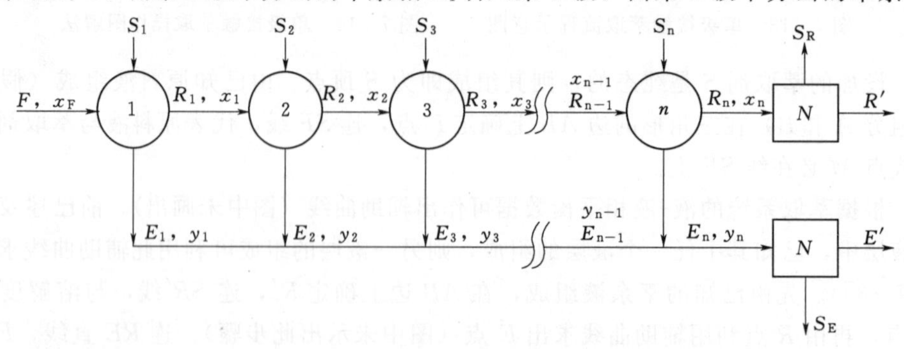

图 7-15 多级错流萃取流程示意图

引入第 3 级，依此类推，第 n 级分出萃余相 R_n 进入萃取剂回收装置，得到萃余液 R'。各级分出的萃取相 E_1、E_2、E_3、…、E_n 汇集后送到萃取剂回收设备，得到萃取液 E'。回收的萃取剂循环使用。

多级错流萃取时，由于每一级都加入新鲜萃取剂，使过程推动力增加，有利于萃取传质，并可降低最后萃余相中的溶质浓度。但萃取剂用量大，使其回收和输送的能耗增加。因此，这一流程的应用受到一定限制。

二、多级逆流萃取流程

与多级错流萃取流程相比，多级逆流萃取流程的萃取剂 S 不是分别加入各级，而是在最后一级加入，逐次通过各级，最终萃取相由第 1 级排出。参看图 7－16，原料液从第 1 级加入，逐次通过各级，萃余相 R_N 由末一级（图中第 N 级）排出。萃余相 R_N 与萃取相 E_1 可分别送入萃取剂回收设备回收萃取剂循环使用。与多级错流萃取流程相比，多级逆流萃取流程萃取剂耗用量大为减少，因而在工业上应用广泛。

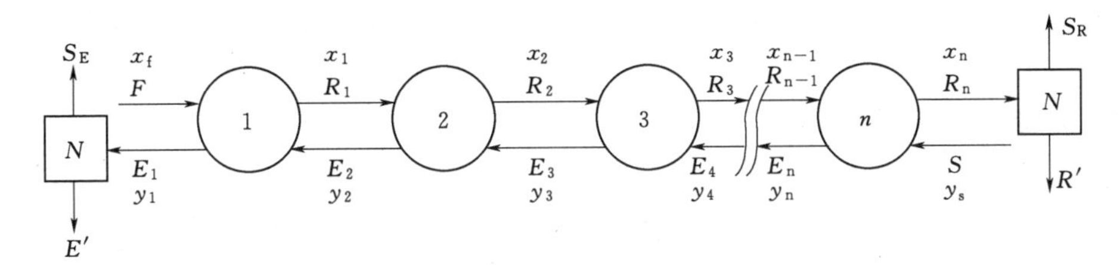

图 7－16　多级逆流萃取流程示意图

项目三

液-液萃取设备

在液-液萃取过程中，要求萃取设备能使萃取剂与混合物接触充分，以达到良好的传质目的，而经过一段萃取时间后，萃取相与萃余相能很好地分离。显然，萃取设备应具有“混合充分与分离完全”的能力。

与吸收和蒸馏过程类似，在萃取设备中有两个液相：连续相和分散相，传质发生在液滴群（分散相）与连续相之间。液滴在生成上升或下降运动阶段和液滴聚集时均发生传质。通常是使一相分散成液滴状态分布于另一作为连续相的液相中，液滴的大小对萃取有重要影响。如液滴过大，则传质表面积减小，对传质不利；但如液滴过小，虽然传质面积增加，但分散液滴的凝集速度随之下降，有时甚至会发生乳化，同时液相间的密度差较气液相间的密度差要小得多，这些因素都会使混合后两液相的重新分层发生困难。因此，要根据物系性质选择适宜的萃取设备。

液-液萃取设备类型很多，按两相接触方式分有逐级接触式和连续接触式；按操作方式有间歇式和连续式；按萃取级可分为单级和多级；按有无外功输入分为有外加能量和无外加能量两种。

任务一 混合-澄清槽

如图 7-17（a）所示，由带有搅拌器的混合槽和分离槽组合成一组的萃取设备，称为

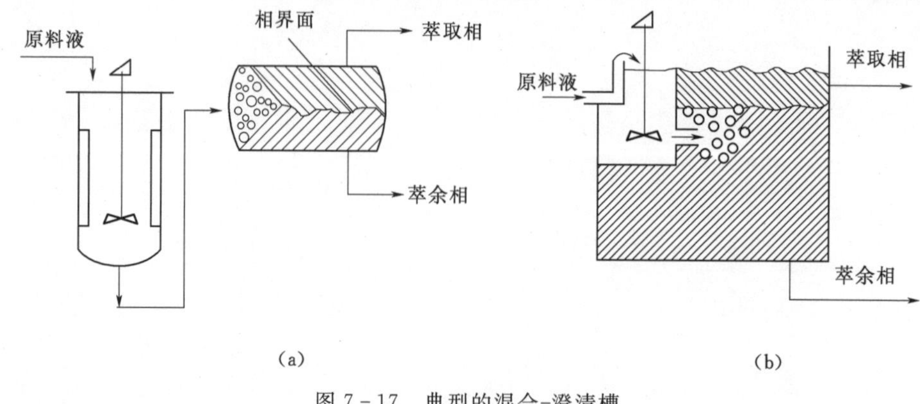

图 7-17 典型的混合-澄清槽

混合-澄清萃取器。操作时，原料液和萃取剂加入混合槽中经一定时间剧烈的搅拌后，再进入分离槽内澄清分层。密度较小的液相在上层，较大的在下层。图 7－17（b）所示为将混合器与澄清器组装于同一容器内的混合-澄清槽。

可以将多个混合-澄清槽串联操作，这样便构成了多级混合-澄清槽。

任务二　塔式萃取设备

用于萃取的塔设备有填料塔、筛板塔、转盘塔等。塔式液-液萃取设备适宜于连续逆流操作。原料液和萃取剂中的重液由塔顶部进入，轻液由塔底部进入，在塔内两液相呈逆流接触进行萃取。单位时间内通过萃取塔的原料液与萃取剂的流量不能任意加大。一方面，由于通入液体量过大，则两项接触时间减少，会使萃取效果差。另一方面，因两相是逆流流动，随着两相流速的加大，流体流动的阻力也随之加大。当流速增大到某一定值时，一相会因流体阻力加大而被另一相夹带流出塔外，此种两个液体相互夹带的现象称为萃取塔的液泛，它是萃取操作中流量达到负荷最大极限值的标志。

一、填料萃取塔

填料萃取塔与用于吸收的填料塔基本相同，即在塔体内支承板上充填一定高度的填料层，如图 7－18 所示。塔内填料的作用除可使分散相的液滴不断破裂与再生，以使液滴表面不断更新外，还可减少连续相在塔内的轴向混合。轴向混合会降低传质的推动力。

填料萃取塔中所用填料的材质应有所选择，除应考虑溶液的腐蚀性外，还应考虑填料的材质是否易为连续相所润湿。一般而言，陶瓷填料易为水溶液润湿；炭质或塑料填料易为有机溶液所润湿，如聚乙烯、聚丙烯、含氟塑料等均是不亲水的；金属填料对水溶液与有机溶液的润湿性能无显著差异，一般均可为两者润湿。如果所确定的分散相很易于润湿填料，则分散相将在填料表面形成小的流股，从而减小了相际接触面积，降低了萃取速率。

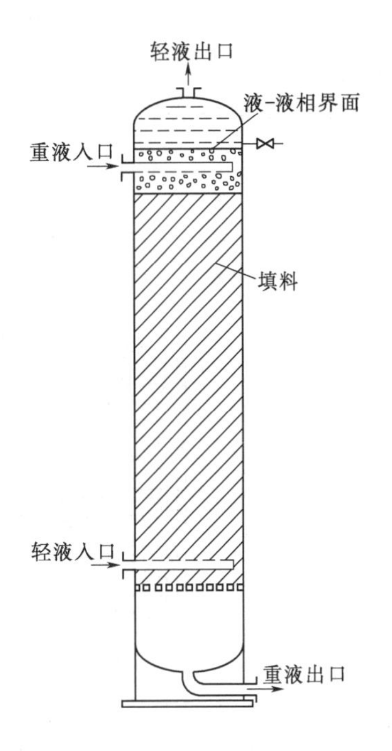

图 7－18　填料萃取塔

作为分散相的条件应是：①流量较大的一相作为分散相，这样可以获得较大的相际接触表面；②不易润湿填料表面的液相作为分散相，这样可保持分散相更好地形成液滴状而分散于连续相之中，以增大相际接触面积。

在普通填料萃取塔内，两相依靠密度差而逆流流动，相对速度较小，界面湍动程度低，限制了传质速率的进一步提高。为了防止分散相液滴过多聚结，可向填料提供外加脉动能量，造成液滴脉动，这种填料塔称为脉冲填料萃取塔。脉动的产生，通常采用往复泵，有时也采用压缩空气来实现。如图 7－19 所示为借助活塞往复运动使塔内液体产生脉动运动。但需注意，向填料塔加入脉冲会使乱堆填料趋向定向排列，导致沟流，因而使脉冲填料塔的应用受到限制。

填料萃取塔因构造简单，萃取效果较好，广泛应用于工业生产中，尤其适宜处理腐蚀性

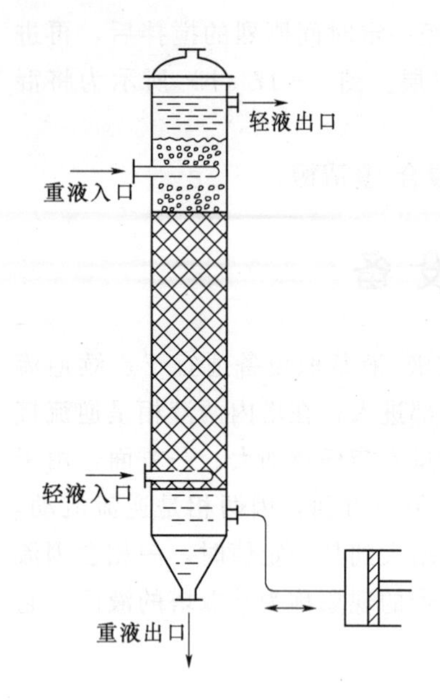

图 7-19 脉冲填料萃取塔

液体。

二、筛板萃取塔

筛板萃取塔与用于蒸馏的设备是同样构造的设备，图 7-20（a）所示是以轻液相为分散相的筛板塔示意图，塔内有若干层开有小孔的筛板。若轻液相为分散相，操作时轻液相通过板上筛孔分成细滴向上流，然后又聚结于上一层筛板的下面。连续相由溢流管流至下层，横向流过筛板并与分散相接触。图 7-20（b）所示是以重液相为分散相的筛板塔板示意图。若以重液相为分散相，则重液相的液滴聚结于筛板上面，然后穿过板上小孔分散成液滴。当以重液相为分散相时，则应将溢流管的位置改装于筛板的上方。筛板塔内一般也应选取不易润湿塔板的一相作为分散相。由于液滴的分散与聚结在每一塔板上反复进行，筛板萃取塔的萃取效果比填料萃取塔有所提高。

三、转盘萃取塔

转盘萃取塔的结构如图 7-21 所示。塔体内装有多层固定在塔体上的环形挡板，挡板称为固定环，它使塔内形成许多分隔开的空间。在每一个分割空间的中央位置处均有一层固定在中央转轴上的水平圆盘，圆盘称为转盘。操作时水平圆盘随中心轴高速旋转，促进了液滴的分散，因而加大了相际接触面积。

转盘萃取塔的萃取效果较好，设备也可以小型化，近年来应用于各种萃取场合。

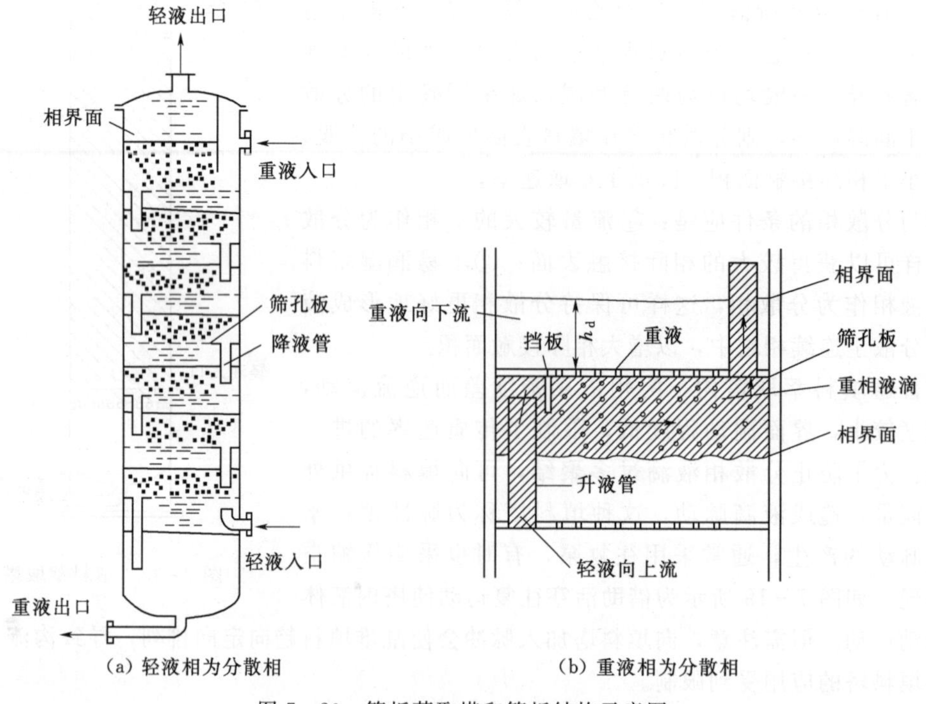

图 7-20 筛板萃取塔和筛板结构示意图

四、离心式萃取器

图 7－22 所示为常用的离心式萃取器，又称离心萃取机。它由一个高速旋转的螺旋转子装在固定的外壳中组成。螺旋转子是由多孔长带卷成的，它的旋转速度为 2000～5000r/min。操作时，轻液被送至螺旋的外圈，而重液则由螺旋中心引入。在离心力场的作用下，重液相由螺旋的中部向外流，轻液相由外圈向中部流动，于是在相互逆流过程中，两相于螺旋形通道内密切接触。重液相从螺旋的最外层经出口通道而流到器外，轻液相则由萃取器中部经出口通道流到器外。

离心萃取机的特点在于高速度旋转时，能产生 500～5000 倍于重力的离心力来完成两相的分离，所以密度差很小、容易乳化的液体，都可以在离心萃取机内进行高效率的萃取。

离心萃取机的结构紧凑，可以节省时间，降低机内储液量，再加流速高，使得料液在机内的停留时间很短，这在处理热敏性物料时显得很有成效。但它的构造复杂，制造较困难，投资也较高，加之能量消耗大，其推广应用受到一定限制。

其他类型的萃取塔，可参考有关萃取操作专论，在此不一一列举。

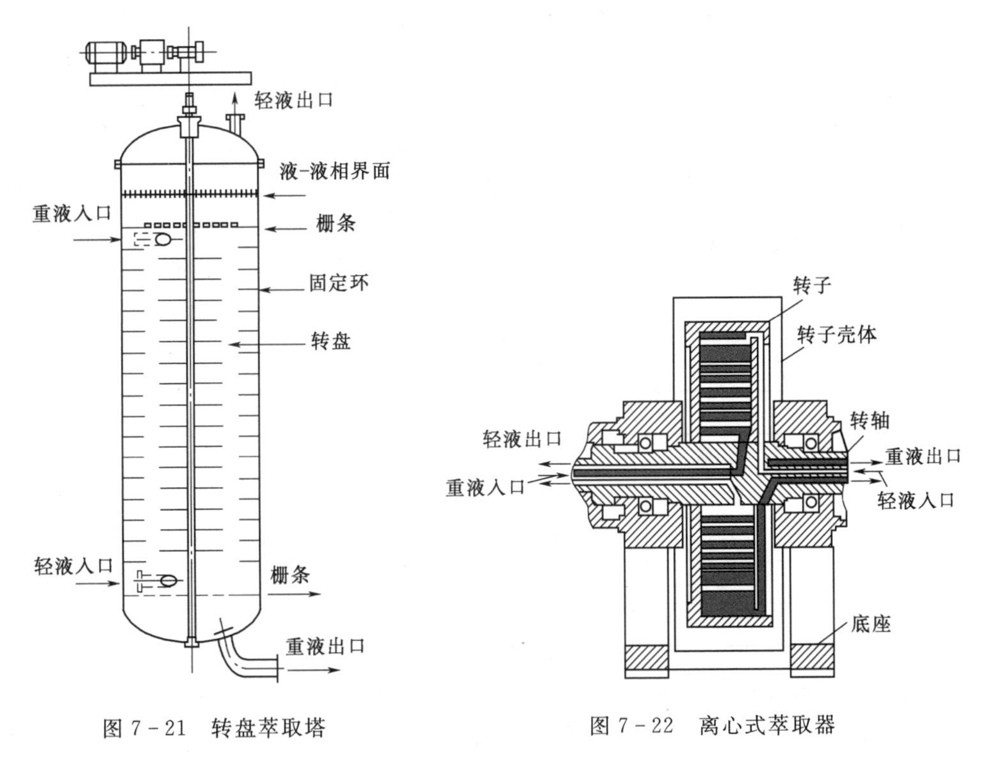

图 7－21　转盘萃取塔

图 7－22　离心式萃取器

习　题

1. 以异丙醚为萃取剂，从浓度为 0.5（质量分数）的乙酸水溶液中萃取乙酸。在单级萃取器中，用 600kg 异丙醚萃取 500kg 乙酸水溶液，相关数据见表 7－2，试做以下各项：(1) 首先在三角形相图上绘出溶解度曲线与辅助线；(2) 确定原料液与萃取剂混合后，求混合液 M 的坐标位置；(3) 此混合液分为两个平衡液层 E 与 R 后，求两液层的组成与量；(4) 求两平衡液层 E 与 R 中溶质（乙酸）的分配系数及溶剂的选择性系数。

表 7-2　　习题 1 附表

萃余相（水相）质量分数/%			萃余相（异丙醚相）质量分数/%		
乙酸	水	异丙醚	乙酸	水	异丙醚
0.69	98.1	1.2	0.18	0.5	99.3
1.41	97.1	1.5	0.37	0.7	98.9
2.89	95.5	1.6	0.79	0.8	98.4
6.42	91.7	1.9	1.93	1.0	97.1
13.30	84.4	2.3	4.82	1.9	93.3
25.50	71.1	3.4	11.40	3.9	84.7
36.70	58.9	4.4	21.60	6.9	71.5
44.30	45.1	10.6	31.10	10.8	58.1
46.40	37.1	16.5	36.20	15.1	48.7

[答：(3) 萃取相 E 的组成为乙酸 0.18、异丙醚 0.762、水 0.058，萃取相 E 的量 773kg；萃余相 R 的组成为乙酸 0.33、异丙醚 0.035、水 0.635，萃余相 R 的量 327kg；(4) 分配系数 0.545，选择性系数 5.97]

2. 用 1000kg 水为萃取剂，从乙酸与氯仿的混合液中萃取乙酸。若原料液的量也为 1000kg，其中乙酸的质量分数为 0.35。在操作条件下（25℃）平衡线的数据见表 7-3。(1) 经单级萃取后萃余相 R 中乙酸的质量分数为 0.07，试求萃取相 E 中乙酸的含量；(2) 求萃取相 E 与萃余相 R 的量；(3) E、R 两相均脱除萃取剂后，试求萃取液 E' 及萃余液 R' 的组成及量。

表 7-3　　习题 2 附表

氯仿层		水层		氯仿层		水层	
乙酸	水	乙酸	水	乙酸	水	乙酸	水
0.00	0.99	0.00	99.16	27.65	5.2	50.56	31.11
6.77	1.38	25.10	73.69	32.08	7.93	49.41	25.39
17.72	2.28	44.12	48.58	34.16	10.03	47.87	23.28
25.72	4.15	50.18	34.71	42.50	16.50	42.50	16.50

[答：(1) 萃取相 E 中含乙酸 0.233；(2) 萃取相 E 的量为 1316kg，萃余相 R 的量为 684kg；(3) 萃取液 E' 的组成为乙酸 0.97、氯仿 0.03；萃余液 R' 的组成为乙酸 0.071、氯仿 0.929；萃取液 E' 的量 312.5kg，萃余液 R' 的量 687.5kg]

模块八

干　燥

知识目标

1. 了解各类型干燥器的结构、特点及应用。
2. 理解干燥的基本方式、机理、特点及影响因素。
3. 掌握有关干燥的计算。

技能目标

1. 能进行干燥器的操作与维护。
2. 能进行干燥的选型。

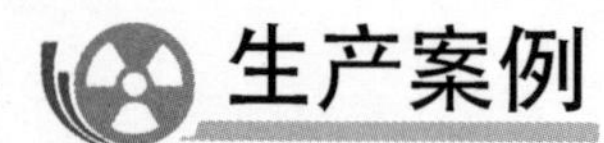

固体洗衣粉是人们洗涤衣物经常使用的洗涤剂，洗衣粉的主要成分包含烷基苯磺酸钠、三聚磷酸钠、非离子表面活性剂、无水硫酸钠、碳酸钠等，工业生产将其按一定比例配制好后成为固体含量为60%左右的料浆，其余为水分，要想得到颗粒状的洗衣粉，工厂采用如图8-1所示的工艺流程来实现。

在图8-1所示的工艺流程中，有两股物料，即热空气与洗衣粉浆料。由热风炉产生的温度为280～430℃的热风通过管路进入喷雾干燥塔的底部，由各热风口均匀进入喷雾干燥塔内。

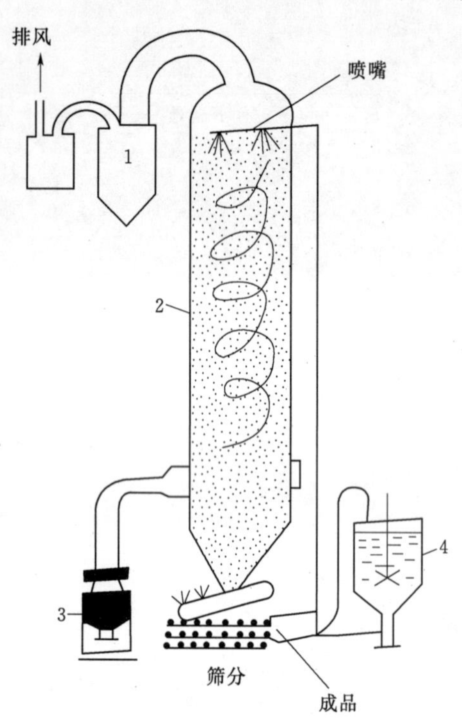

图8-1 洗衣粉干燥工艺流程示意图
1—旋风分离器；2—喷雾干燥塔；
3—热风炉；4—料浆槽

经前一工序配制好的料浆除去杂质，由均化磨将料浆中的颗粒磨碎，得到均匀、细腻的料浆，由高压泵从料浆槽以2～8MPa的压力输送至塔顶喷枪环路，在喷枪喷嘴的作用下雾化，下落的雾滴与上升的热空气接触，雾滴中的水分蒸发，形成空心球形的洗衣粉颗粒，落到塔底的洗衣粉经皮带输送机输送到塔外送入下一工序。

自喷雾干燥塔上部出来夹带着少量洗衣粉细粒的空气送至旋风分离器，在旋风分离器中依靠离心力的作用，洗衣粉细料撞击旋风分离器器壁，从旋风分离器底部收集。废气从旋风分离器上部经排风口排出。

洗衣粉干燥案例中，固体含量在60%左右、温度为70～80℃的洗衣粉料浆，在2～8MPa的压力下输送至塔顶喷枪环路，在喷枪喷嘴的作用下雾化，下落的雾滴与温度为280～430℃上升的热空气接触，雾滴在塔内徐徐下降，并发生热量与质量的传递，热空气将热量传给雾滴，使其中的水分汽化，当颗粒内部的水分与热风入口附近的高温气体接触后因水分汽化膨胀而形成空心球状的洗衣粉颗粒。被汽化的水蒸气被热空气带走，从而使洗衣粉中水分及挥发物含量低于15%。

项目一

干燥基础知识

任务一 干燥过程概述

一、干燥技术在工业上的应用

干燥技术在化工、石化、医药、食品、原子能、纺织、建材、采矿、电工和机械制造以及农产品等行业中都有广泛应用，在国民经济中占有很重要的地位。具体应用如下：

（1）在化学工业中，洗衣粉、塑料、树脂、染料、颜料、农药（除草剂、杀菌剂、杀虫剂）、肥料（硝酸铵、尿素等）、陶瓷材料（壁面砖、地面砖、电瓷、高压电瓷、玻璃粉等）、矿山提浓物（硫化物矿、铁石矿、冰晶石）、催化剂、水泥、TNT等的生产。

（2）在食品工业中，奶制品（脱脂奶粉、全奶粉、乳清粉、干酪等）、蛋类（蛋白粉、蛋黄粉）、香料（香料粉）、饮料（速溶咖啡、速溶茶）、植物性蛋白粉、水果类粉、蔬菜类粉等的生产。

（3）在医药和生化工业中，酶（淀粉酶、蛋白酶、果胶酶等）、抗生素、血清、血浆、血浆代用品、疫苗、酵母、维生素等的生产。

二、干燥的概念

化工生产中的固体原料、产品或半成品为便于进一步的加工、运输、储存和使用，常常需要将其中所含的湿分（水或有机溶剂）去除，使其湿分含量符合指定的要求。例如，树脂颗粒如含水超过规定，则在其成型加工过程中会有气泡产生，影响产品品质，如聚氯乙烯的含水量就必须低于0.2%；药品和食品中湿含量过高就会影响其使用期限。

干燥就是利用热能除去湿物料中的湿分，获得固体成品的单元操作。

除去湿分的方法很多，化工生产中常用的主要有以下三类：

（1）机械去湿法。用沉降、压滤、离心分离等机械方法除去湿分。这种方法除湿不完全，但能量消耗较低，适用于物料中含湿量较大、不需要将湿分完全除去的情况。

（2）化学去湿法。又称吸附去湿法，它用吸湿性物料吸附湿物料中的水分，吸湿性物料有生石灰、浓硫酸、磷酸酐、无水氯化钙、硅胶、片状烧碱等。该法只能除去少量湿分，而且操作费用高、操作麻烦，通常用在小批量固体物料的去湿，如液体或气体中水分的脱除。

（3）热能去湿法。即用热能使湿分从物料中汽化并除去。这种去湿操作称为固体的干燥，该法除湿较彻底，但能耗较高。

化工生产中，为了使去湿操作经济有效地进行，通常先用机械方法除去湿物料中的大部分湿分后，再进行热能去湿（干燥操作），以制成湿含量符合规定的产品。

三、干燥过程的分类

1. 按操作压强分

主要有常压干燥和加压（真空）干燥。真空干燥时温度较低、蒸气不易外泄，适宜于处理热敏性、易氧化、易爆或有毒物料以及产品要求含水量较低、要求防止污染及湿分蒸气需要回收的情况。加压干燥只在特殊情况下应用，通常是在压力下加热后突然减压，水分瞬间发生汽化，使物料发生破碎或膨化。

2. 按操作方式分

有连续干燥和间歇干燥。工业生产中多为连续干燥，其生产能力高，产品质量较均匀，热效率较高，劳动条件也较好；间歇干燥的投资费用较低，操作控制灵活方便，故适用于小批量、多品种或要求干燥时间较长的物料。

3. 按热量供给方式分

（1）传导干燥。热能以传导方式通过传热壁面加热物料，使其中的湿分汽化。传导干燥是间接加热，常用饱和水蒸气、热烟道气或电热作为间接热源，其热利用率较高，但与传热壁面接触的物料易造成过热，物料层不宜太厚，而且金属消耗量较大。

（2）对流干燥。干燥介质与湿物料直接接触，以对流方式给湿物料供热使湿分汽化，汽化后产生的蒸气被干燥介质带走。热气流的温度和湿含量调节方便，物料不易过热。对流干燥生产能力较高，相对来说设备投资较低，操作控制方便，是应用最为广泛的一种干燥方式；其缺点是热气流用量大，带走的热量较多，热利用率比传导干燥要低。

（3）辐射干燥。热能以电磁波的形式由辐射器发射到湿物料表面。被物料吸收并转化为热能，使湿分汽化。辐射干燥特别适用于物料表面薄层的干燥。辐射源可按被干燥物件的形状布置，这种情况下，辐射干燥可比传导或对流干燥的生产强度大几十倍，产品干燥程度均匀而不受污染，干燥时间短，如汽车漆层的干燥，但电能消耗大。

（4）介电加热干燥（微波加热干燥法）。将需要干燥的物料置于高频电场内，利用高频电场的交变作用，将湿物料加热并汽化湿分。这种干燥的特点是，物料中水分含量越高的部位获得的热量越多，故加热特别均匀。这是由于水分的介电常数比固体物料要大得多，而一般物料内部的含水量比表面高，因此，介电加热干燥时物料内部的温度比表面要高，与其他加热方式不同，介电加热干燥时传热的方向与水分扩散方向是一致的，这样可以加快水分由物料内部向表面的扩散和汽化，缩短干燥时间，得到的干燥产品质量均匀，自动化程度较高。尤其适用于当加热不匀时易引起变形、表面结壳或变质的物料，或内部水分较难除去的物料。但是，这种方法电能消耗量大，设备和操作费用都很高。

（5）冷冻干燥法。将湿物料在低温下冻结成固态，然后在高真空下对物料提供必要的升华热，使冰升华为水汽，水汽用真空泵排出。干燥后物料的物理结构和分子结构变化极小，产品残存的水分也很小。冷冻干燥法常用于医药、生物制品及食品的干燥。

在工业上对湿分较高的散粒状物料，常常是先用机械分离或蒸发除去湿物料中的大部分水分，然后再用对流干燥获得合格的干燥产品。其他加热方式也往往和对流方式结合使用。本模块主要介绍以空气为干燥介质，除去的湿分为水的对流干燥过程。

四、对流干燥过程分析

图 8－2 所示为典型对流干燥工艺流程图。它是利用热气体与湿物料做相对运动，热空气将热量传递给湿物料，使湿物料的湿分汽化扩散到空气中并被带走。因此，空气干燥器中实质上是动量传递、热量传递和质量传递同时进行的传递过程。热空气称为干燥介质，它既是载热体，又是载湿体。

图 8－3 所示为热空气与湿物料间的传热与传质情况。当热空气温度 t 高于湿物料温度时，热量 Q 以对流方式由热空气不断传至湿物料表面，物料表面的水分受热后温度升高而部分汽化。当物料表面汽膜内的水汽分压 p_W 大于热空气流中的水汽分压 p_V 时，在压力差 $\Delta p=p_W-p_V$ 的作用下，水蒸气将不断地由物料表面向热空气流中扩散，其扩散速率用 W 表示。由于物料表面的水分不断汽化，当物料内部水分浓度 c 大于物料表面水分浓度 c_W 时，在浓度差 $\Delta c=c-c_W$ 的作用下，物料内部的水分不断向表面扩散。这样，湿物料的含水量将随过程的进行而不断降低，空气温度则不断下降，但其所含水汽将不断增加。传热和传质两过程同时而反向进行。因而干燥速率既和传热速率有关，又和传质速率有关。

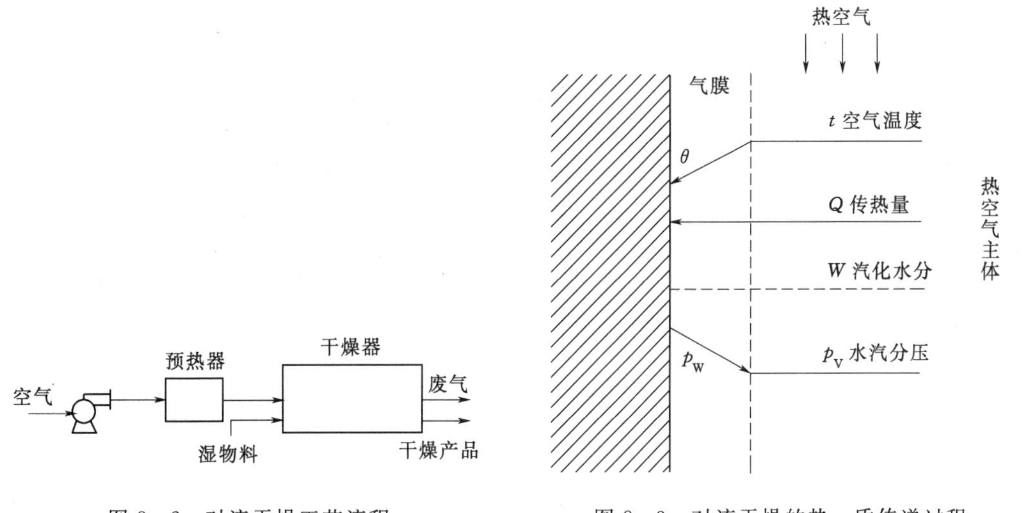

图 8－2　对流干燥工艺流程

图 8－3　对流干燥的热、质传递过程

干燥过程中，要使被除去的水分不断地从固相中转移到气相中，必要条件是物料表面的水汽分压必须大于干燥介质中的水汽分压，在其他条件相同的情况下，两者差别越大，干燥操作进行得越快。所以，干燥介质应及时将汽化的水汽带走，以维持一定的传质推动力。如干燥介质为水汽所饱和，或物料表面的水汽分压等于干燥介质中的水汽分压，则推动力为零，此时干燥过程即停止进行。

任务二　湿空气的性质

湿空气是绝干空气和水汽的混合物。对流干燥操作中，常采用一定温度的不饱和空气作为干燥介质，因此有必要首先讨论湿空气的性质。由于在干燥过程中，湿空气中水汽的含量不断增加，而绝干空气量不变，因此湿空气的许多相关性质常取干空气作为物料基准。干燥过程中干空气量不变，正如吸收过程中混合气中惰性气体量不变一样。

一、湿空气中水分含量的表示方法

1. 湿空气中水汽的分压

作为干燥介质的湿空气是不饱和的空气，其水汽分压 $p_{水}$ 与绝干空气分压 $p_{空}$ 及其总压 p 的关系为

$$p=p_{水}+p_{空} \tag{8-1}$$

并有

$$p_{水}=py \tag{8-2}$$

式中 y——湿空气中水汽的摩尔分数。

当操作压力较低时，湿空气中水汽分压越大，表明空气中水分的含量越高。

2. 湿度 H

湿度又称湿含量，为湿空气中水汽的质量与绝干空气的质量之比，即

$$H=\frac{湿空气中水汽的质量}{湿空气中绝干空气的质量}=\frac{n_{水}\ M_{水}}{n_{空}\ M_{空}}=\frac{18n_{水}}{29n_{空}} \tag{8-3}$$

式中 H——空气的湿度，kg/kg 干空气。

M——摩尔质量，kg/kmol。

n——物质的量，kmol。

注：下标“水”表示水汽，“空”表示绝干空气。

因常压下湿空气可视为理想气体，由道尔顿分压定律可知，理想气体混合物中各组分的摩尔比等于分压比，则式（8-3）可表示为

$$H=\frac{18p_{水}}{29p_{空}}=0.622\ \frac{p_{水}}{p-p_{水}} \tag{8-4}$$

当总压一定，水汽的分压等于湿空气温度下的饱和蒸汽压时，湿空气的湿度达到最大值，此时湿空气呈饱和状态，对应的湿度称为饱和湿度，可用下式表示：

$$H_{饱}=0.622\ \frac{p_{饱}}{p-p_{饱}} \tag{8-5}$$

式中 $H_{饱}$——湿空气的饱和湿度，kg/kg 干空气。

$p_{饱}$——湿空气温度下水的饱和蒸汽压，Pa 或 kPa。

水的饱和蒸汽压仅与温度有关，因此空气的饱和湿度是湿空气的总压及温度的函数。

3. 相对湿度 φ

湿空气的湿度只是表示所含水分的多少，不能直接反映这种情况下湿空气还有多大的吸湿潜力，而相对湿度则是用来表示这种潜力的。

在一定总压下，相对湿度 φ 的定义式为

$$\varphi=\frac{p_{水}}{p_{饱}}\times 100\% \tag{8-6}$$

相对湿度 φ 与水汽分压 $p_{水}$ 及空气温度 t 有关［因 $p_{饱}=f(t)$］，当 t 一定时，φ 随 $p_{水}$ 的增大而增大。当 $p_{水}=0$ 时，$\varphi=0$ 空气为绝干空气；当 $p_{水}<p_{饱}$ 时，$\varphi<1$ 空气为未饱和湿空气；当 $p_{水}=p_{饱}$ 时，$\varphi=1$ 空气为饱和湿空气，气体不能再吸湿，因而不能用作干燥介质。

4. 湿空气的比体积 $v_{湿}$

在湿空气中，1kg 绝干空气连同其所带有的水蒸气体积之和称为湿空气的比体积，又称湿空气的比容，湿容积。其定义式为

$$v_{湿}=\frac{湿空气的体积}{湿空气中干空气的质量}\quad\left(\frac{m^3\ 湿空气}{kg\ 干空气}\right)$$

在标准状态下，气体的标准摩尔体积为 $22.4m^3/kmol$。因此，总压为 p、温度为 t、湿度为 H 的湿空气的比容为

$$v_{湿}=22.4\left(\frac{1}{M_{空}}+\frac{H}{M_{水}}\right)\frac{273+t}{273}\Big/\frac{101.3}{p}\tag{8-7}$$

式中 $v_{湿}$——湿空气的比体积；

t——温度，℃；

p——湿空气总压，kPa。

将 $M_{空}=29kg/kmol$，$M_{水}=18kg/kmol$ 代入式（8-7）得

$$v_{湿}=(0.773+1.244H)\frac{273+t}{273}\Big/\frac{101.3}{p}\tag{8-8}$$

二、湿空气的比热容和比焓

1. 湿空气的比热容 $c_{湿}$

在常压下，将 1kg 干空气和 Hkg 水蒸气温度升高（或降低）1℃所吸收（或放出）的热量，称为湿空气的比热容，即

$$c_{湿}=c_{空}+c_{水}\tag{8-9}$$

式中 $c_{湿}$——湿空气的比热容，kJ/(kg 干空气·℃)；

$c_{空}$——干空气的比热容，kJ/(kg 干空气·℃)；

$c_{水}$——水蒸气的比热容，kJ/(kg 水汽·℃)。

在通常的干燥条件下，干空气的比热容和水蒸气的比热容随温度的变化很小，在工程计算中通常取常数，取 $c_{空}=1.01$kJ/(kg 干空气·℃)，$c_{水}=1.88$ kJ/(kg 水汽·℃)。将这些数值代入式（8-9）得

$$c_{湿}=1.01+1.88H\tag{8-10}$$

即湿空气的比热容只随空气的湿度变化。

2. 湿空气的比焓 I

湿空气中 1kg 绝干空气的焓与相应 Hkg 水蒸气的焓之和称为湿空气的比焓。根据定义可写为

$$I=I_{空}+HI_{水}\tag{8-11}$$

式中 I——湿空气的比焓，kJ/kg 干空气；

$I_{空}$——绝干空气的比焓，kJ/kg 干空气；

$I_{水}$——水蒸气的比焓，kJ/kg 水汽。

通常以 0℃干空气与 0℃液态水的焓等于零为计算基准，0℃液态水的汽化热为 $r_0=2490$kJ/kg 水，则有

$$I_{空}=c_{空}\,t=1.01t$$

$$I_{水}=r_0+c_{水}\,t=2490+1.88t$$

因此，湿空气的比焓可由下式计算：

$$I=(c_{空}+c_{水}\,H)t+r_0H=(1.01+1.88H)t+2490H\tag{8-12}$$

三、湿空气的温度

1. 干球温度 t

在湿空气中，用普通温度计测得的温度称为湿空气的干球温度，为湿空气的真实温度，通常简称为空气的温度。

2. 湿球温度 $t_{湿}$

用湿纱布包裹温度计的感温部分，将它置于一定温度和湿度的流动空气中，如图 8-4 所示，达到稳定时所测得的温度称为空气的湿球温度。

湿球温度为空气与湿纱布之间的传热、传质过程达到动态平衡条件下的稳定温度。当不饱和空气流过湿球表面时，由于湿纱布表面的饱和蒸气压大于空气中的水蒸气分压，在湿纱布表面和空气之间存在着湿度差，这一湿度差使湿纱布表面的水分汽化并被空气带走。水分汽化所需潜热，首先取自湿纱布表面的显热，使其降温，于是在湿纱布表面与空气气流之间又形成了温度差，这一温差将引起空气向湿纱布传递热量。当空气传入的热量等于汽化消耗的潜热时，湿纱布表面将达到一个稳定温度，即湿球温度。

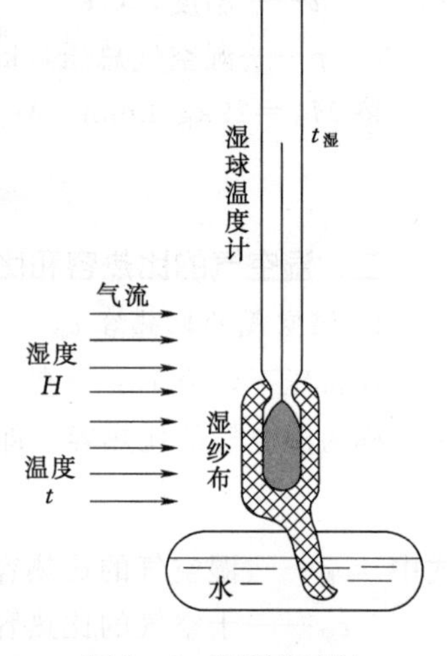

图 8-4 湿球温度计

达到稳定状态时，空气向湿纱布的传热速率为

$$Q=\alpha A(t-t_{湿}) \tag{8-13}$$

式中 α——空气向湿纱布的对流传热膜系数，$W/(m^2 \cdot ℃)$；

A——空气与湿纱布的接触面积，m^2；

t——空气的温度，℃；

$t_{湿}$——空气的湿球温度，℃。

与此同时，湿纱布中水分汽化并向空气中传递，其传质速率为

$$N=k_H(H'_{饱}-H)A \tag{8-14}$$

式中 N——水汽由湿纱表面向空气的传质速率，kg/s；

k_H——以湿度差为推动力的传质系数，$kg/(m^2 \cdot s \cdot \Delta H)$；

$H'_{饱}$——温度为湿球温度时的饱和湿度，kg/kg 干空气。

H——空气的湿度，kg/kg 干空气。

达到稳定状态时，空气传入的显热等于水的汽化潜热，即

$$Q=N\gamma' \tag{8-15}$$

式中 γ——湿球温度下水汽的汽化热，kJ/kg。

联解式（8-13）～式（8-15），并整理得

$$t_{湿}=t-\frac{k_H\gamma'}{\alpha}(H'_{饱}-H) \tag{8-16}$$

实验证明，k_H 与 α 都与空气速度的 0.8 次幂成正比，故可认为比值 α/k_H 近似为一常数。对水蒸气与空气系统，$\alpha/k_H=1.09$。而 γ' 和 $H'_{饱}$ 取决于湿球温度，于是在 α/k_H 为常数时，湿球温度 $t_{湿}$ 为湿空气的温度 t 和湿度 H 的函数。当 t 和 H 一定时，$t_{湿}$ 必定为定值。反之，当测得湿空气的干球温度 t 和湿球温度 $t_{湿}$ 后，可求得空气的湿度 H。在测量湿球温度时，空气速度应大于 5m/s，使对流传热起主要作用，以减少辐射和热传导的影响，使测

量较为准确。

3. 绝热饱和温度 $t_{绝}$

不饱和的空气和大量的水充分接触，进行传质和传热，最终达到平衡，此时空气与液体的温度相等，空气被水蒸气所饱和。如果过程满足以下两个条件：①气液系统与外界绝热；②气体放出的总显热等于水分汽化所吸收的总潜热，则空气和水最终达到的同一温度称为绝热饱和温度 $t_{绝}$，与之对应的湿度称为绝热饱和湿度，用 $H_{绝}$ 表示。

由以上可知，达到稳定状态时，空气释放出的显热等于液体汽化所需的潜热，故整理得

$$c_{湿}(t-t_{绝})=\gamma_{绝}(H_{绝}-H) \tag{8-17}$$

$$t_{绝}=t-\frac{\gamma_{绝}}{c_{湿}}(H_{绝}-H)$$

式中 $\gamma_{绝}$——绝热饱和温度时液体的汽化潜热，kJ/kg。

在湿空气的绝热增湿饱和过程中，水分汽化潜热取自空气，空气因降温显热减小，与此同时，水汽又带了这部分热量回到湿空气中，所以空气的焓值不变。实验证明，对空气与水物系，$\alpha/k_H \approx c_{湿}$，因此，由式（8-16）和式（8-17）可知，$t_{绝} \approx t_{湿}$。

4. 露点温度

不饱和湿空气在总压 p 和湿度一定的情况下进行冷却、降温，直至水蒸气饱和，此时的温度称为露点温度，用 $t_{露}$ 表示。由式（8-5）可见，在一定总压下，只要测出露点温度，便可从手册中查得此温度下对应的饱和蒸气压，从而求得空气湿度。反之，若已知空气的湿度，可根据式（8-5）求得饱和蒸气压，再从水蒸气表中查出相应的温度，即为露点温度。

由以上的讨论可知，表示湿空气性质的特征温度有干球温度 t、湿球温度 $t_{湿}$、绝热饱和温度 $t_{绝}$、露点温度 $t_{露}$。对于空气-水物系，$t_{湿} \approx t_{绝}$，并且有下列关系：

不饱和湿空气　　$t>t_{湿}>t_{露}$

饱和湿空气　　$t=t_{湿}=t_{露}$

【例 8-1】 总压 $p=101.325$kPa、温度 $t=20$℃的湿空气，测得露点温度为 10℃。试求此湿空气的湿度 H、相对湿度 φ、比体积 $v_{湿}$、比热容 $c_{湿}$ 及比焓 I。

解：（1）$t_{露}=10$℃，查得水的饱和蒸气压 $p_{饱}=1.227$kPa，由露点温度定义可知，湿空气中水汽分压 $p_{气}=1.227$kPa。因此，湿空气的湿度为

$$H=0.622\frac{p_{水}}{p-p_{水}}=0.622\times\frac{1.227}{101.325-1.227}=0.00762(\text{kg/kg 干空气})$$

（2）$t=20$℃时，湿空气中水汽的饱和蒸气压 $p_{饱}=2.338$kPa。因此，湿空气的相对湿度为

$$\varphi=\frac{p_{水}}{p_{饱}}\times 100\%=\frac{1.227}{2.338}\times 100\%=52.5\%$$

（3）湿空气的比体积为

$$v_{湿}=(0.773+1.244H)\frac{273+t}{273}=(0.773+1.244\times 0.00762)\times\frac{273+20}{273}=0.84(\text{m}^3\text{/kg 干空气})$$

（4）湿空气的比热容为

$$c_{湿}=1.01+1.88H=1.01+1.88\times 0.00762=1.024(\text{kJ/kg 干空气})$$

（5）湿空气的比焓为

$I=c_{湿}t+2490H=1.024\times20+2490\times0.00762=39.5$(kJ/kg 干空气)

任务三 湿空气的焓湿（I-H）图及其应用

总压一定时，只要规定湿空气各项参数中的两个相互独立的参数，湿空气的状态即可确定。在干燥过程计算中，由前述各公式计算空气的性质时，计算比较烦琐，工程上为了方便起见，将各参数之间的关系绘在坐标图上。这种图通常称为湿度图，常用的湿度图有焓湿图（$I-H$ 图）和湿度-温度图（$H-t$ 图）。下面介绍工程上常用的焓湿图（$I-H$ 图）的构成和应用。

一、焓湿图的构成

图 8-5 所示是在总压 $p=100$kPa 下绘制的 $I-H$ 图。此图纵轴表示湿空气的焓值 I，横轴表示湿空气的湿度 H。为了避免图中许多线条挤在一起而难以读数，本图采用夹角为 135°的斜角坐标。又为了便于读取湿度数值，作一水平辅助轴，将横轴上的湿度值投影到水平辅助轴上。图中共有五种线，分述如下：

（1）等焓（I）线。为平衡于横轴（斜轴）的一系列线，每条直线上任何点都具有相同的焓值。

（2）等湿度（H）线。为一系列平行于纵轴的垂直线，每条线上任何一点都具有相同的湿含量，其值在辅助轴上读取。

（3）等干球温度（t）线。即等温线，将式（8-12）写成

$$I=1.01t+(1.88t+2490)H$$

由此式可知，当 t 为定值，I 与 H 成直线关系。任意规定值，按此式计算 I 与 H 的对应关系，标绘在图上，即为一条等温线。同一条直线上的每一点具有相同的温度值。图中的读数范围为 0～250℃。因直线斜率（$1.88t+2490$）随温度 t 的升高而增大，所以等温线互不平行。

（4）等相对湿度（φ）线。由式（8-4）和式（8-6）可得

$$H=0.622\frac{\varphi p_{饱}}{p-\varphi p_{饱}} \tag{8-18}$$

等相对湿度（φ）线就是用上式绘制的一组曲线。当总压 $p=101.325$kPa 时，因 $\varphi=f(H,\ p_{饱})$，$p_{饱}=f(t)$，所以对于某一值 φ，在 $t=0$～100℃范围内给出一系列 t，就可根据水蒸气表查到相应的 $p_{饱}$ 数值，再根据式（8-18）计算出相应的湿度 H，在图上标绘一系列（t，H）点，将上述各点连接起来，就构成了等相对湿度线。

图 8-5 中共有 11 条等相对湿度线（5%～100%）。$\varphi=100\%$时称为饱和空气线，此时的空气被水汽所饱和。

（5）水汽分压（$p_{水}$）线。由式（8-4）可得

$$p_{水}=\frac{pH}{0.622+H} \tag{8-19}$$

图 8-5 中水汽分压线就是由式（8-19）标绘的。它是在总压 $p=101.325$kPa 时，空气中水汽分压 $p_{水}$ 与湿度 H 之间的关系曲线。水汽分压 $p_{水}$ 的坐标位于图的右端纵轴上。

二、焓湿图的应用

利用 $I-H$ 图可方便地确定湿空气的性质。首先，须确定湿空气的状态点，然后由 $I-$

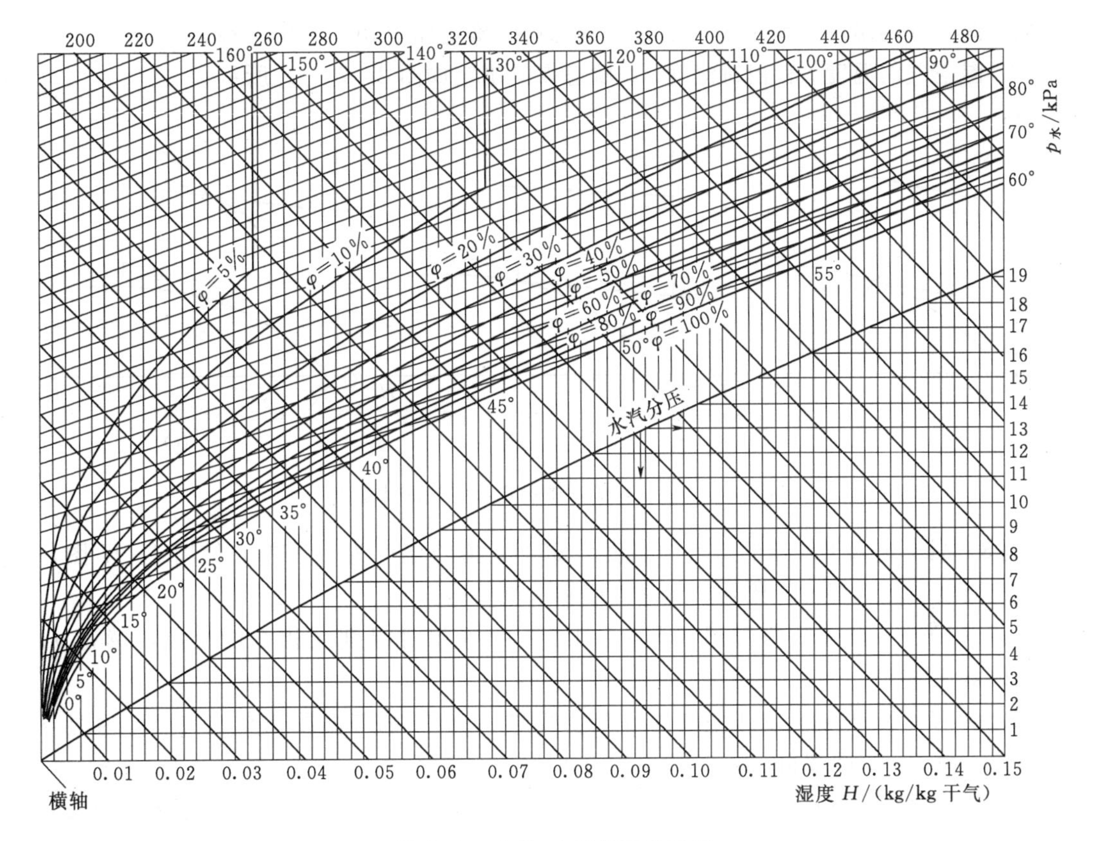

图 8－5　空气-水系统的焓湿图

H 图中读出各项参数。假设已知湿空气的状态点 A 的位置，如图 8－6 所示。可直接读出通过 A 点的四条参数线的数值。可由 H 值读出与其相关的参数 $p_{水}$、$t_{露}$ 的数值，由 I 值读出与其相关的参数 $t_{湿} \approx t_{绝}$ 的数值。确定各项参数具体过程如下：

（1）湿度 H，由 A 点沿等湿线向下与水平辅助轴的交点，即可读出 A 点的湿度值。

（2）焓值 I，通过 A 点作等焓线的平行线，与纵轴相交，由交点可得焓值。

（3）水汽分压 $p_{水}$，由 A 点沿等湿度线向下交水汽分压线于一点，在图右端纵轴上读出水汽分压值。

（4）露点 $t_{露}$，由 A 点沿等湿度线向下与 $\varphi=100\%$饱和线交于一点，再由过该点的等温线读出露点温度。

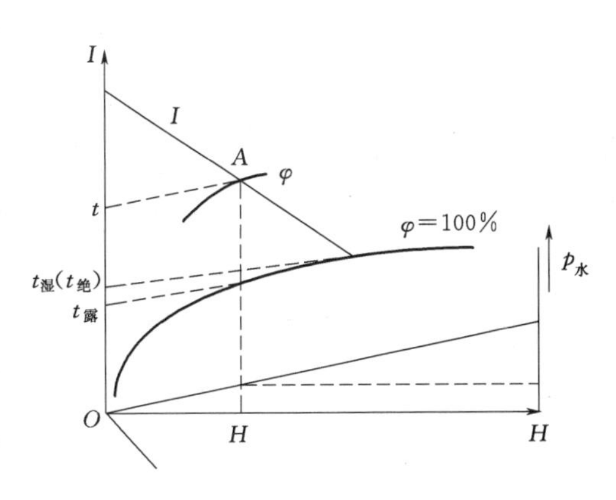

图 8－6　I－H 图的应用

（5）湿球温度 $t_{湿}$（绝热饱和温度 $t_{绝}$），由 A 点沿着等焓线与 $\varphi=100\%$饱和线交于一点，再由过该点的等温线读出湿球温度（绝热饱和温度）。

通常根据下述条件之一来确定湿空气的状态点：

（1）湿空气的温度 t 和湿球温度 $t_{湿}$，状态点的确定如图 8－7（a）所示。

（2）湿空气的温度 t 和露点温度 $t_{露}$，状态点的确定如图 8-7（b）所示。

（3）湿空气的温度 t 和相对湿度 φ，状态点的确定如图 8-7（c）所示。

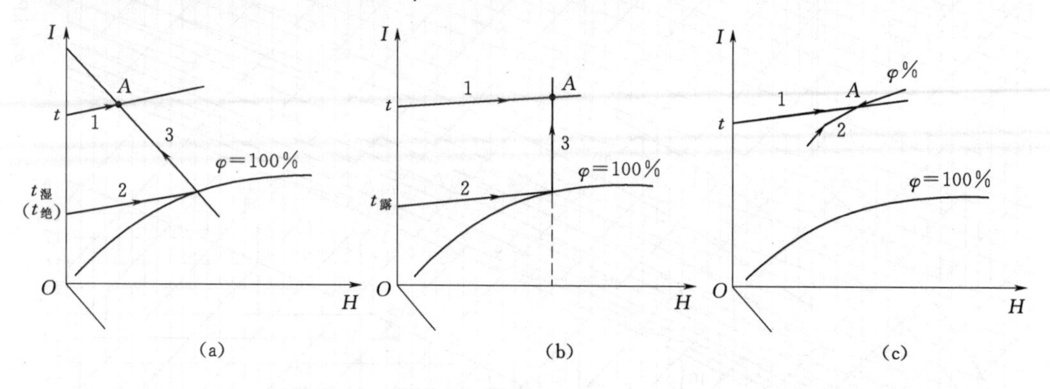

图 8-7 在 $I-H$ 图中确定湿空气的状态点

【例 8-2】 进入干燥器的空气的温度为 65℃，露点温度为 15.6℃，使用 $I-H$ 图，确定湿空气湿度、相对湿度、比焓、湿球温度和水汽分压。

解：（1）$t=15.6$℃的等温线与 $\varphi=100\%$ 的等相对湿度线相交的交点，读得 $H=0.011$kg/kg 干空气。

（2）由 $H=0.011$kg/kg 干空气的等湿度线与 $t=65$℃的等温线相交的交点即为湿空气的状态点，由 $I-H$ 图读得：$\varphi=7\%$，$I=95$kJ/kg 干空气。

（3）由过空气状态点的等焓线与 $\varphi=100\%$的等相对湿度线相交的交点，读得 $t_{湿}=28$℃。

（4）由过空气状态点的等湿度线与水汽分压线相交的交点，读得 $p_{水}=1.8$kPa。

任务四 湿物料含水量的表示方法

日常生活中人们都有这样的生活经验，刚洗好的衣物在晴好的天气晾晒比在阴雨天晾晒干得快；同时洗好的不同质地的衣物，在同样的天气条件下晾晒，衣服干的快慢也不相同。这说明衣服干的快慢不仅与空气的性质和流动状况有关，也与衣物所含水分的性质有关。同理，工业生产中湿物料的干燥过程也是如此。因此，研究干燥过程不仅要研究湿空气的性质，也要研究湿物料所含水分的性质。湿物料中的含水量有两种表示方法。

1. 湿基含水量 w

湿基含水量就是水分在湿物料中的质量分数，即

$$w=\frac{\text{湿物料中水分的质量}}{\text{湿物料的总质量}}\quad\left(\frac{\text{kg 水分}}{\text{kg 湿物料}}\right) \tag{8-20}$$

2. 干基含水量 X

干基含水量就是湿物料中的水分与绝干物料的质量比，即

$$X=\frac{\text{湿物料中水分的质量}}{\text{湿物料中干物料量}}\quad\left(\frac{\text{kg 水分}}{\text{kg 干物料}}\right) \tag{8-21}$$

上述两种含水量之间的换算关系如下：

$$X=\frac{w}{1-w}，w=\frac{X}{1+X} \tag{8-22}$$

工业生产中，通常用湿基含水量来表示物料中水分的多少。但在干燥器的物料衡算中，由于干燥过程中湿物料的质量不断变化，而绝对干物料质量不变，故采用干基含水量计算较为方便。

项目二

干燥过程的计算

任务一　干燥过程的物料衡算

物料衡算主要是为了解决两个问题：一是确定将湿物料干燥到规定的含水量需蒸发的水分量；二是确定带走这些水分所需要的空气量。如图 8-8 所示为连续干燥器的物料衡算。

图 8-8　干燥器的物料衡算

L——绝干空气消耗量，kg 绝干空气/s；H_1、H_2——空气进、出干燥器时的湿度，kg/kg 干空气；X_1、X_2——湿物料进、出干燥器时的干基含水量，kg 水/kg 干物料；w_1、w_2——湿物料进、出干燥器时的湿基含水量，kg 水/kg 湿物料；G_1、G_2——湿物料进、出干燥器时的流量，kg 物料/s；G——湿物料中绝干物料的流量，kg 绝干料/s。

一、水分蒸发量 W

若不计干燥过程中物料损失，则在干燥前后物料中绝干物料质量不变，即

$$G=G_1(1-w_1)=G_2(1-w_2)$$

整理得干燥产品流量

$$G_2=G_1\frac{1-w_1}{1-w_2} \tag{8-23}$$

则

$$W=G_1-G_2 \tag{8-24}$$

对干燥器中水分作物料衡算，又可得

$$W=G(X_1-X_2)=L(H_2-H_1) \tag{8-25}$$

式中　W——湿物料在干燥器中蒸发的水分量，kg 水分/s。

二、空气消耗量

由式（8-25）得，干空气消耗量 L 与水分蒸发量的关系为

$$L=\frac{W}{H_2-H_1} \tag{8-26}$$

将上式两端除以 W，可得蒸发 1kg 水分需消耗的干空气量（称为单位空气消耗量，单位为 kg 干空气/kg 水）为

$$l=\frac{L}{W}=\frac{1}{H_2-H_1} \tag{8-27}$$

由以上可知，空气消耗量随进入干燥器的空气湿度 H_1 的增大而增大。因此，一般按夏季的空气湿度确定全年中最大空气消耗量。干燥中风机的选择是以湿空气的体积流量为依据的，湿空气的体积流量可由上面计算的 L 和湿空气的比体积来求取。

【例 8-3】 今有一干燥器，处理湿物量为 800kg/h。要求物料干燥后含水量由 30%减至 4%（均为湿基含水量）。干燥介质为空气，初温 15℃，相对湿度为 50%，经预热器至 120℃进入干燥器，出干燥器时降温至 45℃，相对湿度 80%。试求：(1) 水分蒸发量 W；(2) 空气消耗量 L、单位空气消耗量 l；(3) 如鼓风机装在进口处，求鼓风机在 20℃、101.325kPa 下的湿空气体积流量。

解：(1) 已知 $G_1=800\text{kg/h}$，$w_1=0.3$，$w_2=0.04$，则

$$G_2=G_1\frac{1-w_1}{1-w_2}=800\times\frac{1-0.3}{1-0.04}=583.3(\text{kg/h})$$

$$W=G_1-G_1=800-583.3=216.7(\text{kg 水/h})$$

(2) 在 $I-H$ 图中查得，空气在 $t_0=15℃$，$\varphi=50\%$时的湿度为 $H_0=0.005\text{kg/kg}$ 干空气。在 $t_0=45℃$，$\varphi=80\%$时的湿度为 $H_2=0.052\text{kg/kg}$ 干空气。空气通过预热器湿度不变，即 $H_0=H_1$，则

$$L=\frac{W}{H_2-H_1}=\frac{W}{H_2-H_0}=\frac{216.7}{0.052-0.005}=4610(\text{kg 干空气/h})$$

$$l=\frac{1}{H_2-H_0}=\frac{1}{0.052-0.005}=21.3(\text{kg 干空气/kg 水})$$

(3) 20℃、101.325kPa 下的湿空气比容为

$$\begin{aligned}v_{湿}&=(0.773+1.244H_0)\frac{273+t}{273}=(0.773+1.244\times0.005)\times\frac{273+20}{273}\\&=0.836(\text{m}^3/\text{kg 干空气})\end{aligned}$$

$$V=Lv_{湿}=4610\times0.836=3854(\text{m}^3/\text{h})$$

任务二　干燥过程的热量衡算

一、预热器的加热量

连续干燥过程的热量衡算示意图如图 8-9 所示，绝干空气流量为 L（kg 干空气/s），不计热损失，则预热器的加热量为

$$Q_{预}=L(I_1-I_0) \tag{8-28}$$

式中　I_0、I_1——湿空气进入预热器、离开预热器时的焓，kJ/kg 干空气；

L——绝干空气的流量，kg 干空气/s；

$Q_{预}$——单位时间预热器消耗的热量，kW。

空气-水系统，湿空气焓值由下式计算：

$$I=(1.01+1.88H)t+2490H$$

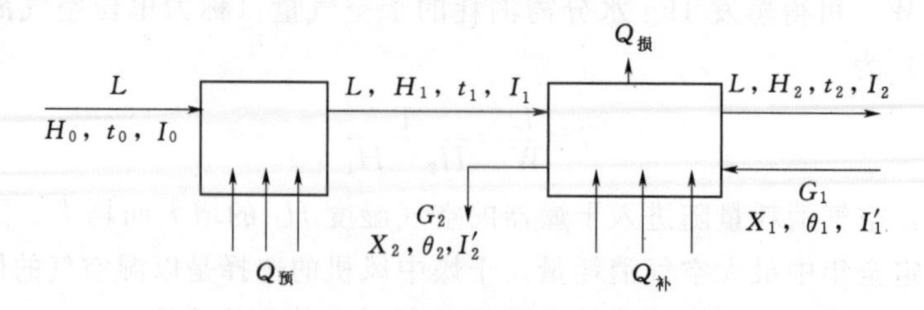

图 8-9 连续干燥过程的热量衡算示意图

二、干燥器的热量衡算

干燥器的热量输入、输出情况见表 8-1。

表 8-1 干燥器的热量输入、输出情况

输入热量	输出热量	输入热量	输出热量
(1) 湿物料带入的热量：GI'_1	(1)干燥产品带出的热量：GI'_2	(3) 干燥器内补充的热量：$Q_补$	(3) 干燥器热损失：$Q_损$
(2) 空气带入的热量：LI_1	(2) 空气带出的热量：LI_2		

注 表内符号意义如下：

G——湿物料中绝干物料的流量，kg/s；

I'_1、I'_2——湿物料进入和离开时的焓，kJ/kg 绝干料；

I_2——湿空气离开干燥器时的焓，kJ/kg 干空气；

$Q_补$——单位时间向干燥器补充的热量，kW；

$Q_损$——单位时间干燥器损失的热量，kW。

湿物料的温度为 θ℃，干基含水量为 X（kg 水/kg 绝干料），其焓的计算式为

$$I'=c_干\theta+Xc_水\theta=(c_干+Xc_水)\theta \tag{8-29}$$

式中 $c_干$——绝干料的平均比热容，kJ/(kg 绝干料·℃)；

$c_水$——液态水的平均比热容，$c_水\approx4.187$kJ/(kg 水·℃)。

干燥器的热量衡算式为

$$GI'_1+LI_1+Q_补=GI'_2+LI_2+Q_损$$

整理得

$$Q_补=L(I_2-I_1)+G(I'_2-I'_1)+Q_损 \tag{8-30}$$

三、理想干燥过程

由以上结果可看出，对干燥系统进行物料衡算与热量衡算时，必须知道空气离开干燥器时的状态参数，由于干燥器内空气与物料间既有热量传递又有质量传递，有时还要向干燥器补充热量，而且又有热量损失于周围环境中，情况复杂，故确定干燥器出口处空气状态参数很烦琐。若能满足或接近以下条件，则可简化干燥计算：

(1) 不向干燥器中补充热量，即 $Q_补=0$。

(2) 热损失可忽略，即 $Q_损=0$。

(3) 物料进出干燥器的焓相等，即 $G(I'_2-I'_1)=0$。

将以上条件代入式（8-30）可得

$$I_1 = I_2$$

上式说明空气通过干燥器时焓恒定，所以又将这个过程称为等焓过程。实际操作中很难实现这种等焓过程，故该过程称为理想干燥过程。利用焓恒定，能在 $I-H$ 图上迅速确定空气离开干燥器时的状态参数。

通过对干燥器的热量衡算，可确定干燥过程的热能消耗量，为计算预热器的加热面积、加热介质的消耗量、干燥器的尺寸等提供了依据。

任务三　干燥速率和干燥速率曲线

干燥过程中，湿分从固体物料内部向表面迁移，再从物料表面向干燥介质汽化。湿分与物料的结合方式直接影响湿分在气、固间的传递。因此，用干燥的方法从湿物料中除去水分的难易程度因水分性质不同而不同。

一、物料中所含水分的性质

1. 平衡水分和自由水分

根据物料在一定的干燥条件下，其中所含水分能否用干燥的方法除去来划分，可分为平衡水分与自由水分。

(1) 平衡水分。当湿物料与一定温度和湿度的湿空气接触时，物料将释放水分或吸收水分，直至物料表面所产生的水蒸气分压与空气中水蒸气分压相等。此时，物料中所含水分不再因与空气接触时间的延长而有增减，含水量恒定在某一值，此即该物料的平衡含水量，用 X^* 表示。物料的平衡含水量随相对湿度增大而增大，当 $\varphi=0$ 时，$X^*=0$，即只有在绝干空气中才有可能获得绝干物料，平衡水分还随物料种类的不同有很大的差别。图 8-10 所示为空气温度在 25℃时某些物料的平衡含水量曲线。

在一定的空气温度和湿度条件下，物料的干燥极限为 X^*。要进一步干燥，应减小空气湿度或增大温度。平衡含水量曲线上方为干燥区，下方为吸湿区。

(2) 自由水分。物料中所含的大于平衡水分的那部分水分，即干燥中能够除去的水分，称为自由水分。

2. 结合水分和非结合水分

按照物料与水分的结合方式，将水分分为结合水分和非结合水分。其基本区别是表现出的平衡蒸汽压不同。

(1) 结合水分。通过化学力或物理化学力与固体物料相结合的水分称为结合水分，如结晶水、毛细管中的水及细胞中溶胀的水分。结合水与物料结合力较强，其蒸汽压低于同温度下的饱和蒸汽压。因此，将图 8-10 中给定的湿物料平衡水分曲线延伸到与 $\varphi=100\%$ 的相对湿度线相交，交点所对应含水量即为结合水分。

(2) 非结合水分。物料中所含的大于结合水分的那部分水分，称为非结合水分。非结合水分通过机械的方法附着在固体物料上，如固体表面和内部较大空隙中的水分。非结合水分的蒸汽压等于纯水的饱和蒸汽压，易于除去。

平衡水分、自由水分、结合水分、非结合水分及物料总水分之间的关系如图 8-11 所示。

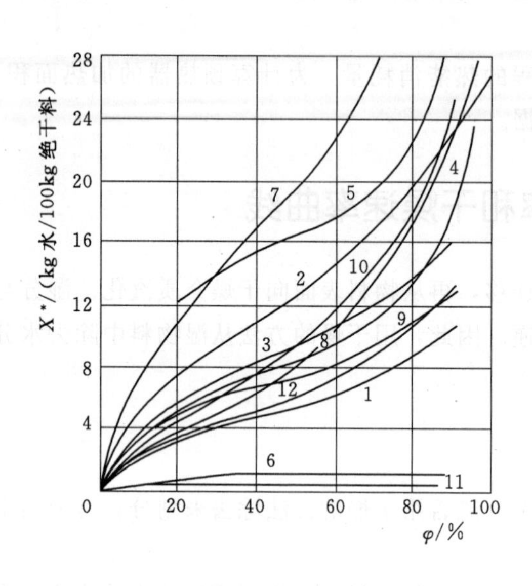

图 8-10 某些物料的平衡含水量曲线

1—新闻纸；2—羊毛、毛织物；3—硝化纤维；4—丝；5—皮革；6—陶土；7—烟叶；8—肥皂；9—牛皮胶；10—木材；11—玻璃绒；12—棉花

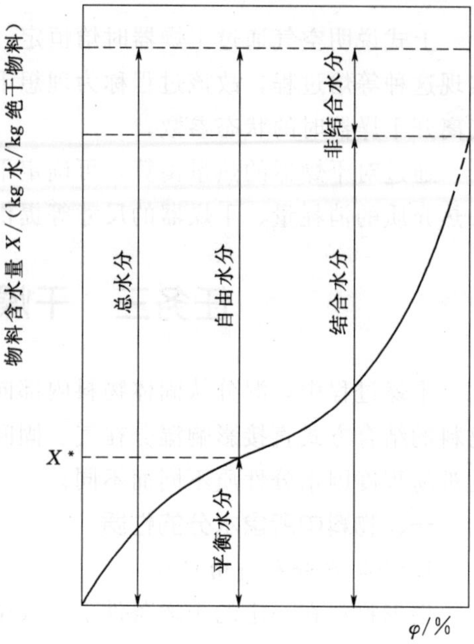

图 8-11 固体物料中水分的区分（t 为定值）

二、干燥速率和干燥速率曲线

1. 干燥速率

干燥速率为单位时间在单位干燥面积上汽化的水分量，用 U 表示，单位为 kg/(m^2·s)。考虑到干燥速率是变量，故其定义式用微分式表示，即

$$U=\frac{\mathrm{d}W}{A\,\mathrm{d}\tau} \tag{8-31}$$

式中 A——干燥面积，m^2；

W——汽化的水分量，kg；

τ——干燥时间，s。

因 $\mathrm{d}W=-G\mathrm{d}X$，则上式可写成

$$U=-\frac{G\mathrm{d}X}{A\,\mathrm{d}\tau} \tag{8-32}$$

式中 G——湿物料中绝干物料的质量，kg；

X——湿物料干基含水量，kg/kg 干物料。

确定干燥时间和干燥器的尺寸，应知道干燥速率。湿分由湿物料内部向干燥介质传递的过程是一个复杂的物理过程，干燥速率的快慢，不仅取决于湿物料的性质（物料结构、与水分结合方式、块度、料层的厚薄等），也决定于干燥介质的性质（温度、湿度、流速等）。通常，干燥速率从实验测得的干燥曲线求取。

2. 干燥速率曲线

为了简化影响因素，干燥实验大多在恒定干燥条件下进行。所谓恒定干燥，即干燥介质的温度、湿度、流速及与物料接触方式在整个干燥过程中均不变。大量不饱和空气对少量湿物料进行干燥时，可认为是恒定干燥。

实验过程简述如下：在恒定干燥条件下干燥某物料，记录下不同时间 τ 下湿物料的质量 G'，进行至物料质量不再变化为止，此时物料中所含水分为平衡水分 X^*。然后，取出物料，测量物料与空气接触表面积 A，再将物料放入烘箱内烘干到恒重为止，此即绝干物料质量 G。根据实验数据可计算出不同时刻的干基含水量为

$$X=\frac{G'-G}{G} \tag{8-33}$$

将计算得到的干基含水量 X 与干燥时间 τ 标绘在坐标纸上，即得干燥曲线，如图 8-12 所示。

将图 8-12 中 $X-\tau$ 曲线斜率及实测的绝干物料质量 G、物料与空气接触表面积 A 代入式（8-32），即可求得干燥速率 U。将计算得到的干燥速率 U 与物料含水量标绘在坐标纸上，即得干燥速率曲线，如图 8-13 所示。

在图 8-12 和图 8-13 中，A 点代表时间为零时的情况，AB 段为物料的预热阶段，这时物料从空气中接收的热主要用于物料的预热，湿含量变化较小，时间也很短，在分析干燥过程时常可忽略。从 B 点开始至 C 点，干燥曲线 BC 段斜率不变，干燥速率保持恒定，称为恒速干燥阶段。C 点以后，干燥曲线的斜率变小，干燥速率下降，所以 CDE 段称为降速干燥阶段。C 点称为临界点，该点对应的含水量称为临界含水量，以 X_C 表示。X^* 即为操作条件下的平衡含水量。

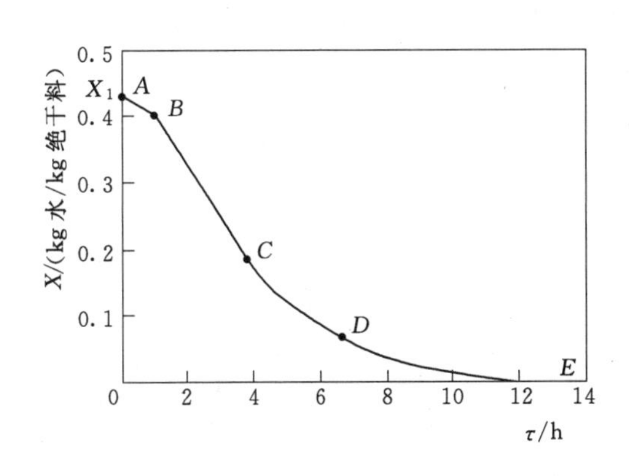

图 8-12 恒定干燥条件下某物料的干燥曲线

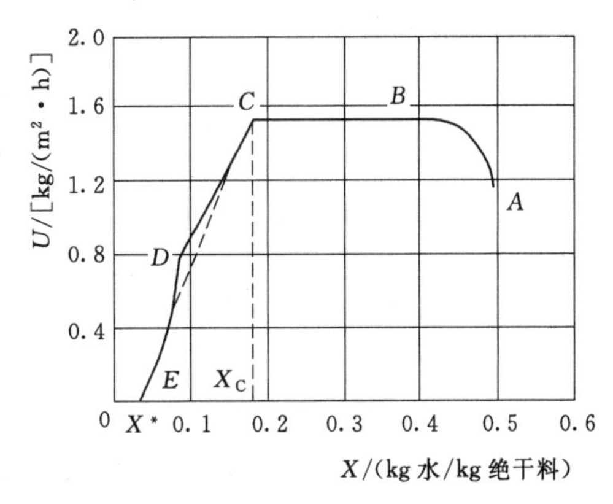

图 8-13 恒定干燥条件下干燥速率曲线

（1）恒速干燥阶段 BC。在这一阶段，物料整个表面都有非结合水分，物料中的水分由物料内部迁移到物料表面的速率大于或等于表面水分的汽化速率，所以物料表面保持润湿。干燥过程类似于纯液态水的表面汽化。干燥过程与湿球温度计的湿纱布水分汽化机理是相同的，因而物料表面温度保持为空气的湿球温度。这一阶段的干燥速率主要决定于干燥介质的性质和流动情况。干燥速率由固体表面的汽化速率所控制。

（2）临界含水量 X_C。由恒速阶段转为降速阶段时，物料的含水量为临界含水量。由临界点开始，水分由内部向表面迁移的速率开始小于表面汽化速率，湿物料表面的水分不足以

保持表面的湿润，表面上开始出现干点。如果物料最初的含水量小于临界含水量，则干燥过程不存在恒速阶段。临界含水量与湿物料的性质和干燥条件有关，其值一般由实验测定。

(3) 降速干燥阶段 CDE。由图 8-13 可知，降速干燥通常可分为两个阶段。当物料含水量降到临界含水量后，物料表面开始出现不润湿点（干点），实际汽化面积减小，从而使得以物料全部外表面积计算的干燥速率逐渐减小。当物料外表面完全不润湿时，降速干燥就从第一降速阶段（CD 段）进入到第二降速阶段（DE 段）。在第二降速阶段，汽化表面逐渐从物料表面向内部转移，从而使传热、传质的路径逐渐加长，阻力变大，故水分的汽化速率进一步降低。降速阶段的干燥速率主要决定于水分和水汽在物料内部的传递速率。此阶段由于水分汽化量逐渐减小，空气传给物料的热量，部分用于水分汽化，部分用于给物料升温，当物料含水量达到平衡含水量时，物料温度将等于空气的温度。

三、影响干燥速率的因素

1. 影响恒速干燥速率的因素

由恒速干燥的特点可知，恒速阶段的干燥速率与物料的种类无关，与物料内部结构无关，主要和以下因素有关：

(1) 干燥介质条件。干燥介质条件是指空气的状态（t、H 等）及流动速度。提高空气温度 t、降低湿度 H，可增大传热及传质推动力。提高空气流动速度，可增大对流传热系数与对流传质系数。所以，提高空气温度、降低空气湿度、增大空气流动速度能提高恒速干燥阶段的干燥速率。

(2) 物料的尺寸及与空气的接触面积。物料尺寸较小时提供的干燥面积大，干燥速率高。同样尺寸的物料，物料与空气接触方式对干燥速率有很大影响。物料颗粒与空气一般有三种不同的接触方式，如图 8-14 所示。物料分散悬浮于气流中接触方式最好，不仅对流传热系数与对流传质系数大，而且空气与物料接触面积也大；其次是气流穿过物料层的接触方式；而气流掠过物料层的接触方式与物料接触不良，干燥速率最低。

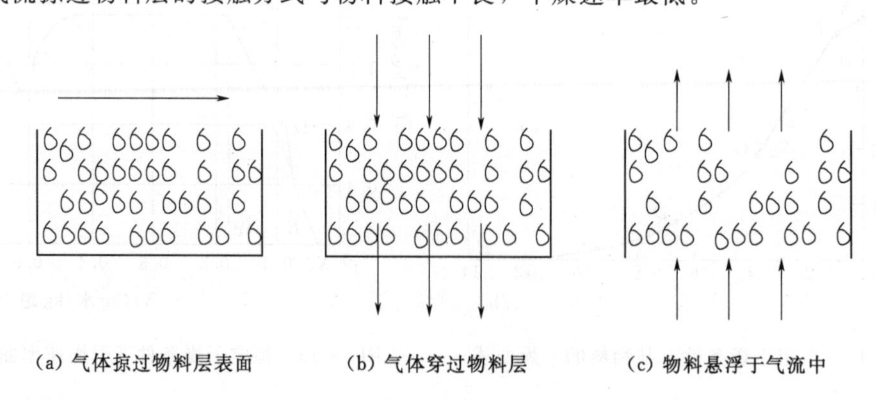

图 8-14 物料与空气的接触方式

2. 影响降速干燥速率的因素

降速干燥阶段的特点是湿物料只有结合水分，干燥速率与干燥介质的条件关系不大，影响因素主要有：

(1) 物料本身的性质。物料本身的性质包括物料的内部结构和物料与水的结合形式等，这些因素对干燥速率有很大影响。不过物料本身的性质通常是不能改变的因素。

（2）物料温度。在同一湿含量的情况下，提高物料温度可以减小内部传质阻力，使干燥速率加快。

（3）物料的形状和尺寸。物料的形状和尺寸影响内部水分的传递。物料越薄或直径越小对提高干燥速率有利。

（4）气体与物料的接触方式。一定大小的物料，如与气体接触方式不同，其传质距离和传质面积不同。若将物料分散在气流中，则传质距离会缩短，传质面积会大大增加，干燥速率会大幅度提高。

项目三

干 燥 设 备

任务一 干燥器的基本要求与分类

在化工生产中，由于被干燥物料的形状（如块状、粒状、溶液、浆状及膏糊状等）和性质（耐热性、含水量、分散性、黏性、酸碱性、防爆性及湿态等）都各不相同，生产规模或生产能力悬殊，对于干燥后的产品要求（含水量、形状、强度及粒径等）也不尽相同，所以采用的干燥方法和干燥器的形式也是多种多样的。通常，对干燥器的要求如下：

（1）能保证干燥产品的质量要求，如含水量、强度、形状等。

（2）要求干燥速率高，干燥时间短，以减小干燥器尺寸，降低能耗量（即蒸发 1kg 水或干燥 1t 成品的耗能量），同时还考虑干燥器的辅助设备的规格和成本，即经济性能。

（3）操作控制方便，劳动条件好。

干燥器通常可按加热的方式来分类，见表 8－2。

表 8－2　　常用干燥器的分类

类　型	干　燥　器
对流干燥器	厢式干燥器、气流干燥器、沸腾干燥器、转筒干燥器、喷雾干燥器
传导干燥器	滚筒干燥器、真空盘架式干燥器
辐射干燥器	红外线干燥器
介电干燥器	微波干燥器

任务二 工业常用干燥器

一、厢式干燥器

厢式干燥器是一种间歇式的多功能干燥器，可以同时干燥不同的物料。一般为常压操作，也有在真空下操作的。图 8－15 所示为厢式干燥器，新鲜空气由入口进入干燥器与吸湿以后的空气混合后进入风扇，由风扇出来的空气一部分作为废气由空气出口放空，大部分经加热器加热后沿挡板均匀地在各浅盘内的物料上方掠过，对物料干燥。增湿降温后的空气与入口进来新鲜空气混合，再次进入风扇。被干燥的物料放在盘架上，分批地放入，干燥结束后成批地取出，例如用小车推进推出。

厢式干燥器的优点是结构简单，设备投资少，适应性强；缺点是劳动强度大，热利用率低，产品质量不均匀。这种设备主要适用于小规模、多品种、干燥条件变动大的场合。

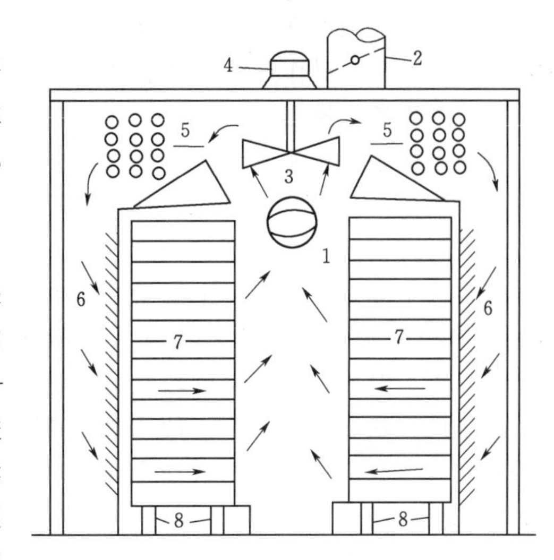

图 8－15　厢式干燥器

1—空气进口；2—空气出口；3—风机；4—电动机；5—加热器；6—挡板；7—盘架；8—移动轮

二、洞道式干燥器

洞道式干燥器是由厢式干燥器发展而来的，以适应大量生产的要求，将厢式干燥器的间歇操作发展为连续或半连续的操作。如图 8－16 所示，干燥器为一较长的通道，其中铺设铁轨，盛有物料的小车在铁轨上运行，空气连续地在洞道内被加热并强制流过物料，小车可连续或半连续（隔一段时间运动一段距离）地移动，在洞道内物料和热空气接触而被干燥。洞道干燥器适用于处理量大、干燥时间长的物料。

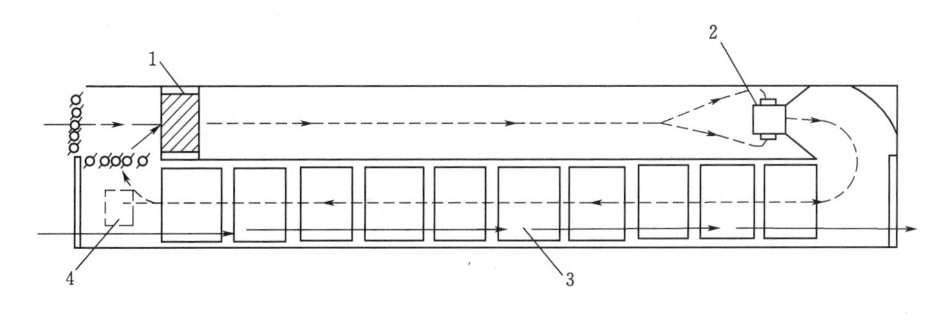

图 8－16　洞道式干燥器

1—加热器；2—风扇；3—装料车；4—排气口

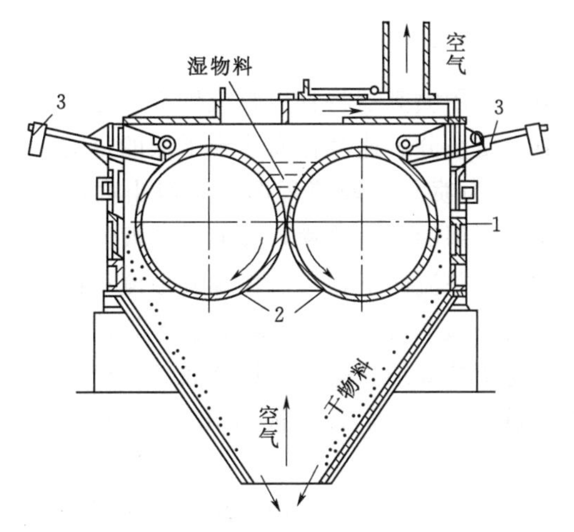

图 8－17　滚筒式干燥器

1—外壳；2—滚筒；3—刮刀

三、滚筒式干燥器

滚筒式干燥器是一种间接加热的连续干燥器，属于热传导干燥器。图 8－17 所示为一双滚筒干燥器，两滚筒的旋转方向相反，部分表面浸在料槽中，从料槽中转出的滚筒表面粘上了一薄层料浆，加热蒸汽通入筒内，经筒壁的热传导，使物料中的水分蒸发。水汽和夹带的粉尘由上方的排气罩排出，被干燥的物料在滚筒的外侧用刮刀刮下，经螺旋输送器推出而收集。

滚筒式干燥器适用于悬浮液、溶液和稀糊状等流动性物料的干燥，不适用于含水量过低的热敏性物料。滚筒式干燥器的优点是干燥过程连续化，劳动强度低，设备紧凑，投资小，清洗方便；缺点是物料易受到过热，筒体外壁的加工要求较高，操作过程中由于粉尘飞扬而使操作环境恶化。

四、气流式干燥器

气流干燥是气流输送技术在干燥中的一种应用。气流式干燥器利用高速热空气流使散粒状湿料被吹起，并悬浮于其中，在气流输送过程中对物料进行干燥，如图 8-18 所示。气流式干燥器的主体是干燥管，干燥管的基本方式为直立等径的长管，干燥管下部有笼式破碎机，其作用是对加料器送来的块状物料进行破碎。对于散粒状湿物料，不必使用破碎机。高速的热空气由底部进入，物料在干燥管中被高速上升的热气流分散并呈悬浮状，与热气流并流向上运动，湿物料在被输送过程中被干燥。干燥后的产品由下部收集，湿空气经袋式过滤器收回粉尘后排出。

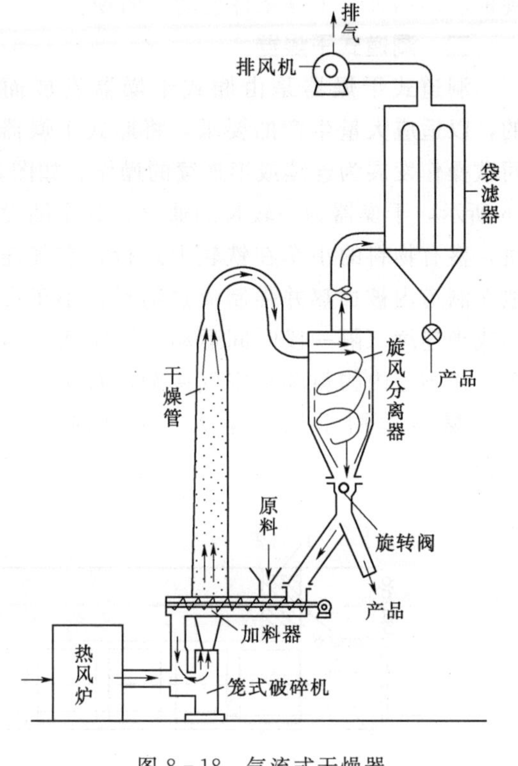

图 8-18 气流式干燥器

气流式干燥器适宜处理含非结合水及结块不严重又不怕磨损的粒状物料。对于黏性和膏状物料，采用干料返混的方法和适宜的加料装置，也可正常操作。

气流式干燥器的主要优点有：干燥速率高，干燥时间短，从湿物料投入到产品排出，只需 1～2s。由于热风和湿物料并流操作，即使热空气温度高达 700～800℃，而产品温度不超过 70～90℃，所以适宜干燥热敏性和低熔点的物料，干燥器结构简单，占地面积小。缺点是：由于流速大，压力损失大，物料颗粒有一定的磨损，对晶体有一定要求的物料不适用。

五、喷雾式干燥器

喷雾式干燥器是一种处理液体物料的干燥设备，是用喷雾器将物料喷成细雾，分散在热气流中，使水分迅速汽化而达到干燥的目的。图 8-19所示为喷雾干燥流程图，浆料由高压泵压至干燥器顶部的压力喷嘴，喷成雾状液滴，与热空气混合后并流向下，气流作螺旋形流动旋转下降，液滴在接触干燥室内壁前已经完成干燥过程，成为微粒或细粉落到干燥器底部。产品随气体进入旋风分离器中而被分出，废气经风机排出。

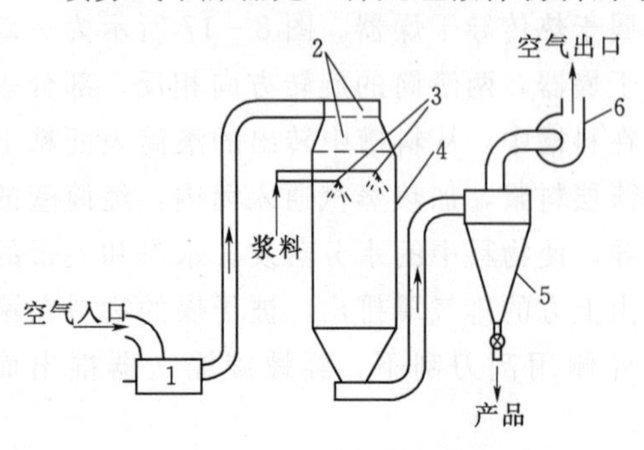

图 8-19 喷雾干燥流程图

1—燃烧炉；2—空气分布器；3—压力式喷头；4—干燥塔；5—旋风分离器；6—风机

喷雾式干燥器广泛应用于化工、医药、食品等工业生产中，特别适用于热敏性物料的干燥。它的主要优点有：由于液滴直径小，气液接触面积大，扰动剧烈，干燥过程极快，干燥完成后，物料表面温度仍接近于湿球温度，非常适宜处理热敏性的物料；喷雾干燥可直接由液态物料获得产品，省去了蒸发、结晶、过滤、粉碎等多种工序；能得到迅溶的粉末和空心细颗粒。其缺点是：干燥器体积大，单位产品热量消耗高，机械能消耗大。

六、沸腾床干燥器

沸腾床干燥器是流态化原理在干燥中的应用。在沸腾床干燥器中，颗粒在热气流中上下翻动，彼此碰撞和混合，气、固间进行传热和传质，以达到干燥的目的。图 8-20 所示为单层圆筒沸腾床干燥器。散粒物料由床侧加料口加入，热风通过多孔气体分布板由底部进入床层同物料接触，只要热风气速保持在一定的范围，颗粒即能在床层内悬浮，并作上下翻动，在与热风接触过程中使物料得到干燥。干燥后的颗粒由床的另一侧出料管卸出，废气由顶部排出，经气固分离设备后放空。

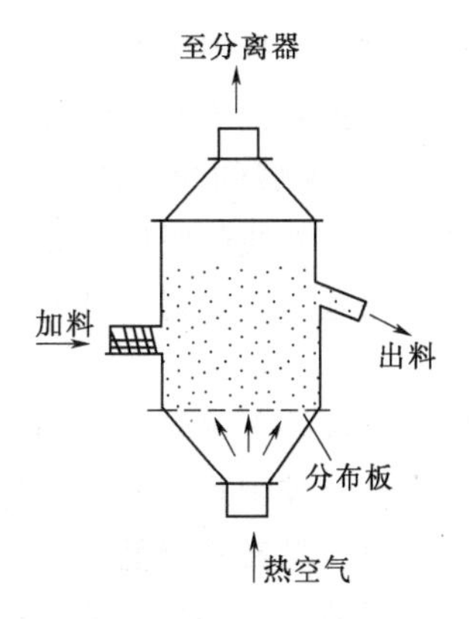

图 8-20　单层圆筒沸腾床干燥器

在单层圆筒沸腾床干燥器中，由于床层中颗粒的不规则运动，引起返混和短路现象，使得每个颗粒的停留时间并不相同，这会使产品质量不均匀。为此，可采用多层沸腾床干燥器和卧式多室沸腾床干燥器。

多层沸腾床干燥器，物料由上面第一层加入，热风由底层吹入，在床内进行逆向接触。颗粒由上一层经溢流管流入下一层，颗粒在每一层内可以互相混合，但层与层之间不互混，经干燥后由下一层卸出。热风自下而上通过各层由顶部排出。

为了减小气体的流动阻力和保证操作的稳定性，国内在化纤、塑料和制药等行业已广泛采用卧式多室沸腾床干燥器。它是在长方形床层中，沿垂直于颗粒流动方向安装若干垂直挡板，分隔为几个室，挡板下端距多孔气体分布板有一定距离，物料可以逐室流动，不致完全混合。这样，颗粒的停留时间分布较均匀，以防止未干颗粒排出。

沸腾床干燥器的主要优点有：传热、传质效率高，处理能力大；物料停留时间短，有利于处理热敏性物料；设备简单，可动部件少，操作稳定；缺点是对物料的形状和粒度有限制。

七、冷冻真空干燥器

冷冻真空干燥是将物料冷冻到冰点以下，并置于高度真空环境下，水分直接由固态冰升华而被除去。因冷冻升华所需的热量是通过传导方式供给的，所以冷冻干燥属传导加热的真空干燥。

冷冻真空干燥的优点是，干燥后物料能保持原有的化学组成与物理性质，并且其热能的消耗比其他干燥方法少，这是因为在真空下冰的升华温度很低，所以室温或稍高温度的液体或气体就可作为载热体，且具有足够的传热推动力。冷冻真空干燥器的外壁一般不需要绝热保温。

冷冻真空干燥器的缺点是设备投资费用高，动力消耗大，干燥速率慢。所以冷冻干燥除特殊情况外未获广泛应用，目前主要用于食品和医药工业。

八、红外线干燥器

红外线干燥是利用红外辐射元件发射出来的红外线对物料进行直接加热的一种干燥方

法。红外线投射到被干燥的物体上，被物体吸收转变为热使湿分汽化。

根据波长不同，红外线分为两个区域：波长在0.75～5.6μm区域的为近红外；在5.6～1000μm区域的为远红外。用近红外灯作为加热元件的干燥方法称为近红外干燥。由于一般物料对红外线的吸收光谱大多位于远红外区域，故近红外干燥效率低，干燥时间长，耗能大。用远红外辐射元件对物料进行加热干燥就称为远红外干燥。有很多物料，特别是有机物、高分子材料等在远红外区域有很宽的吸收带，所以远红外特别适合用于上述物料的干燥。远红外干燥具有干燥速度快、干燥质量好、能量利用率高等优点。因红外线穿透物料深层内部比较困难，所以红外线干燥器主要用于薄层物料的干燥。

九、微波干燥器

微波干燥是在微波理论及微波管成就的基础上发展起来的一门技术。微波是指频率为300MHz～300GHz、波长为1mm～1m的电磁波，是一种高频交变电场。在高频交变电场中，湿物料中的水分会随着电场方向的变换而转动，在此过程中，水分子之间会产生剧烈的碰撞与摩擦，部分能量转换成热能，所以能使湿物料中的水分获得热量而汽化，从而使物料得到干燥。微波干燥已在食品、皮革等行业中获得了一定的应用。

微波干燥具有如下优点：加热迅速，干燥速度快；热效率高，控制灵敏，操作方便；产品含水量均一，质量稳定。

任务三　干燥器的选型和设计

一、干燥器的选型

通常，干燥器选型应考虑以下各项因素：

(1) 产品的质量。例如在医药工业中许多产品要求无菌，避免高温分解，此时干燥器的选型主要从保证质量上考虑，其次才考虑经济性等问题。

(2) 物料的特性。物料的特性不同，采用的干燥方法也不同。物料的特性包括物料形状、含水量、水分结合方式、热敏性等。例如，对于散粒状物料，多选用气流式干燥器和沸腾床干燥器。

(3) 生产能力。生产能力不同，干燥方法也不尽相同。例如当干燥大量浆液时，可采用喷雾式干燥器，而生产能力低时可用滚筒式干燥器。

(4) 劳动条件。某些干燥器虽然经济适用，但劳动强度大、条件差，且生产不能连续化。这样的干燥器特别不适宜处理高温有毒、粉尘多的物料。

(5) 经济性。在符合上述要求下，应使干燥器的设备费和操作费用为最低。

(6) 其他要求。例如设备的制造、维修、操作及设备尺寸是否受到限制等。

另外，根据干燥过程的特点和要求，还可采用组合式的干燥器。例如，对于最终含水量要求较高的可采用气流-沸腾干燥器；对于膏状物料，可采用滚筒-气流干燥器。

二、干燥器的设计

干燥器设计中，主要利用以下基本关系：①物料衡算；②热量衡算；③传热速率方程式；④传质速率方程式。

但是，对于对流传热系数α及传质系数K均随干燥器形式、物料性质及操作条件而异，而目前还没有通用的求算α和K的关联式，因此干燥器的设计仍借经验或半经验方法进行。

设计的基本原则是物料在干燥器中的停留时间必须等于或稍大于所需的干燥时间。

干燥器操作条件的确定与许多因素（例如干燥器的形式、物料的特性及干燥过程的工艺要求等）有关，而且各种操作条件（例如干燥介质的温度和湿度等）之间又是相互制约的，应予综合考虑。有利于强化干燥过程的最佳操作条件，通常由实验测定。下面介绍一般的选择原则。

1. 干燥介质的选择

干燥介质的选择，决定于干燥过程的工艺及可利用的热源。基本的热源有饱和水蒸气、液态或气态的燃料和电能。干燥介质可采用空气、惰性气体、烟道气和过热蒸气。

当干燥操作温度不太高且氧气的存在不影响被干燥物料的性能时，可采用热空气作为干燥介质。对某些易氧化的物料，或从物料中蒸发出易爆的气体时，则宜采用惰性气体作为干燥介质。烟道气适用于高温干燥，但要求被干燥物料不怕污染，而且不与烟道气中的 SO_2 和 CO_2 等气体发生作用。由于烟道气温度高，故可强化干燥过程，缩短干燥时间。

此外，还应考虑干燥介质的经济性及来源。

2. 流动方式的选择

干燥介质和物料在干燥器内的流动方式，一般可分为并流、逆流和错流。

（1）并流操作物料的移动方向与干燥介质的流动方向相同。湿物料一进入干燥器就与高温、低湿的热气体接触，传热、传质推动力较大，干燥速率也较大，但沿着干燥管长干燥推动力下降，干燥速率降低。因此，并流操作时前期干燥速率较大，而后期干燥速率较小，难以获得含水量很低的产品。但与逆流操作相比，若气体初温相同，并流时物料的出口温度可较逆流时低，被物料带走的热量就少，就干燥经济性而言，并流优于逆流。

并流操作适用于：①当物料含水量较高时，允许进行快速干燥，而不产生龟裂或焦化的物料；②干燥后期不耐高温，即在高温下，被干燥物料易变色、氧化或分解等。

（2）逆流干燥物料移动方向和干燥介质的流动方向相反，整个干燥过程中的干燥推动力变化不大，适用于：①在物料含水量高时，不允许采用快速干燥的场合；②在干燥后期，可耐高温的物料；③要求干燥产品的含水量很低时。

（3）错流操作干燥介质与物料间运动方向相互垂直。各个位置上的物料都与高温、低温的介质相接触，适用于：①无论在高或低含水量时，都可以进行快速干燥，且可耐高温的物料；②因阻力大或干燥器构造的要求不适宜采用并流或逆流操作的场合。

3. 干燥介质进入干燥器时的温度

提高干燥介质进入干燥器时的温度可提高传热、传质的推动力，因此在避免物料发生变色、分解等前提下，干燥介质的进口温度可尽可能高些。对同一物料，允许的干燥进口温度随干燥器形式不同而异。如干燥器中，物料是静止的，应选择较低的介质进口温度，以避免物料局部过热；如在干燥器中物料的介质充分混合，并快速流动，由于物料不断翻动，致使物料温度较均匀，速率快、时间短，因此介质进口温度可高些。

4. 干燥介质离开干燥器时的相对湿度 φ_2 和温度 t_2

增加干燥介质离开干燥器的相对湿度，可以减少空气消耗量及传热量，即可降低操作费用；但 φ_2 增大，介质中水汽分压增高，使干燥过程的平均推动力下降，为了保持相同的干燥能力，需增大干燥器的尺寸，即加大了投资费用。所以，最适宜的 φ_2 的值应通过经济权衡来决定。

不同的干燥器，适宜的 φ_2 值也不同。如果干燥器中物料停留时间短，就要求有较大的推动力，以提高干燥速率，因此一般离开干燥器的气体中水蒸气分压需低于出口物料表面水蒸气分压的50%；有的快速进出物料的干燥器，出口气体中水蒸气分压更低，一般为物料表面水蒸气分压的50%～80%。有的干燥器需要较大的气速，这时必须减小出口 φ_2 值。

干燥介质离开干燥器的温度 t_2 与 φ_2 应综合考虑。若 t_2 增高，热损失大，热效率低；若 t_2 降低，而 φ_2 又较高，此时湿空气可能会在干燥器后面的设备中析出水滴，因此破坏了干燥的正常操作。对气流干燥器，一般要求 t_2 必须比对应的物料温度高出10～30℃或 t_2 较入口气体的绝热饱和温度高20～50℃。以免物料返潮，造成管道堵塞、设备腐蚀。

对于一台干燥设备，干燥介质的最佳出口温度和湿度应通过操作实践来确定，生产上主要通过控制、调节干燥介质的预热温度和流量来实现。例如，对同样的干燥任务，加大介质的流量或提高其预热温度，可使介质的相对湿度降低而出口温度上升。

在有废气循环的干燥设备中，通常将循环的废气与新鲜空气混合后进入预热器加热，然后再送入干燥器，以提高传热和传质系数，减少热损失，提高热能的利用率。但循环废气的加入，会使进入干燥器的介质湿度增加，将使过程的传质推动力下降。因此，采用循环废气操作时，应根据实际情况，在保证产品质量和产量的前提下，调节适宜的循环比。

5. 物料离开干燥器时的温度

在连续逆流的干燥设备中，若干燥为绝热过程，则在干燥第一阶段中，物料表面温度等于与它相接触的气体湿球温度。在干燥第二阶段中，物料温度不断升高，此时气体传给物料的热量一部分用于蒸发物料中的水分，一部分则用于加热物料，使其升温。因此，物料出口温度 θ_2 与物料在干燥器内经历的过程有关，主要取决于物料的临界含水量 X_C 值及干燥第二阶段的传质系数。若物料出口含水量高于临界含水量 X_C，则物料出口温度 θ_2 等于与它相接触的气体湿球温度；若物料出口含水量低于临界含水量 X_C，则物料出口含水量越低，物料出口温度越高，传质系数越高。目前还没有求算物料出口温度的理论公式，设计时可进行估计，具体方法参见相关手册。

任务四　干燥设备的操作与维护技术

干燥设备的种类较多，操作技术由于设备差异、干燥物料以及干燥介质的不同而有很大差别。下面仅介绍几种常用干燥设备的操作步骤、维护保养以及常见故障的处理方法。

一、喷雾干燥设备的操作与维护

1. 正确操作

喷雾干燥设备主要由高压供料泵、雾化器、干燥塔、出料机、加热器和风机等组成。通过雾化器（喷嘴）将溶液（乳浊液）喷洒成细小的液滴，随后与热气流混合，迅速蒸发干燥而成为成品，如一些奶粉、药物、尿素造粒、合成洗涤剂生产等属于此种生产工艺。操作步骤如下：

(1) 此种干燥设备包括不同的化工机械和设备，在投产前应做好准备工作：检查供料泵、雾化器、送风机及出料机是否运转正常；检查蒸汽、溶液阀门是否灵活好用，各种管路是否畅通；清理塔内积料和杂物；刮掉塔壁挂疤；排除加热器和管路中的积水，并进行预热，向塔内送热风；清洗雾化器，达到流道通畅。

(2) 启动供料泵向雾化器输送溶液，观察压力大小和输送量，以保证雾化器需要。

(3) 经常检查、调节雾化器的喷嘴位置和转速，确保雾化颗粒大小合格。

(4) 经常查看和调节干燥塔的负压数值，一般控制在1.33～4kPa。

(5) 定时巡回检查各种管路与阀门是否渗漏，各转动设备的密封装置是否泄漏，做到及时调整和拧紧。

2. 维护保养

在使用干燥器的过程中，应坚持做好如下维护保养工作：

(1) 雾化器、输送溶液管路和阀门停止使用时应清洗干净，或放净溶液，防止凝固堵塞。

(2) 进入塔内的热风流速不可过高，防止塔壁表皮破碎。

(3) 经常清理塔内黏附的物料。

(4) 保持供料泵、风机、雾化器及出料机等转动设备的零部件齐全。

3. 常见故障及其处理方法

喷雾干燥操作过程中，常见故障及其发生原因与处理方法见表8-3。

表8-3 常见故障及其发生原因与处理方法（离心式雾化器）

故障现象	发生原因	处理方法
产品水分含量高	溶液雾化不均匀，喷出的颗粒大； 热风的相对湿度大； 溶液供量大，雾化效果差	提高溶液压力和雾化器转速； 提高送风温度； 调节雾化器进料量或更换雾化器
塔壁粘有积粉	进料太多，蒸发不充分； 气流分布不均匀； 个别喷嘴堵塞； 塔壁预热温度不够	减小进料量； 调节热风分布器； 清洗或更换喷嘴； 提高热风温度
产品颗粒太细	溶液的浓度太低； 喷嘴孔径太小； 溶液压力太高； 离心盘转速太快	提高溶液浓度； 换大孔径喷嘴； 适当降低压力； 降低转速
尾气含粉尘太多	分离器堵塞或积料多； 过滤袋破裂； 风速大，细粉含量高	清理物料； 修补破口； 降低风速

二、滚筒式干燥器的操作与维护

1. 正确操作

(1) 开车前的准备工作：

1) 检查填料部分的密封腔表面有无损伤，必要时调整四周间隙，加入新填料前加二硫化钼润滑脂，压紧的紧力要均匀。

2) 检查螺旋进料部分的螺旋主轴有无裂纹，主轴直线度偏差不得超过1mm，螺旋装入进料箱后，叶片与壁间隙不得小于5mm，轴套、滚动轴承磨损不得大于1mm，否则要更换。检查传动链条、链轮的磨损情况，链条安装松弛量取两链轮中心距的2%为宜，用直尺校正两链轮平面。

3）拆卸滚动部分的螺旋输送器，拆除排气弯管保温，充空气检查蒸汽列管和排气弯管的泄漏情况；拆卸罩壳、弯管，更换敲击锤头子、钢球；检查滚筒内部的腐蚀情况；检查或更换滚筒两端盖的垫片、蒸汽列管束填料。更换托轮、轴承，采取单头起重筒体取出托轮，托轮取出前要用枕木将筒体垫实。拆下托轮前，在托轮支架与基础底板结合处做好标记，复位时可利用此标记对中。托轮复位后检查筒体与进、排料端部件对中，校正大密封腔的间隙，必要时移动托轮来调整。

4）测量驱动部分筒体的倾斜度，筒体与大密封腔找正。

5）清洗油箱、滤油阀，吹扫油管。

（2）空负荷试车：

1）点动油泵、螺旋输送器、主机，确认转向。

2）启动油泵、螺旋输送器、主机，检查有无异常、振动、声响，电流是否正常等。

3）检查轴承有无异常，温度不得超过70℃。

4）检查填料腔有无异音，温度不得超过90℃。

（3）升温试车：

1）升温运转按操作手册规定缓慢运行。

2）检查机械密封、蒸汽系统有无泄漏。

3）检查填料腔温度有无异常情况。

4）干燥机升温运转至温度、蒸汽压力符合工艺要求后，无异常情况，即可投料运行。

2. 维护

（1）检查油泵运行是否正常，各润滑点定时定量加油。

（2）检查蒸汽疏水器排液是否畅通。

（3）检查回转接头是否漏气、有无异音。

（4）检查冷却筒体大密封填料的空气、氮气和冷却水是否畅通。

（5）检查螺旋进料器的滑动轴承，吹扫氮气是否畅通。

（6）检查各处轴承温度是否正常、有无异音。

（7）检查各处填料是否泄漏，温度是否正常。

（8）检查支承弹簧有无改变，检查紧固件有无松动。

（9）检查主机、副机的电流是否正常，进料螺旋输送器、减速机、变送机、联轴器等是否运转良好。

（10）检查链条传动有无异常、链条紧松是否适中、润滑是否良好。

三、气流式干燥器的操作与维护

气流干燥装置主要由空气加热器、加料器、干燥管、旋风分离器和风机等设备组成。其主要设备是直立圆筒形的干燥管，其长度一般为10～20m，热空气进入干燥管底部，将加料器连续送入的湿物料吹散，并悬浮在其中。干燥后的物料随气流进入旋风分离器，产品由下部收集，湿空气经袋式过滤器（或湿法、电除尘等）回收粉尘后排出。

1. 正确操作

（1）准备工作：查看风机、抽风机周围有无障碍物，地脚螺栓是否牢固，干燥系统管路应完整无损。

（2）启动抽风机、送风机。

(3) 打开空气加热器加热源，对空气进行加热。

(4) 待入干燥器的气流温度达到工艺要求后，启动加料器加料。

(5) 正常操作期间，控制干燥器内的温度就可得到水分含量合格的产品。

2. 常见故障及其处理方法

常见故障及其发生原因与处理方法见表 8-4。

表 8-4　　常见故障及其发生原因与处理方法（气流式干燥器）

故障现象	发生原因	处理方法
气流风压偏高或偏低	干燥风管或弯头堵塞； 风机挡板移动； 空气过滤介质脏	停车清理； 调整风机挡板； 更换或清洗过滤介质
干燥器物料过多	未开抽风机	开抽风机
成品水分过高	风温低； 风量不合适； 空气加热器漏损； 加料速度过快	调节风温； 调节风量； 修理空气加热器； 调整进料速度

四、沸腾床干燥器的操作与维护

沸腾床干燥器是自 20 世纪 60 年代发展起来的干燥设备。在干燥过程中固体颗粒悬浮于干燥介质中，传热效率高，能够连续生产和便于控制，沸腾床干燥器密封性能好，干燥过程无杂质混入，目前在化工、轻工、医药、食品等工业得到了广泛应用。

1. 正确操作

(1) 开炉前首先试开送风机和引风机，检查有无摩擦和碰撞声，轴承的润滑油是否充足够用和风压是否正常。

(2) 沸腾炉投料前应先烤炉。打开加热器疏水阀、风箱室的排水阀和炉体的放空阀，然后逐渐开大蒸汽阀门和进风阀门进行烤炉，除去炉内湿气，直到炉内石子和炉壁达到规定温度，结束烤炉操作。

(3) 关闭送风机和引风机，敞开大孔，向炉内铺撒干料，料层高度约 250mm。至此，已完成了开炉的准备工作。

(4) 再次开动送风机和引风机，关闭有关阀门，向炉内送热风，并开动给料机抛撒湿物料，要求进料量由少增多，布料应均匀。

(5) 根据进料量调节风量和热风温度，保证成品含水量合格。

(6) 经常检查卸出的物料有无结块，观察炉内物料面的沸腾情况，发现有死角，调节各风箱室的进风量和风压大小。

(7) 经常检查风机的轴承温度、机身有无振动以及风道有无漏风，发现问题及时解决。

(8) 经常检查引风机出口的带料情况和尾气管线的腐蚀程度，及时解决发现的问题。

2. 维护保养

(1) 停炉时应将炉内物料清理干净，并保持干燥。

(2) 保持保温层完好，有破裂时应及时修补好。

(3) 加热器停用时应打开疏水阀门，排净冷凝水，防止锈蚀。

(4) 经常清理引风机内部黏附的物料和送风机进口的防护网。

(5) 经常检查并保持炉内分离器畅通和炉壁不锈蚀。

3. 常见故障及其处理方法

常见故障及其发生原因与处理方法见表 8-5。

表 8-5 常见故障及其发生原因与处理方法

故障现象	发生原因	处理方法
发生死床	火炉物料过湿或结块多； 热风量少或温度低； 床面干料层高度不够； 热风量分配不均匀	降低物料的含水量； 增加风量，升高温度； 缓慢出料，增加干料层厚度； 调整进风阀开度
尾气含尘量大	分离器破损，效率下降； 风量大或炉内温度高； 物料颗粒变细小	检查修理； 调整风量和温度； 检查操作指标变化
沸腾流动不好	风压低或物料多； 热风温度低； 风量分布不合理	调节风量和物料量； 加大加热蒸汽量； 调节进风板阀开度

习 题

1. 在总压 100kPa 时，空气的温度为 20℃、湿度为 00.01kg/kg 干空气，试求：(1) 空气的相对湿度 φ；(2) 总压 p 与温度不变，将空气温度提高到 50℃时的相对湿度 φ。

[答：(1) 67.8%；(2) 10.6%]

2. 湿空气的总压为 100kPa，试计算：(1) 空气为 40℃和 $\varphi=60\%$ 时的焓和湿度；(2) 已知水蒸气的分压为 9.3kPa，求该空气在 50℃时的 φ 和 H 值。

[答：(1) 0.0287kg/kg 干空气，72.54kJ/kg 干空气；(2) 75.4%，0.0638kg/kg 干空气]

3. 利用焓湿图重做 1 题、2 题。

[答：略]

4. 利用焓湿图查出表 8-6 中空格各项的数值，并绘出习题 1 的求解过程示意图。

[答：略]

表 8-6 习题 4 附表

序号	干球温度 /℃	湿球温度 /℃	湿度 /(kg/kg 干空气)	相对湿度 /%	焓 /(kg/kg 干空气)	水汽分压 /kPa	露点 /℃
1	60	35					25
2	40						
3	20			75			
4	30					4	

5. 湿空气总压为 101.33kPa，干球温度为 40℃，露点为 25℃，试求：(1) 水汽分压；(2) 湿度；(3) 相对湿度；(4) 焓。

[答：(1) 3.17kPa；(2) 0.022kgH_2O/kg 干空气；(3) 43%；(4) 91.9kJ/kg 干空气]

6. 湿空气总压为 50kPa，干球温度为 60℃，相对湿度为 40%，试求：(1) 水汽分压；

（2）湿度；（3）湿比容。

［答：（1）7.97kPa；（2）0.118kgH_2O/kg 干空气；（3）2.27m^3/kg 干空气］

7. 含水量为40%（湿基含水量，下同）的物料，干燥后降至20%，求从100kg原料中蒸发的水分。

［答：25kg］

8. 在一连续干燥器中，每小时处理湿物料1000kg，经干燥塔后物料的含水量由10%降到2%（均为湿基含水量）。以热空气为干燥介质，初始湿度 $H_1=0.008$kg/kg 干空气，离开干燥器时 $H_2=0.05$kg/kg 干空气。假设干燥过程中无物料损失，试求：（1）水分蒸发量；（2）空气消耗量；（3）干燥产品量。

［答：（1）8106kg 水/h；（2）1943kg 干空气/h；（3）918.4kg/h］

9. 常压下空气在温度为20℃、湿度为0.01kg/kg 干空气状态下，被预热至120℃后进入理论干燥器（空气变化为等焓过程），废气出口湿度为0.03kg/kg 干空气。物料的含水量由3.7%干燥至0.5%（均为湿基含水量），干空气的流量为8000kg 干空气/h。试求：（1）每小时加入干燥器的湿物料量；（2）废气出口温度。

［答：（1）4975kg 湿物料/h；（2）68.9℃］

10. 在常压连续干燥器中干燥某湿物料，每小时处理物料1000kg，经干燥后物料含水量由40%降至5%（均为湿基）。进干燥器空气温度为10℃，其中所含水汽分压为1.0kPa，空气在40℃、$\varphi=70\%$下离开干燥器。试求所需新鲜空气量，kg/s，40℃下饱和蒸汽压为7.4kPa。

［答：2.98m^3/s］

11. 在某干燥器中干燥砂糖晶粒，物料处理量为100kg/h，物料含水量由40%降到5%（均为湿基）。空气初始温度为20℃，湿度为0.01kg/kg 绝干空气，经预热至80℃后送入干燥器。空气在干燥器内的过程为等焓变化，出干燥器时温度为30℃，总压是101.33kPa。试求：（1）水分蒸发量；（2）湿空气消耗量；（3）预热器加热量。

［答：36.9kg/h；（2）1863kg/h；（3）31.6kW］

12. 利用气流式干燥器将含水量20%的物料干燥到5%（均为湿基）。已知湿物料处理量为1000kg/h。空气初始温度为20℃，湿度为0.011kg/kg 绝干空气，空气经预热后进入干燥器，空气离开干燥器时温度为60℃、湿度为0.04kg/kg 绝干空气，并为等焓干燥过程。试求：（1）空气量，m^3/h（按进预热器状态计）；（2）进干燥器时空气温度；（3）预热器传热量。

［答：（1）4595m^3/h；（2）133℃；（3）175.43kW］

附　　录

附录一　某些气体的重要物理性质

名称	分子式	密度（0℃，101.3kPa）/(kg/m²)	比热容/[kJ/(kg·℃)]	黏度 $\mu \times 10^5$ /(Pa·s)	沸点（101.3kPa）/℃	汽化热/(kJ/kg)	临界点		热导率/[W/(m·℃)]
							温度/℃	压力/kPa	
空气		1.293	1.009	1.73	−195	197	−140.7	3768.4	0.0244
氧	O_2	1.429	0.653	2.03	−132.98	213	−118.82	5036.6	0.0240
氮	N_2	1.251	0.745	1.70	−195.78	199.2	−147.13	3392.5	0.0228
氢	H_2	0.0899	10.13	0.842	−252.75	454.2	−239.9	1296.6	0.163
氦	He	0.1785	3.18	1.88	−268.95	19.5	−267.96	228.94	0.144
氩	Ar	1.7820	0.322	2.09	−185.87	163	−122.44	4862.4	0.0173
氯	Cl_2	3.217	0.355	1.29（16℃）	−33.8	305	+144.0	7708.9	0.0072
氨	NH_3	0.771	0.67	0.918	−33.4	1373	+132.4	11295.0	0.0215
一氧化碳	CO	1.250	0.754	1.66	−191.48	211	−140.2	3497.9	0.0226
二氧化碳	CO_2	1.976	0.653	1.37	−78.2	574	+31.1	7384.8	0.0137
硫化氢	H_2S	1.539	0.804	1.166	−60.0	548	+100.4	19136.0	0.0131
甲烷	CH_4	0.717	1.70	1.03	−161.58	511	−82.15	4619.3	0.0300
乙烷	C_2H_4	1.357	1.44	0.850	−88.5	486	+32.1	4948.5	0.0180
丙烷	C_3H_8	2.020	1.65	0.795（18℃）	−42.1	427	+95.6	4355.0	0.0148
正丁烷	C_4H_{10}	2.673	1.73	0.810	−0.5	386	+152.0	3798.8	0.0135
正戊烷	C_5H_{12}	—	1.57	0.874	−36.08	151	+197.1	3342.9	0.0128
乙烯	C_2H_4	1.261	1.222	0.935	+103.7	481	+9.7	5135.9	0.0164
丙烯	C_3H_8	1.914	2.436	0.835（20℃）	−47.7	440	+91.4	4599.0	—
乙炔	C_2H_2	1.71	1.352	0.935	−83.66（升华）	829	+35.7	6240.0	0.0184
氯甲烷	CH_3Cl	2.303	0.582	0.989	−24.1	406	+148.0	6685.8	0.0085
苯	C_6H_6	—	1.139	0.72	+80.2	394	+288.5	4832.0	0.0088
二氧化硫	SO_2	2.927	0.502	1.17	−10.8	394	+157.5	7879.1	0.0077
二氧化氮	NO_2	—	0.315	—	+21.2	712	+158.2	10130.0	0.0400

附录二 某些液体的重要物理性质

名称	分子式	密度（20℃）/(kg/m^3)	沸点（101.3kPa）/℃	汽化热/(kJ/kg)	比热容（20℃）/[kJ/(kg·℃)]	黏度（20℃）/(mPa·s)	热导率（20℃）/[W/(m·℃)]	体积膨胀系数 $\beta\times10^4$（20℃）/$℃^{-1}$	表面张力 $\sigma\times10^3$（20℃）/(N/m)
水	H_2O	998	100	2258	4.183	1.005	0.599	1.82	72.8
氯化钠盐水（25%）	—	1186（25℃）	107	—	3.39	2.3	0.57（30℃）	4.4	—
氯化钙盐水（25%）	—	1128	107	—	2.89	2.5	0.57	(3.4)	—
硫酸	H_2SO_4	1831	340（分解）	—	1.47（98%）	—	0.38	5.7	—
硝酸	HNO_3	1513	86	481.1	—	1.17（10%）	—	—	—
盐酸（30%）	HCl	1149	—	—	2.55	2（31.5%）	0.42	—	—
二硫化碳	CS_2	1262	46.3	352	1.005	0.38	0.16	12.1	32.0
戊烷	C_5H_{12}	626	36.07	357.4	2.24（15.6℃）	0.229	0.113	15.9	16.2
己烷	C_6H_{14}	659	68.74	335.1	2.31（15.6℃）	0.313	0.119	—	18.2
庚烷	C_7H_{16}	684	98.43	316.5	2.21（15.6℃）	0.411	0.123	—	20.1
辛烷	C_8H_{18}	763	125.67	306.4	2.19（15.6℃）	0.540	0.131	—	21.3
三氯甲烷	$CHCl_3$	1498	61.2	253.7	0.992	0.58	0.138（30℃）	12.6	28.5（10℃）
四氯化碳	CCl_4	1594	76.8	195	0.850	1.0	0.12	—	26.8
1,2-二氯乙烷	$C_2H_4Cl_2$	1253	83.6	324	1.260	0.83	0.14（60℃）	—	30.8
苯	C_6H_6	879	80.10	393.9	1.704	0.737	0.148	12.4	28.6
甲苯	C_7H_8	867	110.63	363	1.70	0.675	0.138	10.9	27.9
邻二甲苯	C_8H_{10}	880	144.42	347	1.74	0.811	0.142	—	30.2
间二甲苯	C_8H_{10}	864	139.10	343	1.70	0.611	0.167	10.1	29.0
对二甲苯	C_8H_{10}	861	138.35	340	1.704	0.643	0.129	—	28.0
苯乙烯	C_8H_9	911（15.6℃）	145.2	352	1.733	0.72	—	—	—

续表

名　称	分子式	密度（20℃）/(kg/m³)	沸点（101.3kPa）/℃	汽化热/(kJ/kg)	比热容（20℃）/[kJ/(kg·℃)]	黏度（20℃）/(mPa·s)	热导率（20℃）/[W/(m·℃)]	体积膨胀系数 $\beta\times10^4$（20℃）/$℃^{-1}$	表面张力 $\sigma\times10^3$（20℃）/(N/m)
氯苯	C_6H_5Cl	1106	131.8	325	1.298	0.85	1.14（30℃）	—	32
硝基苯	$C_6H_5NO_2$	1203	210.9	396	1.47	2.1	0.15	—	41
苯胺	$C_6H_5NH_2$	1022	184.4	448	2.07	4.3	0.17	8.5	42.9
苯酚	C_6H_5OH	1050（50℃）	181.8（熔点40.9℃）	511	—	3.4（50℃）	—	—	—
萘	$C_{16}H_8$	1145（固体）	217.9（熔点80.2℃）	314	1.80（100℃）	0.59（100℃）	—	—	—
甲醇	CH_3OH	791	64.7	1101	2.48	0.6	0.212	12.2	22.6
乙醇	C_2H_5OH	789	78.3	846	2.39	1.15	0.172	11.6	22.8
乙醇（95%）	—	804	78.2	—	—	1.4	—	—	—
乙二醇	$C_2H_4(OH)_2$	1113	197.6	780	2.35	23	—	—	47.7
甘油	$C_3H_5(OH)_3$	1261	290（分解）	—	—	1499	0.59	5.3	63
乙醚	$(C_2H_5)_2O$	714	34.6	360	2.34	0.24	0.14	16.3	8
乙醛	CH_3CHO	783（18℃）	20.2	574	1.9	1.3（18℃）	—	—	21.2
糠醛	$C_5H_4O_2$	1168	161.7	452	1.6	1.15（50℃）	—	—	43.5
丙酮	CH_3COCH_3	792	56.2	523	2.35	0.32	0.17	—	23.7
甲酸	HCOOH	1220	100.7	494	2.17	1.9	0.26	—	27.8
乙酸	CH_3COOH	1049	118.1	406	1.99	1.3	0.17	10.7	23.9
乙酸乙酯	$CH_3COOC_2H_5$	901	77.1	368	1.92	0.48	0.14（10℃）	—	—
煤油	—	780～820	—	—	—	3	0.15	10.0	—
汽油	—	680～800	—	—	—	0.7～0.8	0.19（30℃）	12.5	—

附录三　干空气的物理性质（101.33kPa）

温度 t /℃	密度 /(kg/m³)	比热容 /[kJ/(kg·℃)]	热导率 $k\times10^{-2}$ /[W/(m·℃)]	黏度 $\mu\times10^{5}$ /(Pa·s)	普朗特数
−50	1.584	1.013	2.035	1.46	0.728
−40	1.515	1.013	2.117	1.52	0.728
−30	1.453	1.013	2.198	1.57	0.723
−20	1.395	1.009	2.279	1.62	0.716
−10	1.342	1.009	2.360	1.67	0.712
0	1.293	1.005	2.442	1.72	0.707
10	1.247	1.005	2.512	1.77	0.705
20	1.205	1.005	2.593	1.81	0.703
30	1.165	1.005	2.675	1.86	0.701
40	1.128	1.005	2.756	1.91	0.699
50	1.1093	1.005	2.826	1.96	0.698
60	1.060	1.005	2.896	2.01	0.696
70	1.029	1.009	2.966	2.06	0.694
80	1.000	1.009	3.047	2.11	0.692
90	0.972	1.009	3.128	2.15	0.690
100	0.946	1.009	3.210	2.19	0.688
120	0.898	1.009	3.338	2.29	0.686
140	0.854	1.013	3.489	2.37	0.684
160	0.815	1.017	3.640	2.45	0.682
180	0.779	1.022	3.780	2.53	0.681
200	0.746	1.026	3.931	2.60	0.680
250	0.674	1.038	3.288	2.74	0.677
300	0.615	1.048	4.605	2.97	0.674
350	0.566	1.059	4.908	3.14	0.676
400	0.524	1.068	5.210	3.31	0.678
500	0.456	1.093	5.745	3.62	0.687
600	0.404	1.114	6.222	3.91	0.699
700	0.362	1.135	6.711	4.18	0.706
800	0.329	1.156	7.176	4.43	0.713
900	0.301	1.172	7.630	4.67	0.717
1000	0.277	1.185	8.041	4.90	0.719
1100	0.257	1.197	8.502	5.12	0.722
1200	0.239	1.206	9.153	5.35	0.724

附录四 水的物理性质

温度/℃	饱和蒸汽/kPa	密度/(kg/m³)	焓/(kJ/kg)	比热容/[kJ/(kg·℃)]	热导率 $k\times10^2$/[W/(m·℃)]	黏度 $\mu\times10^5$/(Pa·s)	体积膨胀系数	表面张力	普朗特数
0	0.6082	999.9	0	4.212	55.13	179.21	−0.63	75.6	13.66
10	1.2262	999.7	42.04	4.191	57.45	130.77	+0.70	74.1	9.52
20	2.3346	998.2	83.90	4.183	59.89	100.50	1.82	72.6	7.01
30	4.2474	995.7	125.69	4.174	61.76	80.07	3.21	71.2	5.42
40	7.3766	992.2	167.51	4.174	63.38	65.60	3.87	69.6	4.32
50	12.34	988.1	209.30	4.174	64.78	54.94	4.49	67.7	3.54
60	19.923	983.2	251.12	4.178	65.94	46.88	5.11	66.2	2.98
70	31.164	977.8	292.99	4.187	66.76	40.61	5.70	64.3	2.54
80	47.379	971.8	334.94	4.195	67.45	35.65	6.32	62.6	2.22
90	70.136	965.3	376.98	4.208	68.04	31.65	6.95	60.7	1.96
100	101.33	958.4	419.10	4.220	68.27	28.38	7.52	58.8	1.76
110	143.31	951.0	461.34	4.238	68.50	25.89	8.08	56.9	1.61
120	198.64	943.1	503.67	4.260	68.62	23.73	8.64	54.8	1.47
130	270.25	934.8	546.38	4.266	68.62	21.77	9.17	52.8	1.36
140	361.47	926.1	589.08	4.287	68.50	20.10	9.72	50.7	1.26
150	476.24	917.0	632.20	4.312	68.38	18.63	10.3	48.6	1.18
160	618.28	907.4	675.33	4.346	68.27	17.36	10.7	46.6	1.11
170	792.59	897.3	719.29	4.379	67.92	16.28	11.3	45.3	1.05
180	1003.5	886.9	763.25	4.417	67.45	15.30	11.9	42.3	1.00
190	1255.6	876.0	807.63	4.460	66.99	14.42	12.6	40.0	0.96
200	1554.77	863.0	852.43	4.505	66.29	13.63	13.3	37.7	0.93
210	1917.72	852.8	897.65	4.555	65.48	13.04	14.1	35.4	0.91
220	2320.88	840.3	943.70	4.614	64.55	12.46	14.8	33.1	0.89
230	2798.59	827.3	990.18	4.681	63.73	11.97	15.9	31.0	0.88
240	3347.91	813.6	1037.49	4.756	62.80	11.47	16.8	28.5	0.87
250	3977.67	799.0	1085.64	4.844	61.76	10.98	18.1	26.2	0.86
260	4693.75	784.0	1135.04	4.949	60.48	10.59	19.7	23.8	0.87
270	5503.99	767.9	1185.28	5.070	59.96	10.20	21.6	21.5	0.88
280	6417.24	750.7	1236.28	5.229	57.45	9.81	23.7	19.1	0.89
290	7443.29	732.3	1289.95	5.485	55.82	8.42	26.2	16.9	0.93
300	8592.94	712.5	1344.80	5.736	53.96	9.12	29.2	14.4	0.97
310	9877.6	691.1	1402.16	6.071	52.34	8.83	32.9	12.1	1.02
320	11300.3	667.1	1462.03	6.573	50.59	8.3	38.2	9.81	1.11
330	12879.6	640.2	1526.19	7.243	48.73	8.14	43.3	7.67	1.22
340	14615.8	610.0	1594.75	8.164	45.71	7.75	53.4	5.67	1.38
350	16538.5	574.4	1671.37	9.504	43.03	7.26	66.8	3.81	1.60
360	18667.1	528.0	1761.39	13.984	39.54	6.67	109	2.02	2.36
370	21040.9	450.5	1892.43	40.319	33.73	5.69	264	0.471	6.80

附录五　常用固体材料的密度和比热容

名　称	密度 /(kg/m³)	质量热容 /[kJ/(kg·℃)]	名　称	密度 /(kg/m³)	质量热容 /[kJ/(kg·℃)]
钢	7850	0.4605	高压聚氯乙烯	920	2.2190
不锈钢	7900	0.5024	干砂	1500～1700	0.7955
铸铁	7220	0.5024	黏土	1600～1800	0.7536（－20～20℃）
铜	8800	0.4026	黏土砖	1600～1900	0.9211
青铜	8000	0.3810	耐火砖	1840	0.8792～1.0048
黄铜	8600	0.3768	混凝土	2000～2400	0.8374
铝	26700	0.9211	松木	500～600	2.7214
镍	9000	0.4605	软木	100～300	0.9630
铅	11400	0.1298	石棉板	770	0.8160
酚醛	1250～1300	1.2560～1.6747	玻璃	2500	0.6699
脲醛	1400～1500	1.2560～1.6747	耐酸砖和板	2100～2400	0.7536～0.7955
聚氨乙烯	1380～1400	1.8422	耐酸搪瓷	2300～2700	0.8374～1.2560
聚苯乙烯	1050～1070	1.3398	有机玻璃	1180～1190	
低压聚氯乙烯	940	2.5539	多空绝热砖	600～1400	

附录六　饱和水蒸气表（以温度为基准）

温度 /℃	压力 /kPa	蒸汽密度 /(kg/m³)	液体的焓 /(kJ/kg)	蒸汽的焓 /(kJ/kg)	汽化热 /(kJ/kg)
0	0.6082	0.00484	0.00	2491.1	2491.1
5	0.8730	0.00680	20.94	2500.8	2479.9
10	1.2262	0.00940	41.87	2510.4	2468.5
15	1.7068	0.01283	62.80	2520.5	2457.7
20	2.3346	0.01719	83.74	2530.1	2446.4
25	3.1684	0.02304	104.67	2539.7	2435.0
30	4.2474	0.03036	125.60	2549.3	2423.7
35	5.6207	0.03960	146.54	2559.0	2412.5
40	7.3766	0.05114	167.47	2568.6	2401.1
45	9.5837	0.06543	188.41	2577.8	2389.4
50	12.3400	0.08300	209.34	2587.4	2378.1
55	15.7430	0.10430	230.27	2596.7	2366.4
60	19.9230	0.13010	251.21	2606.3	2355.1
65	25.0140	0.16110	272.14	2615.5	2343.4
70	31.1640	0.19790	293.08	2624.3	2331.2
75	38.5510	0.24160	314.01	2633.5	2319.5
80	47.3790	0.29290	334.94	2642.3	2307.4

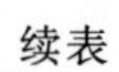
续表

温度 /℃	压力 /kPa	蒸汽密度 /(kg/m³)	液体的焓 /(kJ/kg)	蒸汽的焓 /(kJ/kg)	汽化热 /(kJ/kg)
85	57.8750	0.35310	355.88	2651.1	2295.2
90	70.1360	0.42290	376.81	2659.9	2283.1
95	84.5560	0.50390	397.75	2668.7	2271.0
100	101.3300	0.59700	418.68	2667.0	2258.3
105	120.8500	0.76360	440.03	2685.0	2245.0
110	143.3100	0.82540	460.97	2693.4	2232.4
115	169.1100	0.96350	482.32	2701.3	2219.0
120	198.6400	1.11990	503.67	2708.9	2205.2
125	232.1900	1.29600	525.02	2716.4	2191.4
130	270.2500	1.49400	546.38	2723.9	2177.5
135	313.1100	1.71500	567.73	2731.0	2167.3
140	361.4700	1.96200	589.58	2737.7	2148.6
145	415.7200	2.23800	610.85	2744.4	2133.6
150	476.2400	2.54360	632.21	2750.7	2118.5
160	618.2800	3.25200	675.75	2762.9	2087.2
170	792.5900	4.11300	719.29	2773.3	2054.0
180	1003.5000	5.14500	763.25	2782.5	2019.3
190	1255.6000	6.37800	807.64	2790.1	1982.5
200	1554.7000	7.84000	852.01	2790.5	1943.5
210	1917.7200	9.56700	897.32	2799.3	1902.1
220	2320.8800	11.60000	942.45	2801.1	1858.7
230	2798.5900	13.98000	988.50	2800.1	1811.6
240	3347.9100	16.76000	1034.56	2796.8	1762.2
250	3977.6700	20.01000	1081.45	2790.1	1708.7
260	4693.7500	23.82000	1128.76	2780.9	1652.1
270	5503.9900	28.27000	1176.91	2768.3	1591.4
280	6417.2400	33.47000	1225.48	2752.0	1526.5
290	7443.2900	39.60000	1274.46	2732.3	1457.8
300	8592.9400	46.93000	1325.54	2708.0	1382.5
310	9877.9600	55.59000	1378.71	2680.0	1301.3
320	11300.3000	65.95000	1436.07	2648.2	1212.1
330	12879.6000	78.53000	1446.78	2610.5	1163.7
340	14695.8000	93.98000	1562.93	2568.6	1005.7
350	16538.5000	113.20000	1636.20	2516.7	880.5
360	18667.1000	139.60000	1729.15	2442.6	713.0
370	21040.9000	171.00000	1888.25	2301.9	411.1
374	22070.9000	322.60000	2098.00	2098.0	0.0

附录七　饱和水蒸气表（以用 kPa 为单位的压力作基准）

绝对压力 /kPa	温度 /℃	蒸汽密度 /(kg/m³)	焓/(kJ/kg)		汽化热 /(kJ/kg)
			液体	蒸汽	
1.0	6.3	0.00773	26.48	2503.1	2476.8
1.5	12.5	0.01133	52.26	2515.3	2463.0
2.0	17.0	0.01486	71.21	2524.2	2452.9
2.5	20.9	0.01836	87.45	2531.8	2444.3
3.0	23.5	0.02179	98.39	2536.8	2438.4
3.5	26.1	0.02523	109.30	2541.8	2432.5
4.0	28.7	0.02867	120.23	2546.8	2426.6
4.5	30.8	0.03205	129.00	2550.9	2421.9
5.0	32.4	0.03537	135.69	2554.0	2418.3
6.0	35.6	0.04200	149.06	2560.1	2411.0
7.0	38.8	0.04864	162.44	2566.3	2403.8
8.0	41.3	0.05514	172.73	2571.0	2398.2
9.0	43.3	0.06156	181.16	2574.8	2393.6
10.0	45.3	0.06798	189.59	2578.5	2388.9
15.0	53.5	0.09956	224.03	2594.0	2370.0
20.0	60.1	0.13068	251.51	2606.4	2854.9
30.0	66.5	0.19093	288.77	2622.4	2333.7
40.0	75.0	0.24975	315.93	2634.1	2312.2
50.0	81.2	0.30799	339.80	2644.3	2304.5
60.0	85.6	0.36514	358.21	2652.1	2393.9
70.0	89.9	0.42229	376.61	2659.8	2283.2
80.0	93.2	0.47807	390.08	2665.3	2275.3
90.0	96.4	0.53384	403.49	2670.8	2267.4
100.0	99.6	0.58961	416.90	2676.3	2259.5
120.0	104.5	0.69868	437.51	2684.3	2246.8
140.0	109.2	0.82981	473.88	2698.1	2224.2
160.0	116.6	1.0209	489.32	2703.7	2214.3
180.0	120.2	1.1273	493.71	2709.2	2204.6
200.0	127.2	1.3904	534.39	2719.7	2185.4
250.0	133.3	1.6501	560.38	278.5	2168.1
300.0	138.8	1.9074	583.76	2736.1	2152.3
350.0	143.4	2.1618	603.61	2742.1	2138.5

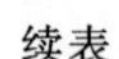
续表

绝对压力/kPa	温度/℃	蒸汽密度/(kg/m³)	焓/(kJ/kg)		汽化热/(kJ/kg)
			液体	蒸汽	
400.0	147.7	2.4152	622.42	2747.8	2125.4
500.0	151.7	2.6673	639.59	2752.8	2113.2
600.0	158.7	3.1686	670.22	2761.4	2091.1
700	164.7	3.6657	696.27	2767.8	2071.5
800	170.4	4.1614	720.96	2773.7	2052.7
900	175.1	4.6525	741.82	2778.1	2036.2
1.0×10^3	179.9	5.1432	762.68	2782.5	2019.7
1.1×10^3	180.2	5.6339	780.34	2785.5	2005.1
1.2×10^3	187.8	6.1241	797.92	2788.5	1990.6
1.3×10^3	191.5	6.6141	814.25	2790.9	1976.7
1.4×10^3	194.8	7.1038	829.06	2792.4	1963.7
1.5×10^3	198.2	7.5935	843.86	2794.5	1950.7
1.6×10^3	201.3	8.0814	857.77	2796.0	1938.2
1.7×10^3	204.1	8.5674	870.58	2797.1	1926.5
1.8×10^3	206.9	9.0533	883.39	2798.1	1914.8
1.9×10^3	209.8	9.5392	896.21	2799.2	1903.0
2×10^3	212.2	10.0338	907.32	2799.7	1892.4
3×10^3	233.7	15.0075	1005.4	2798.9	1793.5
4×10^3	250.3	20.0969	1082.9	2789.8	1706.8
5×10^3	263.8	25.3663	1146.9	2776.2	1629.2
6×10^3	275.4	30.8494	1203.2	2759.5	1556.3
7×10^3	285.7	36.5744	1253.2	2740.8	1487.6
8×10^3	294.8	42.5768	1299.2	2720.5	1403.7
9×10^3	303.2	48.8945	1343.5	2699.1	1356.6
10×10^3	310.9	55.5407	1384.0	2677.1	1293.1
12×10^3	324.5	70.3075	1463.4	2631.2	1167.7
14×10^3	336.5	87.3020	1567.9	2583.2	1043.4
16×10^3	347.2	107.8010	1615.8	2531.1	915.4
18×10^3	356.9	134.4813	1699.8	2466.0	766.1
20×10^3	365.6	176.5961	1817.8	2364.2	544.9

附录八 某些液体的热导率

液体		温度 t /℃	热导率 k /[W/(m·℃)]	液体		温度 t /℃	热导率 k /[W/(m·℃)]
乙酸	100%	20	0.171	苯胺		0～20	0.173
	50%	20	0.350	苯		30	0.159
丙酮		30	0.177			60	0.151
		75	0.164	正丁醇		30	0.168
丙烯醇		25～30	0.180			75	0.164
氨		25～30	0.500	异丁醇		10	0.157
氨水溶液		20	0.450	氯化钙盐水	30%	35	0.550
		60	0.500		15%	30	0.590
正戊醇		30	0.163	二氧化碳		30	0.161
		100	0.154			75	0.152
异戊醇		30	0.152	四氯化碳		0	0.185
		75	0.151			68	0.163
氯苯		10	0.144	甲醇	20%	20	0.492
三氯甲烷		30	0.138		100%	50	0.197
乙酸乙酯		20	0.175	氯甲烷		-15	0.192
乙醇	100%	20	0.182			30	0.154
	80%	20	0.237	硝基苯		30	0.164
	60%	20	0.305			100	0.152
	40%	20	0.388	硝基甲苯		30	0.216
	20%	20	0.486			60	0.208
	100%	50	0.151	正辛烷		60	0.140
乙苯		30	0.149			0	0.138～0.156
		60	0.142	石油		20	0.180
乙醚		30	0.138	蓖麻油		0	0.173
		75	0.135			20	0.168
汽油		30	0.135	橄榄油		100	0.164
三元醇	100%	20	0.284	正戊烷		30	0.135
	80%	20	0.327			75	0.128
	60%	20	0.381	氯化钾	15%	32	0.580
	40%	20	0.448		30%	32	0.560
	20%	20	0.481	氢氧化钾	21%	32	0.580
	100%	100	0.284		42%	32	0.550
正庚烷		30	0.140	硫酸钾	10%	32	0.600
		60	0.135	正丙醇		30	0.171
正己烷		30	0.138			75	0.164

续表

液体		温度 t /℃	热导率 k /[W/(m·℃)]	液体		温度 t /℃	热导率 k /[W/(m·℃)]
		60	0.135	异丙醇		30	0.157
正庚醇		30	0.163			30	0.155
		75	0.157	氯化钠盐水	25%	30	0.570
正己醇		30	0.164		12.5%	30	0.590
		75	0.156	硫酸	90%	30	0.360
煤油		20	0.149		60%	30	0.360
		75	0.140		30%	30	0.520
盐酸	12.5%	32	0.520	二氧化硫		15	0.220
	25%	35	0.480			30	0.192
	28%	32	0.440	甲苯		75	0.149
汞		28	0.360			15	0.145
甲醇	100%	20	0.215	松节油		20	0.128
	80%	20	0.267	二甲苯	邻位	20	0.155
	60%	20	0.329		对位		0.155
	40%	20	0.405				

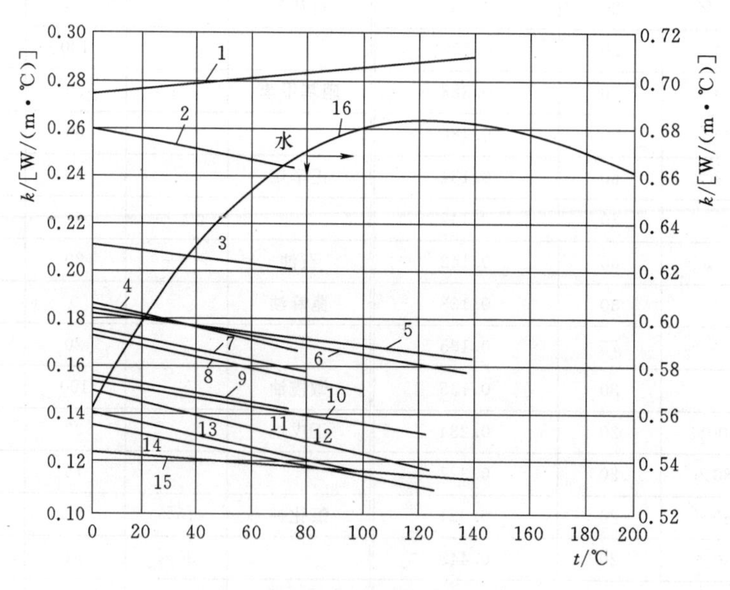

常用液体的热导率

1—无水甘油；2—甲酸；3—甲醇；4—乙醇；5—蓖麻油；6—苯胺；7—乙酸；
8—丙酮；9—丁醇；10—硝基苯；11—异丙醇；12—苯；
13—甲苯；14—二甲苯；15—凡士林油；
16—水（用右边的坐标）

附录九　某些气体和蒸气的热导率

下表中所列出的极限数值是实验范围的数值。外推到其他温度的数值时，建议将所列出的数值按 lg$k$ 对 lg$T$ [k—热导率，W/(m·℃)；T—温度，K] 作图，或者假定普朗特数与温度（或压力，在适当范围内）无关。

物质	温度/℃	热导率 k/[W/(m·℃)]	物质	温度/℃	热导率 k/[W/(m·℃)]
丙酮	0	0.0098	苯	0	0.0090
	46	0.0128		46	0.0126
	100	0.0171		100	0.0178
	184	0.0254		184	0.0263
空气	0	0.0242		212	0.0305
	100	0.0317	正丁烷	0	0.0135
	200	0.0391		100	0.0234
	300	0.0459	异丁烷	0	0.0138
氨	−60	0.0164		100	0.0241
	0	0.0222	二氧化碳	−50	0.0118
	50	0.0272	乙醚	100	0.0227
二氧化碳	0	0.0147		184	0.0327
	100	0.0230		212	0.0362
	200	0.0313	氯	0	0.0074
	300	0.0396	三氯甲烷	0	0.0066
二硫化物	0	0.0069		46	0.0080
	−73	0.0073		100	0.0100
一氧化碳	−189	0.0071		184	0.0133
	−179	0.0080	硫化氢	0	0.0132
	−60	0.0234	水银	200	0.0341
四氯化碳	46	0.0071	甲烷	−100	0.0173
	100	0.0090		−50	0.0251
	184	0.01112		0	0.0302
	212	0.0164		50	0.0372
乙烷	−70	0.0114	甲醇	0	0.0144
	−34	0.0149		100	0.0222
	0	0.0183	氯甲烷	0	0.0067
	100	0.0303		46	0.0085
乙醇	20	0.0154		100	0.0109
	100	0.0215		50	0.0277
乙醚	0	0.0133		100	0.0312
	46	0.0171	氧	−100	0.0164
氨	100	0.0320		−50	0.0206

续表

物质	温度/℃	热导率 k/[W/(m·℃)]	物质	温度/℃	热导率 k/[W/(m·℃)]
	0	0.0246		0	0.0173
	50	0.0284		50	0.199
	100	0.0321		100	0.0223
丙烷	0	0.0151		300	0.0308
	100	0.0261	氮	−100	0.0164
乙烯	−71	0.0111		0	0.0242
	0	0.0175	二氧化硫	0	0.0087
	50	0.0267		100	0.0119
	100	0.0279	水蒸气	46	0.0208
正庚烷	200	0.0194		100	0.0237
	100	0.0178		200	0.0324
正己烷	0	0.0125		300	0.0429
	20	0.0138		400	0.0545
氢	−100	0.0113		500	0.0763
	−50	0.0144			

附录十 常用金属的热导率

热导率 k/[W/(m·℃)] \ 温度/℃	0	100	200	300	400
铝	227.95	227.95	227.95	227.95	227.95
铜	383.79	379.14	372.16	367.51	362.86
铁	73.27	67.45	61.64	54.66	48.85
铅	35.12	33.38	31.40	29.77	—
镁	172.12	167.47	162.82	158.17	—
镍	93.04	82.57	73.27	63.97	59.31
银	414.03	409.38	373.32	361.69	359.37
锌	112.81	109.90	105.83	401.18	93.04
碳钢	52.34	48.85	44.19	41.87	34.89
不锈钢	16.28	17.45	17.45	18.49	—

附录十一 液体的黏度共线图

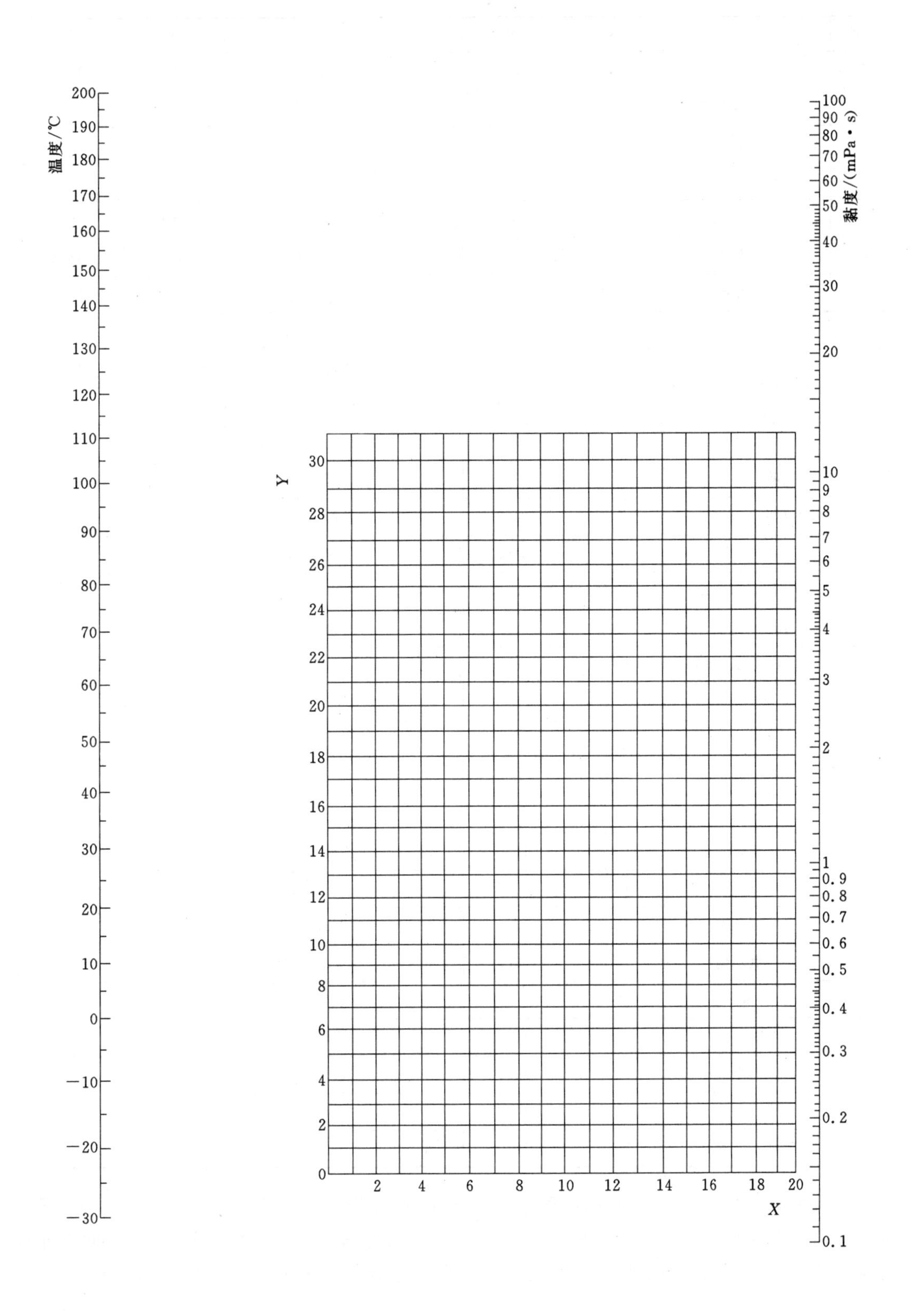

液体黏度共线图的坐标值列于下表中。

序号	名　称	X	Y	序号	名　称	X	Y
1	水	10.2	13.0	31	乙苯	13.2	11.5
2	盐水（25%NaCl）	10.2	16.6	32	氯苯	12.3	12.4
3	盐水（25%$CaCl_2$）	6.6	15.9	33	硝基苯	10.6	16.2
4	氨	12.6	2.2	34	苯胺	8.1	18.7
5	氨水（26%）	10.1	13.9	35	酚	6.9	20.8
6	二氧化碳	11.6	0.3	36	联苯	12.0	18.3
7	二氧化硫	15.2	7.1	37	萘	7.9	18.1
8	二硫化碳	16.1	7.5	38	甲醇（100%）	12.4	10.5
9	溴	14.2	18.2	39	甲醇（90%）	12.3	11.8
10	汞	18.4	16.4	40	甲醇（40%）	7.8	15.5
11	硫酸（110%）	7.2	27.4	41	乙醇（100%）	10.5	13.8
12	硫酸（100%）	8.0	25.1	42	乙醇（95%）	9.8	14.3
13	硫酸（98%）	7.0	24.8	43	乙醇（40%）	6.5	16.6
14	硫酸（60%）	10.2	21.3	44	乙二醇	6.0	23.6
15	硝酸（95%）	12.8	13.8	45	甘油（100%）	2.0	30.0
16	硝酸（60%）	10.8	17.0	46	甘油（50%）	6.9	19.6
17	盐酸（31.5%）	13.0	16.6	47	乙醚	14.5	5.3
18	氢氧化钠（50%）	3.2	25.8	48	乙醛	15.2	14.8
19	戊烷	14.9	5.2	49	丙酮	14.5	7.2
20	己烷	14.7	7.0	50	甲酸	10.7	15.8
21	庚烷	14.1	8.4	51	乙酸（100%）	12.1	14.2
22	辛烷	13.7	10.0	52	乙酸（70%）	9.5	17.0
23	三氯甲烷	14.4	10.2	53	乙酸酐	12.7	12.8
24	四氯化碳	12.7	13.1	54	乙酸乙酯	13.7	9.1
25	二氯乙烷	13.2	12.2	55	乙酸戊酯	11.8	12.5
26	苯	12.5	10.9	56	氟利昂-11	14.4	9.0
27	甲苯	13.7	10.4	57	氟利昂-12	16.8	5.6
28	邻二甲苯	13.5	12.1	58	氟利昂-21	15.7	7.5
29	间二甲苯	13.9	10.6	59	氟利昂-22	17.2	4.7
30	对二甲苯	13.9	10.9	60	煤油	10.2	16.8

用法举例：求苯在50℃时的黏度，从本表序号26查的苯的$X=12.5$，$Y=10.9$。把这两个数值标在共线图的$X-Y$坐标上得一点，把这点与图中左方温度标尺上50℃的点连成一条直线并延长，与右方黏度标尺相交，由此交点定出50℃苯的黏度为0.44mPa·s。

附录十二　101.33kPa 压力下气体的黏度共线图

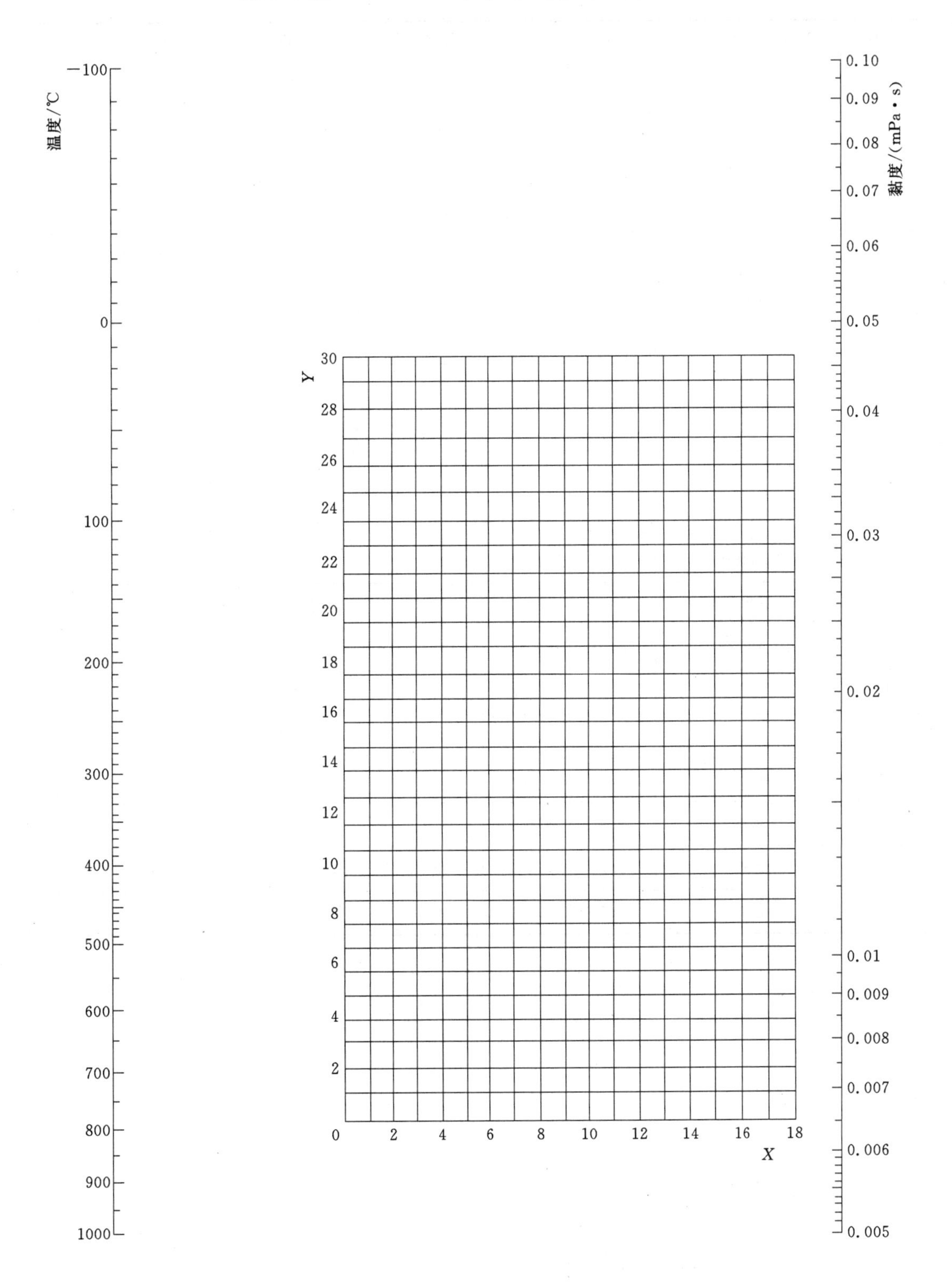

气体黏度共线图坐标值列于下表。

序号	名　称	X	Y	序号	名　称	X	Y
1	空气	11.0	20.0	21	乙炔	9.8	14.9
2	氧	11.0	21.3	22	丙烷	9.7	12.9
3	氮	10.6	20.0	23	丙烯	9.0	13.8
4	氢	11.2	12.4	24	丁烯	9.2	13.7
5	$3H_2+1N_2$	11.2	17.2	25	戊烷	7.0	12.8
6	水蒸气	8.0	16.0	26	己烷	8.6	11.8
7	二氧化碳	9.5	18.7	27	三氯甲烷	8.9	15.7
8	一氧化碳	11.0	20.0	28	苯	8.5	13.2
9	氨	8.4	16.0	29	甲苯	8.6	12.4
10	硫化氢	8.6	18.0	30	甲醇	8.5	15.6
11	二氧化硫	9.6	17.0	31	乙醇	9.2	14.2
12	二硫化碳	8.0	16.0	32	丙醇	8.4	13.4
13	一氧化二氮	8.8	19.0	33	乙酸	7.7	14.3
14	一氧化氮	10.9	20.5	34	丙酮	9.8	13.0
15	氟	7.3	23.8	35	乙醚	9.8	13.0
16	氯	9.0	18.4	36	乙酸乙酯	8.5	13.2
17	氯化氢	8.8	18.7	37	氟利昂-11	10.6	15.1
18	甲烷	9.9	15.5	38	氟利昂-12	11.1	16.0
19	乙烷	9.1	14.5	39	氟利昂-21	10.8	15.3
20	乙烯	9.5	15.1	40	氟利昂-22	10.1	17.0

附录十三　液体的比热容共线图

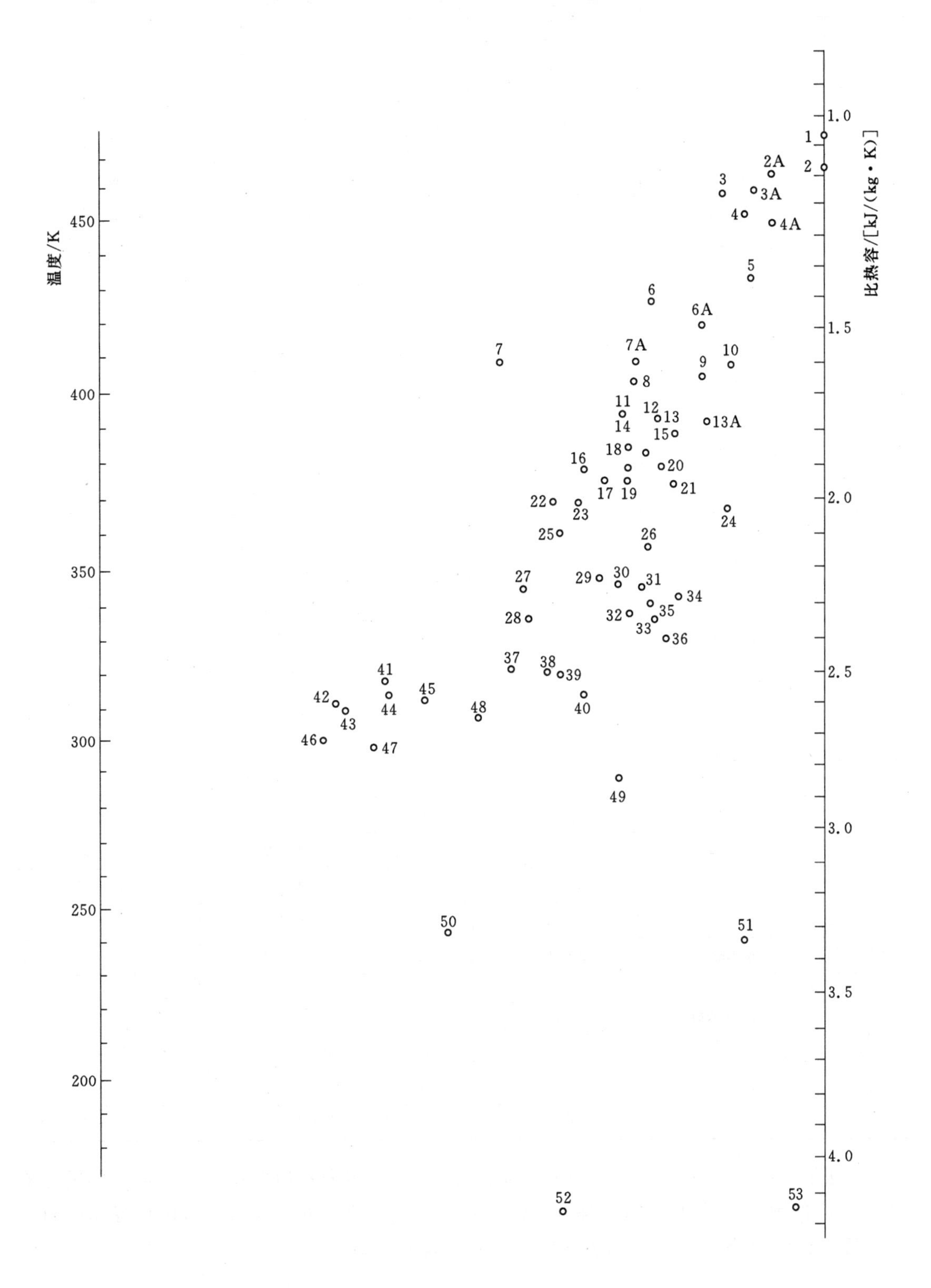

液体比热容共线图中的编号列于下表中。

编号	名称	适用范围/℃	编号	名称	适用范围/℃
53	水	10～200	35	己烷	－80～20
51	盐水（25%NaCl）	－40～20	28	庚烷	0～60
49	盐水（25%$CaCl_2$）	－40～20	33	辛烷	－50～25
52	氨	－70～50	34	壬烷	－50～25
11	二氧化硫	－20～100	21	癸烷	－80～25
2	二氧化碳	－100～25	13A	氯甲烷	－80～20
9	硫酸（98%）	10～45	5	二氯甲烷	－40～50
48	盐酸（30%）	20～100	4	三氯甲烷	0～50
22	二苯基甲烷	30～100	46	乙醇（95%）	20～80
3	四氯化碳	10～60	50	乙醇（50%）	20～80
13	氯乙烷	－30～40	45	丙醇	－20～100
1	溴乙烷	5～25	47	异丙醇	20～50
7	碘乙烷	0～100	44	丁醇	0～100
6A	二氯乙烷	－30～60	43	异丁醇	0～100
3	过氯乙烯	－30～140	37	戊醇	－50～25
23	苯	10～80	41	异戊醇	10～100
23	甲苯	0～60	39	乙二醇	－40～200
17	对二甲苯	0～100	38	甘油	－40～20
18	间二甲苯	0～100	27	苯甲醇	－20～30
19	邻二甲苯	0～100	36	乙醚	－100～25
8	氯苯	0～100	31	异丙醚	－80～200
12	硝基苯	0～100	32	丙酮	20～50
30	苯胺	0～130	29	乙酸	0～80
10	苯甲基氯	－30～30	24	乙酸乙酯	－50～25
25	乙苯	0～100	26	乙酸戊酯	－20～70
15	联苯	80～120	20	吡啶	－40～15
16	联苯醚	0～200	2A	氟利昂-11	－20～70
16	道舍姆A（Dowtherm A）（联苯-联苯醚）	0～200	6	氟利昂-12	－40～15
14	萘	90～200	4A	氟利昂-21	－20～70
20	甲醇	－40～20	7A	氟利昂-22	－20～60
42	乙醇（100%）	30～80	3A	氟利昂-113	－20～70

用法举例：求丙醇在47℃（320K）时的比热容，从本表找到丙醇的编号为45，通过图中标号45的圆圈与图中左边温度标尺上320K的点连成直线并延长与右边比热容标尺相交由此交点定出320K时丙醇的比热容为2.71kJ/(kg·K)。

附录十四　气体的比热容共线图（101.33kPa）

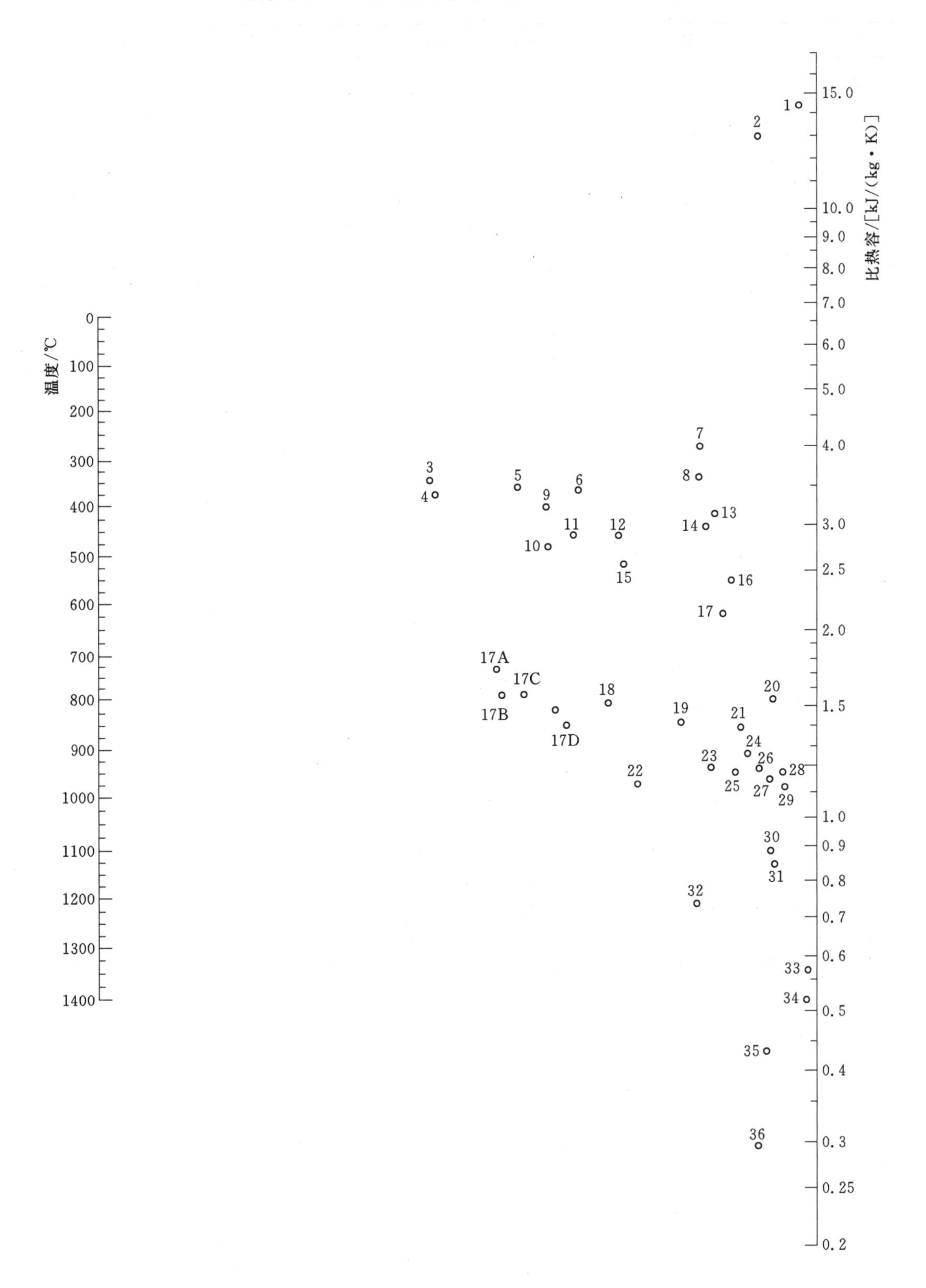

气体比热容共线图的编号列于下表中。

编号	气　体	温度范围/K	编号	气　体	温度范围/K
10	乙炔	273～473	1	氢	273～873
15	乙炔	473～673	2	氢	873～1673
16	乙炔	673～1673	35	溴化氢	273～1673
27	空气	273～1673	30	氯化氢	273～1673
12	氨	273～873	20	氟化氢	273～1673
14	氨	873～1673	36	碘化氢	273～1673
18	二氧化碳	273～673	19	硫化氢	273～973
24	二氧化碳	673～1673	21	硫化氢	973～1673
26	一氧化碳	273～1673	5	甲烷	273～573
32	氯气	273～473	17	水	273～1673
34	氯气	473～1673	6	甲烷	573～973
3	乙烷	273～473	7	甲烷	973～1673
9	乙烷	473～873	25	一氧化氮	273～973
8	乙烷	873～1673	28	一氧化氮	973～1673
4	乙烯	273～473	26	氮	273～1673
11	乙烯	473～873	23	氧	273～773
13	乙烯	873～1673	29	氧	773～1673
17B	氟利昂-11（CCl_3F）	273～423	33	硫	573～1673
17C	氟利昂-21（$CHCl_3F$）	273～423	22	二氧化硫	272～673
17A	氟利昂-22（$CHClF_2$）	273～423	31	二氧化硫	673～1673
17D	氟利昂-113（$CCl_2F-CClF_2$）	273～423			

附录十五　蒸发潜热（汽化热）共线图

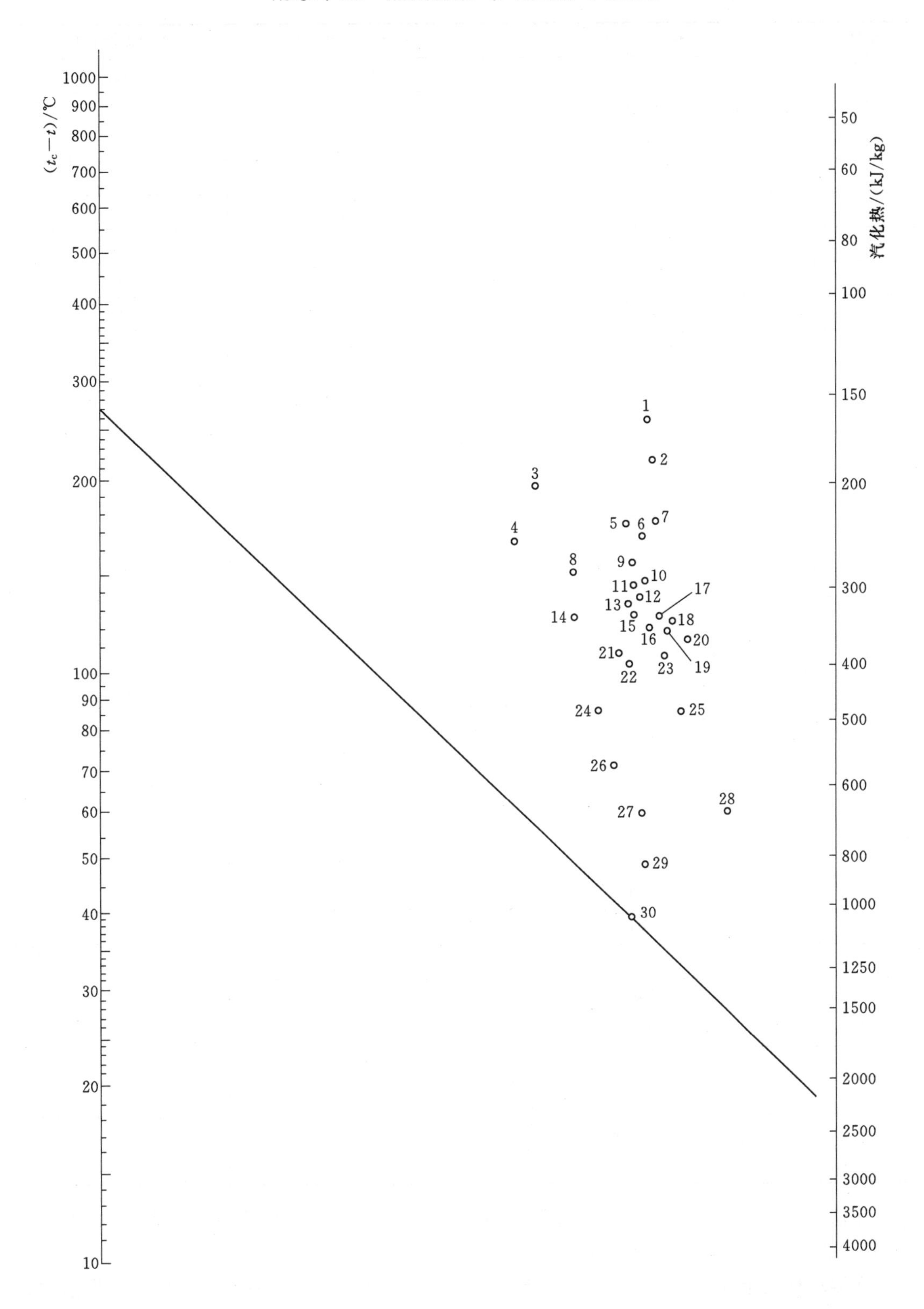

蒸发潜热共线图的编号列于下表中。

编号	化合物	范围 (t_c-t)/℃	临界温度 t/℃
18	乙酸	100～225	321
22	丙酮	120～210	235
29	氨	50～200	133
13	苯	10～400	289
16	丁烷	90～200	153
21	二氧化碳	10～100	31
4	二硫化碳	140～275	273
2	四氯化碳	30～250	283
7	三氯甲烷	140～275	263
8	二氯甲烷	150～250	216
3	联苯	175～400	527
25	乙烷	25～150	32
26	乙醇	20～140	243
28	乙醇	140～300	243
17	氯乙烷	100～250	187
13	乙醚	10～400	194
2	氟利昂-11 (CCl_3F)	40～200	198
2	氟利昂-12 (CCl_2F_2)	70～250	111
5	氟利昂-21 ($CHCl_2F$)	70～250	178
6	氟利昂-22 ($CHClF_2$)	50～170	96
1	氟利昂-113 ($CCl_2F-CClF_2$)	90～250	214
10	庚烷	20～300	267
11	己烷	50～225	235
15	异丁烷	80～200	134
27	甲醇	40～250	240
20	氯甲烷	70～250	143
19	一氧化二氮	25～150	36
9	辛烷	30～300	296
12	戊烷	20～200	197
23	丙烷	40～200	96
24	丙醇	20～200	264
14	二氧化硫	90～160	157
30	水	10～500	374

用法举例：求 100℃水蒸气的蒸发潜热。从表中查出水的编号为 30，临界温度 t_c 为 274℃，故 $t_c-t=374-100=274$(℃)。

在温度标尺上找出相应于 274℃的点，将该点与编号 30 的点相连，延长与蒸发潜热标尺相交，由此读出 100℃时水的蒸发潜热为 225kJ/kg。

附录十六　某些有机液体的相对密度共线图

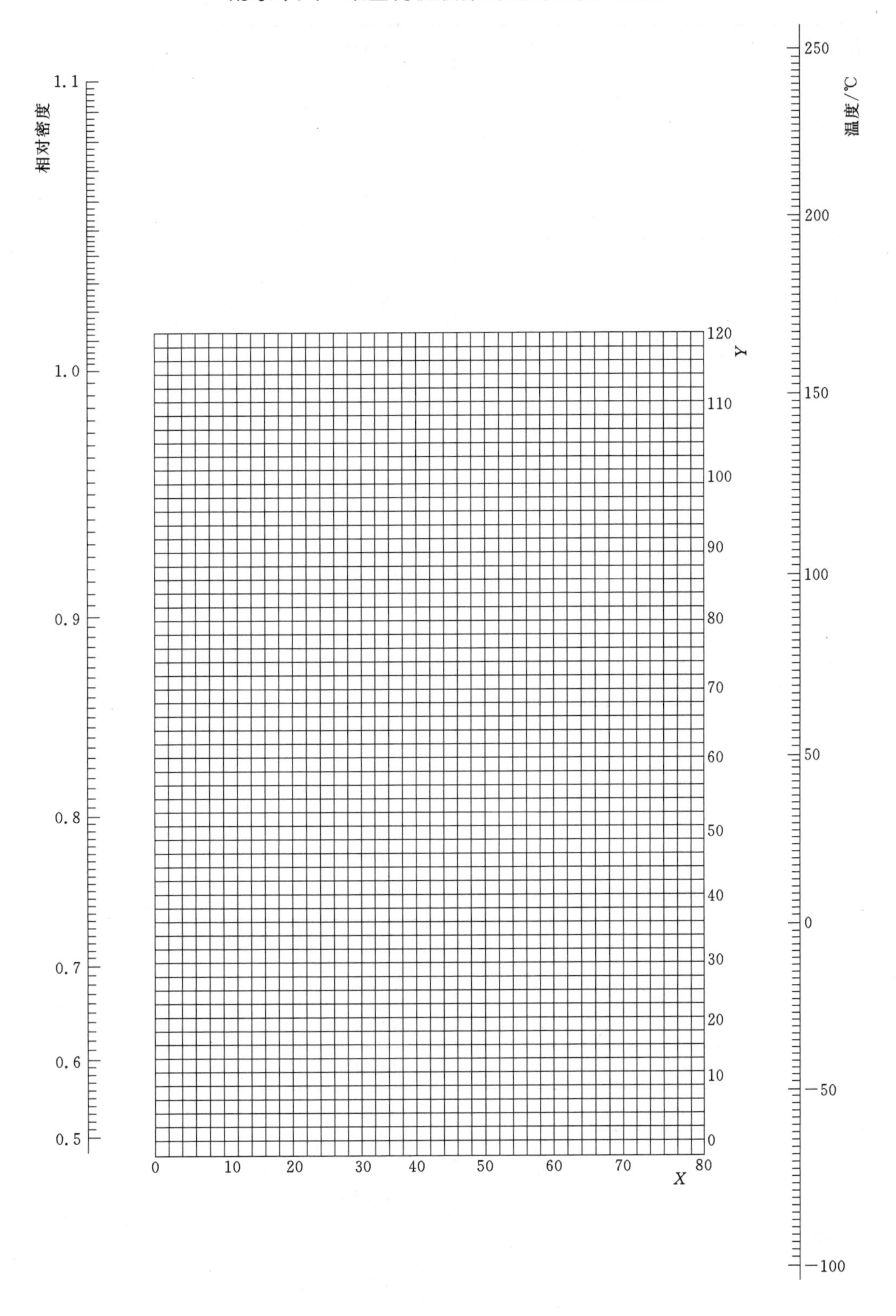

有机液体的相对密度坐标值列于下表中。

有机液体	X	Y	有机液体	X	Y
乙炔	20.8	10.1	甲酸乙酯	37.6	68.4
乙烷	10.8	4.4	甲酸丙酯	33.8	66.7
乙烯	17	3.5	丙烷	14.2	12.2
乙醇	24.2	48.6	丙酮	26.1	47.8
乙醚	22.8	35.8	丙醇	23.8	50.8
乙丙醚	20	37	丙酸	35	83.5
乙硫醇	32	55.5	丙酸甲酯	36.5	68.3
乙硫醚	25.7	55.3	丙酸乙酯	32.1	63.9
二乙胺	17.8	33.5	戊烷	12.6	22.6
二氧化碳	78.6	45.4	异戊烷	13.5	22.5
异丁烷	13.7	16.5	辛烷	12.7	32.5
丁酸	31.3	78.7	庚烷	12.6	29.8
丁酸甲酯	31.5	65.5	苯	32.7	63
异丁酸	31.5	75.9	苯酚	35.7	103.8
丁酸（异）甲酯	33	64.1	苯胺	33.5	92.5
十一烷	14.4	39.2	氯苯	41.9	86.7
十二烷	14.3	41.4	癸烷	16	38.2
十三烷	15.3	42.4	氨	22.4	24.6
十四烷	15.8	43.3	氯乙烷	42.7	62.4
三乙胺	17.9	37	氯甲烷	52.3	62.9
三氯化磷	38	22.1	氯苯	41.7	105
己烷	13.5	27	氰丙烷	20.1	44.6
壬烷	16.2	36.5	氰甲烷	27.8	44.9
六氢吡啶	27.5	60	环己烷	19.6	44
甲乙醚	25	34.4	乙酸	40.6	93.5
甲醇	25.8	49.1	乙酸甲酯	40.1	70.3
甲硫醇	37.3	59.6	乙酸乙酯	35	65
甲硫醚	31.9	57.4	乙酸丙酯	33	65.5
甲醚	27.2	30.1	甲苯	27	61
甲酸甲酯	46.4	74.6	异戊烷	20.5	52

附录十七　离心泵的规格（摘录）

1. IS 型单级单吸离心泵性能表（摘录）

型　号	转速 n /(r/min)	流　量		扬程 H /m	效率 η /%	功率/kW		必需汽蚀余量 $(NPSH)_r$ /m	质量（泵/底座）/kg
		m^3/h	L/s			轴功率	电机功率		
IS50－32－125	2900	7.5 12.5 15	2.08 3.47 4.17	22 20 18.5	47 60 60	0.96 1.13 1.26	2.2	2.0 2.0 2.5	32/46
	1450	3.75 6.3 7.5	1.04 1.74 2.08	5.4 5 4.6	43 54 55	0.13 0.16 0.17	0.55	2.0 2.0 2.5	32/38
IS50－32－160	2900	7.5 12.5 15	2.08 3.47 4.17	34.3 32 29.6	44 54 56	1.59 2.02 2.16	3	2.0 2.0 2.5	50/46
	1450	3.75 6.3 7.5	1.04 1.74 2.08	13.1 12.5 12	35 48 49	0.25 0.29 0.31	0.55	2.0 2.0 2.5	50/38
IS50－32－200	2900	7.5 12.5 15	2.08 3.47 4.17	82 80 78.5	38 48 51	2.82 3.54 3.95	5.5	2.0 2.0 2.5	52/66
	1450	3.75 6.3 7.5	1.04 1.74 2.08	20.5 20 19.5	33 42 44	0.41 0.51 0.56	0.75	2.0 2.0 2.5	52/38
IS50－32－250	2900	7.5 12.5 15	2.08 3.47 4.17	21.8 20 18.5	23.5 38 41	5.87 7.16 7.83	11	2.0 2.0 2.5	88/110
	1450	3.75 6.3 7.5	1.04 1.74 2.08	5.35 5 4.7	23 32 35	0.91 1.07 1.14	1.5	2.0 2.0 3.0	88/64
IS65－50－125	2900	7.5 12.5 15	4.17 6.94 8.33	35 32 30	58 69 68	1.54 1.97 2.22	3	2.0 2.0 3.0	50/41
	1450	3.75 6.3 7.5	2.08 3.47 4.17	8.8 8.0 7.2	53 64 65	0.21 0.27 0.30	0.55	2.0 2.0 2.5	50/38
IS65－50－160	2900	15 25 30	4.17 6.94 8.33	53 50 47	54 65 66	2.65 3.35 3.71	5.5	2.0 2.0 2.5	51/66
	1450	7.5 12.5 15	2.08 3.47 4.17	13.2 12.5 11.8	50 60 60	0.36 0.45 0.49	0.75	2.0 2.0 2.5	51/38

续表

型号	转速 n /(r/min)	流量		扬程 H /m	效率 η /%	功率/kW		必需汽蚀余量 $(NPSH)_r$ /m	质量（泵/底座）/kg
		m^3/h	L/s			轴功率	电机功率		
IS125－100－250	2900	120	33.3	87	66	43	75	3.8	166/295
		200	55.6	80	78	55.9		4.2	
		240	66.7	72	75	62.8		5.0	
	1450	60	16.7	21.5	63	5.59	11	2.5	166/122
		100	27.8	20	76	7.17		2.5	
		120	33.3	18.5	77	7.84		3.0	
IS125－100－315	2900	120	33.3	132.5	60	5.59	110	2.5	189/330
		200	55.6	125	75	7.17		2.5	
		240	66.7	120	77	7.84		3.0	
	1450	60	16.7	33.5	58	72.1	15	4.0	189/160
		100	27.7	32	73	90.8		4.5	
		120	33.3	30.5	77	101.9		5.0	
IS125－100－400	1450	60	16.7	52	58	9.4	30	2.5	189/160
		100	27.8	50	73	7.9		2.5	
		120	33.3	48.5	74	13.5		3.0	
IS150－125－250	1450	120	33.3	22.5	71	10.4	18.5	3.0	188/158
		200	55.6	20	81	13.5		3.0	
		240	66.7	17.5	78	14.7		3.5	
IS150－125－315	1450	120	33.3	34	70	15.9	30	2.5	192/233
		200	55.6	32	79	22.1		2.5	
		240	66.7	29	80	23.7		3.0	
IS150－125－400	1450	120	33.3	53	62	27.9	45	2.0	223/233
		200	55.6	50	75	36.3		2.8	
		240	66.7	46	74	40.6		3.5	
IS200－150－250	1450	240	66.7	20	82	26.6	37	—	203/233
		400	111.1						
		460	127.8						
IS200－150－315	1450	240	66.7	37	70	34.6	55	3.0	262/295
		400	111.1	32	82	42.5		3.5	
		460	127.8	28.5	80	44.6		4.0	
IS200－150－400	1450	240	66.7	55	74	48.6	90	3.0	295/298
		400	111.1	50	81	67.2		3.8	
		460	127.8	48	76	74.2		4.5	

2. Y型离心泵性能表

型 号	流量 /(m³/h)	扬程 /m	转速 /(r/min)	功率/kW		效率 /%	汽蚀余量 /m	泵壳许用应力/Pa	结构形式	备 注
				轴	电机					
50Y-60	12.5	60	2950	5.95	11	35	2.3	1570/2550	单级悬臂	泵壳许用应力内的分子表示第Ⅰ类材料相应的许用应力数，分母表示Ⅱ、Ⅲ类材料相应的许用应力数
50Y-60A	11.2	49	2950	4.27	8	—	—	1570/2550	单级悬臂	
50Y-60B	9.9	38	2950	2.39	5.5	35	—	1570/2550	单级悬臂	
50Y-60×2	12.5	120	2950	11.7	15	35	2.3	2158/3138	两级悬臂	
50Y-60×2A	11.7	105	2950	9.55	15	—	—	2158/3138	两级悬臂	
50Y-60×2B	10.8	90	2950	7.65	11	—	—	2158/3138	两级悬臂	
50Y-60×2C	9.9	75	2950	5.9	8	—	—	2158/3139	两级悬臂	
65Y-60	25	60	2950	7.5	11	55	2.6	1570/2250	单级悬臂	
65Y-60A	22.5	49	2950	5.5	8	—	—	1570/2250	单级悬臂	
65Y-60B	19.8	38	2950	3.75	5.5	—	—	1570/2250	单级悬臂	
65Y-100	25	100	2950	17	32	40	2.6	1570/2250	单级悬臂	
65Y-100A	23	85	2950	13.3	20	—	—	1570/2250	单级悬臂	
65Y-100B	21	70	2950	10	15	—	—	1570/2250	单级悬臂	
65Y-100×2	25	200	2950	34	55	40	2.6	2942/3923	单级悬臂	
65Y-100×2A	23.3	175	2950	27.8	40	—	—	2942/3923	单级悬臂	
65Y-100×2B	21.6	150	2950	22	32	—	—	2942/3923	单级悬臂	
65Y-100×2C	19.8	125	2950	16.8	20	—	—	2942/3923	单级悬臂	
80Y-60	50	60	2950	12.8	15	64	3.0	1570/2250	单级悬臂	
80Y-60A	45	49	2950	9.4	11	—	—	1570/2250	单级悬臂	
80Y-60B	39.5	38	2950	6.5	8	—	—	1570/2250	单级悬臂	
80Y-100	50	100	2950	22.7	32	60	3.0	1961/2942	单级悬臂	
80Y-100A	45	85	2950	18	25	—	—	1961/2942	单级悬臂	
80Y-100B	39.5	70	2950	12.6	20	—	—	1961/2942	单级悬臂	
80Y-100×2	50	200	2950	45.4	75	60	3.0	2942/3923	单级悬臂	
80Y-100×2A	46.6	175	2950	37	55	60	3.0	2942/3923	两级悬臂	
80Y-100×2B	42.3	150	2950	29.5	40	—	—	—	两级悬臂	
80Y-100×2C	39.6	125	2950	22.7	32	—	—	—	两级悬臂	

注 与介质接触且受温度影响的零件，根据介质的性质需要采用不同性质的材料，所以分为三种材料，但泵的结构相同。第Ⅰ类材料不耐腐蚀，操作温度在−20～200℃；第Ⅱ类材料不耐腐蚀，操作温度在−45～400℃；第Ⅲ类材料耐酸腐蚀，操作温度在−45～200℃。

附录十八　管壳式换热器系列标准（摘录）

1. 固定管板式（代号 G）

公称直径 DN /mm	管程数 N_P	换热管数量 n	换热器面积 S_0/m^2 换热管长 L/mm 1500	2000	3000	6000	管程通道截面积/m²	管程流速为 0.5m/s 时的流量/(m³/h)	公称压力 /MPa
			碳钢管 $\phi25\times2.5$mm / 不锈耐酸钢管 $\phi25\times2$mm						
159	Ⅰ	13	1/1.43	2/1.94	3/2.96	—	0.0041/0.0045	7.35/8.10	2.5
273	Ⅰ	38	4/4.18	5/5.66	8/8.66	16/17.6	0.0119/0.0132	21.5/23.7	2.5
273	Ⅱ	32	3/3.52	4/4.76	7/7.30	14/14.8	0.0050/0.0055	9.05/9.98	2.5
400	Ⅰ	109	12/12.0	16/16.3	25/24.8	50/50.5	0.0342/0.0378	61.6/68.0	1.6
400	Ⅱ	102	10/11.2	15/15.2	22/23.2	45/47.2	0.0160/0.0177	28.8/31.8	1.6
400	Ⅳ	86	10/9.46	12/12.8	20/19.6	40/39.8	0.0068/0.0074	12.2/13.4	1.6
500	Ⅰ	177	—	—	40/40.4	80/82.0	0.0556/0.0613	100.1/110.4	2.5
500	Ⅱ	168	—	—	40/38.3	80/77.9	0.0264/0.0291	47.5/52.4	2.5
500	Ⅳ	152	—	—	35/34.6	70/70.5	0.0119/0.0132	21.5/23.7	2.5
600	Ⅰ	269	—	—	60/61.2	125/124.5	0.0845/0.0932	152.1/167.7	1.0
600	Ⅱ	254	—	—	55/58.0	120/118	0.0399/0.0440	71.8/79.2	1.6
600	Ⅳ	242	—	—	55/55.0	110/112	0.0190/0.0210	34.2/37.7	2.5
800	Ⅰ	501	—	—	110/114	230/232	0.1574/0.0735	283.3/312.3	0.6
800	Ⅱ	488	—	—	110/111	225/227	0.0767/0.0845	138.0/152.1	1.0
800	Ⅳ	456	—	—	100/104	210/212	0.0358/0.0395	64.5/71.1	1.6
800	Ⅵ	444	—	—	100/101	200/206	0.0232/0.0258	41.8/46.1	2.5
1000	Ⅰ	801	—	—	180/183	370/371	0.2516/0.2774	453.0/499.4	0.6
1000	Ⅱ	770	—	—	175/176	350/356	0.1210/0.1333	217.7/240	1.0
1000	Ⅳ	758	—	—	170/173	350/352	0.0595/0.0656	107.2/118.1	1.6
1000	Ⅵ	750	—	—	170/171	350/348	0.0393/0.0433	70.7/77.9	2.5

注　1. 表中换热器面积按下式计算：

$$S_0=\pi nd_0\ (L-0.1)$$

式中　S_0——计算换热器面积，m²；

L——换热管长，m；

d_0——换热管外径，m；

n——换热管数目。

2. 通道截面积按各程平均值计算。

3. 管内流速 0.5m/s 为 20℃的水在 $\phi25\times2.5$mm 的管内达到湍流状态时的速度。

4. 换热管排列方式为正三角形，管间距 $t=32$mm。

2. 浮头式（代号 F）

（1）F_A 系列。

公称直径 *DN*/mm	325	400	500	600	700	800
公称压力/MPa	4.0	4.0	1.6 2.5 4.0	1.6 2.5 4.0	1.6 2.5 4.0	2.5
公称面积/m^2	10	25	80	130	185	245
管长/m	3	3	6	6	6	6
管子尺寸/mm	ϕ19×2	ϕ19×2	ϕ19×2	ϕ19×2	ϕ19×2	ϕ19×2
管子总数	76	138	228(224)①	372(368)	528(528)	700(696)
管程数	2	2	2(4)①	2(4)	2(4)	2(4)
管子排列方法	△②	△	△	△	△	△

① 括号内的数据为四管程的。

② 表示管子为正三角形排列，管子中心距为 25mm。

（2）F_B 系列。

公称直径 *DN*/mm	325	400	500	600
公称压力/MPa	4.0	4.0	1.6 2.5 4.0	1.6 2.5 4.0
公称面积/m^2	10	25	65	95
管长/m	3	3	6	6
管子尺寸/mm	ϕ25×2.5	ϕ25×2.5	ϕ25×2.5	ϕ25×2.5
管子总数	36	72	124(120)①	208(192)
管程数	2	2	2(4)①	2(4)
管子排列方法	◇②	◇	◇	◇
公称直径 *DN*/mm	700	800	900	1100
公称压力/MPa	1.6 2.5 4.0	1.0 1.6 2.5	1.0 1.6 2.5	1.0 1.6
公称面积/m^2	135	180	225	365
管长/m	6	6	6	6
管子尺寸/mm	ϕ25×2.5	ϕ25×2.5	ϕ25×2.5	ϕ25×2.5
管子总数	292(292)	388(384)	512(508)	(748)
管程数	2(4)	2(4)	2	4
管子排列方法	◇	◇	◇	◇

① 括号内的数据为四管程的。

② 表示管子为正方形斜转 45°排列，管子中心距为 32mm。

3. 冷凝器规格

序号	DN /mm	公称压力 /MPa	管程数	壳程数	管长 /m	管径 /m	管束图型号	公称换热面积/m²	计算换热面积/m²	规 格 型 号	设备质量 /kg
1	400	2.5	2	1	3	19	A	25	23.7	FL_A400-25-25-2	1300
						25	B	15	16.5	FL_B400-15-25-2	1250
2	500	2.5	2	1	3	19	A	40	39.0	FL_A500-40-25-2	2000
						25	B	30	32.0	FL_B500-30-25-2	2000
3	500	2.5	2	1	6	19	A	80	79.0	FL_A500-80-25-2	3100
						25	B	65	65.0	FL_B500-65-25-2	3100
4	500	2.5	4	1	6	19	A	80	79.0	FL_A500-80-25-4	3100
						25	B	65	65.0	FL_B500-65-25-4	3100
5	600	1.6	2	1	6	19	A	130	131	FL_A600-130-16-2	4100
						25	B	95	97.0	FL_B600-95-16-2	4000
6	600	1.6	4	1	6	19	A	130	131	FL_A600-130-16-4	4100
						25	B	95	97.0	FL_B600-95-16-4	4000
7	600	2.5	2	1	6	19	A	130	131	FL_A600-130-25-2	4500
						25	B	95	97.0	FL_B600-95-25-2	4350
8	600	2.5	4	1	6	19	A	130	131	FL_A600-130-25-4	4500
						25	B	95	97.0	FL_B600-95-25-4	4350
9	700	1.6	2	1	6	19	A	185	187	FL_A700-185-16-2	5500
						25	B	135	135	FL_B700-135-16-2	5250
10	700	1.6	4	1	6	19	A	185	187	FL_A700-185-16-4	5500
						25	B	135	135	FL_B700-135-16-4	5250
11	700	2.5	2	1	6	19	A	185	187	FL_A700-185-25-2	5800
						25	B	135	135	FL_B700-135-25-2	5550
12	700	2.5	4	1	6	19	A	185	187	FL_A700-185-25-4	5800
						25	B	135	135	FL_B700-135-25-4	5550
13	800	1.6	2	1	6	19	A	245	246	FL_A800-240-16-2	7100
						25	B	180	182	FL_B800-185-16-2	6850
14	800	1.6	4	1	6	19	A	245	246	FL_A800-245-16-4	7100
						25	B	180	182	FL_B800-180-16-4	6850
15	800	2.5	2	1	6	19	A	245	246	FL_A800-245-25-2	7800
						25	B	180	182	FL_B800-180-25-2	7550
16	800	2.5	4	1	6	19	A	245	246	FL_A800-245-25-4	7800
						25	B	180	182	FL_B800-180-25-4	7550
17	900	1.6	4	1	6	19	A	325	325	FL_A900-325-16-4	8500
						25	B	225	224	FL_B900-225-16-4	7900
18	900	2.5	4	1	6	19	A	325	325	FL_A900-325-25-4	8900

续表

序号	DN /mm	公称压力 /MPa	管程数	壳程数	管长 /m	管径 /m	管束图型号	公称换热面积/m²	计算换热面积/m²	规格型号	设备质量 /kg
						25	B	225	224	FL_B900－225－25－4	8300
19	1000	1.6	4	1	6	19	A	410	412	FL_A1000－410－16－4	10500
						25	B	285	285	FL_B1000－285－16－4	10050
20	1100	1.6	4	1	6	19	A	500	502	FL_A1100－500－16－4	12800
						25	B	365	366	FL_B1100－365－16－4	12300
21	1200	1.6	4	1	6	19	A	600	604	FL_A1200－600－16－4	14900
						25	B	430	430	FL_B1200－430－16－4	13700
22	800	1.0	2	1	6	25	B	180	182	FL_B800－180－10－2	6600
23	800	1.0	4	1	6	25	B	180	182	FL_B800－180－10－4	6600
24	900	1.0	4	1	6	25	B	225	224	FL_B900－225－10－4	7500
25	1000	1.0	4	1	6	25	B	285	285	FL_B1000－285－10－4Ⅲ	9400
26	1100	1.0	4	1	6	25	B	365	366	FL_B1100－365－10－4Ⅲ	11900
27	1200	1.0	4	1	6	25	B	430	430	FL_B1200－430－10－4Ⅲ	13500

附录十九　某些二元物系在101.33kPa(绝压)下的气液平衡组成

1. 苯-甲苯

苯摩尔分数/%		温度/℃	苯摩尔分数/%		温度/℃
液相中	气相中		液相中	气相中	
0	0	110.6	59.2	78.9	89.4
8.8	21.2	106.1	70.0	85.3	86.8
20.0	37.0	102.2	80.3	91.4	84.4
30.0	50.0	98.6	90.3	95.7	82.3
39.7	61.8	95.2	95.0	97.0	81.2
48.9	71.0	92.1	100.0	100.0	80.2

2. 乙醇-水

乙醇摩尔分数/%		温度/℃	乙醇摩尔分数/%		温度/℃
液相中	气相中		液相中	气相中	
0	0	100.0	32.73	58.26	81.5
1.90	17.00	95.5	39.65	61.22	80.7
7.21	38.91	89.0	50.79	65.64	79.8
9.66	43.75	86.7	51.98	65.99	79.7
12.38	47.04	85.3	57.32	68.41	79.3
16.61	50.89	84.1	67.63	73.85	78.74
23.37	54.45	82.7	74.72	78.15	78.41
26.08	55.80	82.3	89.43	89.43	78.15

附录二十 管子规格

1. 无缝钢管规格简表(摘自 YB231－70)

公称直径 /mm	实际外径 /mm	管壁厚度/mm						
		$PN=15$	$PN=25$	$PN=40$	$PN=64$	$PN=100$	$PN=160$	$PN=200$
15	18	2.5	2.5	2.5	2.5	3	3	3
20	25	2.5	2.5	2.5	2.5	3	3	4
25	32	2.5	2.5	2.5	3	3.5	3.5	5
32	38	2.5	2.5	3	3	3.5	3.5	6
40	45	2.5	3	3	3.5	3.5	4.5	6
50	57	2.5	3	3.5	3.5	4.5	5	7
70	76	3	3.5	3.5	4.5	6	6	9
80	89	3.5	4	4	5	6	7	11
100	108	4	4	4	6	7	12	13
125	133	4	4	4.5	6	9	13	17
150	159	4.5	4.5	5	7	10	17	—
200	219	6	6	7	10	13	21	—
250	273	8	7	8	11	16	—	—
300	325	8	8	9	12	—	—	—
350	377	9	9	10	13	—	—	—
400	426	9	10	12	15	—	—	—

注 表中的 PN 为公称压力，指管内可承受的流体表压力，单位为 MPa。

2. 水、煤气输送钢管（即有缝钢管）规格（摘自 YB 234－3）

公称直径		外径 /mm	壁厚/mm	
in（英寸）	mm		普通级	加强级
1/4	8	13.50	2.25	2.75
3/8	10	17.00	2.25	2.75
1/2	15	21.25	2.75	3.25
3/4	20	26.75	2.75	3.60
1	25	33.50	3.25	4.00
1∧1/4	32	42.25	3.25	4.00
1∧1/2	40	48.00	3.50	4.25
2	50	60.00	3.50	4.50
2∧1/2	70	75.00	3.75	4.50
3	80	88.50	4.00	4.75
4	100	114.00	4.00	6.00
5	125	140.00	4.50	5.50
6	150	165.00	4.50	5.50

3. 承插式铸铁管规格（摘自 YB428－64）

公称直径/mm	内径/mm	壁厚/mm	公称直径/mm	内径/mm	壁厚/mm
低压管、工作压力≤0.44MPa					
75	75	9	300	302.4	10.2
100	100	9	400	403.6	11
125	125	9	450	453.8	11.5
150	151	9	500	504	12
200	201.2	9.4	600	604.8	13
250	252	9.8	800	806.4	14.8
普通管、工作压力≤0.735MPa					
75	75	9	500	500	14
100	100	9	600	600	15.4
125	125	9	700	700	16.5
150	150	9	800	800	18
200	200	10	900	900	19.5
250	250	10.8	1100	997	22
300	300	11.4	1100	1097	23.5
350	350	12	1200	1196	25
400	400	12.8	1350	1345	27.5
450	450	13.4	1500	1494	30

参 考 文 献

［1］ 张宏丽，刘兵，闫志谦，等．化工单元操作．2版．北京：化学工业出版社，2010.

［2］ 周长丽，田海玲．化工单元操作．2版．北京：化学工业出版社，2015.

［3］ 张学才．化工单元操作技术．合肥：安徽大学出版社，2014.

［4］ 方向红．化工单元过程与设备．北京：高等教育出版社，2012.

［5］ 黄徽，周杰，刘瑞霞．化工单元操作技术．北京：化学工业出版社，2015.

［6］ 李洪林．化工单元操作技术（传质分离技术）．北京：化学工业出版社，2012.

［7］ 李萍萍，王燕．化工单元操作．北京：化学工业出版社，2014.

［8］ 冷士良，陆清，宋志轩．化工单元操作及设备．2版．北京：化学工业出版社，2015.

［9］ 吴红．化工单元过程及操作．北京：化学工业出版社，2008.

［10］ 闫晔，刘佩田．化工单元操作过程．北京：化学工业出版社，2008.

［11］ 柴诚敬，张国亮．化工流体流动与传热．2版．北京：化学工业出版社，2007.

［12］ 贾绍义，柴诚敬．化工传质与分离过程．2版．北京：化学工业出版社，2007.

［13］ 陆美娟，张浩勤．化工原理．2版．北京：化学工业出版社，2006.

［14］ 大连理工大学．化工原理．2版．北京：高等教育出版社，2009.